Methodisches Konstruieren in Ausbildung
und Beruf

Bernhard Fleischer

Methodisches Konstruieren in Ausbildung und Beruf

Praxisorientierte Konstruktionsentwicklung und rechnergestützte Optimierung

Bernhard Fleischer
für Technik und Medien
Berufskolleg Platz der Republik
Mönchengladbach, Deutschland

Ergänzendes Material zu diesem Buch finden Sie auf http://www.springer.com/978-3-658-27690-4.

ISBN 978-3-658-27689-8   ISBN 978-3-658-27690-4   (eBook)
https://doi.org/10.1007/978-3-658-27690-4

Die Deutsche Nationalbibliothek verzeichnet diese Publikation in der Deutschen Nationalbibliografie; detaillierte bibliografische Daten sind im Internet über http://dnb.d-nb.de abrufbar.

Springer Vieweg

Verantwortlich im Verlag: Thomas Zipsner

Springer Vieweg ist ein Imprint der eingetragenen Gesellschaft Springer Fachmedien Wiesbaden GmbH und ist ein Teil von Springer Nature.
Die Anschrift der Gesellschaft ist: Abraham-Lincoln-Str. 46, 65189 Wiesbaden, Germany

Vorwort

Hohe Lohnkosten in den Industrienationen können wirtschaftlich nur über Produkte gedeckt werden, die dem Kunden einen Vorteil/Nutzen gegenüber der (Billig-)Konkurrenz bieten. Und dies kann im globalen Wettbewerb mittel- und langfristig nicht mit einem „Aufguss" der Ideen von „gestern" gelingen. Es ist daher auch eine Frage des wirtschaftlichen Überlebens, dass ein Unternehmen seine Marktchancen mit innovativen Produkten wahrt und stärkt. Firmen wie Nokia dokumentieren eindringlich die Folgen verpasster Weiterentwicklung. Auch die Autoindustrie als Zugpferd der deutschen Wirtschaft muss sich kritisch fragen lassen, ob Zukunftstechnologien wie Elektromobilität und Digitalisierung (zu) spät erkannt wurden. Ein Vorgehen im Sinne des methodischen Konstruierens soll die Entwicklungsteams effizient im Ringen um Marktanteile durch innovative und leistungsstarke Erzeugnisse unterstützen.

Zahlreiche Titel sind zum methodischen Konstruieren verfügbar. Die Thematik ist in der Ausbildung etabliert und grundsätzlich anerkannt. Warum also noch ein Buch? Im Alltag der Konstruktionsabteilungen zeigt sich, dass ein systematisches Vorgehen noch lange nicht gelebter Standard ist, sondern weiter vieles „aus dem Bauch heraus" entwickelt wird. Warum? Als Gründe begegnen einem Argumente wie „Keine Zeit", „Geringe Effizienz", „Passt nicht". Eine wesentliche Ursache der mangelnden Akzeptanz ist aus Sicht des Verfassers in der Literaturlage begründet: Die bekannten Titel erläutern die einzelnen Methoden und Werkzeuge (zu) stark theoriegeleitet. Und die dargestellten häufig abstrakten Beispiele beschränken sich überwiegend auf isoliert betrachtete Prozessphasen.

Wie kann eine inhaltliche Akzeptanz geschaffen werden? Zunächst: Das methodische Konstruieren wird in der technischen Ausbildung relativ früh gelehrt. Oft setzen die aktuellen Titel in den Beispielen ein hohes Maß an technischem Grundwissen voraus, welches aber gerade erst angebahnt wird. Dies führt zwangsläufig zu Verständnisproblemen. Somit ist für einen Neuling in der Konstruktion der Gebrauchswert der methodischen Werkzeuge nur bedingt anschaulich. Ausgehend von diesem Missverhältnis verzichtet der vorliegende Titel einführend bewusst auf eine breite Darstellung des wissenschaftlichen Stands beim methodischen Konstruieren. Die Literaturangaben ermöglichen bei Bedarf eine akademische Vertiefung. Im Kern steht vielmehr die konkrete Anwendung der Werkzeuge an möglichst einfachen Beispielen. Diese können nicht „einfach genug" sein, um dem Konstruktionsneuling hinreichend „Leitplanke" für die spätere eigene Umsetzung zu bieten.

Bei deren Auswahl und Ausarbeitung stützte sich der Autor u. a. auf die eigene Ausbildung zum technischen Zeichner mit nachfolgenden Tätigkeiten als Konstrukteur und in der Normung. Im Besonderen aber fließen die Erfahrungen aus zwei Jahrzehnten Unterrichtstätigkeit in der Fachschule Maschinenbautechnik ein, in der neben den klassischen Inhalten wie technisches Zeichnen, Berechnen von Maschinenelementen und CAD die Vermittlung der Werkzeuge des methodischen Konstruierens standen und stehen. Leitgedanke ist stets der praktische Nutzen; daran misst sich aus Sicht der Studierenden der Wert der Unterrichtsinhalte und damit die fachliche Akzeptanz. Auch die Betreuung von mittlerweile über 200 Projektarbeiten in Kooperation mit Unternehmen sensibilisierten immer wieder dafür, den theoretischen Rahmen und Beispiele auf die für die Studierenden praktisch relevanten Inhalte zu reduzieren. In enger Zusammenarbeit fand zudem ein stetiger Austausch mit Verantwortlichen der Betriebe statt über Einsatz, Nutzen und Grenzen der Werkzeuge des methodischen Konstruierens.

Die isolierte beispielhafte Umsetzung einzelner methodischer Werkzeuge in der aktuellen Literatur versperrt aus der Erfahrung die Sicht auf das „große Ganze". Ein Alleinstellungsmerkmal dieses Titels ist daher die Abbildung des kompletten Entwicklungsprozesses an Projekten ausgehend von einer Anforderungsliste bis zum fertigungsgerechten Zeichnungssatz. Durchaus kann der Leser punktuell fachlich anderer Meinung sein; dies ist nicht zuletzt auch kennzeichnend für das Entwickeln bzw. Konstruieren (die Begriffe werden hier gleichwertig verwendet). Es gibt für ein technisches Problem i. d. R. keine „die Lösung", sondern mehrere / viele gute. Es ist immer auch eine Frage der Perspektive: Der Techniker neigt dazu, eine technisch optimale als „die Beste" zu bewerten, während der Kaufmann die Marge stärker im Blick hat. Der fortschreitende Stand der Technik bedingt zudem, dass es für technische Fragestellungen auf alle Zeiten festgelegte beste Lösungsprinzipien nicht geben kann.

Weiter werden in diesem Buch Möglichkeiten der Entwicklungsoptimierung aufgezeigt; beispielsweise die Auswahl geeigneter Geometrien bzw. Profilformen entsprechend einer vorgegebenen Lastbeaufschlagung. Hier schließen sich die Themen Kerbwirkung und Kraftfluss an. Vertiefend werden die Möglichkeiten der digitalen Optimierung dargestellt. Dazu zählt die effiziente Einbindung von Bauteilkatalogen und die Nutzung von Softwarewerkzeugen zur Evaluierung wie die sogenannte Kollisionsprüfung.

Die weiter dargestellten Technologien zur digitalen Simulation bilden den Stand der Technik ab und geben Ausblick auf zukünftige Entwicklungen. Dies beginnt mit der Bauteiluntersuchung mittels Finite-Elemente-Methode (FEM) und erstreckt sich bis hin zur Erzeugung sogenannter digitaler Zwillinge als virtuelle Abbilder der realen Produkte. Im Unterkapitel Leichtbau werden Gestaltungsansätze der Querschnittdisziplin Bionik veranschaulicht wie die Topologieoptimierung. Sie simuliert bzw. überträgt das lastangepasste Wachsen beispielsweise von Bäumen auf die Bauteilgestaltung. Zur Herstellung entsprechend komplexer Geometrien kommen u. a. Verfahren des 3D-Drucks wie das Laserstrahlschmelzen zum Einsatz. Weiter werden moderne Leichtbauwerkstoffe wie Carbon oder Konzepte wie die Sandwichbauweise angesprochen.

Einige Abbildungen des Buches sowie die technischen Zeichnungen wurden mit der Konstruktionssoftware SolidWorks erstellt. Die Dateien können auf der Internetseite des Verlags (www.springer.com) direkt auf der Produktseite des Buchs oder auf www.3dEduWorks.de eingesehen oder heruntergeladen werden. Lehrende, Ausbilder, Schüler und Studenten können eine kostenlose Testlizenz mit Laufzeitbegrenzung anfordern unter: www.3dEduWorks.de/service/testlizenz-anfordern.

Besonderer Dank gilt Herrn Thomas Zipsner für seine Unterstützung bei der Entwicklung dieses Titels. Ebenso danke ich den Studierenden der Fachschule Maschinenbautechnik, deren kritische Nachfragen stets dafür sensiblisieren, wie die relevanten Inhalte erfolgreich vermittelt werden können. Dies immer verbunden mit der Zielsetzung, dass sie als zukünftige Mitarbeiter von Entwicklungsabteilungen die Stärken des methodischen Konstruierens gewinnbringend einsetzen werden.

Willich, Sommer 2019   Bernhard Fleischer

Für meine Frau und meinen Sohn, die mir immer hinreichend Freiraum gelassen haben, mich dem Bücherschreiben mit der notwendigen Leidenschaft hingeben zu können. Und für Hans (Hannes) Theumert, der mir ein großes Vorbild ist – als Kollege und Mensch. Weiter gilt mein Dank meinem Kollegen Thomas Alertz für seine zielführenden Hinweise sowie den Studierenden der Fachschule Mönchengladbach, die im Unterricht mit ihren Rückmeldungen dafür sensibilisieren, die Vermittlung der Inhalte passgenau abzubilden.

Inhaltsverzeichnis

1 Einführung

1.1 Begriffe Konstruktion und technische Kommunikation

Der Begriff *Konstruktion* leitet sich ab aus dem Lateinischen „constructio" und bedeutet Zusammenfügung oder Verbindung. Er beschreibt die Abfolge, um einfache Elemente zu einem komplexen Gegenstand zusammenzusetzen. Damit bezieht er sich sowohl auf die Tätigkeiten als auch das eigentliche Ergebnis (Produkt). Ein *Konstrukteur* denkt dabei das Produkt zur Lösung einer technischen Problemstellung bildhaft voraus. *Konstruieren* bezeichnet entsprechend die Handlungen vom Vorausdenken von der Idee bis zur Realisierung. Die Schrift VDI 2223 (Verein Deutscher Ingenieure) definiert den Begriff Konstruieren zusammenfassend wie folgt: „Konstruieren ist das vorwiegend schöpferische, auf Wissen und Erfahrung gegründete und optimale Lösungen anstrebende Vorausdenken technischer Erzeugnisse, Ermitteln ihres funktionellen und strukturellen Aufbaus und Schaffen fertigungsreifer Lösungen."

Am Ende des Konstruktionsprozesses steht damit eine eindeutig beschriebene Darstellung des Produktes. Seine Gestaltung definiert die Eigenschaften, Herstellungsverfahren (Fertigung), Einsatzzwecke und -bereiche, Umweltbeziehungen, Kosten usw. und ist damit Ausgangspunkt aller weiteren Tätigkeiten im Betrieb. Der Konstruktionsabteilung kommt damit eine herausragende Stellung im Unternehmen zu. Voraussetzung für den Produkterfolg ist eine möglichst optimale Konstruktion. Dies ist gegeben, wenn mit geringsten Kosten alle vom Kunden geforderten Funktionen zuverlässig erfüllt werden. Bei der Entwicklung liegt die „Genialität" dabei häufig in der Einfachheit. Oder anders herum ausgedrückt: „Kompliziert und teuer kann jeder". „Einfach" bedeutet in der Regel funktionszuverlässig und kostengünstig (vgl. auch Gestaltungsgrundregeln in Kap. 2.3.3). Einen höheren Preis für eine unerwünschte Übererfüllung wird der Kunde hingegen nicht bezahlen wollen.

Der Konstrukteur muss ein breit gefächertes fachliches Grundwissen einbringen. Hierzu gehören: Technisches Zeichnen, Normung, CAD-Kenntnisse, Statik, Dynamik, Festigkeitslehre, Berechnung von Maschinenelementen, Werkstoffkunde, Fertigungstechnik, Qualitätsmanagement, Gesetzeskenntnisse, EDV-Kenntnisse etc. Die Konstruktionslehre als Wissenschaftsdisziplin bündelt diese Fähig- und Fertigkeiten zielgerichtet, um darauf die Kompetenzen des eigentlichen Konstruierens aufzubauen.

Das Konstruieren ist kein automatisierbarer oder geregelter Vorgang wie beispielsweise Fertigungs- oder Montageoperationen. Vielmehr besteht es aus einem Wechselspiel von kreativen und streng logischen Inhalten. „Blaupausen" für einen genauen Ablauf wird man daher vergeblich suchen. Dieser fehlende Orientierungsrahmen bereitet häufig Schwierigkeiten und stellt hohe Anforderungen an die Selbständigkeit. Das methodische Konstruieren schafft durch eine vorgegebene Systematik eine Art roten Faden. Dies unterstützt im Besonderen den Anfänger in der Ausbildung, sich in der Komplexität zurechtzufinden. Die Konstruktionslehre wird wegen ihrer besonderen Anforderungen an den Mitarbeiter auch schon mal als „Königsdisziplin der Technik" herausgestellt.

© Springer Fachmedien Wiesbaden GmbH, ein Teil von Springer Nature 2019
B. Fleischer, *Methodisches Konstruieren in Ausbildung und Beruf*,
https://doi.org/10.1007/978-3-658-27690-4_1

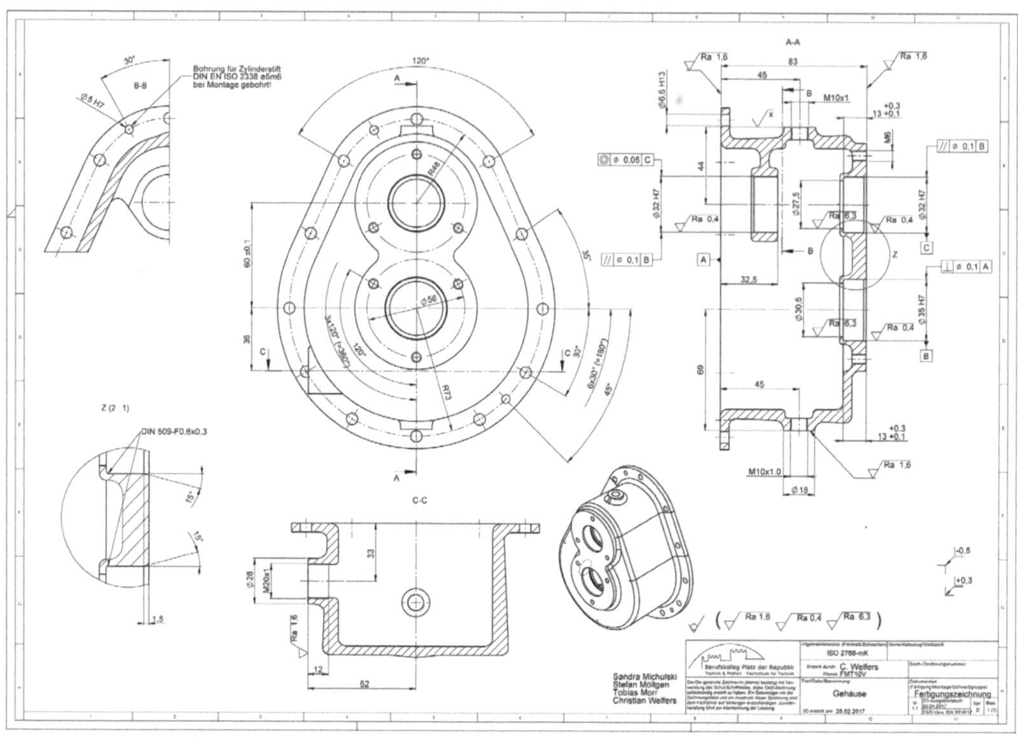

Abb. 1.1 Technische Zeichnung (Getriebegehäuse)

Neben dem *3D-Modell* sind die *technischen Zeichnungen* (vgl. **Abb. 1.1**) nebst zugehörigen Stücklisten die wichtigsten Ergebnisse aus dem Konstruktionsprozess. Zeichnungssätze stellen als sogenannte technische Kommunikation eine Art Universalsprache dar. Sie dienen dem Austausch von Informationen als gemeinsamer Verständigungsform. Ohne einen Standard wäre die Gefahr von Fehlern und Missverständnissen groß. Mit diesen Informationen wird ein Produkt oder ein einzelnes Bauteil des Produktes in allen wichtigen Details (beispielsweise Maße, Material) exakt beschrieben.

Genau wie eine Sprache folgt die *technische Kommunikation* Regeln, an die sich die Beteiligten halten müssen. Diese Regeln werden vor allem durch *Normen* vereinbart. So legt beispielsweise die DIN EN ISO 128 unter anderem fest, in welcher Art und Weise Linien innerhalb einer technischen Zeichnung dargestellt werden (Strichstärke, Linienart etc.). Normen sind nicht vergleichbar mit Gesetzen, sondern gelten in der Technik als Empfehlung: Man kann sich daran halten, muss man aber nicht. Allerdings stellt die konsequente Einhaltung von Normen weitgehend sicher, dass alle Beteiligten dasselbe meinen bzw. verstehen (vgl. auch Kap. 1.6). Sie sind daher als verbindlich anzusehen und bilden zudem den sogenannten *Stand der Technik* ab. Neben Fragen der Wirtschaftlichkeit ist dies vor allem auch immer dann wichtig, wenn durch ein Produkt ein Schaden entsteht und der Verursacher gefunden werden muss (vgl. Ausführungen zum *Produkthaftungsgesetz* in Kap. 2.4).

1.2 Historie des Konstruierens und des technischen Zeichnens

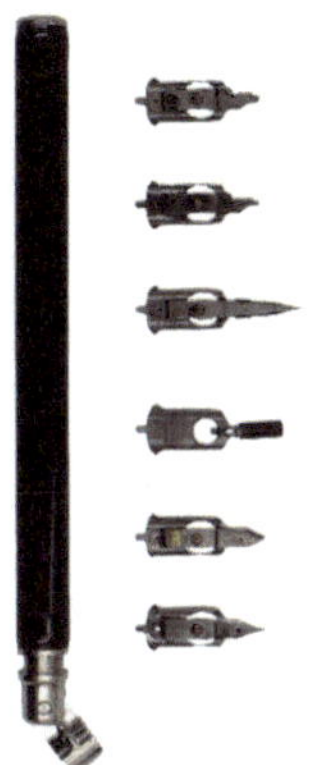

Abb. 1.2 Ziehfeder

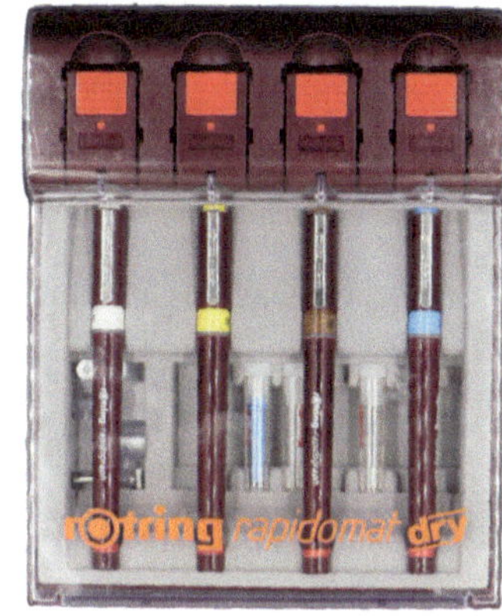

Abb. 1.3 Rapidographen und Schriftschablone

Ab den 1950er Jahren wurden technische Zeichnungen mit Ziehfedern (vgl. **Abb. 1.2**) am Zeichenbrett auf Transparentpapier erstellt (**Abb. 1.4**). Die austauschbaren metallischen Federn am Ende eines Holzgriffs wurden hierzu immer wieder mit Tusche benetzt. Abgelöst wurden diese Zeichengeräte durch sogenannte Rapidographen mit verschiedenen Strichstärken (**Abb. 1.3**), in denen ein austauschbarer Tuschetank integriert war. In der Regel wurde mit Bleistift vorgezeichnet und abschließend nachgezeichnet (bzw. ausgezeichnet). Dies bot die Möglichkeit, bei Fehlern oder Änderungsbedarf die Tusche (mittels Rasierklinge) wegkratzen zu können. Die „Speicherung" der Dokumente erfolgte in entsprechend räumlich großen Archiven, in denen die einzelnen Transparent-Zeichnungen meist nach Format sortiert gelagert wurden. In größeren Unternehmen waren Mitarbeiter noch Anfang der 1990er Jahre ausschließlich damit beschäftigt, auf entsprechenden Vervielfältigungsmaschinen Papierkopien anzufertigen und diese per Hand (nach DIN 824) zu falten.

Abb. 1.4 Konstruktion um 1960
(Bild: Bundesarchiv, Bild 183-70282-0001/
CC-BY-SA 3.0)

Spätestens Mitte der 1990er Jahre hielten *2D-CAD-Systeme* (*CAD: computer-aided design* = rechnerunterstütztes Konstruieren) Einzug in viele Konstruktionsabteilungen (Beispiele: ME10, AutoCAD). Mit ihnen konnten erstmals technische Zeichnungen ausschließlich am Rechner erstellt werden. Die Menüführung wurde in der Regel über ein großes Tablett bewerkstelligt. Speicherplatz war nur sehr begrenzt verfügbar. In der Norm für Linienarten gab es daher eigens eine als Zickzacklinie benannte Alternative zur händischen Freihandlinie, da sie weniger Speicherplatz verbrauchte und von den damaligen Stiftplottern als Ausgabegerät besser verarbeitet werden konnte. Nicht zuletzt auch wegen der damals im Vergleich gering entwickelten Betriebssysteme und Rechnergeschwindigkeiten war das Zeichnen mittels Computer sehr aufwendig. Hier bot sich aber erstmals die Möglichkeit, technische Zeichnungen elektronisch zu speichern und direkt in Mehrfachkopie zu vervielfältigen (drucken).

In der Übergangszeit wurden in Konstruktionsabteilungen oftmals ganze Baugruppen von technischen Angestellten (*Technische Zeichner*; heute: *Produktdesigner*) von Tuschezeichnungen in den Rechner übertragen. Die Zeichnungserstellung mittels 2D-CAD-System war in erster Linie eine zeitsparende Alternative zum Zeichnen von Hand und ermöglichte zudem schnelle Änderungen. Die Vorteile der jederzeitigen Verfügbarkeit der Dokumente und Änderbarkeit verhalf der Technologie zum Durchbruch. Typische Tätigkeiten des Technischen Zeichners wie einfache Korrekturen entfielen zunehmend. Diese verlagerten sich auf den Konstrukteur, dem der Technische Zeichner zugearbeitet hat.

Mit Einzug von 3D-CAD-Systemen änderte sich die Philosophie des Konstruierens und des technischen Zeichnens grundlegend. Sie sind in erster Linie Konstruktionsprogramme (und keine Zeichenprogramme). Zielsetzung eines 3D-Systems ist das Modellieren von Bauteilen und darauf aufbauend von Baugruppen als räumliche Elemente im Rechner (vgl. **Abb. 1.5**). Die eigentliche technische Zeichnung mit zugehöriger Bauteilliste (*Stückliste*) kann gewissermaßen als Nebenprodukt vom System inklusive notwendiger Maße erstellt (abgeleitet) werden. Die Auswahl der richtigen Linienstärken und Schriftgrößen sowie die fachlich korrekte Ableitung von Ansichten innerhalb einer technischen Zeichnung übernimmt das System. Sind beispielsweise die unterschiedlichen Linienstärken in einer Vorlage hinterlegt, so wird das Konstruktionsprogramm bei der Ableitung der technischen Zeichnung selbständig die richtigen Zuordnungen treffen. Programme mit dem größten Verbreitungsgrad sind aktuell: SolidWorks, Inventor, Catia, Creo (früher Pro/ENGINEER), Solid Edge.

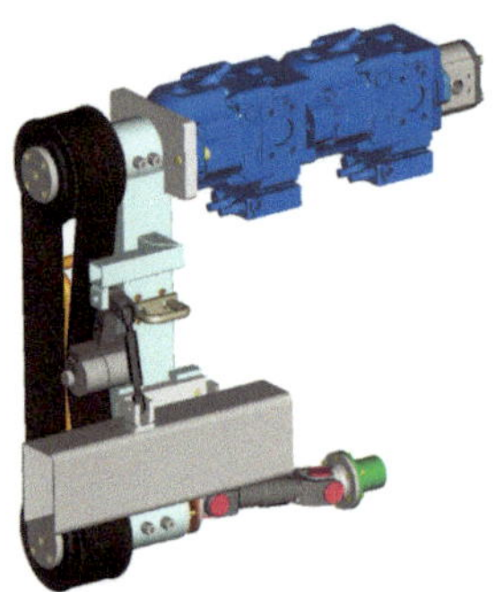

Abb. 1.5 3D-Modell (Antrieb einer Wasserpumpe)
(Bild: Projektarbeit Fachschule für Technik;
T. Hurtz, M. Pelzer, A. Steinhäuser)

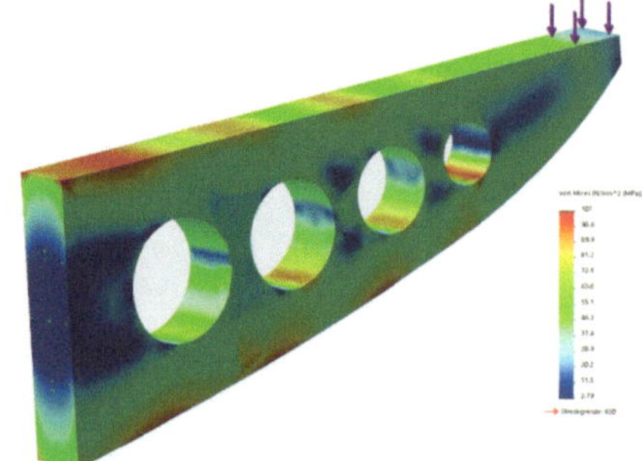

Abb. 1.6 FEM-Untersuchung

1.3 Stand der Technik im Konstruieren

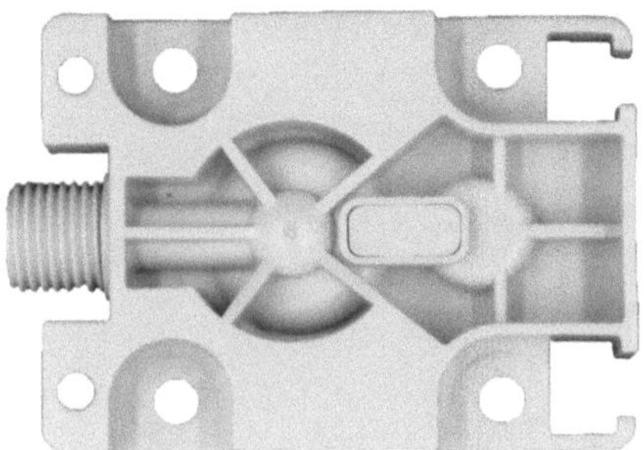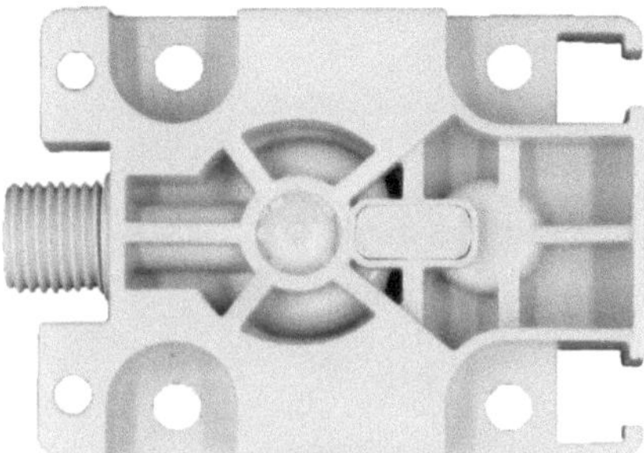

Abb. 1.7 Prototypen zur Optimierung eines Pumpendeckels hinsichtlich Verformung

Üblicherweise arbeiten Firmen aktuell, vor allem wenn sie eine eigene Konstruktionsabteilung haben, mit einem 3D-CAD-System. Dies trifft in der Regel sogar auf Erzeuger einfacher Produkte wie Bleche oder Buchsen zu. Über elektronische Schnittstellen können Daten zwischen unterschiedlichen Konstruktionsprogrammen ausgetauscht werden (*Konvertierung*). Die äußere Gestalt des Modells bleibt dabei unverändert bestehen. Allerdings gehen häufig Details der Modellerzeugung verloren. So ist vielleicht ein Radius an einer Körperkante nach der Konvertierung mit einem anderen Programm nachträglich nicht mehr änderbar (editierbar).

Ausgehend vom 3D-Modell kann der Konstrukteur nachprüfen, ob das Modell den geforderten Belastungen (z. B. Kräfte, Massen) im späteren Einsatzfall standhält. Hierzu wird das Bauteil (oder eine Baugruppe) mit der sogenannten *FEM* (*Finite-Elemente-Methode*, vgl. **Abb. 1.6**) untersucht. Das Bauteil wird dabei virtuell den äußeren Bedingungen ausgesetzt (*Simulation*). Die Software ermittelt die gesuchten physikalischen Reaktionen. Diese können beispielsweise sein: Spannung, Dauerfestigkeit, Verformung, Schallausbreitung, Strömungsverhalten, Magnetismus. Auf der Basis dieser Erkenntnisse erfolgen dann schrittweise Optimierungen am Modell und an späteren *Prototypen* (vgl. **Abb. 1.7**). Mit Bewegungsanalysen (*Kinematik*) kann die Funktionsfähigkeit im Betrieb simuliert werden. Und selbst die Erzeugung künstlicher Welten (*Virtualisierung*; vgl. in **Abb. 1.13**) bis hin zu Führerständen (Deutsche Bahn, Cockpit) und ganzer Fabriken werden bereits umgesetzt.

Beim Leichtbau kommen weitere Strategien bzw. Programme zum Einsatz. Typische Branchen sind hier Luft- und Raumfahrt sowie die Automobilproduktion. Ziel von Leichtbau ist, mit möglichst wenig Material (bzw. Masse und damit Gewichtskraft) eine vorgegebene Belastung betriebssicher zu ertragen. Dadurch wird der Energieverbrauch (Treibstoff) reduziert, der meist den wichtigsten Einfluss auf die Betriebskosten des Produktes (z. B. Auto, Flugzeug) darstellt. Eine Strategie ist die *Topologieoptimierung* (siehe **Abb. 1.8**). Dem elektronischen Modell wird dabei stetig Material entnommen und es wird wiederholt virtuell äußeren Belastungen ausgesetzt. Die generierten Strukturen erinnern an Gebilde, wie sie in der Natur vorkommen. Dies ist keineswegs zufällig, da sich als Ergebnis der Evolution ausschließlich Geometrien durchgesetzt haben, die mit möglichst wenig Material- und damit Energieaufwand den äußeren Bedingungen (beispielsweise Windkraft beim Baum etc.) standhalten können. Kombiniert wird dies häufig mit der Methode Formoptimierung (vgl. **Abb. 1.9**). Mit ihr werden Belastungsspitzen reduziert.

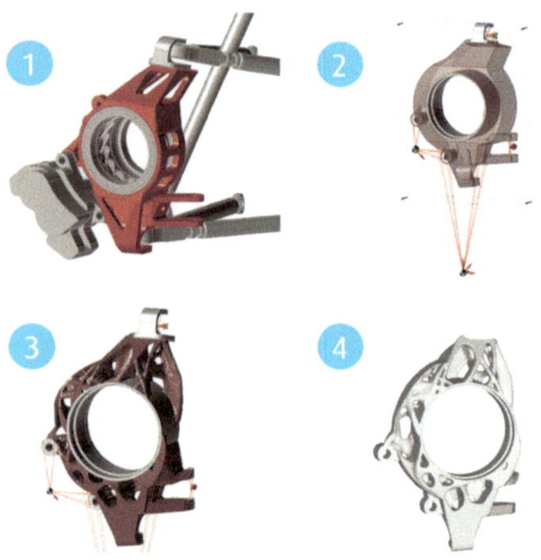

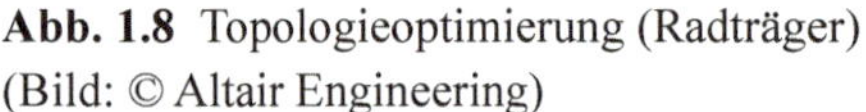

Abb. 1.8 Topologieoptimierung (Radträger)
(Bild: © Altair Engineering)

Abb. 1.9 Formoptimierung über Kerbgeometrie

Beide Strategien zählen zur Wissenschaft der *Bionik*. Dies ist ein Kunstwort, welches sich aus den Begriffen Biologie und Technik zusammensetzt. Eine bekannte Übertragung aus der Biologie in die Technik ist beispielsweise der Lotoseffekt von der gleichnamigen Lotosblume. Wasser bzw. Flüssigkeiten perlen unmittelbar von der Blattoberfläche ab und nehmen dabei Schmutzpartikel mit. Technische Umsetzung findet dies u. a. als Industriefarbe für Außenfassaden und führt dadurch zu Einsparungen bei Reinigungskosten. Anwendungen ergeben sich auch bei Geschirr, Dachziegeln, Autolacken und wasserlosen Urinalen.

Die hochgebogenen Enden an der Spitzen von Flugzeugtragflächen (Winglets; **Abb. 1.10**) haben ihre Vorbilder bei den Vögeln. Diese führen zu günstigeren Verhältnissen bei der Strömung und verringern dadurch den Energieverbrauch. Weitere strömungstechnische Übertragungen aus der Natur ergeben sich beispielsweise bei der Haifischhaut (Schiffsrümpfe, Schwimmanzüge) oder der Rumpfform von Pinguinen (Auto, Windräder, Flugzeuge).

Abb. 1.10 Aerodynamisch günstige Flügelenden nach dem Vorbild der Natur (Winglets)
(Bild links: Miguel Ángel Sanz, Unsplash; Bild rechts: Peter R. Cavanagh)

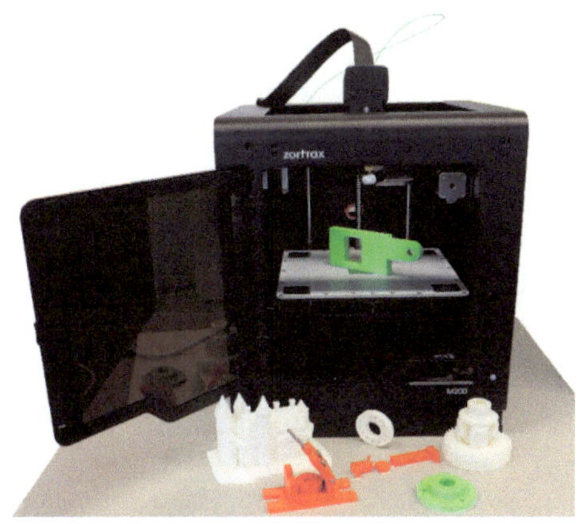

Abb. 1.11 Rapid Prototyping (Hobbybereich)

Abb. 1.12 Gelenk Motorhaube
(Bild: © EDAG)

Ziel der Bionik ist aber nicht das bloße Kopieren natürlicher Formen und Strukturen. Am Beispiel der Topologieoptimierung wird die Fragestellung deutlich, wie und ob diese Geometrien überhaupt hergestellt (gefertigt) werden können. Mit den üblichen Fertigungsverfahren wie Drehen, Fräsen etc. ist dies oft nicht oder nur sehr aufwendig möglich. Hier gewinnen dann Verfahren des *3D-Drucks* (*Rapid Prototyping*) enorme Bedeutung, die auch schon im Hobbybereich bezahl- und verfügbar sind (vgl. **Abb. 1.11**). Hinsichtlich der Formgebung und Material gibt es bei diesem Verfahren fast keine Einschränkung. Selbst Bauteile aus Stahl lassen sich so herstellen (**Abb. 1.12**). In der Luftfahrt werden bereits Bauteile in Serie gedruckt (vgl. **Abb. 5.21** und Ausführungen hierzu). Wirtschaftliche Grenzen findet das Rapid Prototyping aktuell noch vor allem durch die hohe Produktionszeit der Bauteile. Dem gegenüber ergeben sich Kostenvorteile beispielsweise bei Lagerhaltung oder/und Werkzeugbau.

Häufig können bereits in der 3D-Konstruktionssoftware die Bearbeitungsprogramme für die CNC-gesteuerten Fertigungsmaschinen erzeugt werden (*CADCAM*). Per Datenleitung erfolgt im einfachsten Fall die Übertragung auf die Maschine, nachdem der Fertigungsprozess am Rechner simuliert wurde. Eine abgeleitete technische Zeichnung ist damit ggf. entbehrlich. Gleiches gilt zunehmend für Montageprozesse: Modelle können direkt mittels spezieller Programme (*Viewer*) auf Bildschirmen angezeigt werden. Diese Viewer ermöglichen das virtuelle Drehen, Schneiden, Auseinanderziehen etc. der zu montierenden Baugruppe sowie das Messen von Abständen.

Auch in weiteren Bereichen wie dem Qualitätsmanagement ist eine technische Zeichnung zunehmend verzichtbar, indem direkt auf die Modelldaten zugegriffen wird. Die Steuerung der Daten in einem Unternehmen erfolgt über ein *Produktlebenszyklusmanagement* (*PLM*). Hier laufen alle Informationen beginnend mit dem Modell zusammen und werden entsprechend gesteuert. Eine weitere Entwicklung ist der umgekehrte Weg: Ein Bauteil, beispielsweise der Konkurrenz, wird mittels 3D-Scanner eingelesen, als Modell aufbereitet und anschließend mit kleinen Änderungen versehen, um Patentrechtsverletzungen zu umgehen. Diese Methode wird als *Reverse Engineering* bezeichnet. Auch hier sind schon Geräte für den Heimbedarf verfügbar.

Das Modell als Ausgangsprodukt aller Prozesse in einem Betrieb wird immer wichtiger und verdrängt zunehmend die technische Zeichnung. Eine unvollständige Übersicht über die Einsatzbereiche eines Modells gibt die nachfolgende Darstellung (**Abb. 1.13**).

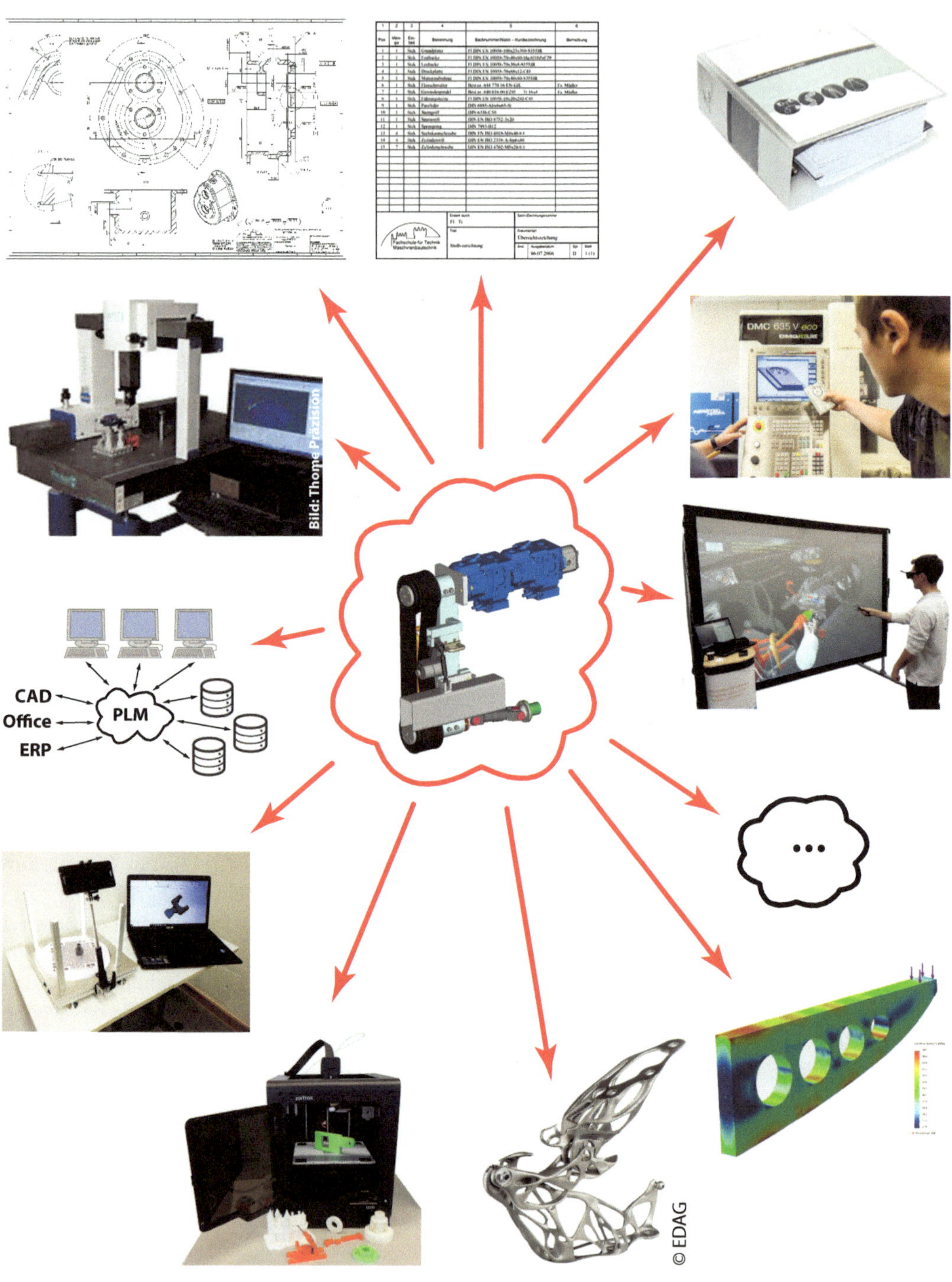

Abb. 1.13 3D-Modell als Datenbasis

Der Rechner mit seiner Konstruktionssoftware ist heute zentrales Element im Rahmen der Produktentwicklung und aller nachgelagerten betrieblichen Abläufe. Dies bezieht sich nicht nur auf das Endprodukt sondern auch auf den eigentlichen Konstruktionsprozess. Zu Beginn der Digitalisierung diente der Computer, wie bereits dargestellt, vorrangig als Alternative zur Zeichnungserstellung am Brett. Dies wurde ergänzt durch hochspezialisierte Programme zur Auslegung von Maschinenelementen, zur Bauteilsimulation (FEM etc.) und weiteren Anwendungen. Aktuell ist ein Zusammenwachsen dieser Systeme in Richtung einer gemeinsamen und durchgängigen Datenverfügbarkeit sowie Nutzeroberfläche als Programmsystem Stand der Entwicklung. Dies wird als *virtuelle Produktentwicklung* bezeichnet (vgl. **Abb. 1.14**). Im Mittelpunkt steht dabei das elektronische 3D-Modell (*Digital Mock-Up*).

Im Rahmen der Produktentwicklung werden an diesen virtuellen Produktmodellen im Besonderen bei Serien- und Massenerzeugnissen Berechnungen und Simulationen zur Optimierung der Gebrauchsfähigkeit und Kostenreduzierung durchgeführt. Durch diese Vorgehensweise kann bereits aktuell ein Teil der bislang üblicherweise gefertigten Prototypen (*Physical Mock-Up*) ersatzlos entfallen. Hierdurch verkürzt sich die Durchlaufzeit in der Produktentwicklung (*time to market*). Auch wird durch die elektronische Verfügbarkeit eines Modells das *Simultaneous Engineering* ermöglicht. Dies meint, dass beispielsweise durch cloudbasierte Arbeitsweise Produktentwicklungsschritte nicht mehr nacheinander, sondern zeitparallel oder überlappend durchgeführt werden. Über die Schaffung sogenannter *digitaler Zwillinge* ist es möglich, reale Lebensdauer- und Verschleißprognosen zu erstellen. Dies erschließt weitere Kostenvorteile beispielsweise durch optimale Wartungsprozesse, die auf den zustandsorientieren (tatsächlichen) Verschleiß abgestimmt sind (*prädiktive Wartung*) .

Schöpferische bzw. kreative Tätigkeiten können aktuell bislang nur unzureichend durch Rechnereinsatz abgebildet werden. Hier liegen die Stärken des Menschen. Er ist weit besser in der Lage, eine Aufgabe ganzheitlich zu betrachten. Entsprechend können und sollten Auswahl-, Bewertungs- und Korrekturentscheidungen nicht dem Rechner überlassen werden. In der Gesamtbetrachtung kann ein Rechner daher den Konstrukteur nicht ersetzen. Er ist ihm aber ein wertvolles Hilfsmittel, das ihn auf dem Weg zur Entwicklung eines möglichst optimalen Produktes effektiv unterstützt und von Routinearbeiten entlastet.

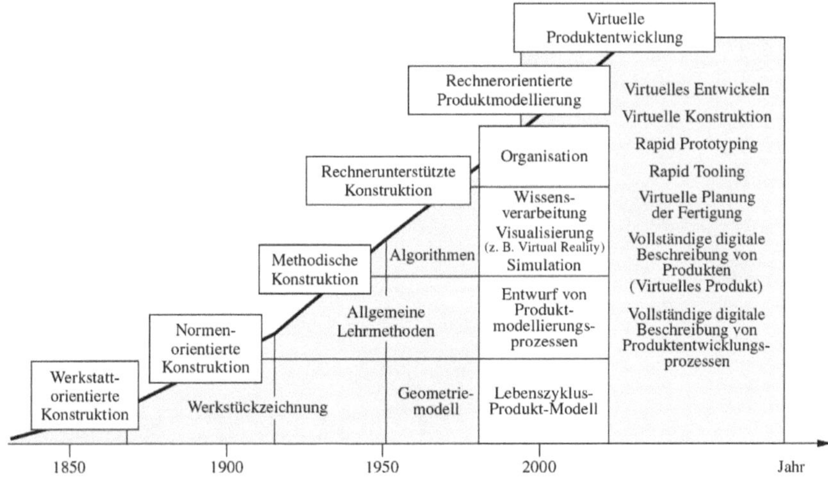

Abb. 1.14 Evolutionsphasen des Konstruierens (Bild: Roloff/Matek: Maschinenelemente; Aufl. 23.)

1.4 Auswirkungen der 3D-Technologie auf Arbeitsplätze

Der Fortschritt durch die 3D-Technologie hat nachhaltige Konsequenzen für die damit in Verbindung stehenden beruflichen Aufgabenbereiche. Am ehesten ist dies über die vergangenen Jahrzehnte in den Konstruktionsabteilungen festzustellen. Je nach Firmengröße und Produkt waren in der Regel mehrere Technische Zeichner (Produktdesigner) unmittelbar einem Konstrukteur zugeordnet. Deren Tätigkeit bestand im Kern in der Änderungsdurchführung bei bestehenden und Anlegen neuer technischer Zeichnungen. Gerade hier bringen aktuelle *3D-CAD-Systeme* enorme Zeitersparnis. Diese Aufgaben werden mittlerweile vom Konstrukteur im Zuge der Produktentwicklung überwiegend selbst erledigt.

Auch hat man in früheren Jahrzehnten sehr aufwendig kontrollieren müssen, ob sich Bauteile in der Umgebung Ihrer Baugruppe unzulässig einschränken, berühren oder durchdringen. Die Ungenauigkeit technischer Zeichnungen hat verhindert, dass man die Transparente zu Prüfzwecken beispielsweise einfach übereinanderlegen konnte. Aktuell reicht eine einfache Prüfung des Modells im Rechner (z. B. durch eine *Kollisionsprüfung*). Mögliche Fehler werden vom Programm entsprechend identifiziert und markiert. Kinematische Untersuchungen der Baugruppe zeigen, ob die Funktion wie gefordert realisiert ist.

Wegen des Wegfalls und der Veränderung vieler Tätigkeitsfelder des klassischen Technischen Zeichners wurde der Beruf zuletzt im Jahr 2011 neu geordnet und die Berufsbezeichnung hin zum Produktdesigner geändert; dies entspricht der aktuellen Berufspraxis inhaltlich deutlich stärker. Die Aufgaben haben sich verschoben von vergleichsweise geringwertigen Routinearbeiten hin zu unterstützenden Konstruktionstätigkeiten. Die Zahl der angestellten Produktdesigner hat sich durch die Rationalisierungseffekte von 3D-Software deutlich verringert. Konstruktionsbüros bestehen mittlerweile meist als Großraumbüros aus Rechnerarbeitsplätzen.

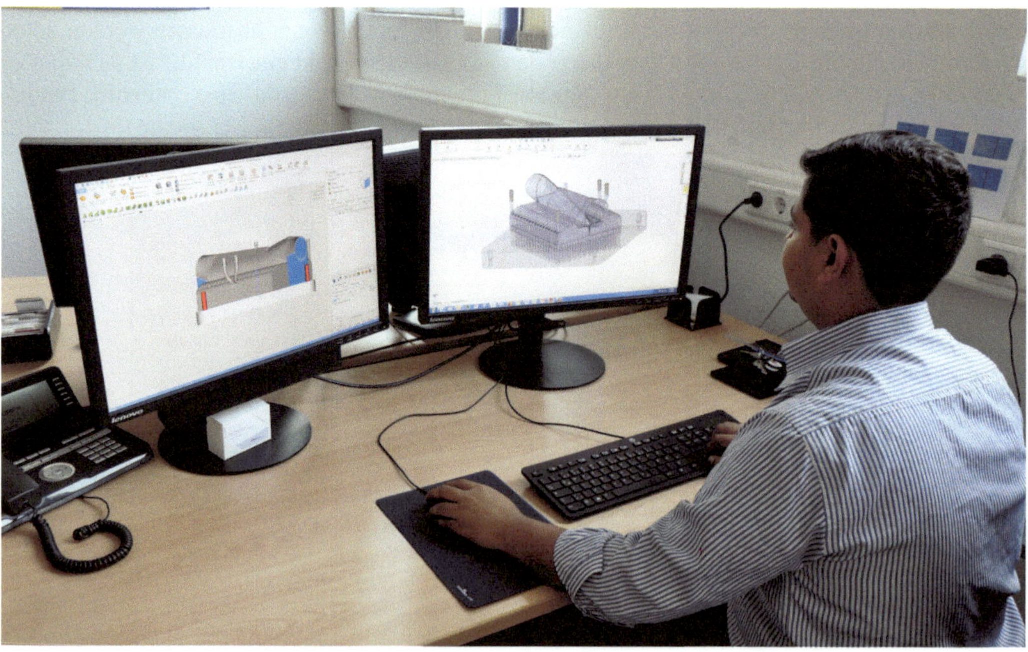

Abb. 1.15 Aktueller CAD-Arbeitsplatz (Bild: © voestalpine Additive Manufacturing GmbH)

Die Entwicklung hat auch auf die angrenzenden Abteilungen weitreichende Auswirkungen. Beispielsweise können die virtuellen Modelle in der Montage an einem Bildschirm aufgerufen werden (vgl. auch Ausführungen zu Viewern zuvor). Einzelne Schritte und Maße sind unmittelbar dem Modell entnehmbar. Weitreichend sind auch die Konsequenzen für die Fertigung und Arbeitsplanung. In den Anfängen des Einsatzes von CNC-Maschinen wurde deren Programmierung vom Facharbeiter an der Maschine durchgeführt. Aktuell können die notwendigen Fertigungsroutinen bereits im Konstruktionsprogramm aufbereitet und direkt in die Maschine eingespielt werden. Die Maschine wird vom Facharbeiter lediglich überwacht; nur bei Störfällen greift er ein.

Durch die großen Entwicklungsfortschritte im Bereich des Rapid Prototyping sind zukünftig umfangreiche Neuerungen in den Fertigungsabteilungen zu erwarten. Wegen der Freiheit in der Geometriegebung muss bei der Produktentwicklung kaum/keine Rücksicht mehr auf darauf abzustimmende Fertigungsverfahren (oder umgekehrt) genommen werden. Es ist davon auszugehen, dass klassische Verfahren wie Fräsen, Drehen, Schweißen, Gießen etc. zunehmend durch die Möglichkeiten des 3D-Drucks abgelöst oder zumindest ergänzt werden.

Weiter beschleunigt wird diese Entwicklung durch eine immer tiefere digitale Durchdringung aller Ebenen in einem Betrieb (Schlagwort: *Industrie 4.0*). Im Idealfall bestellt ein Kunde im Internet ein Produkt, welches unmittelbar im Betrieb automatisiert digital aufbereitet wird. Bestellprozesse für Material etc. und die Programmierung der Fertigungsmaschinen werden vom System angestoßen. Am Ende der Fertigungskette erfolgt die Auslösung von Verpackung und Versendung zum Kunden. Je nach Produkt und Realisierungsgrad der Prozesskette ist ggf. gar keine technische Zeichnung mehr entstanden. Das Modell beinhaltet dann als Informationsträger bereits alle wichtigen Daten des Produkts.

1.5 Konsequenzen für die zeichnerische Ausbildung

Wenn die 3D-Modellierung zunehmend die technische Zeichnung (und andere Dokumente) ablöst stellt sich die Frage: Muss man in einer (metall-)technischen Ausbildung das Erstellen „von Hand" noch erlernen? Ggf. auch noch mit Bleistift auf Karton oder gar Tusche? Oder sollte man zumindest im Zeichnungslesen gut geschult sein? Zunächst: Die Unternehmen haben noch lange nicht durchgängig auf 3D-CAD-Systeme umgestellt. Und bei Verfahren wie dem Rapid Prototyping werden wichtige Informationen wie beispielsweise Toleranzen in der Regel (noch) der zugehörigen technischen Zeichnung entnommen. Und: Altdaten liegen häufig als klassische technische Zeichnung vor. Es wird mutmaßlich noch Jahrzehnte dauern, bis diese in den Unternehmen vollständig verdrängt sind. Ein Grundverständnis im Lesen technischer Zeichnungen wird daher noch länger eine Rolle spielen.

Bei der Zeichnungserstellung stellt es sich anders dar: Der Ausbildungs- und Lehrplan des früheren Technischen Zeichners sah beispielsweise die Darstellung von Durchdringen vor. Dies können zwei Zylinder sein (vgl. **Abb. 1.16**). Die zwischen den Körpern entstehenden Berührungslinien müssen auf dem „händischen" Weg nach aufwendigen geometrischen Verfahren konstruiert werden und stellen immer nur eine Näherung dar. Ein 3D-CAD-System erzeugt diese Linien automatisch, exakt und unmittelbar. Gleiches gilt für Abwicklungen (vgl. **Abb. 1.17**).

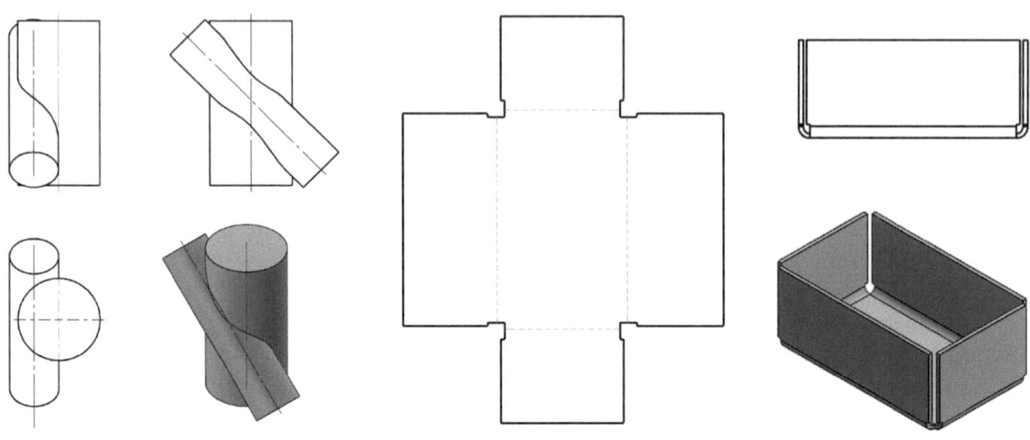

Abb. 1.16 Durchdringung   **Bild 1.17** Abwicklung

Wozu sollte es noch sinnvoll sein, eine Abwicklung „von Hand" zu beherrschen? In Nischen wie im Handwerk beim Treppenbau in Einzelfertigung o. Ä. mag das noch wirtschaftlich vertretbar sein. Aber grundsätzlich stellen solche „klassischen" Fertigkeiten für den späteren Facharbeiter einen untergeordneten beruflichen Nutzwert dar.

Auch im Bereich der Anwendung von Normen hat die technische Entwicklung weitreichend Konsequenzen: Wird beispielsweise eine Zylinderschraube mit Innensechskant (DIN EN ISO 4762) in einem Blech verbaut, so ist hierzu eine zugehörige Senkung im Blech vorzusehen (DIN 974; siehe **Abb. 1.18**). In Zeiten von 2D mussten die entsprechenden Maße aus Fachbüchern oder direkt aus der Norm (Beispiel **Abb 1.19**) herausgesucht werden. Beim Konstruieren mit einem 3D-System wird die Schraube in der Regel in einem elektronischen Bauteilkatalog ausgewählt und die zugehörige Senkung mit einem Programmbefehl an die vorgesehene Stelle gesetzt. Die eigentliche Norm ist dabei für den Konstrukteur entbehrlich.

Die Maße von Schraube und Senkung sind im Programm hinterlegt. Bei der späteren Zeichnungsableitung genügt die Auswahl der Bauteilkanten für die Erzeugung der Maßangaben. Das Programm wird die Maße aus internen Tabellen auf Basis der entsprechenden Normen zuordnen. Von dieser Recherche wird der Mitarbeiter entlastet. Zudem schließt sich falsches Ablesen als potenzielle Fehlerquelle aus.

Am Beispiel der Zylinderschraube mit Schlitz (**Abb. 1.18**, außen rechts) wird ein „Problem" von Normung bei der elektronischen Umsetzung deutlich. In der Ansicht von oben (Draufsicht, untere Abbildung) muss der Schlitz nach Norm um 45° gedreht dargestellt werden. Ein 3D-System wird aber immer die „wahre Welt" aus dem Modell ableiten. Und in diesem ist der Schlitz gerade angeordnet (**Abb. 1.18**, oben). 3D-Systeme sind vor allem in Fragen der Darstellung nur bedingt normkompatibel. Auch werden Splinte (DIN EN ISO 1234) im eingebauten Zustand mit umgebogenen Enden dargestellt. In **Abb. 3.34** wird darauf verzichtet, da das Modell im ungebogenen (unmontierten) Zustand einer Datenbank entnommen wurde.

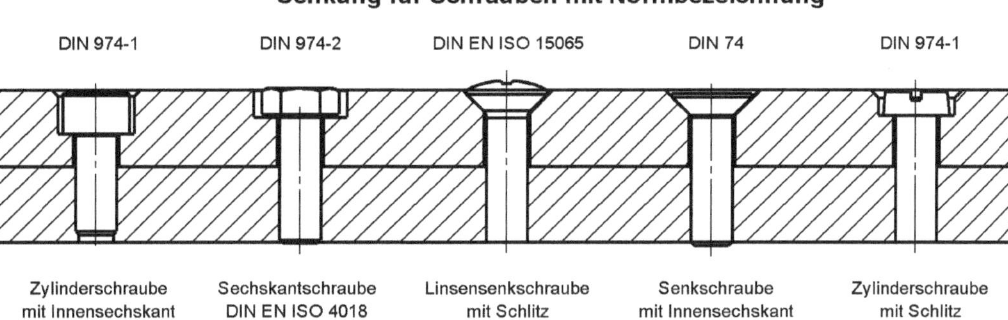

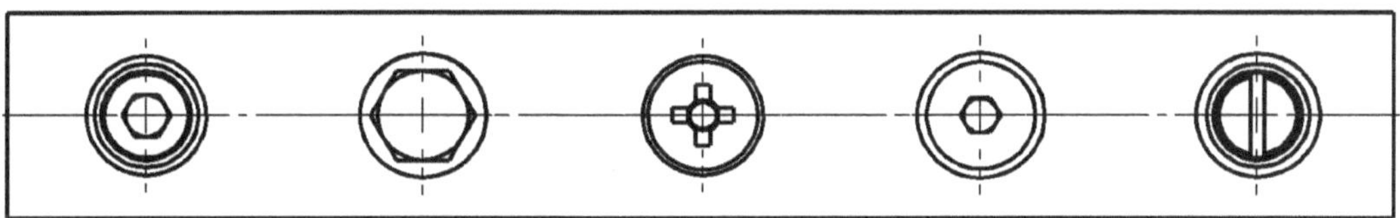

Abb. 1.18 Schrauben mit zugehörigen Senkungen

Grundsätzlich kann eine Modellierungssoftware „auf Knopfdruck" jede beliebige und noch so komplexe Zeichnungsansicht ableiten. Aber der Bediener muss entscheiden, welche Ansichten und Details für den späteren Einsatzzweck der Zeichnung sinnvoll und wichtig sind. Auch notwendige Nacharbeiten muss er selbständig erkennen und durchführen, um mögliche Fehlerquellen durch missverständliche oder fehlerhafte/fehlende Informationen auf der Zeichnung zu minimieren; so beispielsweise die Festlegung von erlaubten Maßabweichungen (Toleranzen) für Bohrungsdurchmesser etc. Oder aber in der Darstellung werden Symbole wie Mittelkreuze als Kennzeichnung des Kreises vom Schraubenkopf nachgetragen.

　　　Eine „Normhörigkeit" kann dabei aber auch nicht Ziel sein. Am Beispiel des Schlitzes im Schraubenkopf wäre eine nachträgliche Manipulation der Zeichnungsableitung vergleichsweise aufwendig. Den Informationswert der Zeichnung würde diese Nacharbeit auch nur unbedeutend erhöhen. Dieses Missverhältnis entspricht nicht dem Sinn von Normung; Normen sind kein Selbstzweck. Ohnehin sind sie nur Empfehlungen (vgl. nächstes Kapitel). Vorbeugende Fehlervermeidung durch Eindeutigkeit muss der leitende Gedanke bei der Zeichnungserstellung sein.

1.6 Bedeutung, Entstehung und Reichweite von Normen

Zu *Normen* gibt es häufig Missverständnisse und falsche Vorstellungen. Grundsätzlich haben Normen keine Rechtswirkung wie beispielsweise Gesetze. Vielmehr sind sie vom Status her Empfehlungen. Allerdings stellen sie in der Regel den Stand der Technik dar. Entsprechend werden sie oft schon bei Vertragsabschlüssen verbindlich vereinbart und bei einem Produktversagen zur Klärung von Haftungsfragen herangezogen. In einigen sicherheitsrelevanten Bereichen wird deren Einhaltung sogar vom Gesetzgeber ausdrücklich gefordert. Umgekehrt ist die Einhaltung von Normen aber auch kein „Freibrief" im Rahmen des Produkthaftungsgesetzes (vgl. Kap. 2.4 Produktsicherheit). Genauso entbindet das Bestehen der TÜV-Untersuchung den Halter des Fahrzeugs nicht, selbst für den ordnungsgemäßen Zustand des Fahrzeugs verantwortlich zu sein.

Das übergeordnete und wichtigste Ziel von Normung ist: Kosteneinsparung durch Vereinheitlichung (Standardisierung). Der gesamtwirtschaftliche Nutzen von Normung wird aktuell für die BRD mit knapp 17 Milliarden Euro beziffert (Quelle: *DIN* Deutsches Institut für Normung e. V.: Der gesamtwirtschaftliche Nutzen der Normung). Dem steht ein Aufwand von lediglich ca. 700 Millionen Euro für die Normung entgegen. Beim Erstellen technischer Unterlagen standardisieren beispielsweise Zeichnungsnormen, in welcher Art und Weise ein eigentlich dreidimensionaler Körper als zweidimensionale Darstellung abgebildet wird. Die Normen definieren dabei Standards, so dass Eindeutigkeit geschaffen wird – Zeichnungsersteller und -leser haben über die Normen eine verbindliche „gemeinsame Sprache". Weitere wichtige Zielsetzungen von Normung sind: Sicherheit, Verbraucherschutz, Gesundheit, Arbeits- und Umweltschutz.

In den Anfangszeiten der Normung wurden vor allem typische Bauteile des Maschinenbaus in ihrer Geometrie standardisiert. 1918 wurde mit dem Kegelstift das erste Bauteil als DIN 1 vereinheitlicht. Einspareffekte ergeben sich für Hersteller wie Verbraucher beispielsweise durch die Massenfertigung. Daher sind bei typischen Bauteilen (Schrauben, Scheiben, Muttern etc.) grundsätzlich vorhandene Größen nach Norm zu bevorzugen.

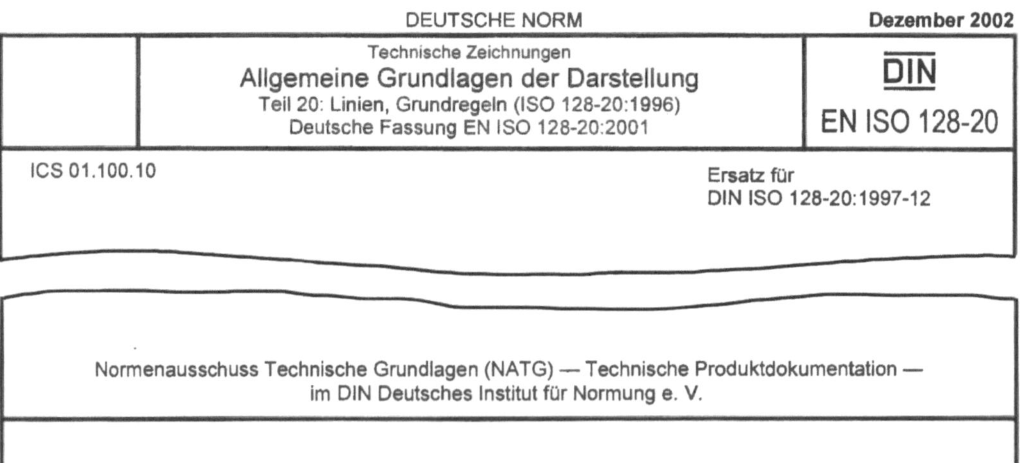

Abb. 1.19 Deckblatt der Norm zu Linienarten

Aber es steht jedem frei, „irgendwelche" Maße an seinen Bauteilen umzusetzen. So legt die DIN 13 die Durchmesser von metrischen Gewinden (beispielsweise für Schrauben) fest. Ein Hersteller könnte abweichend von dieser Norm ein beliebiges Maß fertigen. Dies ist zunächst vergleichsweise teuer, weil es die einzusetzenden Werkzeuge (Gewindeschneider etc.) auch nicht als Massenware gibt (wenn überhaupt). Das aber kann durchaus beabsichtigtes Ziel sein: Wenn ein Unternehmen genau nicht will, dass seine Baugruppe mit Standardwerkzeugen geöffnet bzw. demontiert werden kann. Häufig ist dies im Bereich der Kfz-Technik beobachtbar, wo selbst für einfachste Arbeiten Spezialwerkzeuge benötigt werden. Schon ein Birnenwechsel kann dann nur noch in der Fachwerkstatt erfolgen.

Mittlerweile haben sich Normen aber weit über das ursprüngliche Feld der Geometriefestlegung hinaus verbreitet. Einige Normen standardisieren, wie bestimmte Bauteile zu berechnen sind (Beispiel DIN ISO 281: Wälzlager-Dynamische Tragzahlen und nominelle Lebensdauer). Auch Festlegungen zur Prüfung von Sicherheiten über den Maschinenbau hinaus werden vereinheitlicht wie die Beschaffenheit von Kindersitzen in Straßenfahrzeugen (ISO 13 216) oder von Schulranzen (DIN 58 124: Schulranzen-Anforderungen und Prüfungen). Mit der Zielsetzung „Einsparung durch Vereinheitlichung" werden mittlerweile sogar Dienstleistungen genormt (Beispiel DIN 77 400: Reinigungsdienstleistungen-Schulgebäude-Anforderungen an die Reinigung). In dieser Norm werden Verschmutzungsgrade definiert und bewertet. So sind Reinigungskosten vergleichsweise verlässlich kalkulierbar.

Und natürlich gibt es eine Norm, die das Normen normt (DIN 820: Normungsarbeit). Im Einleitungstext wird das Ziel wie folgt dargelegt: „Normung ist die planmäßige, durch die interessierten Kreise gemeinschaftlich durchgeführte Vereinheitlichung von materiellen und immateriellen Gegenständen zum Nutzen der Allgemeinheit" (Quelle: DIN 820-1: Normungsarbeit, Teil 1: Grundsätze). In ihr wird u. a. auch geregelt, welche Personengruppen einem Normenausschuss angehören.

Die Ausschüsse setzen sich auf freiwilliger Basis aus Personen zusammen, die in irgendeiner Form mit dem zu standardisierenden Sachverhalt in Verbindung stehen. Sie vertreten dann als Experten Interessensgruppen wie: Hersteller, Handel, Industrie, Wissenschaft, Verbraucher, Prüfinstitute, Behörden etc. Grundsätzlich kann aber jede Privatperson nicht nur bei der Erarbeitung mitwirken, sondern sogar eine Norm beantragen. Kampfabstimmungen sollen bei der Ausschussarbeit bei Festlegungen zugunsten ausführlicher Diskussion und Berücksichtigung aller Rahmenbedingungen vermieden werden, um eine höchstmögliche Übereinstimmung der Interessen zu erzielen. Durch dieses starke demokratische Vorgehen wird die Akzeptanz einer Norm durch die beteiligten Parteien deutlich erhöht.

Im Verlauf der Ausschussarbeit wird zunächst eine vorläufige Norm erstellt. Hier kann jeder (auch Privatpersonen) Einspruch gegen deren Inhalt erheben, der dann im Ausschuss besprochen wird und ggf. zu Änderungen bzw. Korrekturen führt. Schließlich wird die Norm offiziell in Kraft gesetzt. In regelmäßigen Abständen sollen die Normen von den Ausschüssen auf Aktualität geprüft werden. Das Ergebnis kann sein: sie hat fortgesetzt Bestand, wird überarbeitet, ersetzt oder sogar zurückgezogen. Mitunter gibt es „Schwebezustände": Eine Norm wurde zurückgezogen und noch nicht durch eine neue oder andere ersetzt. Eingerichtet und geführt werden die Ausschüsse in Deutschland vom „Deutsche Institut für Normung e. V. (DIN)" mit Sitz in Berlin. Mit dem Zusatz „e. V." wird deutlich, dass diese Einrichtung keine Behörde oder ein Wirtschaftsunternehmen ist, sondern das Ziel der Gemeinnützigkeit verfolgt.

Finanziert wird die Arbeit vorrangig durch den Verkauf von Normen über den Beuth Verlag; dieser hält das Copyright. Normen dürfen keinesfalls von Privatpersonen oder Unternehmen einfach kopiert oder verteilt werden. Daher wird man in Tabellenbüchern, auf Herstellerseiten im Internet oder in Katalogen nie eine vollständige Norm einsehen können. Normen zusammenhängender Themenkomplexe werden oftmals in Form von Taschenbüchern als Sammlung verkauft (z. B. DIN-Taschenbuch 126: Gleitlager 1: Maße, Toleranzen, Qualitätssicherung, Lagerschäden). Diese Taschenbücher sind im Vergleich zu den einzelnen Normen kostengünstig. Normen werden regelmäßig überarbeitet, woraus sich ein ständiger Aktualisierungsbedarf ergibt.

Die Teilnehmer der Ausschüsse erhalten für ihre Arbeit lediglich eine Aufwandsentschädigung. Allerdings will ein Unternehmen, dessen Produkte von einer Norm betroffen sind, häufig schon aus Eigeninteresse mit einem möglichst kompetenten Mitarbeiter im Ausschuss vertreten sein. Denn hier werden immer wieder Entscheidungen getroffen, die starke Auswirkungen auf den Markt haben und die wirtschaftliche Stellung eines Unternehmens maßgeblich beeinflussen können. Reagiert beispielsweise ein Unternehmen (zu) spät auf eine Normänderung, könnte die Konkurrenz entscheidende Vorteile am Markt erzielen. Umgekehrt kann ein Normenausschuss daher auch anfällig dafür sein, dass marktbeherrschende Unternehmen versuchen, die Norm im Sinne ihres Unternehmens zu beeinflussen.

Bei weitem überwiegen aber aus Verbrauchersicht die negativen Folgen fehlender Normung gegenüber möglichen manipulativen Einflussnahmen. Ein Beispiel ist die mangelhafte Kompatibilität von Stromnetzen in der Welt. Dies gilt sowohl für die anliegende Stromspannung als auch die Form der Stecker/Steckdosen (vgl. **Abb. 1.20**). Und die fehlende Normung von Spurbreiten verhindert das Überfahren einiger internationaler Grenzen mit dem Zug. Besonders deutlich wird fehlende Normung im Bereich der EDV. Bestimmte Konstellationen von Grafikkarte, Prozessor und beispielsweise Motherboard können Ursache sein, dass ein Konstruktionsprogramm nicht (einwandfrei) funktioniert, obwohl die einzelnen Komponenten über hinreichend Leistung verfügen.

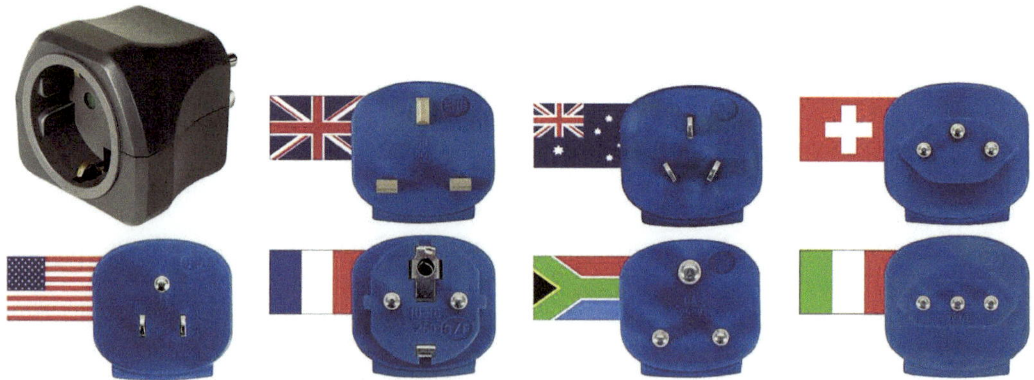

Abb. 1.20 Unterschiedliche Stecksysteme in unterschiedlichen Ländern (Bild: © Brennenstuhl)

In der Regel hat jedes Land eine nationale Organisation vergleichbar dem „DIN e. V." (beispielsweise Austrian Standarts Institute (ASI) in Österreich). Entsprechend beginnen die Kennungen einer Norm mit „DIN" (oder „ÖNORM") gefolgt von einer Zählnummer und ggf. weiteren Ordnungsmerkmalen. Auf europäischer Ebene ist die Organisation *CEN/CENELEC* verantwortlich und veröffentlicht Normen unter „*EN*" (+Zählnummer). Internationale Normungsorganisation ist *ISO/IEC* („ISO" +Zählnummer). Im Zuge der Harmonisierung von europäischem Recht verständigen sich viele europäische Länder auf die Festlegung einer übergreifenden und gemeinsam gültigen Norm, die von den jeweiligen nationalen Normungsorganisationen unverändert übernommen werden („DIN EN" +Zahlnummer).

Deutschland hat eine weitreichende Historie und Vorreiterrolle im Bereich der Normung. Daher sind viele ursprünglich deutsche Normen international übernommen worden. Durch diese Harmonisierung ist der Bestand an Normen in Europa in den letzten 20 Jahren von 150.000 auf knapp 18.000 reduziert worden (Quelle: Kleines 1x1 der Normung; Herausgeber: DIHK, DIN, ZDH; Oktober 2010). Wird eine internationale Norm in deutsches Recht übertragen, so wird sie zu „DIN ISO" oder ggf. „DIN EN ISO". Die Kennzeichnungen „EN" und „ISO" sind jedoch nicht gleichbedeutend damit, dass alle Nationen (Europa/Welt) die Norm anerkennen und anwenden. Die verbindlichen Partner werden im jeweiligen Einleitungstext benannt.

Daneben gibt es noch Organisationen, deren Schriften ebenso einer Norm vergleichbar den Stand der Technik repräsentieren und somit als verbindlich anzusehen sind. Im Maschinenbau ist dies u. a. die Organisation VDI (Verein Deutscher Ingenieure e. V.). Sie erlässt beispielsweise Schriften zur Berechnung von Bauteilen (VDI 2230: Systematische Berechnung hochbelasteter Schraubenverbindungen). Weitere branchenspezifische Regelwerke sind VDMA-Einheitsblätter (Verband Deutscher Maschinen- und Anlagenbau e. V.), DVS-Merkblätter und Richtlinien (Deutscher Verband für Schweißen und verwandte Verfahren e. V.), DASt-Richtlinien (Deutscher Ausschuss für Stahlbau), FKM-Richtlinien (Freies Kuratorium Maschinenbau) etc.

Große Unternehmen verfügen i. d. R. über eine eigene Normenabteilung, die aus der Vielzahl an Schriften *Werknormen* erstellt. Hierin sind dann als eine Art innerbetrieblichen Vereinbarung alle wesentlichen Normen, Richtlinien für Berechnungen, Anweisungen zur Nummerierung und Gliederung von Zeichnungssätzen, Vorschriften für die Fertigung und Qualitätssicherung und Weiteres mehr enthalten.

1.7 Zielsetzung und Vorgehensweise des Buchs

In Kapitel 1.5 (Konsequenzen für die zeichnerische Ausbildung) wurden die Veränderungen im Bereich des Konstruierens und technischen Zeichnens durch den Einzug von 3D-CAD-Systemen erläutert. Der Produktdesigner/Konstrukteur wird in der beruflichen Praxis nicht mehr „von Hand" zeichnen, sondern Bauteile am Rechner modellieren. Dabei kann er sich darauf verlassen, dass das Programm beispielsweise eine gewählte Ansicht fachlich richtig darstellt. Welche Ansicht(en) aber sinnvoll und wo vielleicht Ausbrüche und Detaillierungen für das Verständnis hilfreich sind, muss er selbst entscheiden lernen. Auch muss er eine Art „Grundwortschatz" hinsichtlich der Zeichnungsnormen beherrschen, da das Programm systembedingt nur eingeschränkt „normkompatibel" arbeitet (vgl. Ausführungen zu **Abb. 1.18**).

In der Wissensvermittlung zum technischen Zeichnen und Konstruieren kann nicht mehr die „klassische" Ausbildung im Mittelpunkt stehen. Von Fragestellungen wie die fachgerechte Zuordnung von Linienarten und Strichstärken, Gewindedarstellung, Geometrische Grundkonstruktionen, 3-Tafel-Projektion bis hin zu komplexen Themen wie Durchdringen und Abwicklungen wird der Mitarbeiter durch das Programm zuverlässig entlastet. Die Vermittlung zeichentechnischer Fertigkeiten sollte in Anlehnung an die berufliche Realität direkt mit einem 3D-CAD-Systems erfolgen und damit auf alles verzichten, was der Facharbeiter und Konstrukteur „von morgen" an Fertigkeiten ohnehin nicht mehr benötigt.

Der Einstieg in das Modellieren gelingt aktuell schon sehr gut durch Selbststudium mittels der von den Herstellern mitgelieferten Übungen (Tutorials; siehe **Abb. 1.21**). Die Begleitung der ersten Schritte durch einen Lehrer/Tutor ist natürlich immer sinnvoll. Daneben gibt es eine Reihe sehr guter Einsteigerbücher (vgl. Literaturverzeichnis). Über die Programmhilfe als auch über zahlreiche Foren werden typische Fragestellungen kompetent und verständlich besprochen. Und natürlich liefert auch YouTube mittlerweile zu (fast) jeder Frage eine Antwort.

Wird die Programmbedienung beherrscht, können schnell erste „Klötzchen geschnitzt" werden. Bis zur zuverlässig funktionierenden und wirtschaftlichen Konstruktion ist es aber noch ein weiter Weg. Schnell verirrt sich der Anfänger in der Komplexität des Konstruierens als Schnittmenge vieler Teildisziplinen wie der Technischen Mechanik, Werkstoffkunde, CAD, Technisches Zeichnen, EDV-Kenntnisse, Qualitätsmanagement, Gesetzeskunde etc. Hier unterstützen ihn die Methoden und Werkzeuge des sogenannten methodischen Konstruierens. Die Grundlagen hierzu werden in Kapitel 2 ausführlich vorgestellt und in den Kapiteln 3 und 4 an einfachen praktischen Beispielen anschaulich umgesetzt. Kapitel 5 gibt einen Einblick in die unterstützenden Werkzeuge eines Modellierungssystems zur Konstruktionsanalyse von Bauteilen und Baugruppen sowie zu deren Optimierung. Hierzu zählen beispielsweise die Toleranzanalyse, Prüfung von Bauteilkollisionen, Bewegungssimulation, Spannungsanalyse (FEM) oder der Erstellung eines Funktionsmusters über Rapid Prototyping (3D-Druck).

Dieses Buch holt den Lerner ab, nachdem er sich die wichtigsten „Klicks" angeeignet hat und führt ihn sicher auf dem Weg vom Programmbediener zum methodisch geleiteten Konstrukteur erster eigener funktionszuverlässiger wie kostengünstiger Baugruppen.

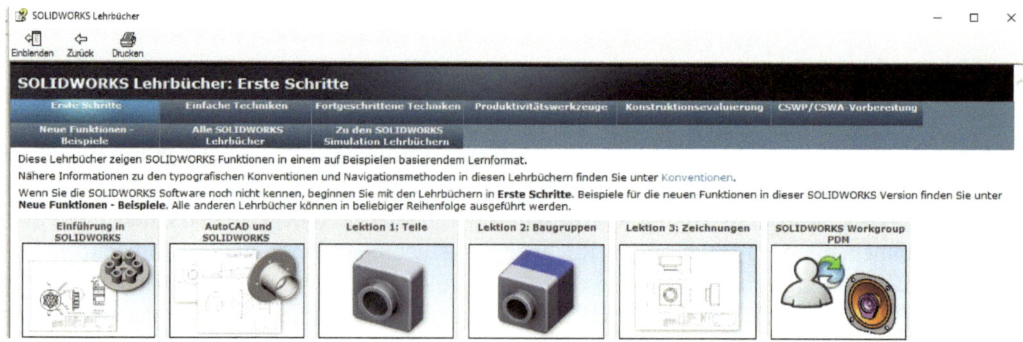

Abb. 1.21 Integrierte Lehrbücher im Programm am Beispiel SolidWorks (Bild: Screenshot)

Literaturverzeichnis

Beuth Verlag (Hrsg.): DIN 820-1: Normungsarbeit-Teil 1: Grundsätze; 06-2014

Böge, A.; Böge, W.: Handbuch Maschinenbau. Grundlagen und Anwendungen der Maschinenbautechnik; Springer Vieweg; 23. Auflage; 2016

Conrad, K.-J.: Grundlagen der Konstruktionslehre; Hanser; 6. Auflage; 2013

DIN Deutsches Institut für Normung e.V. (Hrsg.): Der gesamtwirtschliche Nutzen der Normung. Eine Aktualisierung der DIN-Studie aus dem Jahr 2000

DIN/DIHK/ZDH (Hrsg.): Kleines 1x1der Normung. Ein praxisorientierter Leitfaden für KMU; 10.2010

Fritz, A. (Hrsg.): Hoischen-Fritz-Technisches Zeichnen; Cornelsen; 36. Auflage; 2018

Kurz, U.; Wittel. H.: Böttcher/Forberg: Technisches Zeichnen; Springer Vieweg; 27. Auflage; 2014

Labisch, S.; Wählisch, C.: Technisches Zeichnen: Eigenständig lernen und effektiv üben; Springer Vieweg; 5. Auflage; 2017

Mattheck: C.: Warum alles kaputt geht; Forschungszentrum Karlsruhe GmbH; 2003

Ministerium für Schule und Weiterbildung: Lehrplan für das Berufskolleg in Nordrhein-Westfalen: Technische Produktdesignerin/Technischer Produktdesigner, Fachklassen des dualen Systems der Berufsausbildung; 2011

Rieg, F. et. al.: Decker: Maschinenenelemente; Carl Hanser; 20. Auflage; 2018

Schmidt, D. et. al.: Konstruktionslehre; 5. Auflage; 2017

Stadtfeld, J.; Mühlenstädt, G.: Crashkurs SolidWorks; Teil 1 Einführung in die Konstruktion von Bauteilen und Baugruppen; Christiani; 2017

Steins/Martens: Technische Kommunikation und Arbeitsplanung in den Metallberufen; Dähmlow; 1994

Stelzer, R.; Steger, W.: SolidWorks Bafög-Ausgabe; Person Studium; 2011

Weinfurtner, T.: SolidWorks-von Anfang an: Band 1; Christiani; 2017

Wittel, H. et. al.: Roloff/Matek: Maschinenelemente; Springer Vieweg; 23. Auflage; 2017

2 Methodisches Konstruieren

2.1 Notwendigkeit eines methodischen Vorgehens

In den Anfängen technischer Entwicklung war der Erfinder meist gleichzeitig auch Erbauer seiner Produkte. Dies galt noch für die Gebrüder Wright, die am 17.12.1903 mit einer motorbetriebenen Flugmaschine für 12 Sekunden in die Luft gingen und damit zu den Begründern der Luftfahrt zählen (siehe **Abb. 2.1**). Sie waren Ideengeber, Entwicklungsingenieure, Konstrukteure, technischer Zeichner, Arbeitsvorbereiter, Facharbeiter und Testpiloten in Personalunion. Die „Ausbildung" zum Ingenieur war zu dieser Zeit vor allem eine praktisch-handwerkliche. Zu einer theoriegeleiteten Wissenschaft hat sie sich weit später entwickelt.

In heutigen Unternehmen wäre eine solche Konzentration von der Ideenfindung bis hin zur praktischen Umsetzung vereint auf einen Mitarbeiter nicht mehr vorstellbar; und vor allem auch nicht sinnvoll. Der Hauptgrund ist die mangelnde Wirtschaftlichkeit. Unternehmen sind in ihrer Struktur und in Abhängigkeit von der Betriebsgröße aktuell geprägt von einem hohen Grad an Arbeitsteilung. Und auch das Konstruieren selbst als schöpferischer Prozess hat sich grundlegend verändert. In den Anfangsjahren der Industrialisierung galt Konstruieren als eine Art kreative Kunst, die einem „in die Wiege gelegt" war – oder auch nicht. Der berufserfahrene Konstrukteur konnte dabei auf einen jahrelang aufgebauten Wissensschatz zurückgreifen. Dem Anfänger erschließt sich das so natürlich nicht. Dadurch war der Einstieg in die Konstruktion sehr beschwerlich und zeitaufwendig.

Abb. 2.1 Wright-Flyer (Bild: Adobe Stock)

© Springer Fachmedien Wiesbaden GmbH, ein Teil von Springer Nature 2019
B. Fleischer, *Methodisches Konstruieren in Ausbildung und Beruf*,
https://doi.org/10.1007/978-3-658-27690-4_2

Das Expertenwissen eines Unternehmens war vereint auf wenige erfahrende Konstrukteure („alte Hasen"). Der Nachwuchs konnte daran nur bedingt teilhaben und sich immer mal was „abgucken". Das Ziel eines Unternehmens aber ist, am Markt mit guten Produkten Gewinn zu erwirtschaften. Also müssen gute Ideen auch und gerade dem Nachwuchs zugänglich gemacht werden, um die Lernschleifen zum Erfahrungsaufbau deutlich abzukürzen. Es ist für ein Unternehmen sehr risikoreich, wenn es auf die schöpferische Kraft und das Wissen einiger weniger Mitarbeiter alternativlos angewiesen ist. Zudem müssen Wege offengelegt und nachvollziehbar gemacht werden, über die gute Ideen in der Vergangenheit entstanden sind.

Der allgemeine Informationszuwachs hat eine hohe Dynamik. Man spricht aktuell von einer Verdopplung alle 2 Jahre. Dies ist natürlich immer auch abhängig vom Fachgebiet und wird sich weiter durch die fortschreitende digitale Durchdringung aller Lebensbereiche verstärken. Leonardo da Vinci (1452-1519) galt zu Lebzeiten als Universalgenie. Eine ähnliche Leistung ist aktuell keinem Menschen mehr möglich. Vielmehr kann nur eine Zusammenarbeit von Experten auch und gerade über Fachgrenzen hinweg bei der Produktentwicklung ein optimales Erzeugnis ermöglichen, mit dem das Unternehmen Erfolg am Markt haben kann.

Eine Konstruktionsabteilung bestimmt mit ihrer Arbeit branchenübergreifend ungefähr zu 75 % die Herstellkosten des späteren Produkts (vgl. **Abb. 2.27**). Mängel bei der Produktentwicklung können die wirtschaftliche Existenz eines Unternehmens nachhaltig gefährden. Einen Fehler im Nachhinein „auszubügeln" bedeutet neben Imageverlust immer auch wirtschaftlicher Schaden (**Abb. 2.2**). Der finanzielle Aufwand zur Optimierung eines Produktes in der Frühphase der Entwicklung ist im Gegensatz zur späteren Schadensbehebung gering. Und gerade die Konstruktion ist der zentrale der Ort *Fehlerentstehung* (vgl. **Abb. 2.3**).

Ein Erfinden / Konstruieren „aus dem Bauch heraus", bei der ein einzelner Konstrukteur direkt an der ersten Idee verhaften bleibt, muss mittlerweile als unzeitgemäß bezeichnet werden. Vielmehr ist zur Ausschöpfung aller Potenziale zur Optimierung eines Entwicklungsprozesses eine systematische Vorgehensweise gefordert. Dies gilt umso mehr in Massenmärkten mit geringen Margen und hohem Innovationsdruck (Automobilbranche, Handy). In der Schrift VDI 2221 (Methodik zum Entwickeln und Konstruieren technischer Systeme und Produkte) ist eine solche Vorgehensweise beschrieben, die ab Kap. 2.3 ausführlich dargestellt wird.

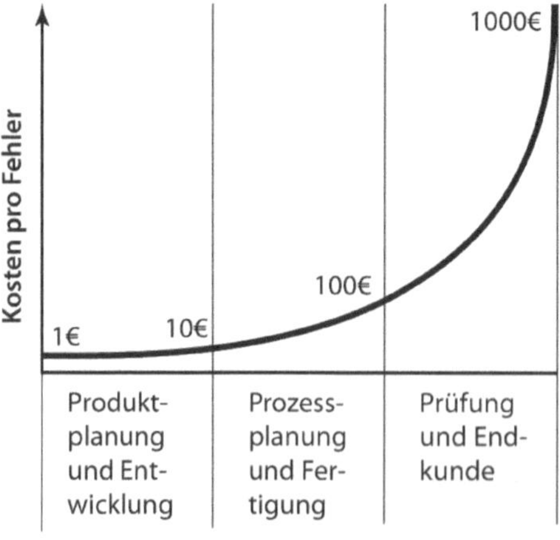

Abb. 2.2 Zehnerregel der Fehlerkosten

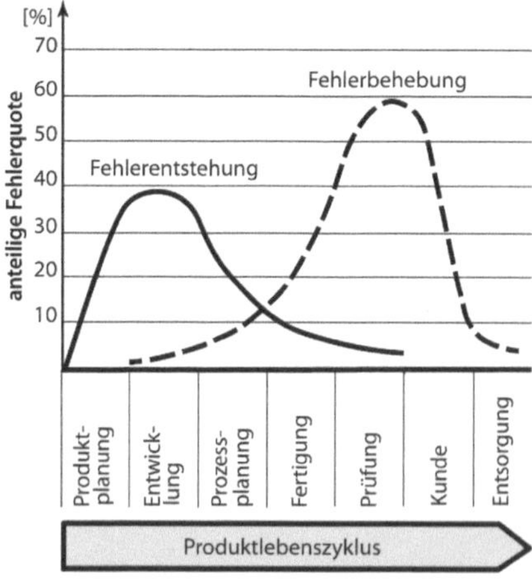

Abb. 2.3 Fehlerentstehung und -behebung

Trotzdem ist das auf der ersten Idee basierende „klassische" Konstruieren in der Praxis noch weit verbreitet. Natürlich muss immer auch der Aufwand von zum Beispiel großen Besprechungsrunden in einem vernünftigen (wirtschaftlichen) Verhältnis zum Produkterfolg und -wert stehen. Häufig wird aber schlicht an der „falschen Stelle" gespart. Gründliche Entwicklung kostet (Mitarbeiter-)Zeit und damit Geld. Die Einsparung solcher Sitzungen lässt sich leicht beziffern, der nachträgliche Schaden durch ein unzureichendes Produkt hingegen nur schwer abschätzen. Zudem wird das Expertenwissen von deren „Inhabern" natürlich auch schon mal gerne genau nicht geteilt, damit der Mitarbeiter ein Alleinstellungsmerkmal hat und sich unentbehrlich macht. Das kann nicht im Sinn des Unternehmens sein.

2.2 Konstruktionsarten

Wie benannt muss der zeitliche Aufwand im Rahmen der Produktentwicklung in einem wirtschaftlichen Verhältnis zum Nutzen stehen. Dies ist immer auch abhängig vom Erzeugnis, der Stückzahl und der Art der konstruktiven Aufgabenstellung. Grob wird unterschieden in:

- Variantenkonstruktion
- Anpassungskonstruktion
- Neukonstruktion.

Diese drei grundsätzlichen *Konstruktionsarten* werden nachfolgend am Beispiel des Produktes Bustür veranschaulicht. Busse sind im Besonderen im innerstädtischen Bereich überwiegend mit sogenannten Innenschwenktüren ausgestattet: die Tür schwenkt beim Öffnungsvorgang in den Fahrzeuginnenraum ein (vgl. **Abb. 2.5**, **Abb. 2.6**). Der Hersteller der Busse konstruiert die Türen in der Regel nicht selbst. Vielmehr werden sie als Systemkomponente zugekauft.

Abb. 2.4 Entwicklungsbeispiel Bustür beim Verkehrslinienbus (Bilder: © Daimler AG)
(Bild links: Mercedes-Benz Citaro G, Exterieur; Bild rechts: Mercedes-Benz Citaro, Detail)

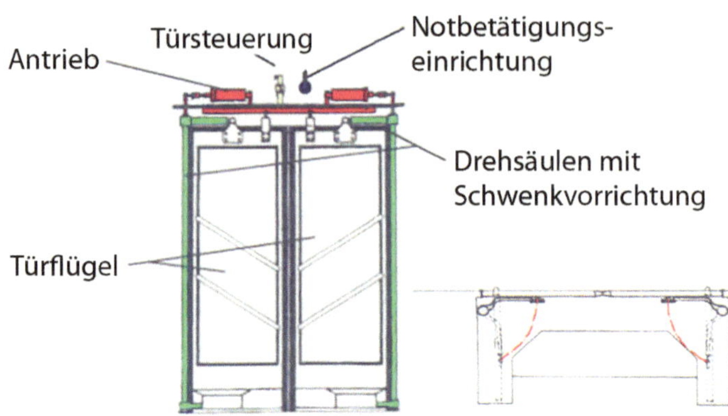

Abb. 2.5 Innenschwenktür   **Abb. 2.6** Systemelemente Innenschwenktür

Als *Variantenkonstruktion* entwickelt der Türenbauer die von bewährten Funktionsprinzipien her immer gleiche Innenschwenktür für den vom Bushersteller vorgesehenen Einbauraum. Auf der Basis einer vorhandenen Konstruktion (Referenz) werden bestimmende Maße (beispielsweise Durchgangshöhe, -breite, Schwenkbereich der Tür) an den aktuellen Auftrag angepasst. Diese Art des Konstruierens ist im Anspruch vergleichsweise gering und hat branchenübergreifend den höchsten Verbreitungsgrad. Hier wird im engen Sinn nichts neu erfunden, sondern Bewährtes an die vorhandenen Verhältnisse (Bauraum) angepasst.

Eine *Anpassungskonstruktion* liegt vor, wenn einzelne Teilbereiche neu entwickelt werden. So könnte Kundenwunsch sein, dass der Antrieb zur Bewegung der Türen nicht mehr pneumatisch sondern elektrisch erfolgen soll. Ein weiteres Beispiel ist die Sicherheitseinrichtung, mit der das unbeabsichtigte Einklemmen von Fahrgästen beim Schließvorgang der Tür verhindert wird (Reversiereinrichtung). Hier gibt es unterschiedliche technische Lösungen: Lichtschranke, Druckwellenschlauch, Kontaktleiste am Türrahmen, Motorstromüberwachung etc. Diese Teilbereiche werden neu entwickelt, während die sonstigen Funktionsprinzipien wie bei der Variantenkonstruktion beibehalten werden. Für die Entwicklung der neuen Teilbereiche ist bereits „Erfindergeist" erforderlich.

Eine *Neukonstruktion* liegt vor, wenn zur Aufgabenstellung keine bewährten Funktionsprinzipien vorliegen. In diesem Fall gibt es keine „Blaupause", auf deren Grundlage man die zu entwickelnde Konstruktion zumindest in Teilbereichen ableiten kann. Dies stellt besonders hohe Anforderungen an den Konstrukteur mit hohem schöpferischen Anteil.

Eine prozentuale Zuordnung hinsichtlich der Konstruktionsarten in der Praxis fällt branchenübergreifend sehr unterschiedlich aus. In grober Annäherung sind in der Literatur folgende Schätzungen vertreten: Neukonstruktion 15-25 %, Variantenkonstruktion 20-30 %, Anpassungskonstruktion 45-65 %. In Hochtechnologiebranchen wie der Automobil-, Luft- und Raumfahrtindustrie kann über die letzten 40 Jahre ein klarer Trend hin zu Neukonstruktionen festgestellt werden und betrifft nachgelagert auch die entsprechenden Zulieferer. Dies verstärkt sich zunehmend durch das verstärkte Zusammenspiel von Technologien. Rein mechanische Lösungen werden zunehmend im Besonderen durch mechatronische Systeme abgelöst. Auch die Schnittmengen mit anderen Technologien führen zu immer mehr interdisziplinären Entwicklungen.

2.3 Konstruktionsphasen

In früheren Jahrzehnten war es in den Entwicklungsabteilungen von Maschinenbauunternehmen üblich, dass ein Konstrukteur auf seine Intuition vertrauend und auf sich allein gestellt vor dem Hintergrund vieler Jahre Erfahrung konstruierte. Für die Ausbildung des Nachwuchses ist ein solches Verständnis von Konstruieren natürlich nicht hilfreich. Und für ein Unternehmen auch nicht produktiv, da der Aufbau von Erfahrung entsprechend Zeit benötigt und immer auch von „Lehrgeld" begleitet ist.

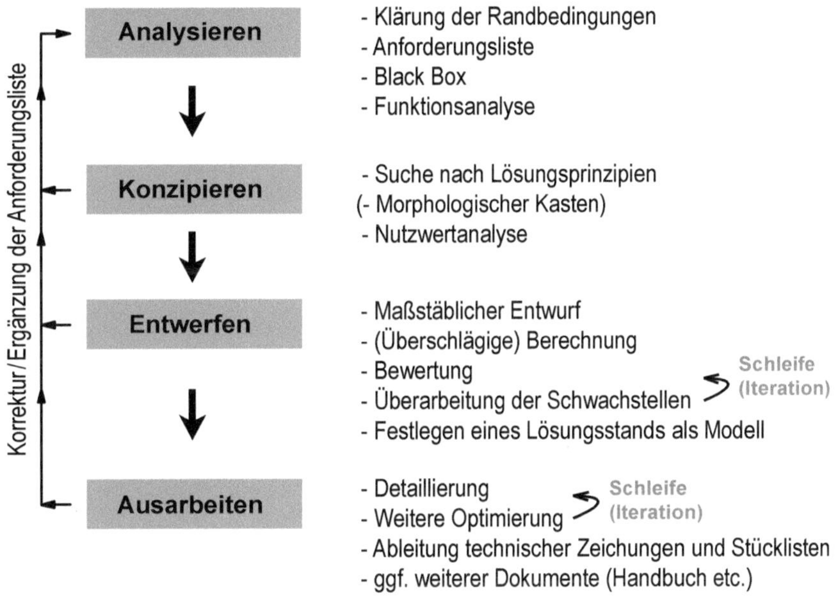

Abb. 2.7 Phasen des Konstruktionsprozesses (angelehnt an VDI 2221)

In der VDI 2221 wird im Sinne eines roten Fadens erläutert, wie ein Produkt über eine strukturierte und systematische Vorgehensweise entwickelt wird *(Konstruktionsphasen)*. Diese Systematik hilft dem Neuling, in der Komplexität seiner Arbeit die Orientierung zu behalten. Und sie hilft dem erfahrenen Konstrukteur, weil er nicht mehr nur die erste gute Idee verfolgt, sondern sich die Chance eröffnet, eine optimale Lösungsidee zu finden. Beides unterstützt das Unternehmen im Ringen um ein gutes Produkt am Markt. Vorstehend ist der Ablauf der Phasen dargestellt. In den weiteren Kapiteln dieses Buchs werden die Phasen erläutert sowie an konkreten Beispielen in den Kapiteln 3 und 4 umgesetzt.

Der komplette Durchlauf entsprechend **Abb. 2.7** gilt im Besonderen für Neukonstruktionen. Bei Anpassungskonstruktionen beschränken sich das Analysieren und Konzipieren vorwiegend auf die neu zu entwickelnden Teilbereiche. Für die Variantenkonstruktion liegen neben den generellen Anforderungen auch die Lösungsprinzipien für die einzelnen Funktionsgruppen bereits fest, so dass hier im Wesentlichen nur die Phasen Entwerfen und Ausarbeiten zu durchlaufen sind.

Abb. 2.8 Militärtransporter A400M
(Bild: © Airbus 2018)

Abb. 2.9 ICE 4
(Bild: © Deutsche Bahn AG / SIEMENS)

Die Phase *Entwerfen* ist gekennzeichnet von zahlreichen Schleifen. Dies bedeutet, dass eine Lösungsidee auf dem Weg der Optimierung mehrfach verändert und bewertet wird. Diese Vorgehensweise wird *Iteration* genannt. Da in einer Konstruktion „alles mit allem" zusammenhängt, hat eine Verbesserung an einer Stelle häufig Konsequenzen für eine andere Stelle und führt in der Folge zu weiteren Änderungen und Anpassungen („Konstruieren heißt Radieren"). Den Konstruktionsneuling irritiert diese Erfahrung, da er nicht erwartet, seinen Entwurf mehrfach überarbeiten zu müssen. Anfänglich wird die eigene Arbeit schnell als mangelhaft wahrgenommen, weil man „nicht genau genug" nachgedacht hat; Folgen sind häufig Verunsicherung und Frustration. Vielmehr ist die iterative Vorgehensweise aber völlig normal und resultiert aus der Tatsache, dass Konstruieren eine extrem komplexe Aufgabe darstellt.

Im Zuge der Konstruktionsentwicklung ergeben sich stetig neue Erkenntnisse und Fragestellungen. Sie führen als zu ergänzende Randbedingungen zur Phase Analysieren als Ausgangspunkt zurück (vgl. **Abb. 2.7**, Pfeile links). Somit müssen mitunter Details wieder überarbeitet werden, die vermeintlich konstruktiv bereits gelöst waren. Die Kalkulation von Entwicklungszeiten und -kosten kann wegen der beschriebenen nur eingeschränkt planbaren Prozessschritte generell nicht exakt ausfallen. Häufig herrscht hoher Zeitdruck, weil Unvorhergesehenes schnell das Tagesgeschäft dominiert und dann Termine in Gefahr geraten. „Prominente" Beispiele sind das militärische Transportflugzeug Airbus A400M (**Abb. 2.8**) und der ICE 4 (**Abb. 2.9**). Im Bereich des Bauwesens sind die Probleme ähnlicher Natur und führen zu denselben Planungs- und Terminschwierigkeiten (Hamburger Elbphilharmonie, Berliner Flughafen). Folgen sind jahrelange Verspätungen, erhebliche Mehrkosten und ein Imageschaden.

Die nachfolgend beschriebenen Arbeitsschritte orientieren sich an **Abb. 2.7** (Phasen des Konstruktionsprozesses). In den Kapiteln 3 und 4 wird die konkrete Umsetzung der Phasen an praktischen Beispielen dargestellt.

2.3.1 Analysieren

Klärung der Randbedingungen

Ausgangspunkt einer Konstruktion ist die Klärung der *Randbedingungen*. Anfänglich wichtig sind bei einem konkreten Auftrag die Kundenwünsche oder die Erkenntnisse vom Marketing. Leitender Gedanke hinsichtlich der technischen Umsetzung muss sein, den Stand der Technik zu erfassen. Nur so ist ein neu auf dem Markt zu platzierendes Produkt konkurrenzfähig und genügt den gesetzlichen Bestimmungen. Mögliche Quellen zur Informationsbeschaffung sind als eine Art Übersicht im Anhang aufgeführt (vgl. Anhang **A 1**). Eine solche Liste variiert entsprechend Produkt, Marktsegment etc. und kann auch nie als vollständig angesehen werden.

Anforderungsliste

Datengrundlage für die Entwicklung bietet bei einem konkreten Auftrag zunächst das *Lastenheft*. Dies ist eine detaillierte Aufstellung des Kunden, in der er alle für ihn relevanten Forderungen (Spezifikationen) an das Produkt beschreibt ("<u>Was</u> möchte der Kunde"). Daher ist es in der Regel auch Bestandteil eines Vertrags. Das Unternehmen entwickelt daraus das *Pflichtenheft* ("<u>Wie und womit</u> werden die Forderungen umgesetzt"). Checklisten helfen in dieser Frühphase, alle wesentlichen Anforderungen möglichst vollständig zu erfassen (vgl. Checkliste Anhang **A 2**). Basierend auf der vorstehenden Informationssammlung werden die unmittelbar relevanten Daten in der Konstruktionsabteilung in eine *Anforderungsliste* übertragen (vgl. Anhang **A 3**). Sie stellt das komplette Verzeichnis der zu erfüllenden Merkmale im Hinblick auf das zu entwickelnde Produkt dar und entspricht einem erweiterten Pflichtenheft. Die Liste sollte vorzugsweise im Team mit den am Produkt Beteiligten aufgestellt werden (Konstruktion, Einkauf, Verkauf, Arbeitsvorbereitung etc.).

Bei einem komplexen Erzeugnis kann dies schnell einen hohen Umfang erreichen. Aber Genauigkeit ist hier unabdingbar, denn der Erfolg der Konstruktionsarbeit beginnt mit der Klarheit der Aufgabenstellung. Unklarheiten führen im schlimmsten Fall zu Produktversagen, -fehlern oder zumindest zur Kundenunzufriedenheit (vgl. **Abb. 2.2**, **Abb. 2.3**). In jedem Fall kosten sie Geld und beschädigen das Firmenimage. In der Praxis wird die Anforderungsliste im Fortlauf der Entwicklung auf Grund neuer Erkenntnisse immer wieder angepasst (vgl. **Abb. 2.7**).

Die Anforderungen werden kategorisiert in Festforderung, Mindestforderung und Wunsch. *Festforderungen* müssen in jedem Fall erfüllt sein. Eine Nichterfüllung führt zum Ausschluss einer Lösungsidee in der späteren Bewertungsphase unabhängig von der vielleicht ansonsten erreichten Zielerfüllung. Sie gehen daher auch nicht mehr als Kriterien in die eigentliche Bewertung der Lösungskonzepte ein. Ein Beispiel einer Festforderung ist "Einhaltung der Unfallverhütungsvorschriften". So etwas wie "ein bisschen sicher" kann es hier nicht geben. Eine Festforderung wird daher auch als "*K.O.-Kriterium*" bezeichnet.

Mindestforderungen definieren einzuhaltende Grenzwerte. So könnte im Rahmen der Gesetzgebung zum Lärmschutz die maximale Lärmemission eines zu entwickelnden Bürogerätes mit 55 dB(A) festgelegt sein. Dieser Wert darf im Sinne eines K.O.-Kriteriums nicht überschritten werden; sehr wohl aber unterschritten (bzw. auch umgekehrt). Entsprechend sind die Mindestforderungen mit „$\leq$" bzw. „$\geq$" oder Toleranzgrenzen anzugeben. Die Mindestforderungen gehen unmittelbar als Kriterien in die Nutzwertanalyse ein (Phase Konzipieren; vgl. **Abb. 2.7**) und müssen messbar (quantifizierbar) sein. Im Beispiel wurde ein konkreter Wert für die Lärmemission benannt. „Leise" ist hingegen eine subjektive Wahrnehmung und damit nicht objektiv mess- und bewertbar. Genauso sind Festlegungen wie „kostengünstig" oder „wartungsarm" ungeeignet.

Black Box

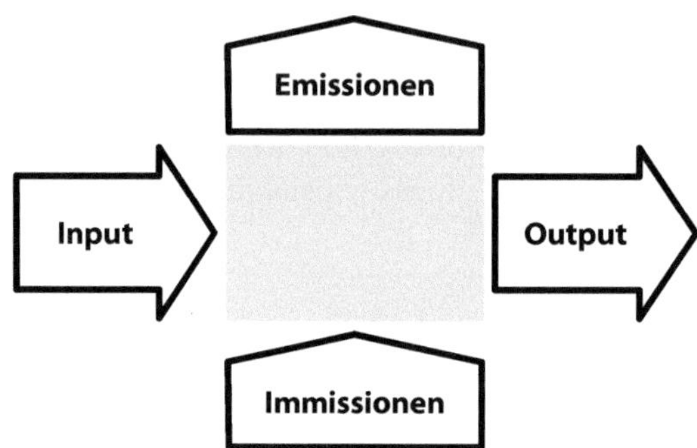

Abb. 2.10 Black Box

Wünsche beschreiben eine Übererfüllung über ein festzulegendes Minimum hinaus und erhöhen die Kundenzufriedenheit. Die Nichterfüllung eines Wunsches darf daher nicht zum Ausschuss einer Lösungsvariante führen. Umgekehrt erhöht eine Erfüllung aber die Wertigkeit des Produktes. Auch die Wünsche müssen für eine Mess- und Vergleichbarkeit quantifiziert werden und gehen als Kriterien in die Nutzwertanalyse ein.

Eine systematische Lösungssuche bedingt, das eigentliche technische Problem abstrakt zu formulieren, um nicht an der ersten Eingebung (*Intuition*) zu verhaften. Der Begriff Abstraktion bedeutet: Das Wesentliche wird vom Unwesentlichen getrennt, um das allgemeingültige herauszustellen („Worauf kommt es eigentlich an?"). Die *Black Box* (vgl. **Abb. 2.10**) ist eine erste grobe Darstellung des zu lösenden technischen Problems. Sie hilft, die Aufgabe lösungsneutral „von außen" und damit unabhängig von Vorbildern zu betrachten. Der (schwarze) Kasten steht hierbei als Symbol für das zu entwickelnde System, sein Rand ist die Systemgrenze.

Als *Emissionen* werden alle vom System denkbaren negativen Einflüsse auf die Umwelt („Störgrößen") verstanden und aufgelistet, die bei der konstruktiven Gestaltung berücksichtigt werden müssen. Dies können beispielsweise Quetschgefahren sein. Unter *Immissionen* („Einschränkungen") werden die Einflüsse bezeichnet, die von der Umwelt auf das System einwirken und konstruktive Berücksichtigung finden müssen. Hierzu gehören u. a. Vorschriften von Behörden etc. Unter Input werden die Eingangsgrößen in das System verstanden und unter Output die Ausgangsgrößen.

Ziel der Aufstellung einer Black Box ist aber nicht die vollständige Auflistung aller Einflussfaktoren gemäß Anforderungsliste. Vielmehr dient die Erstellung der Vergegenwärtigung, was im Kern die eigentliche konstruktive Problemstellung (*Gesamtfunktion*) ausmacht. Erfolgreiches Konstruieren kann nur mit einer klaren Aufgaben- und Problemstellung gelingen. Hier sind häufig Missverständnisse auszumachen und es wird schon zu sehr in eine Lösungsrichtung gedacht; so erfolgt beispielsweise bei der Entwicklung einer Werkstückzuführung vorschnell eine Festlegung auf eine Hebevorrichtung als Funktionsprinzip.

Funktionsanalyse

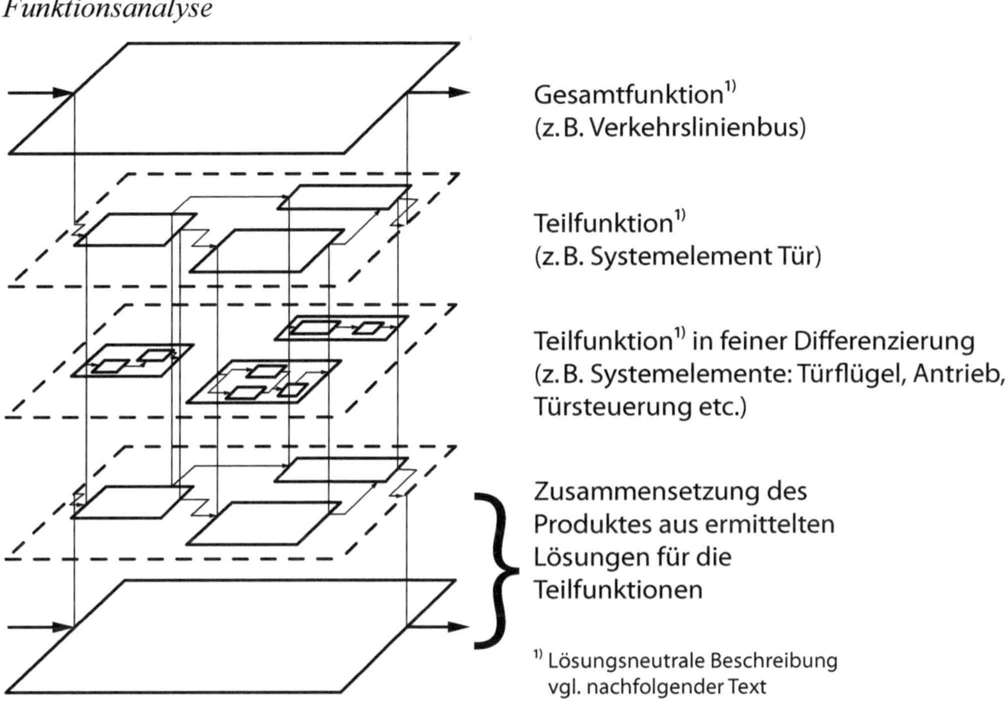

Abb. 2.11 Aufgliederung des Problemlösungsprozesses (angelehnt an VDI 2221)

Ausgehend von dieser ersten Abstraktion erfolgt die Analyse der technischen Problemstellung (vgl. **Abb. 2.11**). Dafür wird die Gesamtfunktion des Produktes gedanklich in *Teilfunktionen* heruntergebrochen. Je nach Komplexität des Produktes können die gewonnenen Teilfunktionen ggf. noch weiter ausdifferenziert werden. Durch diese Vorgehensweise wird die Aufgabenstellung überschaubarer und damit besser beherrschbar. In der Phase Entwerfen werden später Lösungsideen für die identifizierten Teilfunktionen gesucht und zu Lösungskonzepten rekombiniert (**Abb. 2.11**, unteren beiden Flächen).

Besonders bei komplexen Produkten besteht hier allerdings die Gefahr, durch eine sehr feine Ausdifferenzierung den gegenteiligen Effekt zu erzielen: Vor lauter Teilfunktionen „verschwimmen" die einzelnen Problemstellen. Dann sollten ggf. übergeordnete Gruppen gebildet werden. Die Festlegung einer hinreichenden Tiefe der Problemanalyse ist immer im konkreten Fall zu treffen und muss in einem sinnvollen Verhältnis zur Aufgabe stehen.

Die Teilfunktionen werden lösungsneutral beschrieben (abstrahiert), wodurch später eine Vielzahl von Ideen ermöglicht wird. Die Beschreibungen sollten kurz (maximal 7 Wörter) und prägnant gehalten werden. Immer sollte ein Verb enthalten sein. Dem Neuling bereitet die sprachliche Abgrenzung von Teilfunktionen anfänglich Schwierigkeiten, weil er häufig nach einer Art Musterlösung sucht. Durchaus kann man aber mit unterschiedlichen Teams bei einer identischen Problemstellung zu verschiedenen Teilfunktionen und Beschreibungen kommen. Diese müssen dann nicht „richtiger" oder „falscher" sein; das methodische Konstruieren ist keine exakte Wissenschaft wie beispielsweise die Technische Mechanik oder Mathematik.

2.3.2 Konzipieren

Suche nach Lösungsprinzipien

Die Phase *Konzipieren* beginnt mit der Suche nach *Lösungsprinzipien* (*Ideenfindung*). Hier werden für die zuvor ermittelten Teilfunktionen systematisch Lösungsideen entwickelt. Eine beispielhafte Übersicht geläufiger Methoden zur Unterstützung der Lösungssuche gibt **Abb. 2.12**. In Abhängigkeit von der Problemstellung erfolgt die Auswahl einer angemessenen Methode. Kombinationen untereinander sind grundsätzlich denkbar und möglich.

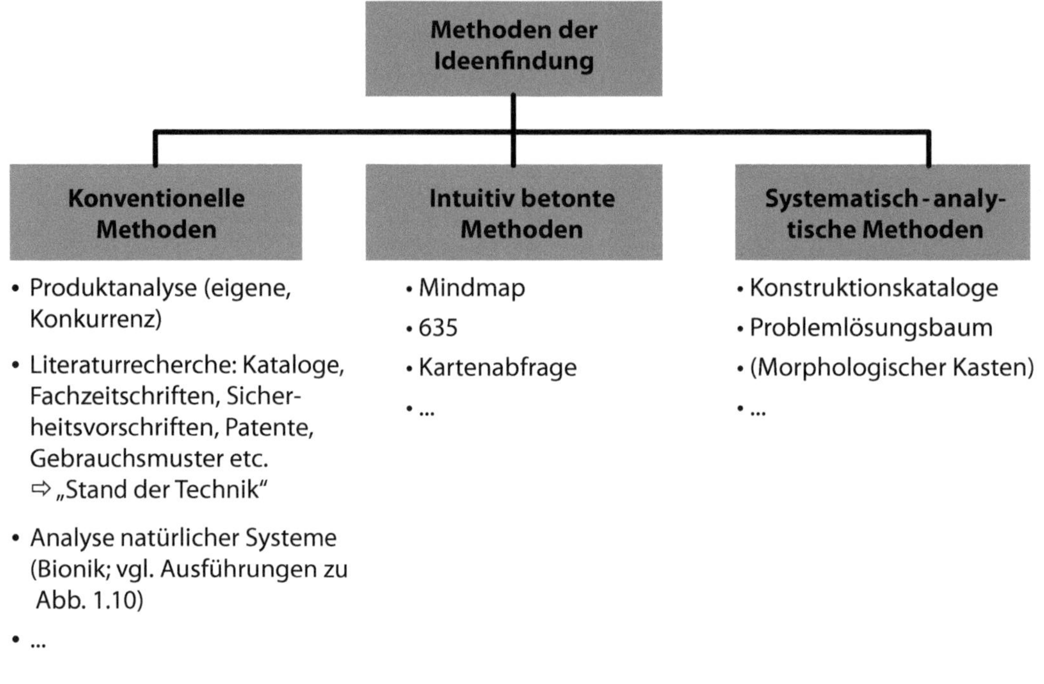

Abb. 2.12 Methoden der Ideenfindung

Konventionelle Methoden wie *Produktanalyse* kann man als „klassisch" bezeichnen. Der junge Konstrukteur lernt zum Berufseinstieg sehr gut von den „alten Hasen", indem er die aktuell im Unternehmen bestehenden Produkte analysiert und die „richtigen Fragen" stellt. Die Verwendung dieser „Blaupausen" ist für Routineaufgaben und bei Zeitdruck eine durchaus sinnvolle Strategie. Allerdings wird er auf Basis der bestehenden Lösungen kaum innovative Produkte entwickeln können. Mindestens lohnt sich auch immer der Blick zur direkten Konkurrenz. Unter den Erstkäufern eines Produktes wird häufig der direkte Wettbewerber sein; er analysiert das Erzeugnis auf der Suche nach für ihn interessanten Lösungselementen. Denn grundsätzlich haben alle Hersteller gleiche oder ähnliche technische Fragen zu beantworten. Auch wechseln Mitarbeiter innerhalb der Branche. Der neue Arbeitgeber ist u. a. an Details in Richtung zukünftiger Entwicklungen interessiert. Höherrangige Mitarbeiter haben daher üblicherweise Sperrklauseln auf Zeit in ihren Verträgen, damit sie nicht unmittelbar zur Konkurrenz abwandern.

Den *Stand der Technik* ermittelt man u. a. mit *Patenschriften* und Schriften zum *Gebrauchsmusterschutz*. Die Kenntnis von geschützten Entwicklungen verhindert, dass man aus Unwissenheit etwas „nacherfindet". Folgen können im Falle eines Verstoßes Schadensersatzforderungen sein bis hin zum Verbot des Inverkehrbringens des Produktes. Eine umfassende Recherche ist daher zu Konstruktionsbeginn Pflichtaufgabe. Gleiches gilt für *Sicherheitsvorschriften* (vgl. auch Kap. 2.4), die sich beispielsweise aus der sogenannten *EU-Maschinenrichtlinie* ergeben sowie weitere für das Produkt relevante Gesetze und behördliche Vorschriften. Wird hier nicht akribisch gearbeitet, führt dies häufig zu aufwendigen Nachbesserungen (vgl. **Abb. 2.2**, **Abb. 2.3**) und endet im schlimmsten Fall im Totalverlust der Entwicklungskosten.

Eine Schutzschrift kann auch als gedankliche Vorlage dienen, um die darin beschriebene Idee durch die Anbringung weiterer Sachmerkmale „auszuhebeln". Zudem spielt die direkte Übernahme von Lösungskonzepten als *Produktpiraterie* eine große Rolle (vgl. **Abb. 2.13**). Dies gilt im Besonderen für wenig transparente Märkte wie China. Unfreiwillig Vorschub leisten hierfür neue technische Möglichkeiten wie das „Reverse Engineering" (vgl. Kap. 5.4.3) und Ausführungen hierzu). Besonders bei sicherheitsrelevanten Bauteilen und Produkten können für den Verbraucher erhebliche Gefahren die Folge sein (z. B. sogenannte Bogus parts in der Luftfahrtindustrie). Mindestens aber wird der Urheber geschädigt, der seine Entwicklungskosten nicht mehr oder nur begrenzt über den Produktverkauf refinanzieren kann. Nach Schätzungen der Organisation EUIPO (Amt der Europäischen Union für geistiges Eigentum) aus dem Jahr 2018 erleiden die Hersteller in der EU durch Fälschungen jährliche Einnahmeausfälle von 60 Milliarden Euro.

Besondere Bedeutung kommt der *Katalogrecherche* bzw. allgemein dem Konstruieren mit *Zulieferkomponenten* zu. Identifizierte Teilfunktionen liegen hier häufig schon als Prinziplösungen vor. Einige Hersteller haben sich darauf spezialisiert, neben *Normteilen* und Halbzeugen auch *Normalien* (standardisierte aber nicht genormte Produkte) bis hin zu Systemkomponenten als Massenartikel zu entwickeln und herzustellen. Bei Verpackungsmaschinen wird der Anteil an Zukaufkomponenten auf ca. 70 % geschätzt, bei Montageautomaten sogar auf über 90 %.

Zukaufteile müssen nicht mehr entworfen, gestaltet, gefertigt und erprobt werden. Als Massenartikel sind sie in der Regel günstiger als ein entsprechend eigengefertigtes Bauteil und zumeist schnell verfügbar. Mittlerweile werden ganze Systemkomponenten wie Getriebe angeboten. Der entsprechende Zulieferer hat weitreichende Erfahrungen mit diesen Komponenten gesammelt und kann den Konstrukteur hinsichtlich Auswahl und Einsatz optimal beraten.

Abb. 2.13 Produktpiraterie

Rutscher „Puky Racer";
li: Original, re: Plagiat
Fotoquelle: Aktion Plagiarius e.V.

Kettensäge
li: Original, re: Plagiat
Bild: © ANDREAS STIHL AG & Co. KG

Zudem zeichnen sich Zukaufteile durch eine hohe Funktionszuverlässigkeit aus, da sie im Regelfall praktisch erprobt und optimiert sind. Zudem bieten sie Gewährleistung und senken insgesamt das Entwicklungsrisiko. Auch eine Ersatzbeschaffung vereinfacht sich. In der Teilefertigung und Montage ergeben sich weitere Zeit- und Kostenvorteile und damit eine Reduzierung des time to market. Im Zuge der Baugruppenmodellierung am Rechner können sie in der Regel durch einfaches Importieren als räumliches Modell in die eigene Konstruktion integriert werden (Hinweise zur Einbindung von Zukaufteilen mittels eines 3D-CAD-Systems finden sich in Kap. 5). In der Gesamtbetrachtung macht es daher keinen Sinn, eine erfolgreich am Markt bestehende technische Lösung „nachzuerfinden". Im Umkehrschluss ist damit in der Frühphase des Konzipierens eine intensive Marktrecherche dringend geboten. Mitunter kann ein *Kaufteil* auch durch geringe fertigungstechnische Modifikationen eine Teilfunktion zuverlässig erfüllen.

Aus den benannten Gründen sollte die Reihenfolge in der Bauteilgenerierung daher immer sein: Kaufteil (möglichst Normteil oder Normalie) – modifiziertes Kaufteil – Fertigungsteil. Bei einem Fertigungsteil ist zwischen Eigen- und Fremdfertigung zu unterscheiden. Möglicherweise ist ein Teil der Eigenfertigung direkt (Wiederholteil) oder unter geringen Fertigungsoperationen auf der Basis eines im Unternehmen bestehenden Teils herstellbar. Nur wenn dies nicht möglich ist, sollte ein komplett neues Teil erzeugt werden. Eine zuverlässige Konstruktion zeichnet sich daher i. d. R. durch einen hohen Anteil an Zukaufteilen aus. Häufig werden dann nur noch Grundplatten, Gehäuse o. Ä. in Eigenfertigung hergestellt, die die Zukaufteile aufnehmen. Ausnahmen können „*Know-how-Teile*" bilden, zu deren Herstellung spezifisches Firmenwissen nötig ist. Die Auslagerung solcher Teile und damit das Offenbaren von Betriebsgeheimnissen kann zum Verlust von Wettbewerbsvorteilen führen.

Die Wissenschaftsdisziplin *Bionik* erforscht systematisch Lösungskonzepte in der Natur hinsichtlich ihrer Prinzipien und deren Übertragbarkeit auf die Technik (vgl. Ausführungen zu **Abb. 1.10** und Kap. 5.6). Grenzen sind vor allem im Bereich der Formgebung durch die aktuellen Fertigungsmöglichkeiten gegeben. Mittelfristig ist von großen Entwicklungsfortschritten durch das Rapid Prototyping auszugehen (vgl. Ausführungen zu **Abb. 1.11**, **Abb. 1.12**).

Die *intuitiv betonten Methoden* („blitzartige Eingebung") sprechen das Unterbewusstsein an und werden überwiegend als *Brainstorming* in einer Teamsitzung durchgeführt. Die Teilnehmer regen dabei wechselseitig ihre Gedankenflüsse an. Der Einzelne kommt in einer Kette von „Geistesblitzen" vom „Hölzchen aufs Stöckchen". Die Schaffung einer entspannten Atmosphäre ist Voraussetzung für eine erfolgreiche Sitzung; Störungen aller Art (Handy etc.) müssen ausgeschlossen sein. Innerhalb der Sitzung ist jegliche Kritik an potenziellen Ideen zu unterlassen. Diese als *Killerphrasen* (vgl. **Abb. 2.14**) bezeichneten Kommentierungen, hierzu gehören auch nonverbale „Killerblicke", hemmen den freien Gedankenfluss des Unterbewusstseins. Innerhalb der Ideenfindungsphase gilt: Alles ist erlaubt; Ziel ist Quantität. Die intuitiv betonten Methoden bringen daher auch eine Vielzahl unbrauchbarer Ideen hervor. Die Bewertung erfolgt streng davon getrennt in einer nachfolgenden Phase.

Anfänglich können solche Teamsitzungen befremdlich auf einzelne Mitarbeiter wirken und zu einer Abwehrhaltung bzw. individuellem Stress führen („So einen Quatsch mache ich nicht!"). Ursache hierfür ist u. a., dass in technischen Abteilungen Sachlichkeit und Logik vorherrschen. Die Dauer einer Sitzung beträgt ca. 20 min. Grundsätzlich wird das Sitzungsende aber nicht an einer Zeitvorgabe festgemacht. Sie wird abgebrochen, wenn der Ideenfluss bei den Teilnehmern deutlich abflacht. Will man jetzt neue Ideen „erzwingen", führt dies nur zu Druck, der dem Ideenfluss weiter abträglich ist.

Abb 2.14 Killerphrasen
(Bild: © Anastasia Dozenko)

Die Sitzungen werden in Teams von drei bis sechs Mitarbeitern durchgeführt. Die Teams stammen vorzugsweise aus unterschiedlichen Unternehmensbereichen. So wird dem Einzelnen ermöglicht, über seinen „Tellerrand" zu blicken und durch neue Sichtweisen einen Innovationsschub zu erfahren („Querdenken"). Problematisch wirkt ggf. ein starkes Hierarchiegefälle zwischen den Mitarbeitern. Ein zur Dominanz neigender Abteilungsleiter wird eine Sitzung schnell „sprengen" und den Ideenfluss insgesamt zum Erliegen bringen.

Eine der am weitesten verbreiteten Methoden der Ideenfindung ist die *Mindmap* (vgl. **Abb. 2.15**). Mit ihr werden Sachinformationen mit grafischen Elementen verknüpft. Diese Methode kommt der Arbeitsweise des Gehirns bei der Informationsverarbeitung weit näher als verschriftlichte Aufstellungen in Listenform. Eine Mindmap bietet eine hervorragende Übersicht und kann jederzeit erweitert werden. Hinweise zur Darstellung und zum Einsatz sind dem nachfolgenden Bild entnehmbar. Die unmittelbare Anwendung im Rahmen des Konstruktionsprozesses wird am praktischen Beispiel in Kapitel 3 dargestellt. Mindmaps können auch mit elektronischer Unterstützung erstellt werden (Programme: z. B. Mindmeister, Mindjet Mindmanager).

Eine weitere Methode des Brainstorming ist die *635-Methode*. Die inhaltliche Umsetzung leitet sich aus dem Namen ab (vgl. hierzu **Abb 2.16**):

- 6 Teilnehmer skizzieren (oder beschreiben) jeweils auf einem Bogen
- 3 Ideen in
- 5 Minuten.

Grundsätzlich kann die Zahl der Teilnehmer kleiner sein. Größer als 6 sollte die Gruppe erfahrungsgemäß hingegen nicht werden. Jeder Teilnehmer erhält zu Beginn ein leeres Formblatt (vgl. Vorlage im Anhang **A 4**). Die Vorgabezeit ist als grober Richtwert anzusehen und sollte situativ angepasst werden (vgl. auch zuvor). Bei der Durchführung wird nicht gesprochen. Skizzen zur Erklärung von Lösungsideen sind einer reinen Beschreibung vorzuziehen, da bildhafte Darstellungen „gehirngerechter" sind.

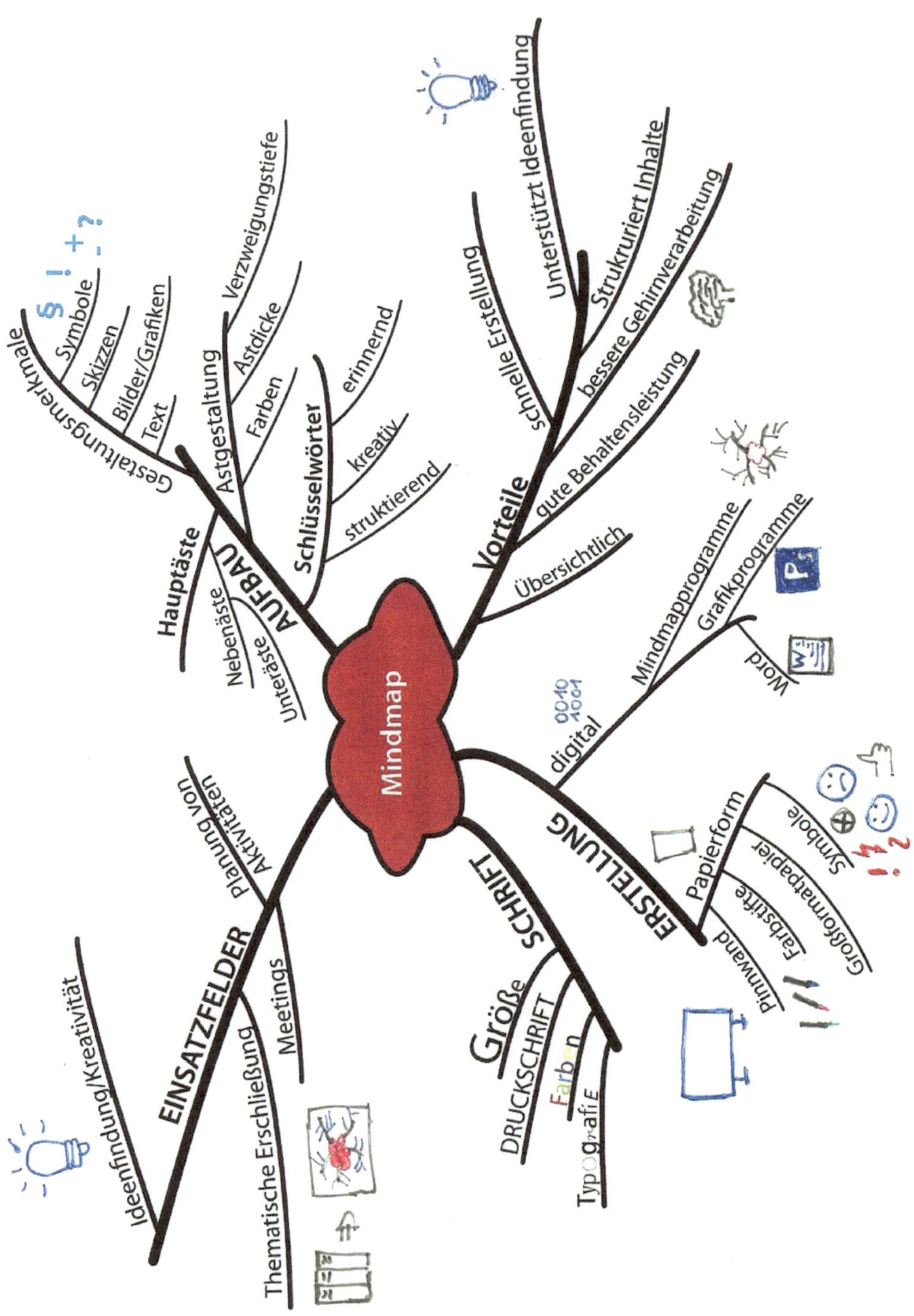

Abb. 2.15 Aufbau und Gestaltung einer Mindmap

Anfänglich werden die Teilnehmer üblicherweise schnell drei neue Ideen hervorbringen. Nimmt der Ideenfluss ab, bietet es sich an, vorgeschlagene Ideen der anderen Teilnehmer vom umlaufenden Bogen aufzugreifen und weiterzuentwickeln. Die Sitzung wird abgebrochen, wenn die Ideenfluss deutlich ins Stocken geraten ist.

Eine Blockade kann bei einzelnen Teilnehmern entstehen, wenn ihr individueller Fluss vor den anderen stockt. Die vermeintliche Konkurrenzsituation („Ich muss liefern") befördert den gefühlten Druck. Ihre Stärke hat sie in der Regel bei der Lösungssuche für einzelne Teilfunktionen. Dies gilt ebenso für die Methode *Kartenabfrage* (vgl. **Abb. 2.17**). Hierbei werden mögliche Lösungsideen auf eine Karte geschrieben und für alle einsehbar offengelegt. Stockt der Ideenfluss, kann man sich aus dem Pool Anregungen holen oder andere Einfälle weiterentwickeln.

Abb. 2.16 Methode 635
(Bild: © Anastasia Dozenko)

Abb. 2.17 Methode Kartenabfrage
(Bild: © Anastasia Dozenko)

Zu den *systematisch-analytischen Methoden* zählt die wissenschaftliche Literatur auch den *Morphologische Kasten* (**Abb. 2.18** und Anhang **A 5**). In der Praxis wird er jedoch nur bedingt eigenständig eingesetzt. Vielmehr bietet sich häufig die Kombination einer intuitiven Methode mit dem Morphologischen Kasten an. Er hat dann eine Ordnungsfunktion und verschafft Übersicht. Entsprechend den identifizierten Teilfunktionen werden die potenziellen Lösungen in den Morphologischen Kasten überführt. Liegen für eine Teilfunktion sehr viele Lösungen vor, muss vorweg eine erste Bewertungsphase bzw. Vorauswahl stattfinden (vgl. auch nachfolgende Hinweise zur Nutzwertanalyse). In der Praxis können viele Lösungen ohne tiefergehende Analyse ausgeschlossen werden, weil sie augenscheinlich nicht wirtschaftlich sind oder technisch nicht umsetzbar.

Im nächsten Schritt werden zwei bis vier Lösungskonzepte durch Verknüpfung von Einzellösungen für die Teilfunktionen entwickelt (*Variantenbildung*). Die so generierten Lösungskonzepte sollen möglichst optimal sein. Dies kann dazu führen, dass bestimmte Einzellösungen in allen Varianten vorkommen. Andere Teillösungen fallen ggf. raus.

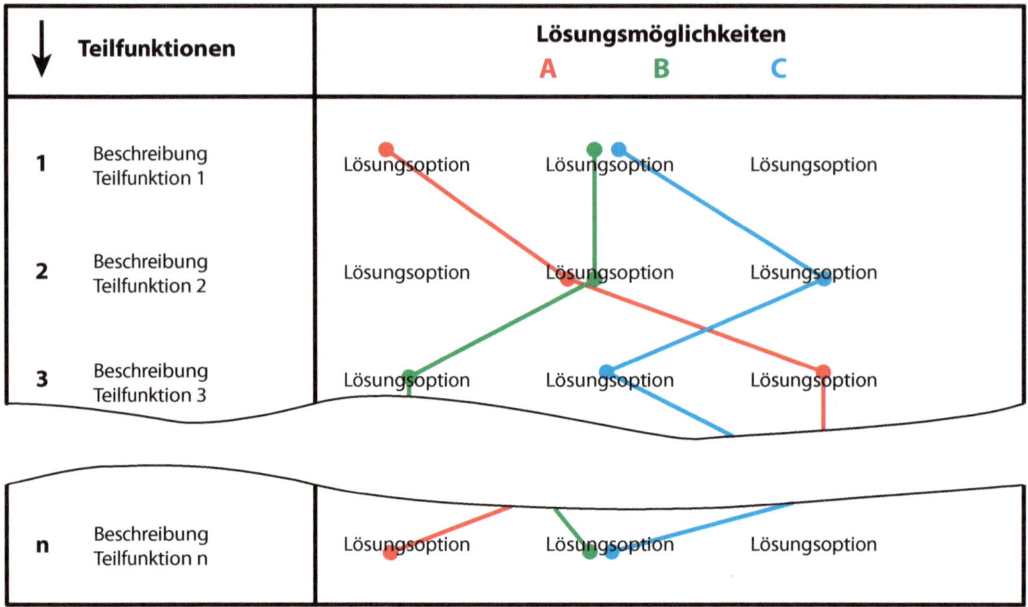

Abb. 2.18 Morphologischer Kasten

Mit der Methode *Problemlösungsbaum* werden zu einer Problemstellung alle denkbaren Lösungsalternativen systematisch erfasst. Die Baumstruktur ergibt sich aus den identifizierten bestimmenden Teilfunktionen bzw. den sich daraus ergebenden Systemelementen. Diese werden immer feiner verzweigt (siehe **Abb. 2.19**). Die Aufstellung eines Problemlösungsbaums zielt darauf ab, Lösungsmöglichkeiten in eine überschaubare Struktur zu überführen und den möglichen Lösungsraum vollständig abzubilden. Mit der Komplexität der Problemstellung steigt der Erstellungsaufwand schnell an und die Darstellungen werden unübersichtlich. Die Entwicklung erfordert ein hohes Maß an fachlicher Kompetenz und ist deshalb für Neulinge in der Konstruktion eher ungeeignet. Die Methode wird hier nur der Vollständigkeit halber und als Ausblick aufgeführt.

Konstruktionskataloge sind eine Art umfängliche geordnete Sammlung bekannter und bewährter Lösungen für bestimmte (meist konstruktive) Problemstellungen. Diese gibt es beispielsweise für Nietverbindungen, Klebeverbindungen, Welle/Nabe-Verbindungen. Eine Übersicht zu möglichen Lösungen zur Positionierung von Innen- und Außenringen von Wälzlagern zeigen exemplarisch die Abbildungen **Abb. 3.26** und **Abb. 3.27**. Quellen für solche Übersichten bieten Fachbücher (für Maschinenelemente), Firmenkataloge, Normen.

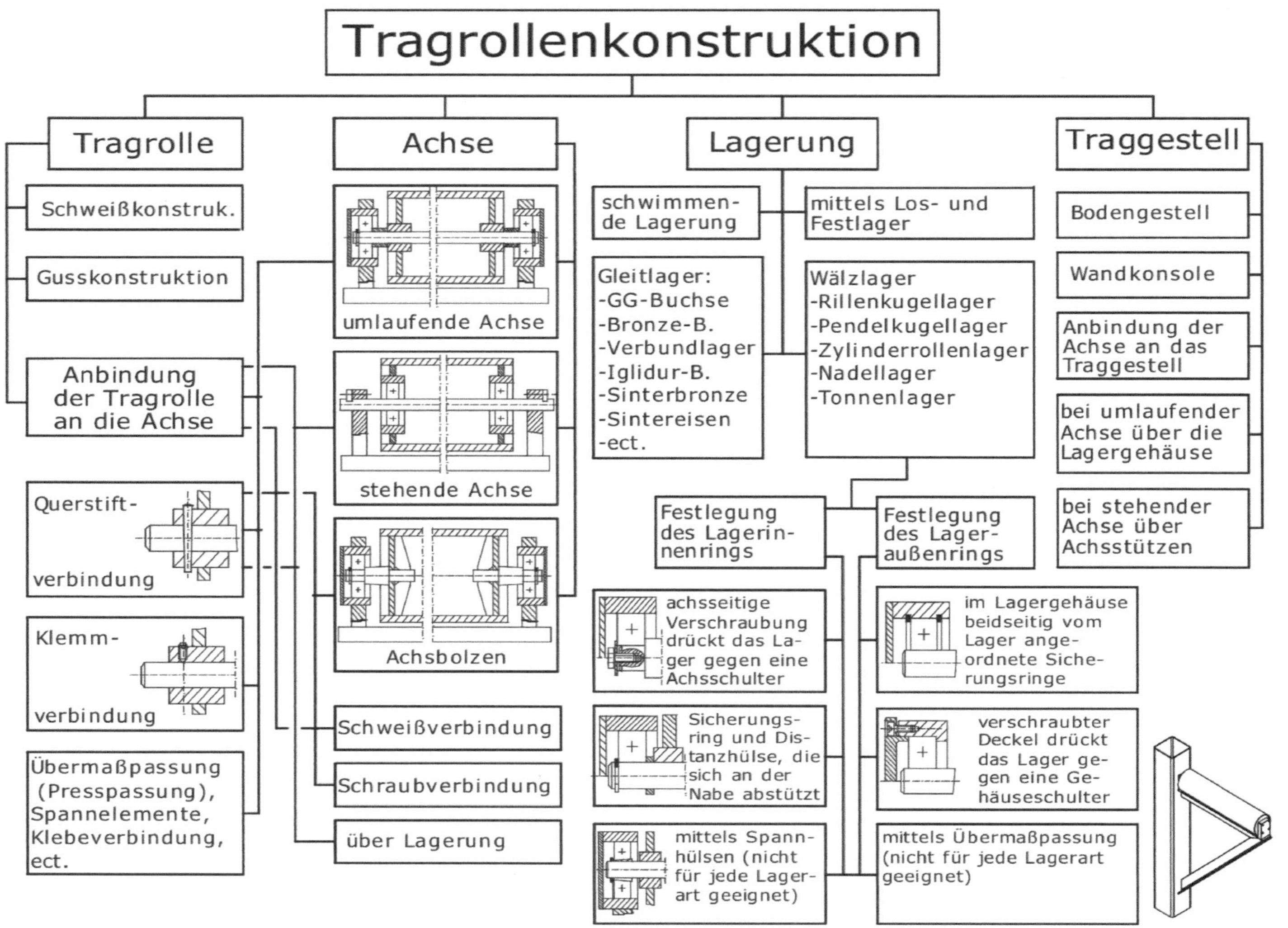

Abb. 2.19 Problemlösungsbaum (Ausschnitt)

Nutzwertanalyse

Vorstehend wurde bereits herausgestellt, dass das Auffinden von Lösungsideen und deren Bewertung streng getrennt werden. So ist gewährleistet, dass man in der kreativen Phase der Lösungssuche unvoreingenommen „querdenkt". Aber schon beim Übertrag in den Morphologischen Kasten kann eine erste Vorsortierung nötig sein, um die Lösungsvielfalt zu beherrschen.

Grundsätzlich ergeben sich die Kriterien aus der Anforderungsliste (vgl. Kap. 2.3.1). Für eine grobe Vorauswahl werden zunächst alle Lösungsideen gestrichen, die den *Festforderungen* nicht entsprechen (K.O.-Kriterium). Sonst könnte nach Durchführung beispielsweise eine Variante favorisiert werden, die zwar sehr kostengünstig ist, aber den gesetzlichen Bestimmungen nicht genügt. Ebenso werden Lösungen gestrichen, die den Mindestforderungen nicht genügen. Durch diese Vorgehensweise entfällt bereits ein Großteil möglicher Einzellösungen. Stehen immer noch zu viele Lösungsoptionen für den Morphologischen Kasten zur Verfügung, sollte aus praktischer Sicht eine weitere grobe Entscheidung auf Basis der Erfüllung der Mindestforderungen getroffen werden, ergänzt durch die Beurteilung der Abdeckung der Wünsche. Der Bewertungsaufwand muss dabei immer in einem (auch zeitlich) vertretbaren Verhältnis zum Ergebnis stehen.

Nach der Festlegung von zwei bis maximal vier Gesamtkonzepten (Lösungsvarianten) im Morphologischen Kasten erfolgt deren Bewertung mittels der Methode *Nutzwertanalyse* im Team (vgl. **Abb. 2.20**; Vorlage im Anhang **A 6**). Die Vorgehensweise entspricht dabei der von üblichen Verbrauchertests. Die Mindestforderungen und ggf. Wünsche der Anforderungsliste werden in einer einfachen Variante dieser Methode als gleichrangige Kriterien (Gewichtungsfaktor $g=1$) in den Bogen eingetragen. Sollten sehr viele Mindestforderungen und Wünsche vorliegen (>15), können nach sorgfältiger Abwägung wenig relevante Kriterien zugunsten einer besseren Bearbeitbarkeit gestrichen werden. Die Bewertung der Lösungskonzepte erfolgt unter dem jeweiligen Kriterium mit einer Bewertung 0 (unbefriedigende Lösung) bis 4 (sehr gute Lösung). Abschließend werden die Punkte aufsummiert und entsprechend die Rangfolge der Lösungskonzepte ermittelt. Dies erlaubt eine zeitlich schnelle Durchführung der Bewertung. Diese einfache Variante ist bei weniger komplexen Problemen sinnvoll anwendbar.

Die Gleichwertigkeit der Kriterien kann im Einzelfall aber problematisch sein: Am Ende könnte ein Konzept favorisiert werden, bei dem eher unbedeutende Kriterien andere wichtige „überstimmen". Dies verzerrt das Ergebnis. Unterschiedliche Gewichtungsfaktoren für die Kriterien gleichen diesen Verfahrensnachteil in der differenzierten Variante der Nutzwertanalyse aus. Die Faktoren variieren üblicherweise zwischen 1 (eher unwichtig) und 4 (sehr wichtig) und werden frei festgelegt.

Über einen *Paarweisen Vergleich* kann die Rangfolge der Kriterien differenzierter ermittelt werden (vgl. **Abb, 2.21**). In den Zeilen und Spalten sind jeweils die Bewertungskriterien einzusetzen (hier: A bis E). Dann werden alle Kriterien mit allen verglichen. Die Beurteilungen von zwei Kriterien im Vergleich werden jeweils oberhalb der Diagonalen und unterhalb eingetragen (1-1; 2-0; 0-2). Danach sind die Spaltensummen zu berechnen. Entsprechend der Summen ergibt sich die Rangfolge der Kriterien, denen jetzt entsprechend Gewichtungsfaktoren (frei) zugeordnet werden. In der anschließenden Bewertung werden die vergebenen Punkte mit den Gewichtungen multipliziert. Die abschließende Aufsummierung ergibt dann wieder die Rangfolge der Lösungskonzepte.

Nutzwertanalyse

Fachschule für Technik
Maschinenbautechnik

Projekt

Werteskala nach VDI 2225 mit Punktvergabe P von 0 bis 4

0... unbefriedigend   1... gerade noch ertragbar   2... ausreichend   3... gut   4... sehr gut

Die Bewertungskriterien werden der Anforderungsliste entnommen. Bei Bedarf werden Gewichtungsfaktoren (g) vergeben, wenn die Kriterien nicht gleichwertig sind.

| | | | Varianten | | | | | |
| | | | A | | B | | C | |
Nr.	Bewertungskriteren	g	P	P·g	P	P·g	P	P·g
1								
2								
3								
n								
max. mögliche Punktzahl:	Punktzahl							
	Rangfolge							

Entscheidung / Bemerkungen

Datum:

Bearbeiter:

Blatt:

Abb. 2.20 Nutzwertanalyse

Bewertung:		Vergleiche ...				
2 ... ist wichtiger						
1 ... gleich wichtig						
0 ... weniger wichtig		A	B	C	D	E
mit ...	A		2	1	1	0
	B	0		0	1	1
	C	1	2		0	0
	D	1	1	2		1
	E	2	1	2	1	
	Summe	4	6	5	3	2
	Rang	3	1	2	4	5

Abb. 2.21 Paarweiser Vergleich

Bei der Festlegung der Punktzahlen und Gewichtungsfaktoren sollte eine demokratische Diskussion immer Vorrang haben vor „Kampfabstimmungen" oder dergleichen. Eine noch feinere Differenzierung erhält man, wenn die Punktzahlen zwischen 0 und 10 variieren. Dadurch steigt aber auch der Diskussions- und damit Zeitaufwand in der Bewertungsphase. Bei beiden Vorgehensweisen (mit/ohne differenzierten Gewichtungsfaktoren) ist zu beachten, dass die Einzellösungen entsprechend den Bewertungskriterien nicht zwingend unterschiedlich bepunktet werden müssen. Vielmehr können auch zwei oder sogar alle Einzellösungen einer Teilfunktion gleich bewertet werden, wenn eine eindeutige Abstufung nicht sinnvoll oder unangemessen erscheint.

Natürlich ist eine Bewertung mittels Nutzwertanalyse teilweise subjektiv. Beispielsweise sind die Kosten zu diesem frühen Zeitpunkt häufig nur sehr grob gegeneinander in Abwägung zu bringen. Allerdings ist die Objektivität dieser Vorgehensweise weit höher, als wenn die Lösungskonzepte einfach nur aus „dem Bauch heraus" bewertet würden. In der Ausbildung zeigt sich in Übungen, dass unterschiedliche Teams bei derselben Problemstellung zu sehr ähnlichen Bewertungsergebnissen gelangen. Mitunter sind die Teams von der abschließenden Konzeptreihenfolge überrascht, weil sie vom Gefühl her eine andere Lösung favorisiert haben.

2.3.3 Entwerfen

Prinzipielles Vorgehen

Nachdem das Lösungsprinzip ermittelt ist, wird der *maßstäbliche Entwurf* erarbeitet. Eine Art „Blaupause" für die genaue Vorgehensweise gibt es für diese Phase nicht; vielmehr variiert sie in Abhängigkeit von der Konstruktion. Meist erfolgen auf der Grundlage erster Skizzen überschlägige Berechnungen, welche die bestimmenden Abmaße der Konstruktion festgelegen. Dabei wird üblicherweise von den gestaltbestimmenden Funktionsträgern ausgehend von „innen nach außen" und vom „wichtigen zum unwichtigen" vorgegangen. So müssen beispielsweise bei einer Getriebekonstruktion zunächst Wellendurchmesser und Lager dimensioniert werden. Daraus ergeben sich weitere Anschlussmaße (Zahnräder, Gehäusebohrungen etc.) Anzustreben ist i. d. R. eine *gedrungene Bauweise*. Dies führt zu geringeren Spannungen und damit in der Tendenz zu vergleichsweise kleinem Bauraum, Materialersparnis und niedrigem Gewicht.

Weitere Verringerung von Bauraum, Teile- und Materialeinsatz ergeben sich durch die *Integralbauweise*. Dies zielt darauf ab, Einzelfunktionen durch geschickte Formgebung auf einigen wenigen Bauteilen zu vereinen. Mit zunehmender Integration können umgekehrt aber auch die Fertigungskosten steigen, so dass hier immer eine wirtschaftliche Abwägung erfolgen muss. Eine Checkliste für „gute Konstruktionen" findet sich im Anhang (**A 7**).

Ausnahmen in der Entwicklungsrichtung bilden Produkte, deren Design für den Produkterfolg wesentlich ist. Dann erfolgt der Entwicklungsweg von der äußeren Gestalt nach innen. Beispielsweise bestimmt die äußere Geometrie eines Automobils den Strömungswiderstandsbeiwert als wichtigen Parameter für den Treibstoffverbrauch (vgl. **Abb. 5.15**). Bei Elektrokleingeräten (Beispiel Rasierer) stehen ergonomische Gesichtspunkte und Optik im Vordergrund.

Zum Zeitpunkt der Überschlagsrechnungen sind die meisten Daten wie genaue Abstandsmaße und Werkstoffe unbekannt („weißes Blatt"). Um trotzdem zu ersten Geometrien wie einem Wellendurchmesser zu kommen, werden ersatzweise Annahmen mit großzügigen Aufschlägen getroffen. Das führt in der Tendenz zu (starken) Überdimensionierungen („sichere Seite"). Auf dieser Basis wird die Konstruktion zunächst weiter ausmodelliert. Erst mit Vorliegen des endgültigen Modells können abschließend rechnerische Sicherheitsnachweise mit konkreten geometrischen Daten etc. geführt werden. So entsteht ein erster maßstäblicher Entwurf, der in der Regel noch viel Potenzial für Optimierungen in sich birgt.

Es ist nicht zwingend, dieses Potenzial in jedem Fall für Verbesserungen nutzen zu wollen. Dies ist vor allem eine Frage im Sinne der Wirtschaftlichkeit. Letztlich kostet auch Entwicklungsarbeit vergleichsweise viel Geld und muss im vertretbarem Verhältnis zu den erzielbaren Verbesserungen stehen. Wird das Produkt nur einmalig hergestellt und hat hohen Sicherheitsanforderungen zu genügen oder muss im Besonderen ausfallsicher sein, ist von einer weiteren Optimierung eher abzusehen. Wird ein Massenprodukt mit geringer Gewinnspanne (Marge) entwickelt oder sind spezielle Anforderungen des Leichtbaus zu erfüllen (Luft- und Raumfahrt), wird der erste Entwurf überarbeitet. Die Vorgehensweise verläuft in Schleifen: Zunächst wird die Geometrie geändert, indem beispielsweise Lagerabstände zur Reduzierung der Biegespannung in der Welle verringert werden. Entsprechend wird der Wellendurchmesser auch kleiner gewählt. Für die verbesserte Geometrie ist dann wieder der rechnerische Nachweis zu führen.

In mehreren Durchläufen nähert man sich in immer kleineren Schritten den endgültigen Abmessungen. Dieses Vorgehen wird als *Iteration* bezeichnet – Entwerfen ist insgesamt ein Optimierungsprozess, bei dem die Geometrien der Bauteile und weitere Merkmale (z. B. Werkstoffe) mehrfach geändert werden. Unterstützend besonders in Richtung Leichtbau ist der Einsatz der *Finite-Elemente-Methode* (*FEM,* vgl. Ausführungen zu **Abb. 1.6**, **Abb. 1.7** und Kap. 5.3.4).

Meist sind nur einige wenige Bauteile hinsichtlich der rechnerischen Auslegung relevant (*gefährdete Querschnitte*). Durch ihre Abmaße bedingen sie, dass anschließende Bauteile weit größer ausfallen als notwendig. So könnte beispielsweise ein Wellendurchmesser zu einem „zu großen" Lager führen. Es wäre aber wirtschaftlich sinnlos, einen Wellenabsatz anzudrehen, um ein rechnerisch mögliches kleineres Lager zu verbauen. Neben Festigkeitsnachweisen müssen im Einzelfall ggf. auch Verformungen und/oder Instabilitäten überprüft werden (Beulen, Kippen, Knicken).

Die Identifizierung der gefährdeten Querschnitte und Maschinenelemente für den *rechnerischen Nachweis* bedarf einiger Übung/Erfahrung und fällt daher dem Neuling schwer. Oft werden dann „sicherheitshalber" möglichst alle Geometrien rechnerisch ausgelegt. Für das Ermitteln der relevanten Geometrien und Maschinenelemente hilft eine Veranschaulichung des sogenannten *Kraftflusses* (vgl. auch Spannungsoptik **Abb. 5.7**). Er ist eine Hilfsvorstellung aus der Strömungstechnik und beschreibt gedanklich, wie die Kräfte ähnlich einer Flüssigkeit durch das Modell strömen (vgl. Beispiele in Kap. 4 und 5). Diese Visualisierung unterstützt bei der Identifizierung: Welches Bauteil übernimmt welche Kraft und wird mit welcher Spannungsart/welchen Spannungsarten beaufschlagt? Auslegungen spezifischer Maschinen- oder Systemelemente (Gleitlager, ganze Getriebe) werden zudem häufig mit Hilfe von Berechnungstools oder direkt mit einem Berechnungsfachmann eines Anbieters durchgeführt.

Sowohl die analytische („händische") rechnerische Absicherung als auch eine FEM beziehen sich immer auf mathematische Modelle. Dabei werden häufig Idealisierungen vorgenommen, die auf der „sicheren Seite" liegen. So geht man in der Technischen Mechanik meist von Punktlasten aus statt der realen Streckenlasten. Bei einer FEM-Analyse wird das Modell in ein mathematisches Gleichungssystem aus Differentialgleichungen überführt. Um überhaupt erst mit einer FEM arbeiten zu können, müssen als Vorbereitung häufig Geometrien am Modell geändert werden (vgl. Hinweise zur sogenannten Spannungssingularität in Kap. 5.3.4). Gerechnet wird dann das für die Analyse aufbereitete Modell und nicht das reale Bauteil. Zudem variiert die Ergebnisgenauigkeit mit den Vorgaben (Netzgröße, Definition der Einspannsituation etc.). Rechnerische Verfahren können grundsätzlich nicht absolut genau sein, da die vorausgesetzten idealen Bedingungen in der Betriebspraxis i. d. R. nie exakt reproduzierbar vorliegen. Es gilt: „Das Leben kann man nicht ausrechnen." Besonders bei Massenprodukten und sicherheitsrelevanten Bauteilen werden deshalb häufig Prototypen als Funktionsmuster gefertigt (vgl. Pumpendeckel **Abb. 1.7**). Die Muster werden zunächst unter Laborbedingungen auf Teststständen und anschließend im Dauereinsatz unter Echtbedingungen getestet („Erlkönig" in der Automobilbranche, vgl. **Abb. 5.14**) und in Schleifen bis zur Serienreife optimiert. Aktuelle Bestrebungen zielen auf die Entwicklung eines *digitalen Zwillings* (Avatar, vgl. auch Ausführungen in Kap. 1 und Kap. 5). Dabei wird ein virtuelles Abbild eines Bauteils (Baugruppe), einer Maschine oder Anlage kontinuierlich mit Echtdaten versorgt und der Zustand des Systems nachgebildet. Dies ermöglicht u. a. punktgenaue Vorhersagen zum Betriebsverhalten.

Sind die äußeren Kräfte und die Systemkräfte eher gering, kann ein Berechnen ggf. vollständig entfallen. Trotzdem werden die Baugruppen dann aber nicht „unendlich" klein ausgeführt. Beispielsweise hat ein genormtes Handrad ein Mindestmaß für die Aufnahmebohrung des Wellenzapfens als Anschlussmaß. Daraus ergibt sich weiter die Passfeder für die Anbindung von Bauteilen (z. B. Zahnrad) an die Welle etc. Ein Berechnen kann auch entfallen, wenn hinreichend *Erfahrungswerte* vorliegen. So wird häufig von einer in der Praxis erprobten und bewährten Konstruktion auf die Neuentwicklung geschlossen. Über eine proportionale Betrachtung kann von einer Baugröße auf eine andere geschlossen werden (*Skalieren*).

Im Zuge der Überarbeitung von Schwachstellen kommt es immer wieder zu (kleinen) Abweichungen vom festgelegten Lösungskonzept. Das lässt aber nicht auf Fehler / Nachlässigkeiten in der Analyse- oder Konzipierungsphase rückschließen – zu diesem frühen Zeitpunkt kann die Ausmodellierung noch nicht bis in die letzten Details überblickt werden. Es müssen dann immer wieder weitere Auswahlentscheidungen gefällt werden. Eine jeweils erneute Durchführung der Nutzwertanalyse ist aber unangemessen. Vielmehr lässt sich der Konstrukteur in seinen Entscheidungen von den Kriterien der Anforderungsliste als Ganzes leiten.

Gestaltungsrichtlinien

Für eine angemessene Formgebung der Bauteile muss der Konstrukteur Expertenwissen vieler Praxisfelder vereinen. So sollte er die Fertigungsmöglichkeiten seines Betriebs und generell die fertigungstechnische Umsetzbarkeit von Geometrien / Bauteilen (er)kennen und im Sinne der Kosten oder / und anderer Anforderungen beeinflussen können. Hierzu sucht er in der Regel den externen und internen fachlichen Austausch oder die Beratung mit Experten für zum Beispiel Schweißen, Gießen, Zerspanen, Montage etc. Übersichten zu Besonderheiten der jeweiligen Verfahren aus konstruktiver Sicht im Sinne von „Gut" und „Schlecht" sind der einschlägigen Fachliteratur entnehmbar (vgl. auch Literaturverzeichnis). Durch das Rapid Prototyping (vgl. Kap. 1.3 und Kap. 5.4.2) sind mittelfristig bedeutende Auswirkungen hinsichtlich der technischen Möglichkeiten zur Formgebung zu erwarten.

Aber auch der Austausch mit Fachleuten aus den Bereichen Normung, Ergonomie, Arbeitsvorbereitung, Qualitätsmanagement, Einkauf, Vertrieb etc. ist unabdingbar. Eine Übersicht zur Berücksichtigung der wichtigsten *Gestaltungsrichtlinien* gibt **Abb. 2.22**.

Art	Beispiel	Art	Beispiel
Automatisie-rungsgerecht	 Roboter-handhabung	Normgerecht	 DIN ISO EN ANSI
Ergonomie-gerecht	 Arbeithöhe Schwere Hilfsmittel	Sicherheits-gerecht	
Fertigungs-gerecht	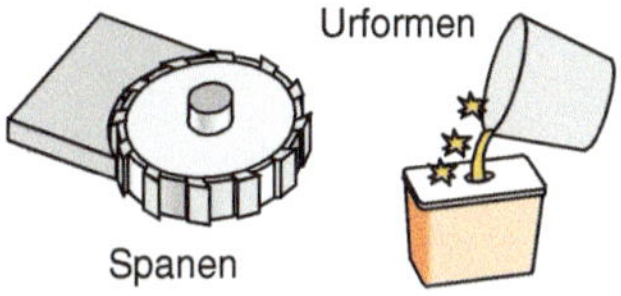 Urformen Spanen	Transport-gerecht	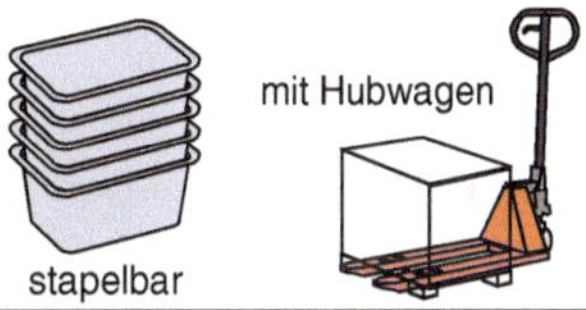 mit Hubwagen stapelbar
Festigkeits-gerecht	 Dynamische Belastung Statische Belastung	Umwelt-gerecht	 Energie Abgase Recycling
Instandhal-tungsgerecht	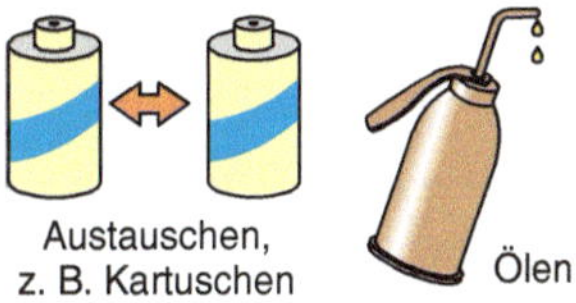 Austauschen, z. B. Kartuschen Ölen	Vorrichtung-gerecht	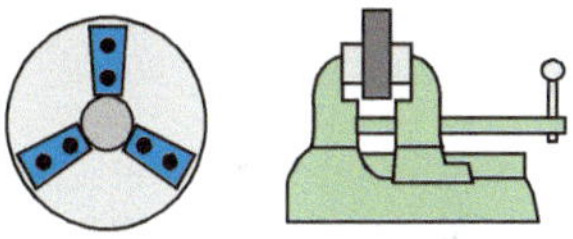 Zentrieren Aufspannen
Kosten-gerecht		Werkstoff-gerecht	 Holz Kunststoff Metall
Montage-gerecht	Montage-werkzeug Montage-erleichterung		

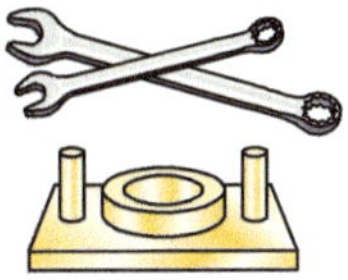

Abb. 2.22 Übersicht Gestaltungsrichtlinien

Gestaltungsgrundregeln

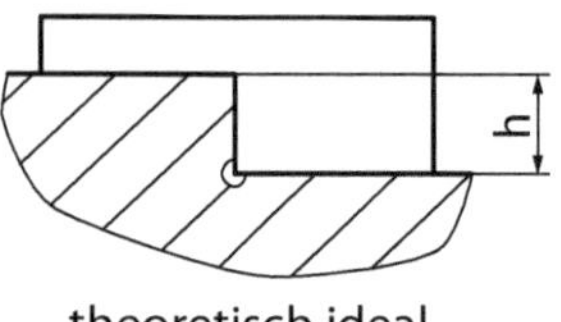

theoretisch ideal

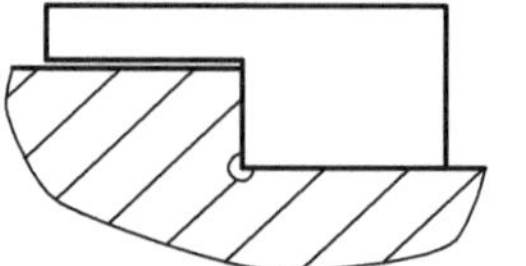

Tolerierungskombination
mit Ergebnis Spiel

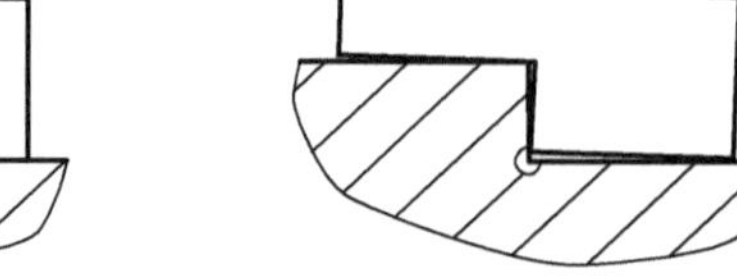

Tolerierungskombination
mit Ergebnis Übermaß

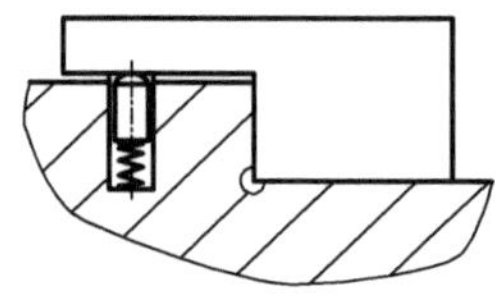

Ausgleich durch
federndes Element

Abb. 2.23 Gestaltungsgrundregel Eindeutigkeit

Bei der konkreten Ausgestaltung sind über alle Gestaltungsrichtlinien hinweg *Gestaltungsgrund-regeln* immer gültig. Eine Konstruktion mit ihren Teilfunktionen ist stets:

- eindeutig
- einfach
- sicher.

Die Einhaltung dieser Grundregeln führt zu optimierten Konstruktionen. Die Prinzipien beziehen sich nicht nur auf die Formgebung, sondern ebenso auf den Kraftfluss im Bauteil, Montage, Demontage, Fertigung, Gebrauch, Instandhaltung, Ergonomie, Sicherheit etc.

Eindeutigkeit meint die technisch klare Erfüllung eines Funktionsprinzips. **Abb. 2.23** zeigt eine typische Problemstellung des Vorrichtungsbaus: Das Werkstück kann wegen der immer vorhandenen Fertigungstoleranzen (hier das Maß „h") nicht an beiden unteren Flächen gleichzeitig aufliegen (*Überpositionierung* bzw. *Überbestimmung*). In der Konsequenz wird es also entweder nicht richtig in die Aufnahme passen (Bild oben rechts) oder nur auf einer Fläche aufliegen (Bild oben Mitte). Es muss aber wiederholgenau in der Vorrichtung aufgenommen werden. Nur dann sind in der Herstellung (beispielsweise Bohren) vorgegebene Fertigungstoleranzen sicher einzuhalten. Dafür ist an einer der beiden Flächen ein flexibler Ausgleich notwendig. Dies ist in dieser Vorrichtung durch ein federndes Element umgesetzt (Bild unten).

Einfach meint im Sinne der Geometrie am Beispiel einer Schweißbaugruppe, dass zu deren Fertigung möglichst Grundgeometrien wie Rohr, Flach oder Rechteck verwendet werden (vgl. **Abb. 2.24**). Als genormte Halbzeuge sind sie preisgünstige Massenware. Im Idealfall wird das jeweils einzusetzende Profil nur noch auf Länge gesägt (abgelängt) oder schon auf Länge gekauft und verschweißt. Einfache geometrische Formen ermöglichen in der Regel auch beherrschbare Ansätze für die Berechnungen. Umgekehrt sind beispielsweise nicht-rotationssymmetrische Formen (geschlitztes Rohr) nur mit hohem Aufwand hinsichtlich der Torsionsspannung zu berechnen. Einfach bezieht sich auch auf die vorzugsweise intuitive Produktbedienung (beispielsweise Produkte von Apple).

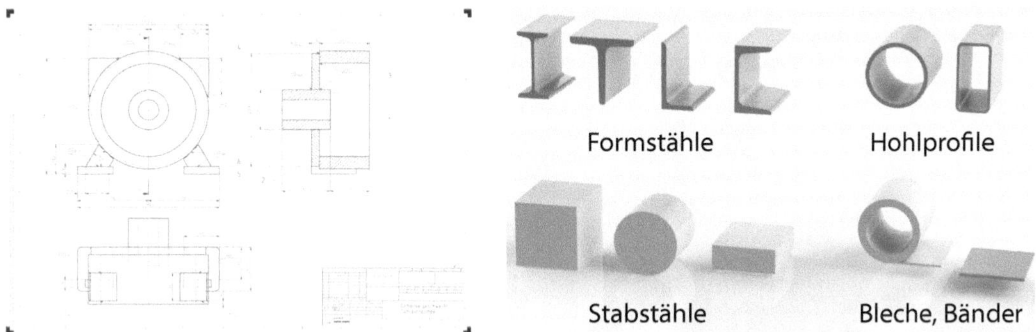

Abb. 2.24 Gestaltungsgrundregel Einfach: Beispiel Schweißkonstruktion

Sicher bedeutet, dass von den Produkten keine Gefahren für Bediener und Umwelt ausgehen dürfen. Die DIN 31 000 (Allgemeine Leitsätze für das sicherheitsgerechte Gestalten von Produkten) und die DIN EN ISO 12 100 (Sicherheit von Maschinen - Allgemeine Gestaltungsleitsätze - Risikobeurteilung und Risikominimierung) beschreiben ein 3-Stufen-Modell aus der Folge:

- unmittelbar (Gefahr vermeiden)
- mittelbar (gegen Gefahren sichern)
- hinweisend (vor Gefahren absichern).

Ziel ist also nicht eine Art absolute Sicherheit. Besonders bei sehr komplexen Systemen ist dies technisch nur sehr aufwendig umsetzbar. Zudem wird eine Maschine gerade durch die Einbringung neuer technischer Systeme zur Erhöhung der Sicherheit noch komplizierter und genau dadurch eben wieder anfälliger. Zudem ist Sicherheit immer auch in einer Abwägung zur Wirtschaftlichkeit zu sehen. Absolut sichere Systeme gibt es daher auch nicht – dies gilt selbst bei Atomkraftwerken und in der Luftfahrt. Sie gelten mit einer *Risikoklassifizierung* von 10^6 als sogenannte „ultrasichere Systeme". Statistisch bedeutet diese Bewertung, dass auf 1 Millionen Ereignisse 1 Unfall kommt.

Am Beispiel einer Bustür (vgl. **Abb. 2.5**) bedeutet *unmittelbarer Schutz*: Gerät ein Fahrgast in eine sich schließende Tür, so wird diese über eine entsprechende Schutzeinrichtung sofort wieder geöffnet (Reversiereinrichtung). Mögliche Systemelemente sind Lichtschranken oder Kontakte in den Fingerschutzprofilen am Türrahmen. Der unmittelbare Schutz sollte in einer Konstruktion bevorzugt umgesetzt werden.

Ein Beispiel für *mittelbaren Schutz* ist die Kapselung einer Gefahrenstelle (vgl. **Abb. 2.25**). So kann der Mitarbeiter oder Bediener gar nicht erst in den Gefahrenbereich eingreifen. Häufig werden hierzu entsprechende Steuerungen wie die sogenannte Zwei-Hand-Sicherheitssteuerung verbaut. Aber die Praxis zeigt: Sofern sich eine Möglichkeit zur Manipulation bietet, wird diese häufig ausgenutzt. Klassisch ist dann das Überbrücken eines der beiden Schalter, um dann nur noch mit einem Schalter den entsprechenden Vorgang auszulösen.

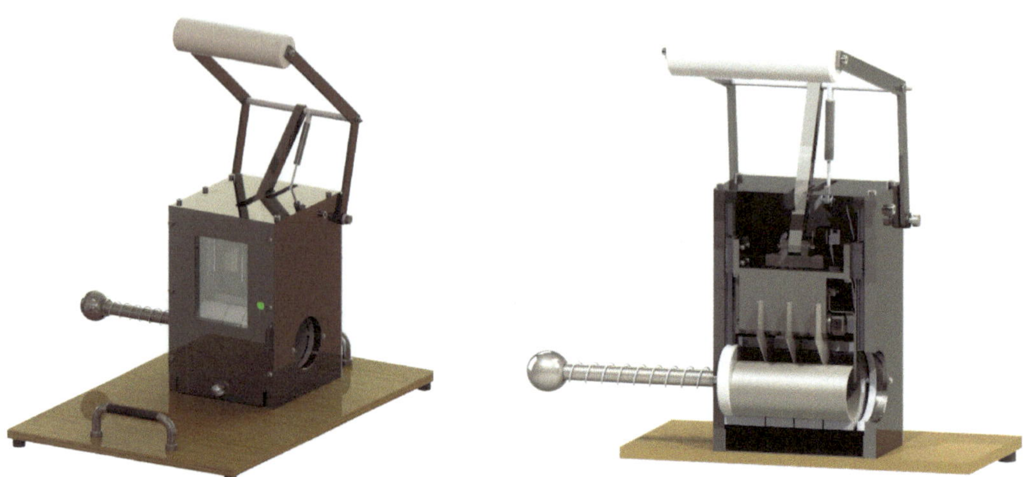

Abb. 2.25 Schneidvorrichtung (rechtes Bild in Schnittdarstellung)
(Bild: Projektarbeit Fachschule für Technik; A. Badura, S. Cleven, S. Jennessen)

Nach einer Befragung des Hauptverbandes der gewerblichen Berufsgenossenschaften (HVBG) aus dem Jahr 2006 sind 37 % aller stationären Industriemaschinen ständig oder vorübergehend von Manipulationen betroffen. Gründe hierfür sind vielfältig. Häufig wird vom Mitarbeiter eine höhere Entlohnung angestrebt. In der Folge sind auch Störungsbeseitigung und Instandhaltung problematisch. Nach Untersuchungen der DGUV (Deutsche Gesetzliche Unfallversicherung) liegt das Unfallrisiko an einer manipulierten Maschine 10 bis 20 Mal höher als im regulären Produktionsbetrieb.

Hinweisender Schutz meint beispielsweise das Anbringen von Piktogrammen an Gefahrenstellen (**Abb. 2.26**). Es sollte einsichtig sein, dass ein Warnhinweis in keinem Fall eine Absicherung des Herstellers darstellt. Grundsätzlich muss sich der Konstrukteur im Klaren sein, dass eine potenzielle Gefahrenquelle immer auch zu einem Unfall führen kann. Diese Erkenntnis ist in der Technik als *Murphys Gesetz* bekannt: „Alles, was schiefgehen kann, wird auch schiefgehen." Mit dem Produkthaftungsgesetz und der *EU-Maschinenrichtlinie* hat der Hersteller klare Regelwerke, die übergeordnet Vorgaben zu Sicherheit und Haftung festlegen (vgl. Kap. 2.4).

Abb. 2.26 Piktogramme Gefahrenstelle/Sicherheitshinweise
Bilder außen: Thommy Weiss/pixelio

2.3.4 Ausarbeiten

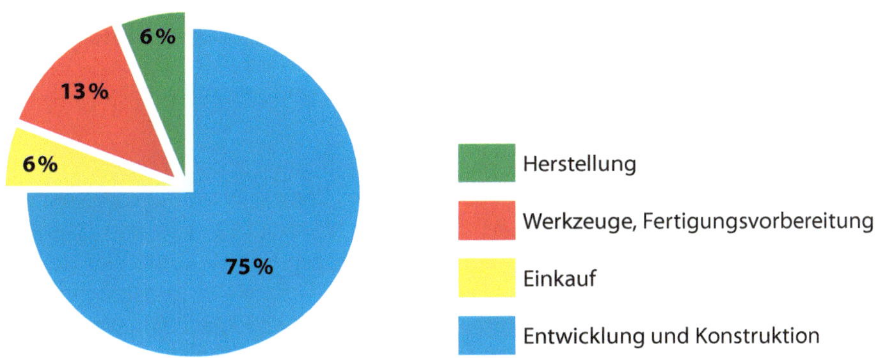

Abb 2.27 Abhängigkeit der Herstellkosten

Auf der Basis des ausgearbeiteten und rechnerisch abgesicherten Modells erfolgt die Ableitung der technischen Dokumente (*Ausarbeiten*). Die wichtigsten sind die technischen Zeichnungen mit zugehörigen Stücklisten. Mögliche weitere: Produkthandbücher, Zollpapiere, Wartungshandbücher etc. Auch in dieser Phase kann es noch zu (geringen) Änderungen im Konzept kommen. Entsprechend den neuen Erkenntnissen werden das Modell und ggf. auch die Anforderungsliste in Optimierungsschleifen überarbeitet bzw. angepasst.

Technische Zeichnungen beschreiben als Ergebnis des Konstruktionsprozesses das Produkt in allen bestimmenden Details. Grundsätzlich sind daher alle Fertigungsteile und Baugruppen als technische Zeichnungen zu erstellen. *Kaufteile* werden grundsätzlich nicht als technische Zeichnung abgeleitet, da sie nicht Bestandteil des eigenen Fertigungsprozesses sind. Trotzdem können sie auch hier sinnvoll sein. Dies ist der Fall, wenn auf der Zeichnung für den Eigengebrauch ggf. wichtige Informationen festgehalten werden sollen (beispielsweise alternative Bezugsquellen).

Mit der Konstruktion bzw. den Zeichnungsableitungen werden die Herstellkosten maßgeblich beeinflusst (vgl. **Abb. 2.27**). Beispielsweise können unnötig fein gewählte Oberflächengüten oder zu genaue Tolerierungen das Produkt im Konkurrenzkampf preislich unterlegen machen. Es gilt: „So grob wie möglich, so fein wie nötig." Es sollte um jede Kante „gerungen" werden, die ggf. in der Herstellung unnötig Geld kostet. Kaufteile sind Eigenfertigungsteilen vorzuziehen (vgl. auch Suche nach Lösungsprinzipien in Kap. 2.4.3). Halbzeugmaße werden so festgelegt, dass Fertigungsschritte zur Herstellung der Außengeometrie eingespart oder zumindest reduziert werden.

Häufig verliert der Anfänger in der Konstruktion den Zweck einer technischen Zeichnung bzw. Zeichnungsableitung aus dem Auge: Sie ist eine Produkt- oder Montagebeschreibung, mit der die Fertigung/der Facharbeiter arbeiten müssen. Was dem Konstrukteur sachlich klar ist, da er sich tiefgreifend mit einer Problematik auseinander gesetzt hat, muss dem Facharbeiter noch lange nicht klar sein. Er soll mit der Zeichnung arbeiten. Zeichnungsableitungen und der Aufbau des Zeichnungssatzes müssen daher vor allem einfach und eindeutig sein. Eine „richtige" Zeichnung nutzt nichts, wenn sie zu Missverständnissen und damit zu teuren Fehlern führt. Sie ist daher erst dann für den Betrieb geeignet, wenn sich beim Facharbeiter der Fertigung folgende Probleme <u>nicht</u> mehr darstellen:

- Fragen zu Details und Angaben
- Angaben, Details, Zeichnungsausbrüche suchen
- fehlende hilfreiche Ansichten gedanklich ergänzen (auch: räumliche Darstellungen)
- Fehlende Angaben nachschlagen
- hilfreiche Maße selbst errechnen

Bei den technischen Zeichnungen ist zu beachten, dass die Bemaßung nicht in jedem Fall alle Vorgaben der jeweiligen Norm oder Hersteller von Maschinenelementen enthält. So sind beispielsweise für Nuten von Sicherungsringen oder Lagersitze bestimmte Form- und Lagetoleranzen vorzusehen. Sofern diese in technischen Zeichnungen angegeben sind, müssen sie auch eingehalten werden. Damit wird die Fertigung relativ aufwendig bzw. teuer. In der Praxis wird häufig im abzuwägenden Einzelfall auf bestimmte Eintragungen verzichtet, ohne die Funktionsfähigkeit der Baugruppe nachhaltig zu beeinträchtigen. Auf die Regeln und Normen zur Erstellung technischer Zeichnungen im engeren Sinn wird im Rahmen dieses Buchs nicht weiter eingegangen.

Um den *Zeichnungssatz* systematisch aufzubauen, sollte zu Beginn ein *Erzeugnisbaum* aufgestellt werden (Beispiel siehe **Abb. 3.48, 4.39**). Er enthält die Struktur des Produktes von der obersten Ebene als Gesamtzeichnung bis hinunter zu den Normteilen, Kaufteilen und Halbzeugen. Aus ihm ergeben sich entsprechende Unterbaugruppen als auch die zugehörigen Stücklisten (Im Anhang befinden sich zwei Zeichnungssätze zur Veranschaulichung). Damit beschreibt der Erzeugnisbaum auch die Fertigungsfolge. In der Konsequenz müssen die Baugruppen und Fertigungszeichnungen als eine Art Arbeitsplatzbeschreibung auch als 3D-Modelle entsprechend aufgebaut sein.

So ist in Abhängigkeit von einer konkreten Konstruktion ggf. festzulegen, dass die Bohrungen für Passsitze von Lagerstellen erst nach dem Verschweißen des Grundgestells eingebracht werden. Würde die Bohrungen schon im Lagerbock gefertigt sein und dann der Lagerbock verschweißt, wären die Lagersitze nicht mehr hinreichend in einer Flucht und würden zum vorzeitigen Lagerausfall und damit zum Funktionsversagen führen. Zeichnungen sollten daher auch nicht „durchmischt" werden. Am benannten Beispiel könnte eine Schweißgruppenzeichnung, in der auch Passmaße an den zu verschweißenden Bauteilen eingetragen sind, dazu führen, dass die Fertigungsreihenfolge vom Mitarbeiter getauscht wird.

Stückliste ist eigentlich ein Oberbegriff. Speziell im Zusammenhang mit technischen Zeichnungen werden diese Erzeugnislisten auch als *Baukastenstückliste* bezeichnet. Sie sind direkt den entsprechenden Baugruppen zugeordnet und orientieren sich damit ebenso am Erzeugnisbaum. Sie beziehen sich immer auf die Menge „1" des übergeordneten Produkts unabhängig von tatsächlichen Auftragsgrößen oder Einheiten innerhalb der Oberbaugruppe. Es wird daher immer nur eine Baugruppe mit der/den direkt darunter liegenden Baugruppe(n)/Bauteilen abgebildet. Die jeweils noch darunter und darüber liegende(n) Baugruppe(n) oder/und Bauteile werden wieder in eigenen Baukastenstücklisten erfasst.

Grundsätzlich gilt: Keine Zeichnung ohne Stückliste. Ausnahme: Bei einer Fertigungszeichnung eines Einzelteils wird das Vormaterial als Halbzeug üblicherweise in das entsprechende Feld auf dem Schriftfeld eingetragen (vgl. Zeichnungssätze). Eigenfertigungsteile, Kaufteile und Normteile müssen so in Stücklisten eingetragen werden, dass die Bauteile eindeutig identifizierbar sind. Bei festgelegten Kaufteilen gehören daher unbedingt eine Artikelnummer und die Bezugsquelle (Firma) mit in die Stückliste. Ansonsten erschließt sich diese Information in der Abteilung Einkauf nicht mehr und ist für den Konstrukteur mit zeitlichem Abstand auch selbst nicht mehr reproduzierbar. Normteile hingegen sollten ohne Bezugsquellen aufgeführt werden, um den Anbieter frei wählbar zu lassen. Sinnvollerweise sortiert man Stücklisten und damit auch die Positionsnummern auf der Zeichnung nach der Reihenfolge: große Eigenfertigungsteile – kleine Eigenfertigungsteile – Normteile – Kaufteile. Dies erleichtert nachgelagerte Prozesse wie Einkauf, Arbeitsplanung und Montage.

Es ist freigestellt, die Stücklisten direkt auf die Zeichnung zu bringen oder separat auf eigene Dokumente. Lose Stücklisten haben den Vorteil, dass sie im Rahmen der Vervielfältigung etc. besser verarbeitet werden können. Auf der Zeichnung selbst sind sie stets unmittelbar verfügbar und es muss im Fall einer Änderung nur ein Dokument korrigiert und ausgetauscht werden. Grundsätzlich sind Stücklisten ebenso wie Schriftfelder technischer Zeichnungen nach DIN EN ISO 7200 genormt. Diese Norm lässt große Freiheitsgrade hinsichtlich der Gestaltung, so dass Unternehmen in der Regel unterschiedliche Vorlagen verwenden.

Zur eindeutigen Identifizierung von Bauteilen und Baugruppen erhält jedes Teil und damit jede technische Zeichnung Stammdaten. Sie werden vom Konstrukteur bei Festlegung eines neuen Teils/einer neuen Baugruppe einmalig neu vergeben („Geburt eines Teils"). Neben Teilenummer und -bezeichnung können hier weitere Daten festgelegt werden zu: Zeichnungsnummer, Maßeinheit, Werkstoff, Einkaufsart (Disposition). Üblicherweise werden diese Daten mit entsprechenden ERP-Systemen (Beispiel SAP) verarbeitet. Diese *Teilestammdaten* bzw. Zeichnungsnummern werden im Schriftfeld der technischen Zeichnungen eingetragen als auch in den Stücklisten als Verweis auf die untergeordneten Baugruppen oder/und Bauteile.

Wie die Stammdaten im Sinne eines *Nummernsystems* aufgebaut sind, bleibt den Unternehmen vergleichsweise freigestellt. Grundsätzlich unterschiedet man zwischen *Identnummern* und *Klassifizierungsnummern*. Identnummern sind dabei einfach fortlaufende Zahlen. Bei der Festlegung eines neuen Teils wird einfach die letzte vergebene Nummer um „+1" aufaddiert. Dies ist simpel, hat aber den Nachteil, dass aus der Nummer keine Informationen über das Teil abgeleitet werden können. Diesen Nachteil kompensieren Klassifizierungsnummern: Sie haben neben einer aufsteigenden Zählnummer einen entsprechend (meist vorweg gestellten) Klassifizierungsteil aus Buchstaben und/oder Zahlen. Der Aufbau des Klassifizierungsteils orientiert sich üblicherweise an der Produktstruktur. So könnte ein vorangestellter Buchstabe „A" Schlüssel für eine Oberbaugruppe sein. Unabhängig vom Nummernsystem ist für die Umsetzung eines Zeichnungssatzes bis zum fertigen Produkt die exakte Einhaltung des Nummernsystems wichtig.

Nach Erstellung der technischen Dokumente kommen zur weiteren Absicherung der Konstruktion und zur Vorbereitung der Fertigung methodische Werkzeuge des Qualitätsmanagements zum Einsatz. Im Besonderen soll hier die *Fehler-Möglichkeits- und Einflussanalyse (FMEA)* genannt werden. Im Verlauf einer solchen Analyse werden potenzielle Fehlerquellen identifiziert, bewertet und bei Bedarf entsprechende Abstellmaßnahmen definiert. Eine FMEA kann sich auf einzelne Komponenten der Konstruktion beziehen, auf den Produktionsprozess oder/und die Entwicklung als Gesamtsystem. Ziel dieser Untersuchungen ist die frühzeitige Identifizierung und Minimierung potenzieller Risiken in einer möglichst frühen Phase des Produktlebenszyklus (vgl. **Abb. 2.2** und **2.3**).Ein exemplarisches Beispiel findet sich im Anhang als Prozess-FMEA (**A 8**). Weitergehende Ausführungen sind einschlägigen Titeln des Qualitätsmanagements zu entnehmen.

2.3.5 Zusammenfassende Betrachtung

Die wichtigsten Vorteile des methodischen Konstruierens:

- Konstruieren ist wesentlich leichter lehr- und lernbar
- Geringere Einarbeitungszeit in die Produkte bei Neuentwicklungen
- Optimierung der Lösungssuche durch systematisches Vorgehen
- Guter Überblick über Lösungsmöglichkeiten bzw. Alternativen
- Reproduzierbarkeit von Lösungen
- Archivierbarkeit für zukünftige Entwicklungen im Sinne einer Vorlage
- In der Regel bessere Lösungen und geringere Gefahr, eine gute Lösung zu übersehen
- Förderung Teamarbeit; interdisziplinäres Arbeiten als vorherrschende Organgisationsform wird unterstützt (vgl. Symbolbild **Abb. 2.28**).

Alle Punkte zielen auf Kosten- und Qualitätsvorteile. Gerade die Kosten können durch eine planmäßige systematische Konzeptentwicklung in der Frühphase des *Produktlebenszyklus* (vgl. **Abb. 2.29**) so effektiv beeinflusst werden wie in keiner nachfolgenden (vgl. **Abb. 2.30**). Dabei unterliegen vor allem Massenprodukte (Handy, Auto) einem zunehmend dynamischen Wettbewerb.

Die Unternehmen müssen immer größere Anstrengungen unternehmen, um in immer kürzerer Zeit ein attraktives Nachfolgemodell auf den Markt zu bringen. Der Kunde „diktiert" dabei durch sein Konsumverhalten das Angebot (*Käufermarkt*). Dies führt zu einem hohen Konkurrenz- und damit Innovationsdruck bei den Unternehmen bei stetig steigenden Qualitätserwartungen. Erkennen sie zukünftige Entwicklungen nicht (rechtzeitig), kommen sie schnell unter Druck bis hin zum wirtschaftlichen Aus (Beispiel: Handymarke Nokia). Der hohe Innovationsdruck führt aktuell und zukünftig zu einer zunehmend integrierten Produktenwicklung. Dies bedeutet, dass beim Konstruieren immer stärker überlappend und parallel statt sequentiell gearbeitet wird. Ausgangspunkt ist das 3D-Modell (vgl. auch **Abb. 1.13**, **Abb. 1.14** und Ausführungen hierzu).

Bild 2.28 Interdisziplinäres Arbeiten (Bild: © Anastasia Dozenko)

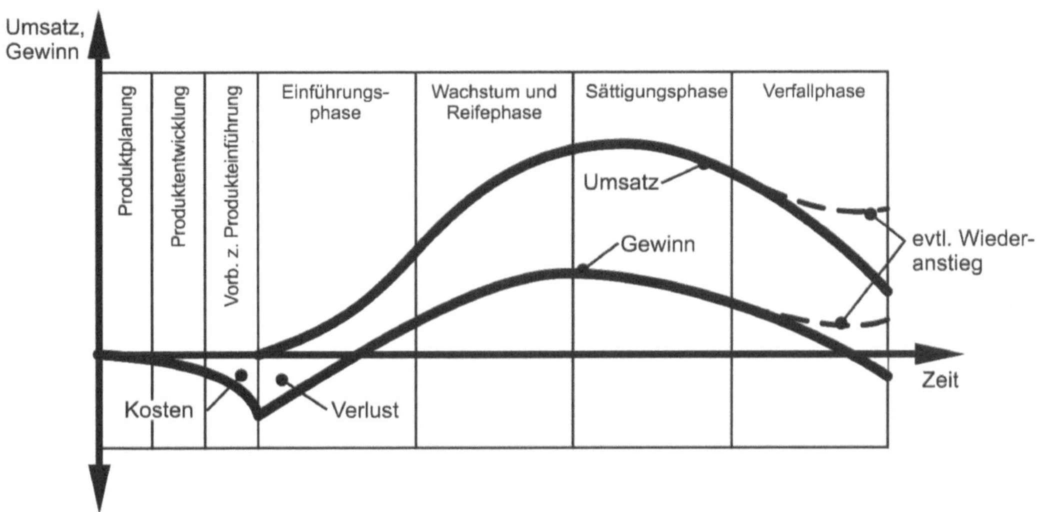

Abb. 2.29 Produktlebenszyklus (Quelle: Feldhusen, J.; Grote, K.-H. (Hrsg.): Pahl/Beitz Konstruktions-lehre, Springer Vieweg, 8. Aufl. 2013)

Gerade in der Ausbildung wirkt das schleifenartige Vorgehen (Iteration) im Rahmen der Konstruktionsentwicklung anfänglich irritierend. In der vorhergehenden Schullaufbahn wurde in vielen naturwissenschaftlichen Fächern ein Arbeiten eingeübt, bei dem zur Lösung einer physikalischen Problemstellung oft nur ein (rechnerischer) Weg genutzt wird und zu einem definierten Ergebnis führt (Musterlösung). Verstärkt wird die Verunsicherung noch dadurch, dass es in der Technik häufig unterschiedliche Realisierungsmöglichkeiten gibt, bei denen durchaus mehrere gleichwertig gut sind und keine „die Beste"..

Der junge Konstrukteur sieht sich zudem einer vermeintlich unbeherrschbaren Fülle an Aufgaben gegenüber und läuft Gefahr, sich in den vielfältigen Möglichkeiten und Schleifen zu „verirren". In Jahrzehnten des Zeichenbretts galt das geflügelte Wort: „Konstruieren heißt Radieren". Das strukturierte Vorgehen mittels der Phasen des methodischen Konstruierens unterstützt ihn als eine Art Leitplanke. Das Sammeln von Erfahrungen kann man aber nicht in Fachbüchern niederschreiben – dies muss der Lernende selbst leisten und bedarf intensiver Auseinandersetzung und Zeit. Auch und vor allem der erfahrene Konstrukteur und damit das Unternehmen profitieren in Abgrenzung zu einem Entwickeln „aus dem Bauch" von der dargestellten systematischen Vorgehensweise.

Wird in der Entwicklungsphase hingegen zu oberflächlich gearbeitet, werden Produktfehler und -schwächen potenziell erst in späteren Phasen entdeckt und kostenaufwendig korrigiert. Die notwendigen Änderungskosten steigen schnell exponentiell an (vgl. auch **Abb. 2.2** Zehnerregel der Fehlerkosten). Aus der zeitlichen Verteilung auf die Phasen ist ersichtlich, dass der Einsatz gerade zu Beginn im Vergleich gering ausfällt (vgl. **Abb. 2.31**). Hier finden im Schwerpunkt die kreativen bzw. schöpferischen Tätigkeiten statt.

Angesichts der offensichtlichen Vorteile wäre zu erwarten, dass Konstruktionsabteilungen Produkt- bzw. Neuentwicklungen durchgängig nach dem Konzept des methodischen Konstruierens durchführen. Häufig herrscht aber die „klassische" Variante vor, wo ein einzelner

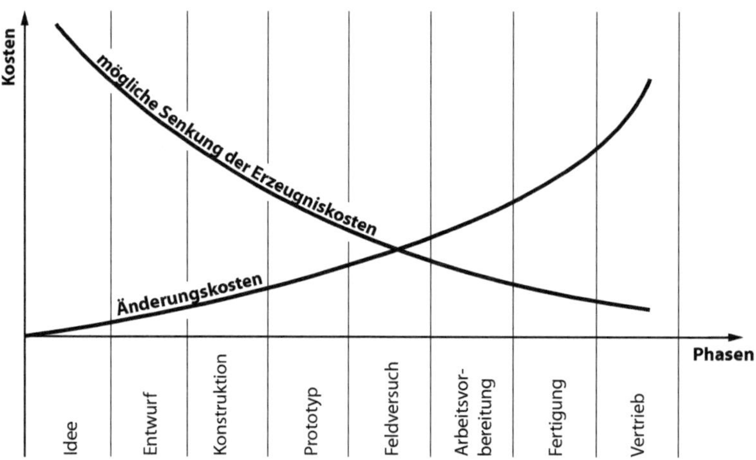

Abb. 2.30 Erzeugniskostensenkung und Änderungskosten (schematisch)

Konstrukteur „im stillen Kämmerlein" das Produkt auf der Basis einer ersten Idee ausentwickelt. Dies begründet sich zum einen aus der Tatsache, dass die Abarbeitung der Systematik im Vergleich mehr Zeit und Personal bindet. Daher müssen die Vorteile eines verbesserten Produktes in einem wirtschaftlich vertretbaren Verhältnis zum Aufwand stehen. Oft herrscht hoher Zeitdruck in den Konstruktionsabteilungen. Innovative Produkte müssen zum Erhalt der Wettbewerbsfähigkeit in immer kürzerer Zeit auf den Markt gebracht werden. Auch deshalb wird dann nicht hinreichend sorgfältig systematisch gearbeitet.

Zudem ist ggf. der einzelne Konstrukteur daran interessiert, Wissen für sich zu behalten. Das macht ihn vermeintlich unentbehrlich, ist aber natürlich nicht im Sinne des Unternehmens. In jedem Fall ist zu beachten, dass das methodische Konstruieren durch die Beschreibung in VDI-Richtlinien (vgl. Literaturverzeichnis) als auch nahezu ausnahmslos in allen Standard-Lehrbüchern zum Konstruieren und Berechnen von Maschinenelementen mindestens angesprochen wird. Damit ist ein methodengeleitetes Vorgehen als Stand der Technik anzusehen, wie vom Produkthaftungsgesetz ausdrücklich gefordert (vgl. nächstes Kapitel). Eine exemplarische Übersicht zur Produktentwicklung gibt Anhang **A 9**.

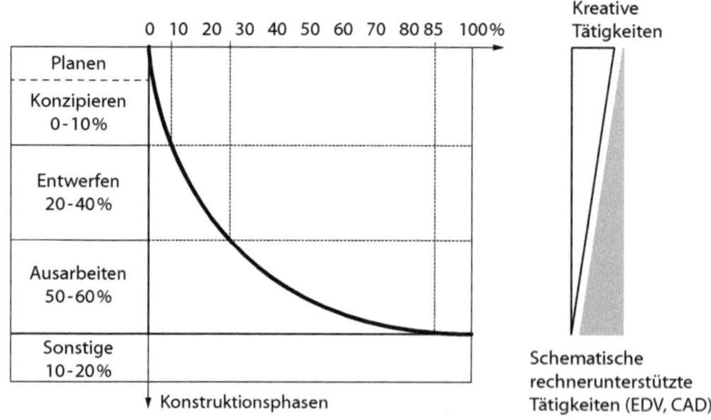

Abb. 2.31
Anteiliger Arbeitsaufwand
(nach Ehrlenspiel)

2.4 Produktsicherheit

Grundsätzlich haftet der Hersteller nach dem „Gesetz über die Haftung für fehlerfreie Produkte (*Produkthaftungsgesetz* – ProdHaftG)" für seine Erzeugnisse. Paragraph 1 (Haftung) führt als Grundsatz aus: „Wird durch den Fehler eines Produktes jemand getötet, sein Körper oder seine Gesundheit verletzt oder eine Sache beschädigt, so ist der Hersteller des Produktes verpflichtet, dem Geschädigten den daraus entstehenden Schaden zu ersetzen. Im Falle einer Sachbeschädigung gilt dies nur, wenn eine andere Sache als das fehlerhafte Produkt beschädigt wird …"
Die Ersatzpflicht wird nach dem benannten Paragraphen u. a. ausgeschlossen, wenn

- „der Fehler darauf beruht, daß das Produkt in dem Zeitpunkt, in dem der Hersteller es in den Verkehr brachte dazu zwingenden Rechtsvorschriften entsprochen hat, oder
- der Fehler nach dem Stand der Wissenschaft und Technik in dem Zeitpunkt, in dem der Hersteller das Produkt in den Verkehr brachte, nicht erkannt werden konnte."

Daraus leitet sich für den Konstrukteur verbindlich die Forderung ab, sich stets auf dem aktuellen Stand der Wissenschaft und Erkenntnissen in seinem Produktbereich zu halten. Allerdings sieht das Gesetz vor, dass in der Regel der Geschädigte die sogenannte Beweislast für den Zusammenhang von Schaden und dem Produkt als Ursache trägt. Wird ein Produkt aber beispielsweise in den USA auf den Markt gebracht, kommen auch deren Landesrechte zur Anwendung. Der Nachweis der Erfüllung von Sicherheitsstandards wird in Abgrenzung zu europäischem Recht lediglich als Indiz für ein „safe product" gewertet.

Schadensersatzhöhen sind aus dem amerikanischen Rechtsverständnis heraus weitaus höher und Anwälte werden erfolgsabhängig an diesen Summen beteiligt. Klagen sind daher finanziell schnell attraktiv. So wurde der Automobilkonzern Ford im Jahr 2002 nach Fahrzeugüberschlagen von zwei texanischen Familien wegen zu schwacher Dach- und Türhalterungen zu 225 Millionen Dollar Schadensersatz verurteilt. Entsprechend liegt die Zahl der Klagen im Bereich der Automobilindustrie um den Faktor 100 höher als im Weltdurchschnitt (Quelle: Kongress „Länderrisiken 2007"). Werkzeugmaschinenbauer kalkulieren deshalb 15 % der Werkzeugkosten für Anwalts- und Gerichtskosten mit ein. Schutz vor den wirtschaftlichen Folgen können dem Unternehmen spezielle Produkthaftsversicherungen bieten. Auch ein Konstrukteur kann sich entsprechend versichern vergleichbar einem Arzt für den Fall eines Kunstfehlers.

Die Hersteller in Amerika sind vor diesem Hintergrund besonders bemüht, jegliche potenziellen Produktfehler im Vorhinein auszuschließen. Für außergewöhnlich skurrile Schadensersatzklagen wird der „Stella-Liebeck-Preis" nach der gleichnamigen Klägerin vergeben. Sie erstritt 2,7 Millionen Dollar Schadensersatz von McDonalds, nachdem sie sich an heißem Kaffee verbrühte. Vermeintliche Ursache war der fehlende Hinweis auf dem Becher.

In Europa wurde mit der *EU-Maschinenrichtlinie* für alle Mitgliedsstaaten sowie einigen weiteren Ländern eine einheitliche gesetzliche Vorgabe geschaffen. Diese sind vom Maschinenhersteller, -betreiber und -nutzer zwingend einzuhalten und legen die geltenden Sicherheits- und Gesundheitsschutzanforderungen an bestimmte Produkte fest. Sie werden durch technische Spezifikationen konkretisiert. Als europäische Norm wurde sie von den Mitgliedsländern in nationales Recht umgesetzt.

In Deutschland sind die Richtlinien im *Produktsicherheitsgesetz* verankert. Grundsätzlich ist deren Anwendbarkeit auf das jeweilige Produkt zu klären. Fällt ein Produkt in den Anwendungsbereich einer oder mehrerer dieser Richtlinien, muss es die entsprechenden Sicherheits- und Gesundheitsschutzanforderungen erfüllen. Nur dann darf es innerhalb des Gültigkeitsbereichs bereitgestellt, ausgestellt und erstmals verwendet werden.

Viele der *EG-Richtlinien* erfordern u. a. die Produktkennzeichnung mit einem *CE-Zeichen* (**Abb. 2.32**) und die Erstellung einer definierten umfangreichen Betriebsanleitung. Die Kennzeichnung signalisiert der nationalen Marktaufsichtsbehörde sowie dem Verwender, dass die EG-Richtlinien eingehalten sind. Es ist zudem eine Art „Reisepass", wenn das Produkt die nationalen Grenzen im europäischen Wirtschaftsraum überquert. Das Zeichen wird vom Hersteller in eigener Verantwortung angebracht. Das Produkt wird im Rahmen der Zertifizierung also genau nicht von einer unabhängigen Stelle wie beispielsweise dem TÜV abgenommen. Dies darf allerdings nicht zu einem leichtfertigen Umgang mit den gesetzlichen Vorgaben führen. Tritt nämlich ein Schadensfall ein, werden die für die Kennzeichnung beizubringenden Unterlagen geprüft und müssen im Zweifel gerichtsfest sein. Bei Missachtung der EG-Richtlinien sieht die Gesetzgebung empfindliche Geldstrafen bis hin zu Freiheitsstrafen vor.

In der Praxis muss der Konstrukteur das Produkt betreffende Gesetz(e) identifizieren bzw. kennen und in ihren Auswirkungen auf das Produkt hin sicher analysieren. Die bestimmenden Informationen gehen als *Festforderungen* (K.O.-Kriterium) in die Anforderungsliste ein. Hieraus wird klar: Übersieht der Konstrukteur gesetzliche Vorgaben, kann er im günstigsten Fall sein Produkt durch (kostenaufwendige) Nacharbeit noch „retten". Im schlimmsten Fall ist die gesamte Entwicklung hinfällig.

Die Zertifizierung ist ein formal sehr aufwendiges Verfahren, weshalb die Durchführung je nach Unternehmensgröße häufig an Spezialisten im eigenen Unternehmen oder an externe Dienstleister ausgegliedert wird. Hier ist frühzeitige Kontaktnahme und Informationsaustausch unabdingbar, will man die beschriebenen Risiken vermeiden. Für weitergehende Informationen sei auf das Literaturverzeichnis verwiesen.

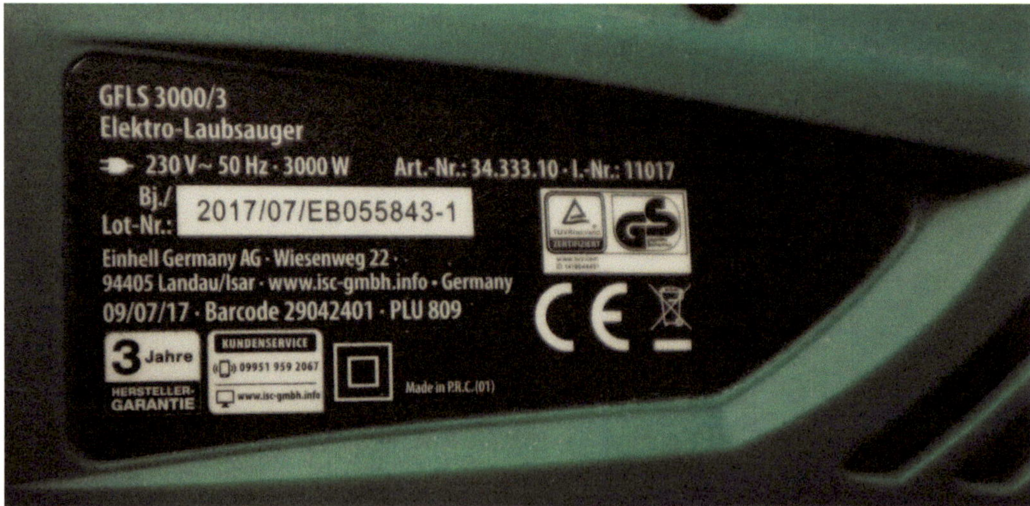

Abb. 2.32 CE-Kennzeichnung (elektrischer Laubbläser)

Literaturverzeichnis

Grote, K.-H. (Hrsg.) et. al.: Dubbel. Taschenbuch für den Maschinenbau; Springer Vieweg; 25. Auflage; 2018

Böge, A.; Böge, W.: Handbuch Maschinenbau..Grundlagen und Anwendungen der Maschinenbautechnik; Springer Vieweg; 23. Auflage; 2016

Buzan, T.: Kopftraining. Anleitung zum kreativen Denken; Goldmann; 1993

Conrad, K.-J.: Grundlagen der Konstruktionslehre; Hanser; 6. Auflage; 2013

Ehrlenspiel, K.: Integrierte Produktentwicklung; Hanser; 6. Auflage; 2017

Fleischer, B.: Markteinordnung, Bedeutung, Wirkungsweise sowie technische Rahmenbedingungen fremdkraftbetätigter Bus-Türsysteme und Neuentwicklung einer unteren Abdichtung für Innenschwenktüren; Schriftliche Hausarbeit im Rahmen der ersten Staatsprüfung für das Lehramt für die berufsbildenden Schulen; 1996

Fleischer, B.; Theumert, H.: Roloff / Matek: Entwickeln, Konstruieren, Berechnen; Springer Vieweg; 6. Auflage; 2018

Fleischer, B.: Praxisratgeber Faktor Mensch; Vogel; 2017

Gasser, A.: Konstruktionslehre – rechnergestützt; Handwerk und Technik; 2011

Gesetz über die Bereitstellung von Produkten auf dem Markt (Produktsicherheitsgesetz – ProdSG); Bundesministerium der Justiz und für Verbraucherschutz; Stand 31.08.2015
Gesetz über die Haftung für fehlerhafte Produkte (Produkthaftungsgesetz); Stand 31.08.2015; Bundesministerium für Justiz und für Verbraucherschutz

Hauptverband der gewerblichen Berufsgenossenschaften (HVBG) (Hrsg.): Manipulationen von Schutzeinrichtungen von Maschinen; 2006

Hoenow, G; Meißner, T.: Entwerfen und Gestalten im Maschinenbau; Hanser; 4. Auflage; 2016

Knieß, M.: Methoden und Übungen zur Kreativitätssteigerung; Beck-Wirtschaftsberater im dtv; 1995

Köhler, P.: Moderne Konstruktionsmethoden im Maschinenbau; Vogel; 2002

Koller, R.: Konstruktionslehre für den Maschinenbau; Springer; 4. Auflage 2011

Künne, B.: Köhler / Rögnitz Maschinenelemente 1; Vieweg + Teubner; 10. Auflage; 2007

Kurz, U.; Hintzen, H.; Laufenberg, H.: Konstruieren, Gestalten, Entwerfen; Vieweg+Teubner; 4. Auflage; 2009

Naefe, P.: Methodisches Konstruieren; Springer Vieweg; 3. Auflage; 2018

Naefe, P.; Luderich, J.: Konstruktionsmethodik für die Praxis. Effiziente Produktentwicklung in Beispielen; Springer Vieweg, 2016

Naefe, P.; Kott, M.: Konstruktionslehre für Einsteiger. Easy Basiswissen für Maschinenbau-Techniker und -Studenten; Springer Vieweg; 2018

Oßwald, R.; Arndt, P.: Gestalten und Berechnen: Europa; 3. Auflage; 2012

Pahl, G.; Beitz, W.: Konstruktionslehre; Springer; 8. Auflage; 2013

Rieg, F. et. al..: Decker Maschinenelemente; Hanser; 20. Auflage; 2018

Roth, K.: Konstruieren mit Konstruktionskatalogen; 2. Auflage; Springer; 2014

Schlecht, B.: Maschinenelemente 1; Pearson; 2. Auflage; 2015

Schlicksupp, H: Ideenfindung; Vogel; 4. Auflage; 1992

Schmid, D. et. al.: Konstruktionslehre Maschinenbau; Europa; 5. Auflage; 2017

Sichere Maschinen in Europa; Teile 1-5; DC Verlag; 2015/2016/2017

Skolaut, W.: Maschinenbau. Ein Lehrbuch für das ganze Bachelor-Studium; Springer Vieweg; 2. Auflage; 2018

Svantesson, I.: Mind Mapping und Gedächtnistraining; Gabal; 4. Auflage; 1995

Tiemeier, H.: Ideenfindung und Kreativität in den Ingenieurwissenschaften; schriftliche Hausarbeit im Rahmen der Ersten Staatsprüfung für das Lehramt für die Sekundarstufe II; Essen; 1996

VDI 2221: Methodik zum Entwickeln und Konstruieren technischer Systeme und Produkte; Verein Deutscher Ingenieure; 05-1993

VDI 2222: Konstruktionsmethodik – Methodisches Entwickeln von Lösungsprinzipien. Blatt 1; Verein Deutscher Ingenieure; 06-1997

VDI 2223: Methodisches Entwerfen technischer Produkte; Verein Deutscher Ingenieure; 01-2004

VDI 2225: Konstruktionsmethodik – Technisch-wirtschaftliches Konstruieren – Technisch-wirtschaftliche Bewertung. Blatt 3; Verein Deutscher Ingenieure; 11-1998

Wittel, H. et. al.: Roloff / Matek: Maschinenelemente; Springer Vieweg; 23. Auflage; 2017

Wycoff, J.: Gedanken-Striche – Auf neue Ideen kommen. Probleme lösen mit Mind-Mapping; VAK Verlag für angewandte Kineosologie GmbH; 1993

Zdenek, C.; Barthlott, W.; Nieder, J.: Erfindungen der Natur; rororo; 2. Auflage; 2007

3 Projekt Kaschierrolle

In diesem sowie in dem nachfolgenden Kapitel werden Projekte mit den Werkzeugen des methodischen Konstruierens entwickelt. Die Vorgehensweise orientiert sich stringent an den dargestellten Phasen (vgl. Kap. 2.3). Die Projekte beginnen mit der Problemstellung sowie erläuternden Rahmenbedingungen.

Grundsätzlich können die einzelnen Phasen unabhängig vom Buch selbständig als Übungen erarbeitet werden; dies vorzugsweise in Teamarbeit. Ebenso ist es möglich, die Lösungen einfach nur nachzuvollziehen. Auch durch diese Vorgehensweise ist ein Erkenntnisgewinn zu erwarten, der zukünftig zu einer systematischeren Konstruktionsentwicklung befähigt. Keinesfalls stellen die Lösungen des Buchs einen Bewertungsmaßstab im Sinne einer optimalen Lösung dar. Vielmehr sind sie als mögliche gute Alternative zu betrachten. Von eigenen Abweichungen zur „Musterlösung" sollte sich der Leser daher nicht verunsichern lassen.

3.1 Problemstellung

Ein Hersteller von Lebensmittelkartonagen (vgl. **Abb. 3.1**) entwickelt eine Versuchsstrecke, mit der neue Materialkombinationen getestet werden sollen. In dem hier betrachteten Abschnitt laufen die unterschiedlichen Vormaterialien zusammen, aus denen die Verpackungen aufgebaut sind (vgl. **Abb. 3.2**). Die Vormaterialien selbst werden von Rollen (Coil) abgewickelt und der eigentlichen Maschine zugeführt. Durch Kraftbeaufschlagung erfolgt die Verbindung der unterschiedlichen Materialien (Kaschieren). Spezielle Zwischenlagen gewährleisten die Dauerhaltbarkeit der Verbindungen.

Abb. 3.1 Getränkeverpackung

© Springer Fachmedien Wiesbaden GmbH, ein Teil von Springer Nature 2019
B. Fleischer, *Methodisches Konstruieren in Ausbildung und Beruf*,
https://doi.org/10.1007/978-3-658-27690-4_3

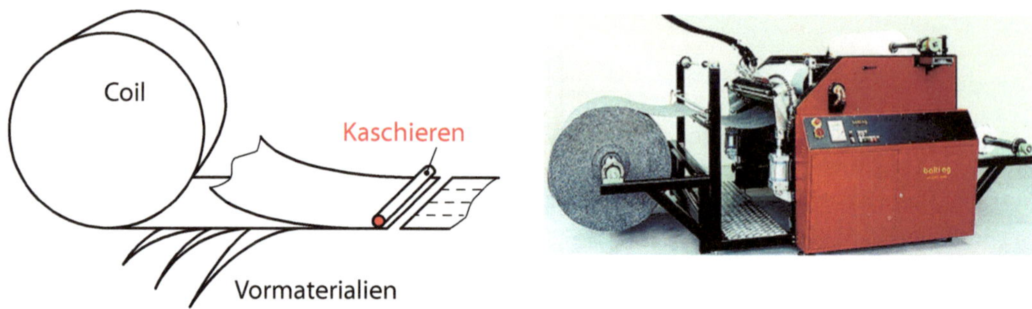

Abb. 3.2 Produktionsfluss (Bild re: © Kaschieranlage der Fa. balti, Schweiz)

3.2 Analysieren

3.2.1 Klärung der Randbedingungen

Zunächst erfolgt eine intensive Recherche bei ähnlich gelagerten Problemstellungen. Sie führt zur Erkenntnis, dass eine kraftbeaufschlagte Rolle ein bewährtes technisches Lösungsprinzip darstellt. Um einen entsprechenden Anpressdruck zu realisieren sind zahlreiche Funktionsprinzipien zur Krafteinleitung möglich:

- Gewichtskraft
- Federkraft
- Hydraulikzylinder
- Pneumatikzylinder
- …

Im Arbeitsalltag einer Konstruktionsabteilung werden hinsichtlich der Funktionsprinzipien häufig anfänglich erste Einschränkungen vorgenommen. Ziel ist hierbei, die anschließende Lösungsfindung beherrschbar zu halten. Diese frühe Einengung birgt allerdings die Gefahr, potenziell gute Lösungen auszuschließen. Wann und wie weit der Lösungsraum frühzeitig begrenzt wird, muss immer im Rahmen der konkreten Aufgabe angemessen beurteilt werden. Einen „Königsweg" gibt es nicht.

In der vorliegenden Aufgabe wird aus Kosten- und Gewichtsgründen für die Krafteinleitung das Prinzip Feder festgelegt. Wegen der vergleichsweise geringen benötigten Druckkraft ist dieses Prinzip hinreichend. Großer Vorteil gegenüber beispielsweise Hydraulik oder Pneumatik ist der Betrieb ohne externe Energie. Keineswegs ist damit der mögliche Lösungsraum aber eng begrenzt, wie die nachfolgenden beispielhaften Realisierungsmöglichkeiten veranschaulichen (**Abb. 3.3**). Hier wurden jeweils unterschiedliche Federarten zur Krafteinleitung verbaut.

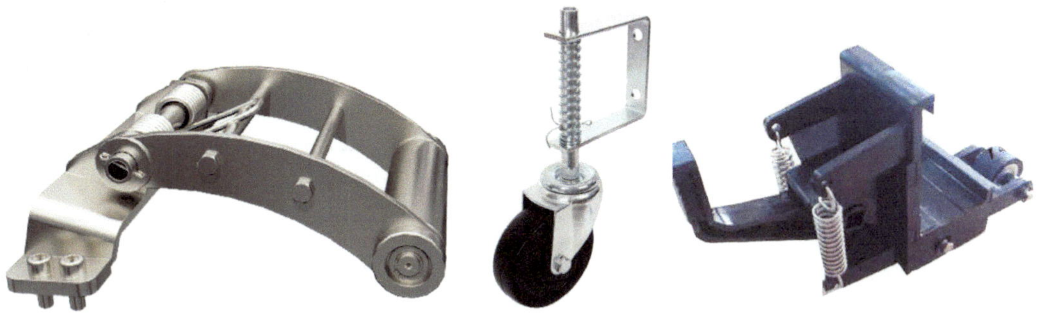

Abb. 3.3 Konzepte federbetätigter Rollen (Bild li: © Fa. Sepson; mi: © Fa. Fiman; re: Fa. © Fenta-SL)

Es könnte jetzt ein Problemlösungsbaum (vgl. **Abb. 2.19**) nur zur Feder aufgestellt werden. Dieser enthält dann alle Arten (Zug-, Druck-, Spiral-, Drehfeder etc.) sowie weitere Aspekte wie Werkstoff, Federnenden, -führung etc. Allerdings ist dieses methodische Werkzeug sehr aufwendig und mutmaßlich für den Erkenntnisgewinn für diese Aufgabe unangemessen. Im Rahmen der konkreten Aufgabe wird daher unter den Aspekten Kosten und Zeit festgelegt, eine „klassische" Schraubendruckfeder zu verwenden. Ungeklärt sind immer noch: Position der Feder innerhalb der Konstruktion, Federenden, Federführung etc.

Vom zur Verfügung stehenden Bauraum müssen Maße aufgenommen bzw. vorfestgelegt werden. Weitere Randbedingungen und Daten sind zu ermitteln: benötigte Federkraft, Gesetze zum Unfallschutz, Lebensdauer, Kostenrahmen etc. Neben der Feder werden hier auch bei weiteren Konstruktionsmerkmalen Vorentscheidungen getroffen, die sich abschließend in einer ersten Prinzipskizze niederschlagen (vgl. **Abb. 3.4**). Durch diese Vorgehensweise wird die Phase Funktionsanalyse ein Stück weit vorweggenommen, in der die Teilfunktionen eigentlich erst definiert werden. Durch die getroffenen Einschränkungen verbleiben immer noch hinreichend Lösungsmöglichkeiten, um eine sehr gute Lösung zu generieren.

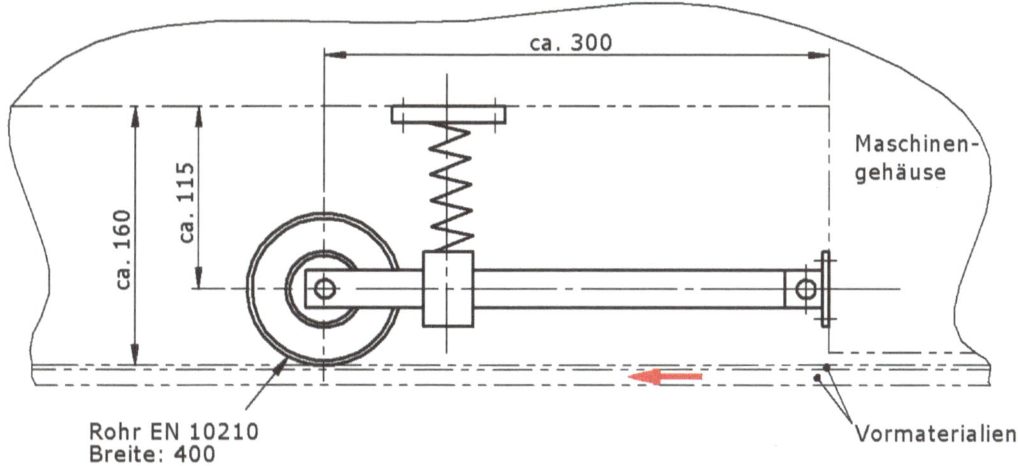

Abb. 3.4 Prinzipskizze Kaschierrolle

3.2.2 Anforderungsliste

Die ermittelten Randbedingungen und Vorgabedaten werden in eine Anforderungsliste übertragen (**Abb. 3.5**; vgl. Vordruck Anhang **A 3**). Diese kann und wird in der nachfolgenden Konstruktionsentwicklung stetig erweitert.

<table>
<tr><td colspan="3" rowspan="2">Fachschule für Technik
Maschinenbautechnik</td><td colspan="2">Anforderungsliste</td></tr>
<tr><td colspan="2">Projekt

Kaschierrolle</td></tr>
<tr><td colspan="5">F ... Festforderung: Kriterium muss zwingend erfüllt sein (K.O.-Kriterium)
M... Mindestforderung: Muss mindestens erfüllt sein, sonst Ausschluss der Lösung
W... Wunsch: Ist wünschenswert, aber nicht zwingend erforderlich</td></tr>
<tr><td colspan="5" align="center">Anforderungen</td></tr>
<tr><td>F/M/W</td><td>Nr.</td><td colspan="2">Bezeichnung</td><td>Werte, Daten, Erläuterung</td></tr>
<tr><td>F</td><td>1</td><td colspan="2">Stückzahl</td><td>1 Einheit</td></tr>
<tr><td>M</td><td>2</td><td colspan="2">Lebensdauer</td><td>3.000 Betriebsstunden</td></tr>
<tr><td>F</td><td>3</td><td colspan="2">Geometrie</td><td>nach Prinzipskizze</td></tr>
<tr><td>M</td><td>4</td><td colspan="2">kostengünstig</td><td>$\leq$ 1000,-€</td></tr>
<tr><td>F</td><td>5</td><td colspan="2">Entwicklungsdauer</td><td>max. 8 Wochen</td></tr>
<tr><td>F</td><td>6</td><td colspan="2">Einhaltung UVV</td><td>gesetzl. Vorgaben</td></tr>
<tr><td>M</td><td>7</td><td colspan="2">Konstruktion recyclebar</td><td>$\geq$ 90 % der Bauteile</td></tr>
<tr><td>M</td><td>8</td><td colspan="2">Gewicht</td><td>$\leq$ 20 kg</td></tr>
<tr><td>F</td><td>9</td><td colspan="2">Anpresskraft der Rolle</td><td>2 kN ±10 %</td></tr>
<tr><td>F</td><td>10</td><td colspan="2">Krafteinleitung über Feder</td><td>Schraubendruckfeder</td></tr>
<tr><td>F</td><td>11</td><td colspan="2">Federkraft stufenlos einstellbar</td><td>Spannweg ca. 30 mm</td></tr>
<tr><td>F</td><td>12</td><td colspan="2">Foliengeschwindigkeit</td><td>$\approx$ 40 m / min</td></tr>
<tr><td>M</td><td>13</td><td colspan="2">wartungsarm/-frei</td><td>max. 1 Wartung / Jahr</td></tr>
<tr><td>M</td><td>14</td><td colspan="2">geräuscharm</td><td>$\leq$ 55 dB(A)</td></tr>
<tr><td>M</td><td>15</td><td colspan="2">montagefreundlich</td><td>$\leq$ 1 h Montagezeit</td></tr>
<tr><td></td><td></td><td colspan="2"></td><td></td></tr>
<tr><td></td><td></td><td colspan="2"></td><td></td></tr>
<tr><td colspan="3">Bearbeiter
Projektgruppe Kaschiermaschine ET 12</td><td colspan="2">Datum: 22.07.2017
Blatt: 01 (01)</td></tr>
</table>

Abb. 3.5 Anforderungsliste zur Kaschierrolle

3.2.3 Black Box

Zunächst wird die Gesamtfunktion der Baugruppe in einer Black Box beschrieben (**Abb. 3.6**). Dadurch wird die eigentliche konstruktive Problemstellung exakt definiert und in ihrem Kern herausgestellt.

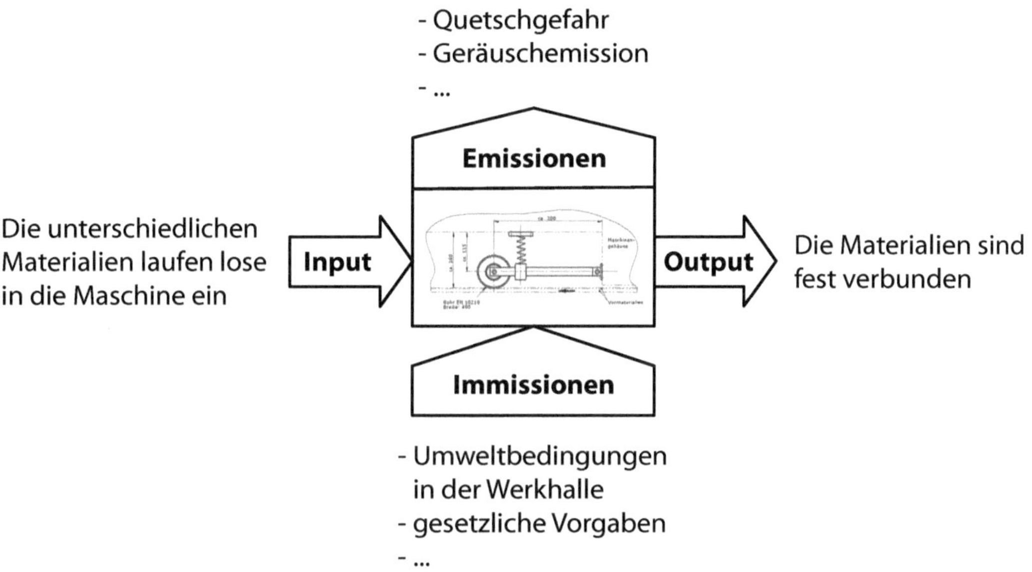

Abb. 3.6 Black Box Kaschierrolle

3.2.4 Funktionsanalyse

Ausgehend von der groben Systembeschreibung in der Black Box werden in der Funktionsanalyse mögliche Teilfunktionen identifiziert (**Abb. 3.7**). Zielsetzung ist, das komplexe System in beherrschbare Teilprobleme (Teilfunktionen) herunterzubrechen (vgl. auch **Abb. 2.11**). Hier kann es keine Musterlösung geben.

Damit schließt die Phase Analysieren vorläufig (vgl. **Abb. 2.7**). Ergeben sich im weiteren Verlauf des Entwicklungsprozesses neue Erkenntnisse, werden die ermittelten Teilfunktionen entsprechend korrigiert bzw. erweitert. Auch kann es bei der anschließenden Konzeptsuche vorkommen, dass manche Lösungsansätze mehr als nur eine Teilfunktion erfüllen. Beides ist unvermeidbar aber unkritisch für das weitere Vorgehen.

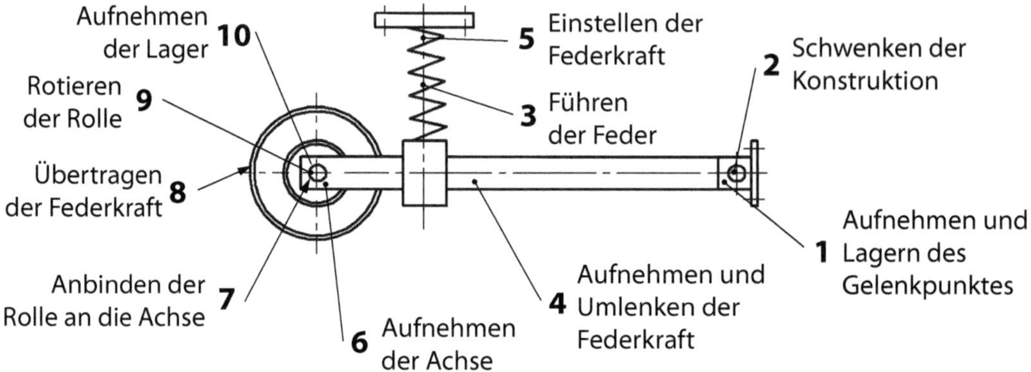

Abb. 3.7 Funktionsanalyse Kaschierrolle

3.3 Konzipieren

3.3.1 Suche nach Lösungsprinzipien

Basierend auf der Funktionsanalyse wird für die Teilfunktionen nach Lösungsprinzipien gesucht (vgl. **Abb. 2.12**). Für die vorliegende Problemstellung wird die Methode Mindmap („Gedankenlandkarte", **Abb. 3.8**) gewählt. In Abgrenzung zu anderen intuitiv betonten Methoden lässt sich eine Mindmap auch alleine entwickeln. Eine Verträglichkeit von Lösungen verschiedener Teilfunktionen untereinander ist zunächst nicht von Belang. Ebenso werden Bewertungen in der Ideenfindungsphase unterlassen (vgl. Ausführungen zu **Abb. 2.14** Killerphrasen).

Aus allen Lösungsmöglichkeiten für die Teilfunktionen könnten im Weiteren über Kombinationen (alle mit allen) potenzielle Lösungskonzepte (Varianten) festgelegt werden. Für die vorliegende Aufgabenstellung würde dies zu einer unbeherrschbaren Anzahl an Varianten führen. Daher muss jetzt eine erste Bewertung erfolgen.

Die Nutzwertanalyse kann hier noch nicht zur Anwendung kommen, da sie als Methode für drei bis fünf endgültige Konzepte angelegt ist. Sinnvoll ist das Streichen von Lösungen direkt in der Mindmap nach dem Ausschlussprinzip. Leitgedanken hierfür ergeben sich unmittelbar aus der Anforderungsliste (vgl. **Abb. 3.5**). Beispielsweise ist für die Teilfunktion „Rotieren der Rolle" (Punkt 9) die Lösungsoption „Gleitlager hydrodynamisch" allein aus Kostengründen ungeeignet; gleiches gilt für das Herstellungsverfahren „Guss" bei der Teilfunktion „Aufnehmen und Umlenken der Federkraft" (Punkt 4) bei einer vorgesehenen Stückzahl 1. Im Ausschlussprinzip bearbeitet man nun die Mindmap (**Abb. 3.30**). In einer weiteren Abwägung werden die verbliebenen Lösungen gedanklich gewichtet und nur noch sehr gute Lösungsoptionen ausgewählt (hier: roter Punkt).

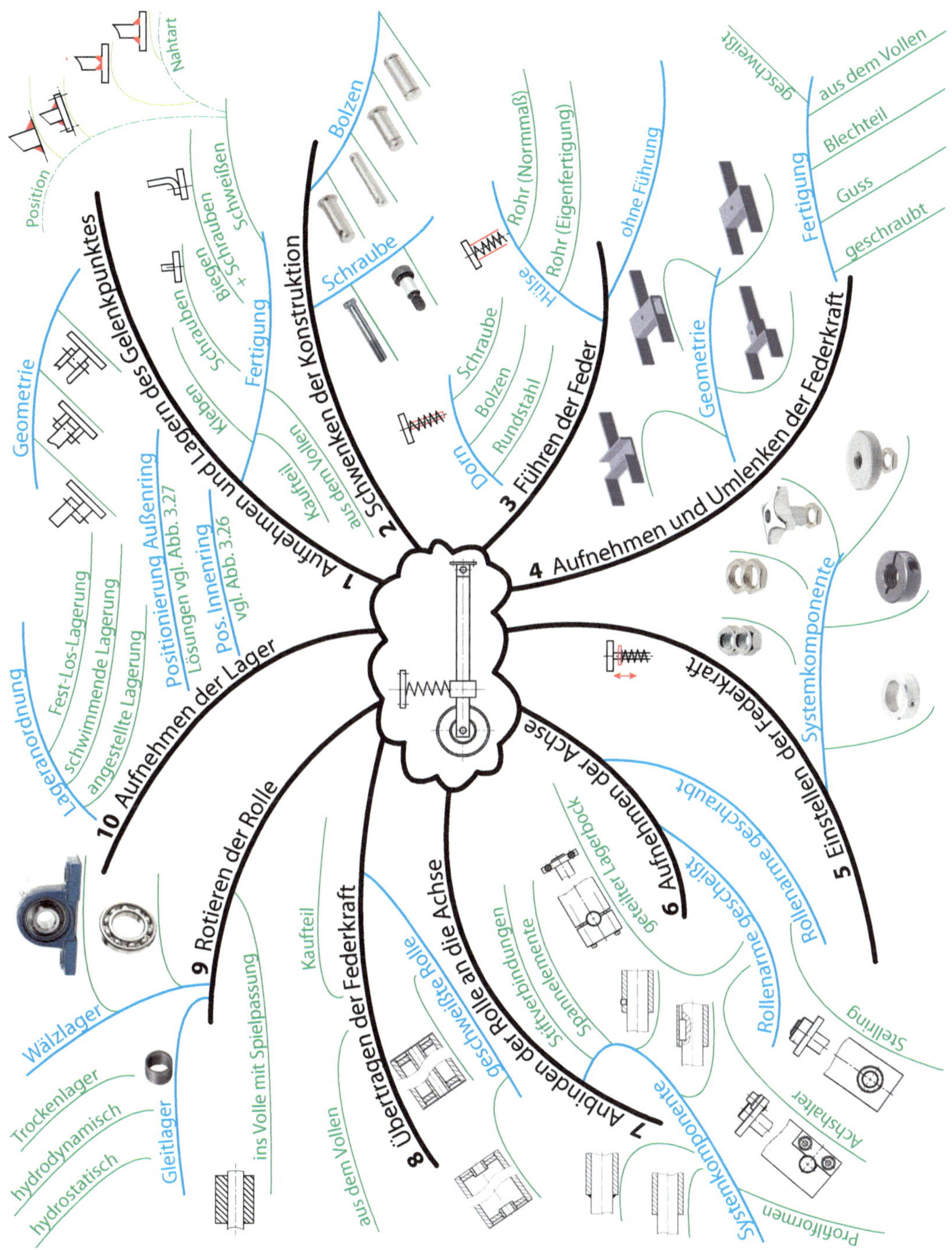

Abb. 3.8 Mindmap mit Lösungsprinzipien

1 Aufnehmen und Lagern des Gelenkpunktes

Erläuterung der Teilfunktion

Gelenkpunkte werden überwiegend als klassische *Bolzenverbindung* realisiert. Der Begriff bezieht sich auf die Geometrien der Bauteile aus zwei Gabeln und einer mittigen Stange (vgl. **Abb. 3.9**). Zur Verbindung der Bauteile könnte statt eines Bolzens beispielsweise auch eine Passchraube (DIN 609) eingesetzt werden. Grundsätzlich realisierbar ist auch eine sogenannte einschnittige Verbindung (**Abb. 3.10**).

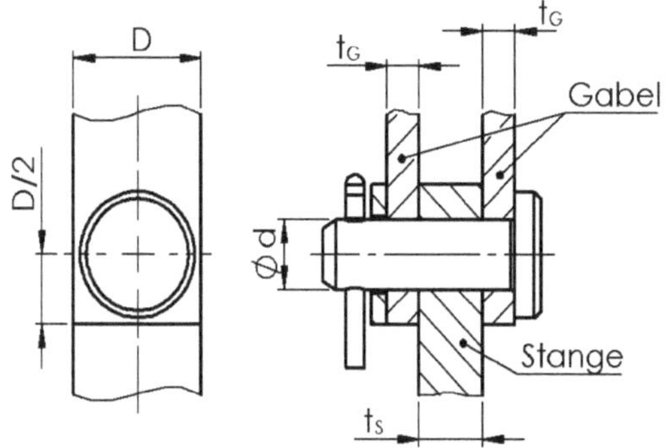

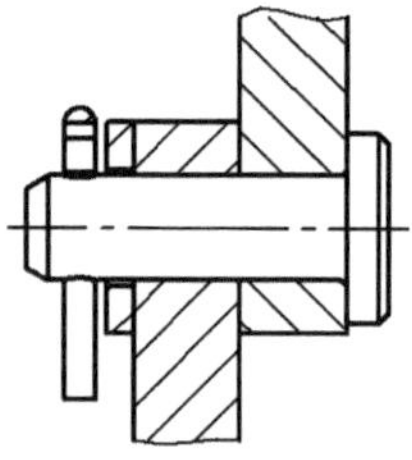

Abb. 3.9 Bolzenverbindung (zweischnittig)   **Abb. 3.10** einschnittige Verbindung

Mögliche Lösungen

Unabhängig von der geometrischen Umsetzung sind unterschiedliche Fertigungsverfahren zur Realisierung der Bolzenverbindung möglich: Kleben, Biegen, Schrauben, Fräsen (aus dem Vollen), Schweißen. Als Nahtarten beim Schweißen sind sinnvoll: Kehlnaht, DHV-Naht. Unabhängig von der Eigenfertigung sind auch Kaufteile (**Abb. 3.11**) in maßlicher Bandbreite beziehbar.

Vorentscheidung

Grundsätzlich sind Kaufteile gegenüber Eigenfertigung vorzuziehen (vgl. auch Ausführungen in Kap. 2.3.2 zu Zukaufteilen). In der Regel ergeben sich hierdurch deutliche Vorteile bei: Kosten, erprobte Funktionszuverlässigkeit, Ersatzbeschaffung. Häufig ist es immer noch sinnvoll, ein Kaufteil zu beziehen und fertigungstechnisch auf die eigenen Bedürfnisse bzw. Konstruktion anzupassen. Bezogen auf die Fertigungsverfahren bei Eigenfertigung stellt die angestrebte Stückzahl (hier: 1) ein zentrales Entscheidungskriterium dar. Die Verfahrenswahl lässt sich aber nicht generell beantworten, sondern hängt immer auch von den individuellen Möglichkeiten des Betriebs ab.

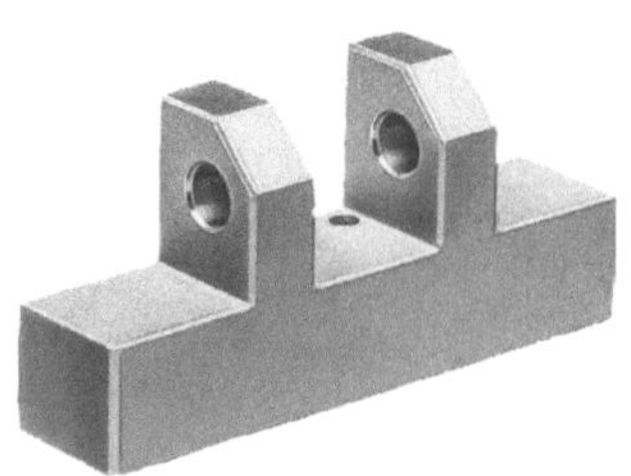

Abb. 3.11 Gabelgelenk als Kaufteil
(Bild: © Firma norelem Normelemente KG)

Eine nachfolgende Katalogrecherche muss zeigen, ob am Markt verfügbare Ausführungen maßlich für die Problemstellung einsetzbar sind bzw. ob die entsprechenden Anschlussgeometrien stark angepasst werden müssten. Bezüglich Eigenfertigung fällt Biegen unter dem Aspekt der angestrebten Stückzahl raus. Ebenso werden das Fräsen aus dem Vollen, Kleben und Schrauben in wirtschaftlicher Abwägung gestrichen. Somit verbleibt das Schweißen als Fertigungsverfahren der Eigenfertigung als Alternative zu einem möglichen Kaufteil.

Als Geometrien sind einschnittige (2 Bleche) und zweischnittige (3 Bleche) Verbindungen zu unterscheiden (s. **Abb. 3.9**, **3.10**). Die einschnittigen Verbindungen führen im direkten Vergleich tendenziell zu höheren Biegespannungen und Flächenpressungen (bzw. bedingen größere Quererschnitte). Im Weiteren wird daher ein „klassisches" Bolzengelenk (1 x Stange, 2 x Gabel) favorisiert. Für untergeordnete Verbindungen haben einschnittige Verbindungen wegen der geringen Fertigungskosten trotzdem Berechtigung.

Es soll nur ein Hebel als Stange realisiert werden. Damit sind die beiden Gabelstücke an der Gehäusewand zu platzieren. Als Anschluss gibt es zwei Möglichkeiten: direkt an der Gehäusewand anschweißen oder auf eine Platte schweißen und diese mit der Wand verschrauben. Die zweite Möglichkeit ist zwar fertigungstechnisch aufwendiger, ermöglicht aber ein besseres Ausrichten der Konstruktion und wird favorisiert. Die Nahtausführung als Kehlnaht ist die kostengünstigste, da sie keiner Vorbereitung bedarf. Platz- oder / und Festigkeitsgründe können alternativ trotzdem zur Festlegung auf eine DHV-Naht führen. Dies soll erst im Rahmen der konstruktiven Umsetzung entschieden werden.

Konstruktive Hinweise
Die Festlegung der bestimmenden Abmessungen von Gabel, Stange und Augenmaß D (vgl. **Abb. 3.9**) richtet sich nach dem Durchmesser des Bolzens. Die Maße werden über Proportionsgleichungen festgelegt und auf gängige Halbzeugmaße gerundet. Der Bolzendurchmesser hängt vor allem vom sogenannten Einbaufall ab. Dieser unterscheidet sich nach dem möglichen Passspiel zwischen Bolzen und Gabel bzw. Bolzen und Stange. Bolzen werden herstellerseitig mit einer Toleranz (z. B. h11) geliefert. Entsprechend wird über die ISO-Toleranz für die Bohrungen in Gabel und Stange die Passung gebildet (Übermaß oder Spiel).

Aus Sicht der Montage ist es am günstigsten, wenn sowohl zwischen Bolzen und Gabel als auch zwischen Bolzen und Stange jeweils Spielpassung vorliegt. Dies führt im Vergleich zu anderen Kombinationen mit Übermaß aber zu größeren Bolzendurchmessern, wodurch auch alle anderen Geometrien beeinflusst sind.

Neben dem Passspiel ist für die Dimensionierung und späteren Nachweis weiter relevant, ob die Verbindung durch Gleitbewegung hohem Verschleiß unterliegt („Ausschlagen" bzw. *Lochleibung*). Zulässige Flächenpressungen für Gleitbewegung bei Stahlkombinationen sind vergleichsweise gering und führen bei der Bolzendimensionierung ebenso zu einem größeren Bolzendurchmesser. Abhilfe bringen Buchsen als Trockenlager (vgl. **Abb. 3.24 b**), die sehr hohe zulässige Flächenpressungen bei Gleitbewegung ermöglichen. Dadurch können dann auch die entsprechenden Anschlussgeometrien wieder klein gehalten werden.

2 Schwenken der Konstruktion

Erläuterung der Teilfunktion

Gelenkpunkte werden überwiegend mit *Bolzen* realisiert (vgl. Ausführungen Teilfunktion zuvor). Möglich sind grundsätzlich aber alle Arten von Rundmaterial, die eine Relativbewegung der Bleche zueinander ermöglichen.

Mögliche Lösungen

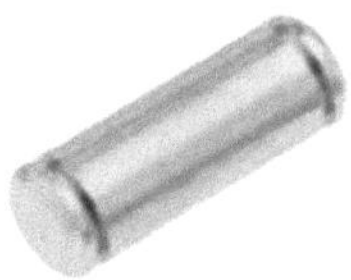

a) Bolzen mit Kopf und Splintbohrung

b) Bolzen mit 2 Splintbohrungen

c) Bolzen mit Kopf und Nut für Sicherungsring

d) Bolzen mit 2 Nuten

Abb. 3.12 Bolzenausführungen

Als kostengünstiges und bewährtes Systemelement wird ein genormter Bolzen gewählt. Eine sinnvolle Auswahl zeigt **Abb. 3.12**. Die vorgestellten Varianten sind mit Kopf (DIN EN 22 341) oder ohne (DIN EN 22 340) verfügbar. Entsprechend müssen 1 oder 2 Sicherungselemente mit verbaut werden. Nut(en) für Sicherungsring(e) (DIN 472) bzw. Bohrung(en) für Splint(e) (DIN EN ISO 1234) werden entsprechend *Klemmmaß* (Außenmaß der gesamten aneinander liegenden Bauteile) gefertigt. Einige Hersteller bieten Bolzen mit bereits gefertigten Nuten bzw. Bohrungen an. Schwenkbereich und -frequenz sind bei der vorliegenden Konstruktion sehr gering. Das Gelenk kann somit als nicht-gleitend definiert werden. Auf die Kombination mit einer Buchse wird deshalb verzichtet, die im Besonderen Verschleiß bei Gleitbewegung vorbeugt.

Vorentscheidung

Die Auswahl wird eingeschränkt auf eine Variante mit Kopf. Die mögliche Nacharbeit am Bolzen beschränkt sich auf eine Geometrie (Nut / Bohrung). Auch muss nur noch ein Sicherungselement (Sicherungsring / Splint) beschafft und montiert werden.

Konstruktive Hinweise

Der Durchmesser des Bolzens bestimmt die weiteren Geometrien der Verbindung (vgl. Ausführungen zuvor). Neben dem Einbaufall (Passspiel) und der Identifizierung als nicht-gleitend ist natürlich die Kraftbeaufschlagung wesentlich für die Dimensionierung. In der vorliegenden Konstruktion muss die Kraft am Bolzen zunächst über die Auflagerberechnung ermittelt werden (vgl. Kap. 3.4.2 Berechnungen und Gestaltung).

Zwischen Sicherungselement und Gabel kann noch eine abgestimmte Scheibe (DIN 1441, DIN EN 28 738) eingebracht werden, um eine unmittelbare Relativbewegung von Blech und Sicherungselement zu vermeiden. Auch zwischen den Blechen können spezielle Axiallager-Ringe (ISO 6525) platziert werden.

3 Führen der Feder

Erläuterung der Teilfunktion
Bereits im Vorfeld der Phase Konzipieren erfolgte eine Festlegung auf die Verwendung einer Schraubendruckfeder (vgl. Kap. 3.2.1 Klärung der Rahmenbedingungen). Unter bestimmten geometrischen Bedingungen neigt diese zum Ausknicken (vgl. Feder einer Kugelschreibermine). Daher soll die Feder geführt werden. Grundsätzliche Möglichkeiten: Außen über eine Hülse oder innen über einen Dorn (vgl. **Abb. 3.13a** und **b**). Eine unebene Auflage der Federenden erhöht die Knickgefahr unabhängig von den weiteren geometrischen Bedingungen. Sinnvoll sind deshalb plangeschliffene Federenden sowie ein Ansenken der Anlagefläche (*Anspiegeln*, vgl. **Abb 3.13c**). Dies begünstigt ein gerades Einfedern und verringert die Knickgefahr. In jedem Fall muss die Feder an ihrer Position gehalten werden.

Die Teilfunktion 5 (Einstellen der Federkraft) wird mutmaßlich zusammen mit dieser Teilfunktion realisiert.

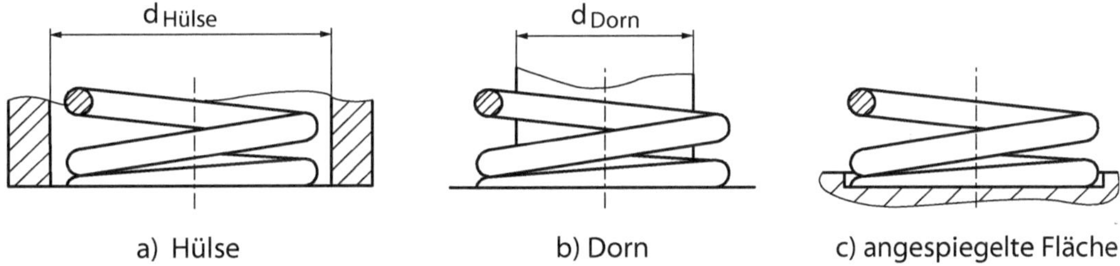

Abb. 3.13 Möglichkeiten zur Führung einer Schraubendruckfeder

Mögliche Lösungen
Außengeführt über eine Hülse wird vorzugsweise genormtes Rohrmaterial Einsatz finden, dass lediglich auf Länge gesägt wird (*ablängen*). Innengeführt kann jede Art von Systemelement verwendet werden, das einen Kreisquerschnitt aufweist. Dies ist im einfachsten Fall ein genormter Rundstahl. Ebenso sind Bolzen mit Gewindeende (**Abb. 3.14**) oder Schrauben mit langem Schaft (**Abb. 3.15**) möglich.

Abb 3.14 Bolzen mit Gewindeende (DIN 1445)					**Abb. 3.15** Sechskantschraube (ISO 4017)

Vorentscheidung

Aus Kostengründen sollten bevorzugt Norm- oder / und Kaufteile Einsatz finden. In jedem Fall muss das ausgewählte Systemelement noch mit der Gehäusewand verbunden werden. Zur Aufnahme des Systemelements bietet sich eine einfache Platte aus Flachstahl an, die ihrerseits verschraubt wird.

Da mutmaßlich eine vergleichsweise „schlanke" Feder zu verbauen ist, wird die Lösung „ohne Führung" gestrichen. Auch die Hülse wird ausgeschlossen. Die unmittelbar betroffene Teilfunktion 5 (Einstellen und Begrenzen der Federkraft) lässt sich in erster Abschätzung weit besser mit Rundmaterial beispielsweise über ein Gewinde realisieren als mit einer Hülse. Daher erfolgt eine Festlegung auf einen Dorn als Lösungsprinzip.

Das benötigte Dornmaß wird vom Federhersteller vorgegeben und ist nur in Ausnahmefällen ein „glattes" Maß. Entsprechend sind Bolzen und Schrauben nach Norm eher nicht mit entsprechenden Durchmessern verfügbar. Gleiches gilt für die Dornlänge. Ein Kaufteil nachzuarbeiten bringt gegenüber der Verwendung eines einfachen Rundstahls auch keinen wirtschaftlichen Vorteil. Somit verbleibt der Rundstahl als zu verfolgende Lösung.

Konstruktive Hinweise

Das benötigte Dornmaß ist auf den inneren Durchmesser der Feder abgestimmt. Es ist dem Datenblatt des Federnherstellers zu entnehmen und garantiert hinreichend Spiel zwischen Dorn und Feder. Die Anbindung des Dorns an eine Anschraubplatte ist eine Frage des Fügeverfahrens. Sinnvolle Möglichkeiten sind in **Abb. 3.16** dargestellt.

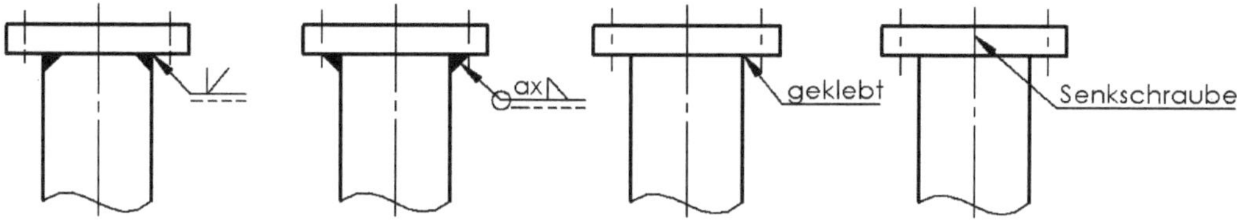

Abb. 3.16 Anbindung des Dorns an Platte

Bei einer Anbindung über Schweißen stellt sich immer das Problem des Ausrichtens. Die *Schweißfreimaßtoleranz* (DIN EN ISO 13 920) erlaubt vergleichsweise große Abweichungen der Winkellage. Häufig muss die Verbindung nachträglich aufwendig gerichtet werden oder eine fertigungstechnische Überarbeitung stattfinden. Eine HV-Naht bedarf zudem einer Anfasung des Dorns. Bei der Kehlnaht ist keine Vorbereitung notwendig. Dafür ergibt sich als Problem, dass die Naht in die Auflage des Federendes eintritt. Das verhindert u. U. eine planare Anlage, wodurch die Lage der Feder nicht genau definiert ist. Damit steigt die Gefahr des Ausknickens (vgl. Ausführungen zu **Abb. 3.13**). Entsprechende Nacharbeit ist nötig. Zudem ist die Verbindung nicht mehr lösbar. Aus Kostengründen wird nur die Kehlnaht weiter berücksichtigt.

Das Kleben gehört auch zu den unlösbaren Verbindungen, ist aber fertigungstechnisch sehr einfach umsetzbar. Zudem entfallen die Ausrichtprobleme vom Schweißen. Auch die Anbindung über eine Senkschraube ermöglicht eine gutes Ausrichten des Dorns und die Verbindung kann gelöst werden. Allerdings sind im Vergleich mehr Fertigungsschritte notwendig, wodurch die Lösung kostenintensiv ausfällt. Und die Platte wird dicker, da noch Platz für den einsenkbaren Schraubenkopf nötig ist. Die Anbindung erfolgt daher über das Kleben.

4 Aufnehmen und Umlenken der Federkraft

Erläuterung der Teilfunktion
Der Schwenkhebel ist als *Grundkonstruktion* Träger der Systemelemente. Er ist an einem Ende drehbar gelagert (vgl. Teilfunktionen 1 und 2). Am anderen Ende ist die Rolle angebunden. Grundsätzlich kann der Hebel am Drehpunkt mit einem oder zwei Gelenken ausgebildet werden. Hier wird frühzeitig die Festlegung auf ein Gelenk getroffen. Dies erspart im direkten Vergleich Aufwand (Bolzen, Gestänge, Fertigungs- und Montageschritte). Der Dorn (Teilfunktion 3) läuft sinnvollerweise durch den Schwenkhebel, um die Feder auf der gesamten Länge zu führen.

Grundkonstruktionen zur Aufnahme von Systemelementen sind häufig Eigenfertigungen, da sich durch die Anbindungen in der Regel individuelle Forderungen an die Geometrie ergeben. Sie werden häufig durch das Fügen genormter Halbzeuge hergestellt. Entsprechende Bohrungen, Gewinde etc. ermöglichen dann die Anbindung der weiteren Systemelemente.

Bezüglich der Arme zur Anbindung der Rolle (Rollenarme) ist eingangs eine Festlegung zu den Lagerstellen zu treffen. Diese können in den Rollenarmen oder in der Rolle ausgebildet werden. Da in der Rolle ohnehin fertigungstechnische Bearbeitungen stattfinden müssen, sollen dort auch die Lagersitze sein. Dadurch sind die Rollenarme vergleichsweise einfach herstellbar. Allerdings ergeben sich andere Anforderungen an die Montage der Rolle.

Mögliche Lösungen

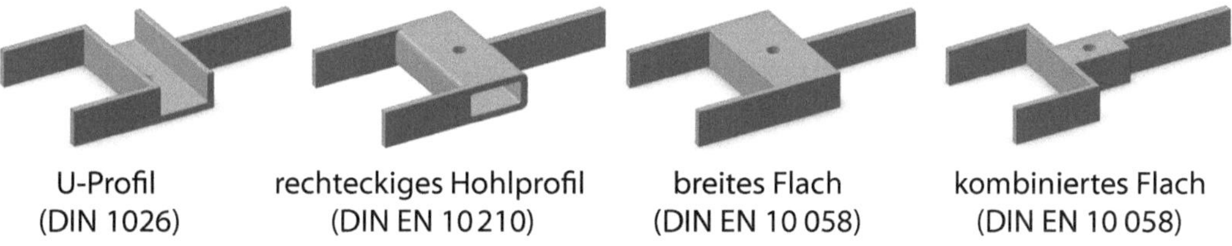

Abb. 3.17 Geometrie des Schwenkhebels

Für kleine Stückzahlen (hier: 1) bietet sich das Schweißen als wirtschaftliches Verfahren an; dies ggf. noch kombiniert mit Verschrauben. Für den Aufbau der Geometrie sollten einfache Formen aus genormten Profilen gefügt werden (Kreis, Rohr, Quadrat, Rechteck, U-, L-, I-Form; vgl. Ausführungen zu **Abb. 2.24**). Im günstigsten Fall werden diese so in der Konstruktion eingesetzt, dass vor dem Fügen keine oder nur geringe Fertigungsbearbeitungen (beispielsweise ablängen) nötig sind.

Der Federdorn soll durch den Schwenkhebel geführt werden (vgl. Ausführungen zuvor). Dies kann mit einer einfachen Durchgangsbohrung realisiert werden, die maßlich etwas größer als der Dorn ausfällt. Dadurch ist noch hinreichend Luft für die Schwenkbewegung vorhanden. Es ist zu beachten, dass das Federende weiter eine hinreichend große Auflagefläche hat. Der Durchgang kann alternativ als Langloch gefertigt werden, wodurch der Hebel zusätzlich geführt wird. Diese Variante ist auch für die Auflage des Federendes günstiger und wird daher weiter verfolgt.

Vorentscheidung

Die vorgestellten Lösungen nach **Abb. 3.17** bestehen aus genormten Profilen. Im direkten Vergleich ist bei der Variante **Abb. 3.17 d** ein Bauteil mehr zu verschweißen. Variante **Abb. 3.17 c** führt zu einem hohen Gewicht. Zudem ergeben sich beim Schweißen wegen der stark unterschiedlichen Materialstärken Probleme. Das dicke Bauteil muss zur gleichzeitigen Erreichung der Schmelzphase wie die schmalen Flachstähle stark vorgeglüht werden. Der Begriff „Dicke" bezieht sich dabei auf das jeweils kleinste Geometriemaß der beiden beteiligten Bauteile. Beide Varianten werden ausgeschlossen.

Die Varianten **Abb. 3.17 a** und **3.17 b** sind schweißtechnisch gut handhabbar und kommen mit geringer Teilezahl aus. Aus Festigkeitsbetrachtungen ist das U-Profil hinsichtlich seines axialen Widerstandsmoment ungünstig über die schwache Biegeachse (Y-Achse) angeordnet. Wegen der eher geringen Systemkräfte wird dies aber nicht unbedingt große Dimensionen und damit Gewicht zur Folge haben. Das Hohlprofil führt im direkten Vergleich hingegen zu einer in erster Abschätzung ungünstig kurzen Einbaulänge der Feder. Die grundsätzliche Formgebung wird sich daher an **Abb. 3.17 a** orientieren.

Die Rollenarme können alternativ zum Schweißen auch verschraubt werden. Dies lässt eine deutlich einfachere Montage der Rolle zu. Für diesen Fall müssen die Anlageflächen für die Schraubenköpfe überfräst werden, weil U-Profile normseitig Schrägen von wenigen Grad aufweisen. Alternativ können speziell abgestimmte Keilscheiben (beispielsweise DIN 434) unterlegt werden.

Konstruktive Hinweise

Hinsichtlich der Wahl der zu verschweißenden Materialstärken sind vorzugsweise gleiche oder ähnliche Dicken zu wählen. Bei großen Abweichungen kann es zu erheblichen Problemen bei der Herstellung kommen (vgl. auch zuvor). Unter Umständen ist die Verbindung schweißtechnisch selbst durch Vorglühen des dickeren Bauteils nicht herstellbar bzw. kann eine hinreichende Festigkeit der Verbindung nicht gewährleistet werden.

Im Besonderen sollte auch nicht direkt an Enden geschweißt werden. Dies führt zu einem örtlichen Wärmestau und in der Folge zu einem sogenannten *Eckenabbrand*. Ein entsprechender Überstand ist der **Abb. 3.18** entnehmbar. Weitere Grundsätze zur schweißtechnischen Herstellung sind der einschlägigen Fachliteratur entnehmbar (vgl. Literaturverzeichnis).

Als Nahtart wird zunächst die Kehlnaht gewählt. Dem Nachteil der geringeren Festigkeit im Vergleich zu einer V-, HV- oder DHV-Naht steht als Vorteil gegenüber, dass hier keine spanende Nahtvorbereitung notwendig ist. Sollte der Berechnungsgang aber eine kritische Spannung ergeben, wird dies nachträglich geändert. Alternativ kann eine Kehlnaht ausgeschliffen werden. Dadurch verbessert sich der Kraftfluss, was zu einer höheren zulässigen Spannung führt.

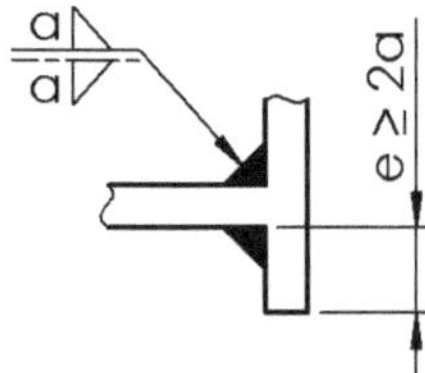

Abb. 3.18 Eckenüberstand

5 Einstellen der Federkraft

Erläuterung der Teilfunktion
In Teilfunktion 3 (Führen der Feder) wurde festgelegt, dass ein Dorn eingesetzt wird. Das Systemelement zur Einstellung der Federkraft wird hinsichtlich Zugänglichkeit, Bedienbarkeit, Platz und Funktion am besten an der Anbindung des Dorns zur Anschraubplatte an der Gehäusewand verbaut (vgl. **Abb. 3.4**).

Mögliche Lösungen

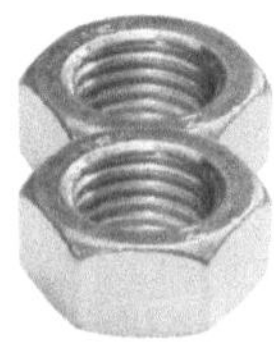

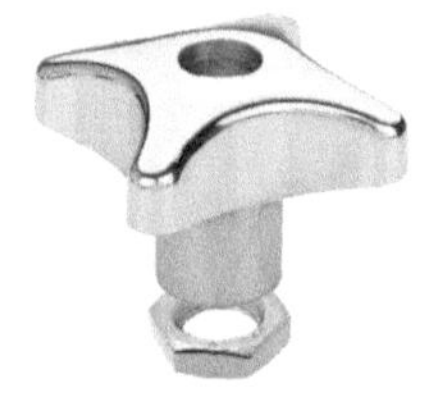

a) Sechskantmutter DIN EN ISO 4035   b) Sechskantmutter DIN EN ISO 4032   c) Kreuzgriff DIN 6335 kombiniert mit Sechskantmutter   d) Flache Rändelmutter DIN 467 kombiniert mit Sechskantmutter

e) Gewindeklemmring   f) Stellring DIN 705

Abb 3.19 Einstellbarkeit der Federkraft (Bilder c-d: © Ganter Normelemente)

Grundsätzlich könnte ein verstellbares Systemelement auf dem Dorn angeordnet werden, mit dem die Feder vorgespannt wird. Oder der Dorn wird als komplettes Bauteil verstellt. Diese Option wird mutmaßlich im direkten Vergleich sehr viel aufwendiger ausfallen. Daher werden im Weiteren Lösungen verfolgt, die sich auf dem Dorn bewegen lassen.

Dafür bieten sich vor allem zwei Lösungsprinzipien an: Gewinde und Positionierung über Flächenpressung. Bei Wahl des Gewindes müssen in der Regel zwei Systemelemente verbaut werden: Mit einen wird die gewünschte Kraft eingestellt und mit dem zweiten das erste fixiert (*Kontern*). Entsprechend benötigen die Lösungen **Abb. 3.19a** bis **d** Konterelemente. Neben Regelgewinde (DIN 13 Teil 1) ist alternativ noch Feingewinde (DIN 13 Teil 2) sinnvoll denkbar. Dieses würde eine genauere Einstellung ermöglichen.

Der *Gewindeklemmring* (**Abb. 3.19e**) kommt ohne Konterelement aus. Das Fixieren erfolgt über Flächenpressung. Der *Stellring* (**Abb. 3.16f**) arbeitet ausschließlich über Flächenpressung auf einer glatten Fläche. Damit entfällt der Fertigungsschritt zum Anbringen eines Gewindes. Weitere Funktionsprinzipien wie Klemmhebel aller Art sind offenkundig für die vorliegende Aufgabenstellung überdimensioniert und werden daher gar nicht aufgegriffen.

Vorentscheidung

Das Prinzip Flächenpressung im Sinne des Stellrings (**Abb. 3.19f**) ist für nur geringe axiale Kräfte anwendbar. Bei großen Axialkräften verschiebt sich der Stellring und ist damit ungeeignet. Daher bleibt als Funktionsprinzip das Gewinde. Für Feingewinde sind gängige Systemelemente als Normteile oder Normalien überwiegend nicht verfügbar. Zudem ist aus Funktionssicht eine genaue Einstellbarkeit nicht wichtig. Alle weiteren Systemelemente beziehen sich damit auf Regelgewinde.

Das kostengünstigste Prinzip ist das Kombinieren von zwei Muttern (**Abb. 3.19a und b**). Im direkten Vergleich sind die flachen Muttern zu bevorzugen, da ihr Einbauraum kleiner ausfällt. Die Lösungskombinationen aus Betätigungselement und Mutter (**Abb. 3.19c, d**) sind besser handhabbar. Allerdings baut die Lösung mit *Kreuzgriff* (DIN 6335) im Vergleich zur *Rändelmutter* hoch auf und wird daher ausgeschlossen. Der Gewindeklemmring (**Abb. 3.19e**) kommt ohne Konterelement aus, ist aber im Vergleich zur Rändelmutter im Handling etwas aufwendiger.

Konstruktive Hinweise

Mit der Festlegung auf das Funktionsprinzip Gewinde ist es fertigungstechnisch sinnvoll, das federseitige Dornende komplett als Gewinde auszuführen und mit der Anschraubplatte zu verschrauben und dann zu verkleben (vgl. **Abb. 3.16**).

6 Aufnehmen der Achse

Erläuterung der Teilfunktion

In den Ausführungen zu Teilfunktion 4 (Aufnehmen und Umlenken der Federkraft) ist vorfestgelegt worden, dass die Lager in der Rolle verbaut werden. Dadurch fällt die Anbindung an die Rollenarme fertigungstechnisch einfach aus. Durch diese Festlegung handelt es sich um eine ruhende Achse.

Grundsätzlich ist zu unterscheiden, ob die Rollenarme verschraubt oder verschweißt werden (vgl. Ausführungen zu Teilfunktion 4). Liegt eine Schweißbaugruppe vor, wird die Rolle als Ganzes vormontiert und über eine geeignete Aufnahme an die Rollenarme angebunden (**Abb. 3.20a, b**). Sofern die Rollenarme innerhalb des Schwenkarms verschraubt werden, sind einfache Durchgangsbohrungen für die Achsaufnahme hinreichend (**Abb. 3.20c**). Für diesen Fall ist die Montage der Rolle vergleichsweise unproblematisch, da die Verschraubung der Rollenarme mit Rolle als letztes erfolgt.

Mögliche Lösungen

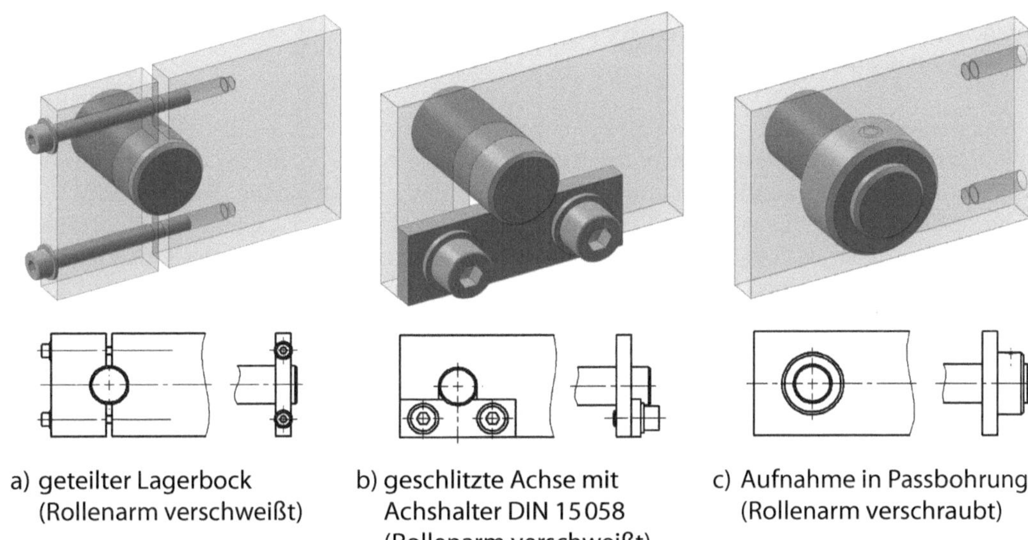

a) geteilter Lagerbock
(Rollenarm verschweißt)

b) geschlitzte Achse mit
Achshalter DIN 15058
(Rollenarm verschweißt)

c) Aufnahme in Passbohrung
(Rollenarm verschraubt)

Abb. 3.20 Anbinden der Achse

Beim *geteilten Lagerbock* (**Abb. 3.20a**) werden axiale Verschiebungen und Verdrehen der Achse durch formschlüssiges Klemmen (*Flächenpressung*) verhindert. Der Lagerbock kann in zwei Vorgehensweisen hergestellt werden: Zunächst wird die Bohrung gefertigt und in einem zweiten Schritt der Sägeschnitt zur Trennung. Dadurch bleibt ein Spalt (Breite des Sägeschnitts) nach der späteren Montage bestehen. Alternativ wird zuerst der Flachstahl getrennt, dann die beiden Teile zusammen gespannt und die Bohrung gefertigt. Entsprechend liegen die Flächen des Sägeschnitts nach der Montage plan auf. Jeweilige Vor- oder Nachteile sind immer im konkreten Anwendungsfalls zu beurteilen.

Genormte *Achshalter* (DIN 15058; vgl. **Abb. 3.20b**) sitzen in einer Nut der Achse und verhindern damit axiales Verschieben und Verdrehen. Der Achshalter selbst wird mit dem Rollenarm verschraubt. Grundsätzlich ist ein Achshalter zur Positionierung hinreichend. Besonders bei sicherheitsrelevanten Konstruktionen (Seilrollen etc.) werden sie im Regelfall paarig verbaut.

In der geschraubten Variante (**Abb. 3.20c**) reicht eine auf die ISO-Toleranz der Achse abgestimmte Passbohrung aus (beispielsweise H7/g6). Ein *Stellring* (DIN 705) verhindert axiale Verschiebungen. Mögliche *Spannmarken* am Achsende sind aus Funktionssicht unkritisch.

Vorentscheidung

Alle drei Varianten sind im Grundsatz sinnvoll. Sie unterscheiden sich in der fertigungstechnischen und wirtschaftlichen Bewertung nur geringfügig. Daher wird zunächst weder eine Lösung favorisiert noch ausgeschlossen.

Konstruktive Hinweise

Durch die Anordnung der Lager in der Rolle erfährt die Achse unter Last eine ruhende Biegespannung im Gegensatz zu einer umlaufenden Achse mit Umlaufbiegung (Biege-Wechsel-Spannung). Dadurch fällt der zulässige Festigkeitswert bei vergleichbaren Geometrien für die ruhende Achse weit höher aus als für eine umlaufende. In Abhängigkeit von weiteren Systemelementen ist dadurch eine im Durchmesser kleinere Achse realisierbar. Da eine Konstruktion im Regelfall immer von „innen nach außen" entwickelt wird, können auch entsprechende Anschlussgeometrien (Lager etc.) kleiner gestaltet werden. Dadurch ist insgesamt eine im Vergleich kompaktere Bauweise möglich mit kleineren Bauteilquerschnitten und geringerem Gewicht.

Bei den verschweißten Varianten (**Abb. 3.20a** und **b**) ist zu beachten, dass die zugehörigen *Schweißfreimaßtoleranzen* (DIN EN ISO 13 920) maßlich weit größer sind als die der *Allgemeintoleranz* nach DIN ISO 2768. Dies führt zu Konsequenzen in der Fertigungsreihenfolge und damit auch im Aufbau des Zeichnungssatzes: Zunächst müssen die Rollenarme angeschweißt und ggf. gerichtet werden. Erst dann werden die Aufnahmebohrungen für die Achse in einer Aufspannung gebohrt, um deren Fluchten zu gewährleisten. Bei der verschraubten Variante (**Abb. 3.20c**) erfolgt das Ausrichten beim Verschrauben. Die Bohrungen werden entsprechend vorher im Teil gefertigt.

Die Nut in der Achse zur Aufnahme des Achshalters (**Abb. 3.20b**) wird auf der Kraft-abgewandten Seite positioniert. Damit sind die Schrauben zur Anbringung entlastet und müssen nicht nachgewiesen werden. Aus Gründen der Funktionssicherheit (potentielle Ausfallkosten der Maschine) werden hier zwei Achshalter verbaut.

Beim geteilten Lagerbock sind die Verbindungsschrauben mit dem für die Gewindegröße vorgeschriebenen *Anziehmoment* zu befestigen. Dies sollte entsprechend auch auf der zugehörigen Montagezeichnung stehen. In größeren Unternehmen finden sich hierzu im Regelfall Vorgaben in den *Werknormen* (vgl. Ausführungen hierzu in Kap. 1.6) Da die Verbindung bei geringen Systemkräften nicht dynamisch (stetig ändernde Belastung) beaufschlagt ist und auch der Kraftfluss nicht direkt über die Schrauben läuft, kann ein rechnerischer Nachweis hierfür entfallen.

7 Anbinden der Achse an die Rolle

Erläuterung der Teilfunktion

In Teilfunktion 4 (Aufnehmen und Umlenken der Federkraft) wurde festgelegt, dass die Lagerstellen in der Rolle angeordnet werden. Damit entfällt die Teilfunktion 7 grundsätzlich, da die Anbindung der Rolle an die Achse bereits über die Lager realisiert wird. Aus Übungsgründen und um dem Leser ein mögliches Lösungsrepertoire aufzuzeigen, wird diese Teilfunktion trotzdem dargestellt.

Die meisten Systemelemente zur Anbindung dienen vor allem der Übertragung eines Drehmomentes. Im Funktionssinn liegt dann eine Welle vor. Da hier kein Drehmoment übertragen wird, handelt es sich in dieser Konstruktion um eine Achse.

Mögliche Lösungen

Mögliche Lösungen zeigt **Abb. 3.21**. Alternativ zur Passfeder (**Abb. 3.21 c**) sind auch andere Normteile denkbar (Scheibenfeder DIN 6888, Nasenkeil DIN 6887 etc.). Die fertigungstechnische Herstellung der Sitze in Achse / Welle und Nabe ist im Vergleich aufwendiger. Da diese Systemelemente umgekehrt hier keinen Vorteil erbringen, werden sie nicht weiter verfolgt. Auch sind Varianten von *Stiftverbindungen* denkbar (**Abb. 3.22**), die gegenüber der Passfeder für den Einsatzzweck ebenso als zu aufwendig ausgeschlossen werden.

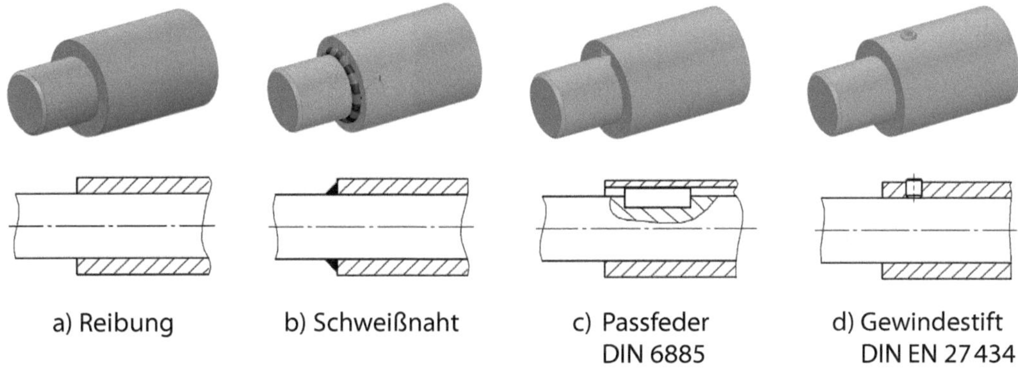

Abb. 3.21 Achsanbindung

Weitere Systemelemente sind möglich wie alle Arten von Spannelement-Verbindungen: Kegelspannsysteme, Ringfeder Spannelemente, Tollik-Konus-Spannelemente, Schrumpfscheiben und dgl. Diese Komponenten sind vor allem für Anwendungen vorgesehen, bei denen beispielsweise der Kraftfluss in der Welle nicht durch Einfräsungen unterbrochen werden soll (z. B. geschmiedete Kurbelwelle). Grund hierfür ist, dass beispielsweise die Nut einer Passfeder eine hohe *Kerbwirkung* verursacht, durch die die Dauerfestigkeit der Welle erheblich herabgesetzt ist. Auch entstehende Unwuchten können bei hochfrequent drehenden Wellen beispielsweise von Zentrifugen oder Turbinen zu Problemen führen.

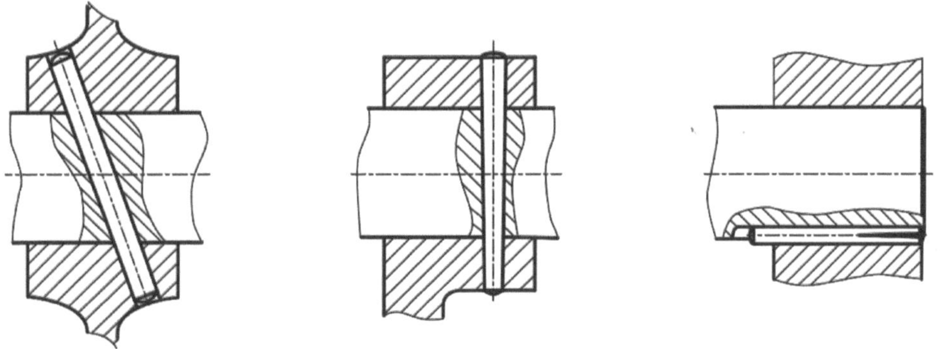

Abb. 3.22 Stiftverbindungen

Allerdings sind die vorgenannten Komponenten nicht genormt sondern herstellerspezifisch. Damit sind sie nur bedingt gegen Bauteile anderer Hersteller austauschbar und häufig deutlich teurer als Normteile. Zudem können ggf. besondere Anforderungen an die Oberflächenqualität der Sitze gestellt werden, dass diese Lösungen zusätzlich verteuert. Die vorgenannten Systeme stellen daher eher Sonderlösungen für die beschriebenen speziellen Einsatzzwecke dar.

Weiter ist der Einsatz definierter und teilweise genormter Profile denkbar: Keilwelle (DIN ISO 14), Zahnwelle (DIN 5480, 5481), Polygon (DIN 32 711, DIN 32 712), Stirnzahn (herstellerspezifisch) und weitere. In jeden Fall müssen Welle und Gegenpartner entsprechende Geometrien erhalten. Diese sind fertigungstechnisch sehr aufwendig und damit teuer in der Herstellung. Für eine einfache Anwendung wie die vorliegende Achse schließt sich dies aus.

Auch Pressverbände (Berechnungsgang nach DIN 7190) sind im Grundsatz denkbar. Diese sind aber ebenso fertigungstechnisch sehr aufwendig in der Herstellung. Mitunter sind sie in der betrieblichen Praxis nur mit hohem Aufwand lösbar, so dass ein Austausch von Teilen im Rahmen einer Wartung etc. nicht mehr erfolgen kann. Daher wird auch diese Gruppe ausgeschlossen.

Vorentscheidung

Im einfachsten Fall wird auf ein Systemelement zur Übertragung verzichtet (**Abb 3.21 a**). Da die Reibung zwischen Achse und Rolle größer ist als im Lagerkörper selbst, wird die Rolle die Achse entsprechend mitnehmen. Allerdings verstößt dies gegen den konstruktiven Grundsatz der Eindeutigkeit (vgl. auch Ausführungen zu.**Abb. 2.23**) und wird somit verworfen.

Eine Schweißnaht (**Abb. 3.21 b**) ist eine kostengünstige Lösung. Dann ist die Baugruppe aber nicht mehr demontierbar. Auch besteht die Gefahr, dass der Wärmeeintrag beim Schweißen zu Verzug und in der Folge zu Funktionseinschränkungen oder -versagen führt. Zudem wird die Dauerfestigkeit des Achswerkstoffs erheblich herabgesetzt (vgl. gehärtetes Bauteil). Das erfordert wiederum einen größeren Durchmesser der Achse und der Anschlussgeometrien. Wegen der beschriebenen Nachteile wird auch diese Variante verworfen.

Eine *Passfeder* (**Abb. 3.21 c**) ist ein „klassisches" Übertragungselement. Hier sollte auf eine Standardform zurückgegriffen werden (z. B. DIN 6885 Form A). Auch ein *Gewindestift* („Madenschraube"; **Abb. 3.21 d**) ist sinnvoll und kostengünstig. Die Kraftübertragung erfolgt über Flächenpressung. Zur Übertragung eines Drehmomentes sind Gewindestifte hingegen ungeeignet.

Konstruktive Hinweise

Für Passfedern legt die Norm zu Durchmesserbereichen der Achse / Welle entsprechende Breiten- und Höhenmaße sowie Toleranzen für den Sitz fest. Die Länge wird über die Flächenpressung bestimmt, die bei der Übertragung eines Drehmomentes an den Flanken der Passfeder und den Sitzen in Nut und Welle auftritt. Als Gebrauchsformel kann für übliche Verhältnisse mit einer Mindeslänge $l \geq 0{,}9 \cdot d_{\text{Welle}}$ gerechnet werden. Da es sich hier um eine Achse handelt, kann die Passfeder auch deutlich kürzer ausfallen. Bei der Variante Gewindestift führt ein starkes Anziehen zu Spannmarken auf Grund einer hohen Flächenpressung. Funktionseinschränkungen gehen davon aber in der Regel nicht aus.

8 Übertragen der Federkraft

Erläuterung der Teilfunktion
Eine Rolle wird hier als alternativlos angesehen. Die Variantenentwicklung zielt somit in erster Linie auf die Frage der Fertigung ab.

Mögliche Lösungen

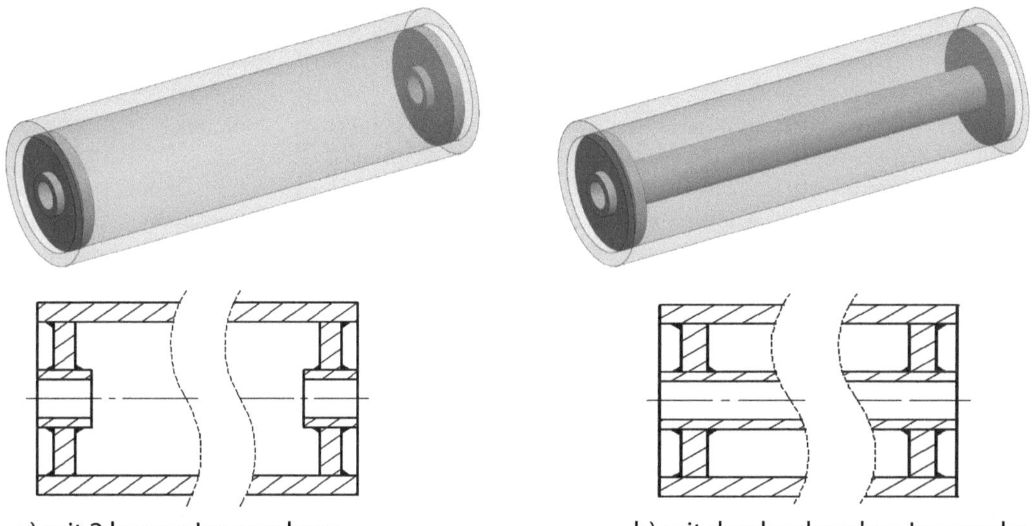

Abb. 3.23 Rollenkonstruktion

Vorentscheidung
Üblicherweise werden große Rollen mit notwendigem kleinen Innendurchmesser aus mehreren Teilen durch Schweißen hergestellt. Die Verbindung von Innen- und Außenrohr erfolgt durch eine Lochscheibe (Ronde). Unterschied zwischen den Varianten nach **Abb. 3.23** ist die innere Konstruktion. Während Variante **Abb. 3.23a** mit zwei kurzen Innenrohren realisiert wird, besteht Variante **Abb. 3.23b** aus einem durchgehenden Innenrohr. Der schweißtechnische Aufwand ist gleich. Bei der Variante a liegt ein Sägeschnitt mehr vor, dafür ist sie leichter. Beide Konzepte werden in den Morphologischen Kasten übernommen.

Konstruktive Hinweise
Bei der Verschweißung der Variante nach **Abb. 3.23b** muss beachtet werden, dass mit der letzten Naht der Innenraum zwischen Innen- und Außenrohr durch die Erwärmung der Luft teilweise evakuiert wird. Bei guter bzw. dichter Schweißung führt dies nach dem Abkühlen zu einem Unterdruck im Innenbereich, der zu einer Nahtbelastung bis hin zu deren Zerstörung führen kann. Daher muss in dieser Ausführung mindestens eine Entlüftungsbohrung in eine Ronde eingebracht werden. Bezogen auf die Nahtauswahl und -gestaltung sind die Hinweise zu **Abb. 3.18** zu beachten.

9 Rotieren der Rolle

Erläuterung der Teilfunktion
Damit ist das eigentliche Systemelement zur Realisierung der Lagerstelle gemeint. Hierfür kommen klassische Norm- und Kaufteillösungen in Betracht.

Mögliche Lösungen
Im einfachsten Fall kann die Lagerung durch eine einfache Bohrung realisiert werden (**Abb. 3.24a**). Bei vergleichsweise niedrigen Gleitgeschwindigkeiten und geringer Kraftbeaufschlagung finden zunehmend *Gleitlager* als sogenannte *Trockenlager* Einsatz (**Abb. 3.24b**). Beide Lösungen sind unter den gegebenen konstruktiven Rahmenbedingungen nicht funktionssicher. Gleitlager mit kontinuierlicher Schmierstoffversorgung (hydrodynamisch, hydrostatisch) sind für den vorliegenden Einsatzzweck weit überdimensioniert.

Sinnvoll ist ein „klassisches" *Rillenkugellager* (**Abb. 3.24c**). Es weist eine universelle Verwendungsbreite auf. Andere Bauformen wie Rollen- und Nadellager werden bei (sehr) hohen Radiallasten verwendet; dies ist hier nicht zu erwarten. Da auch keine Axiallasten oder andere Sonderbedingungen vorliegen, wird das Rillenkugellager als einzige Lösungsvariante weiterverfolgt.

In Vorgriff auf die Teilfunktion 10 (Aufnehmen der Lager) können Lagergehäuseeinheiten als Kaufteile bezogen werden (Beispiel **Abb. 3.24d**). Neben dem dargestellten Stehlager gibt es eine große Auswahl möglicher Gehäuse (mit und ohne Lager). Die Lageranordnung (Fest-Los-Lagerung oder schwimmende Lagerung) ist integriert realisiert. Damit stellt diese Kaufteiloption häufig eine kostengünstige Alternative zu einer Eigenkonstruktion dar. In der vorliegenden Aufgabe kann dies nur an den Enden der Rollenarme angebunden werden. Damit bauen die Arme als Anschlussgeometrie vergleichsweise breit und hoch auf.

Abb. 3.24 Lagerstelle (Bild d: © Kugellager-Express GmbH)

Vorentscheidung
Da bereits eine Festlegung auf das Rillenkugellager erfolgte, wird auf weitere Ausführungen zur Lagerauswahl verzichtet. Die Kaufteilvariante (Lagergehäuseeinheit) wird ausgeschlossen, da dies nur an den Rollenarmen umsetzbar ist. Zur Teilfunktion 4 (Aufnehmen und Umlenken der Federkraft) wurde bereits festgelegt, dass die Lager in der Rolle aufgenommen werden.

Konstruktive Hinweise
Der Berechnungsgang für Wälzlager ist genormt nach DIN ISO 281. Als Parameter müssen mindestens bekannt sein: Drehzahl, geforderte Lebensdauer, Höhe der Lastbeaufschlagung. Diese Daten ergeben sich aus der Anforderungsliste (vgl. **Abb. 3.5**). Neben dem dynamischen Lastfall (Betrieb) muss hier auch der statische nachgewiesen werden.

Für die konstruktive Ausgestaltung sind die Anschlussmaße der Lagerstelle relevant. Hierzu zählen im Besonderen die Passmaße der Achse und im Gehäuse. Diese hängen von den Betriebsbedingungen ab (Punkt- bzw. Umfangslast; vgl. auch **Abb. 3.25**). Die zu fertigenden Passmaße werden von den Lagerherstellern festgelegt und können den entsprechenden Katalogen bzw. Datenblättern (ggf. auch der Fachliteratur) entnommen werden. Gleiches gilt für Anschlussmaße wie Absatzhöhen von Achsen / Wellen am Innenring und Höhen von Gehäusekanten am Außenring des Lagers.

Neben der Standardausführung können Rillenkugellager mit Deckscheiben (Zusatzbezeichnung: 2Z) bezogen werden. Diese bestehen aus Blechen und verhindern das Eindringen von Verunreinigungen. Dichtscheiben aus Gummi (Zusatzbezeichnung: 2RS) verhindern umgekehrt den Austritt von Schmierstoff, der in diesem Fall nur Fett sein kann. Diese Lager sind vom Hersteller auf Lebensdauer vorgeschmiert und müssen im Betrieb nicht mehr gewartet oder mit Schmierstoff versorgt werden. Ölschmierung würde u. a. wegen der benötigten Abdichtungen einen hohen konstruktiven Aufwand bedingen, der für diese Aufgabenstellung nicht angemessen ist.

10 Aufnehmen der Lager

Erläuterung der Teilfunktion
Innerhalb der Teilfunktion 9 (Rotieren der Rolle) wurde die Verwendung von Rillenkugellagern festgelegt. Zur konstruktiven Gestaltung der Lagerstelle sind theoretische Kenntnisse notwendig. Diese können im Folgenden nur verkürzt wiedergegeben werden. Für eine Vertiefung wird hier auf entsprechende Fachliteratur verwiesen (vgl. auch Literaturverzeichnis).

Drei prinzipielle Systeme zur Lageranordnung finden in der Technik Anwendung: Fest-Los-Lagerung, schwimmende Lagerung, angestellte Lagerung. Die *angestellte Lagerung* ist eher eine Sonderanwendung beispielsweise zur Erzeugung einer Vorspannung in der Lagerstelle. Dies führt zu vergleichsweise hohen Steifigkeiten in der Konstruktion. Diese Lageranordnung wird u. a. in Werkzeugmaschinen verbaut, um hohe Fertigungsqualitäten und Wiederholgenauigkeiten zu realisieren. Als Sonderanwendung wird sie hier nicht weiter verfolgt.

Am weitesten verbreitet ist die *Fest-Los-Lagerung* (**Abb. 3.25a**). Sie findet Anwendung, um eine wärmebedingte Längenausdehnung in der Lagerstelle zu kompensieren. Weiterer Grund ist der Ausgleich von Fertigungstoleranzen, wodurch die Konstruktion fertigungstechnisch günstiger realierbar ist. Die *schwimmende Lagerung* (**Abb. 3.25b**) findet Anwendung, wenn keine besonderen Forderungen an die axiale Führung gestellt werden. Die Lager werden auf der Achse / Welle und im Gehäuse spiegelbildlich diagonal gesichert. An einem sogenannten punktbelasteten Ring wird ein Axial- bzw. *Lagerspiel* („s") vorgesehen, dass sich im Betrieb entsprechend verschieben kann (weitere Ausführungen vgl. Abschnitt „Konstruktive Hinweise"). Besonderer Vorteil der schwimmenden Lagerung ist die fertigungsgünstigere Realisierung. Hier entfallen im Vergleich zur Fest-Los-Lagerung Bauteile und Fertigungsgeometrien.

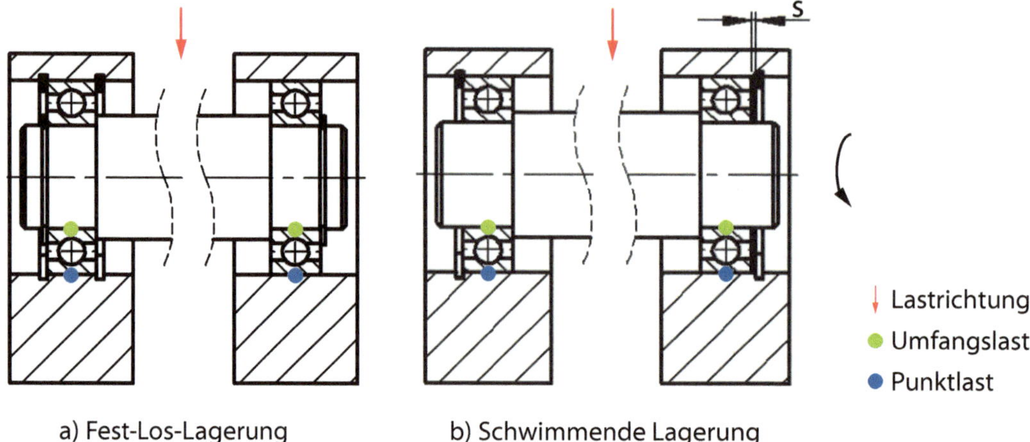

Abb. 3.25 Lageranordnungen

Über die Lastverhältnisse bestimmt sich die Zuordnung der sogenannten *Punkt- und Umfangslast* zu den Innen- und Außenringen. Daraus ergibt sich, welche Ringe gegen axiales Verschieben („Wandern") gesichert werden müssen. Hierbei wird ein Lager (mit 2 Ringen und 4 Seiten) als sogenanntes *Festlager* ausgebildet. Das zweite (geringer belastete) Lager ist das *Loslager*. Es wird nur am umfangsbelasteten Ring gesichert. Bei symmetrischer Kraftverteilung ist das Loslager beliebig.

Mögliche Lösungen
In **Abb. 3.26** werden grundsätzliche Möglichkeiten der Sicherung am Innenring auf der Achse/Welle dargestellt. Die Gestaltung der Lagersitze kann auch aus Kombinationen der einzelnen Möglichkeiten abgeleitet werden. Entsprechendes gilt für die Sicherung am Außenring (**Abb. 3.27**).

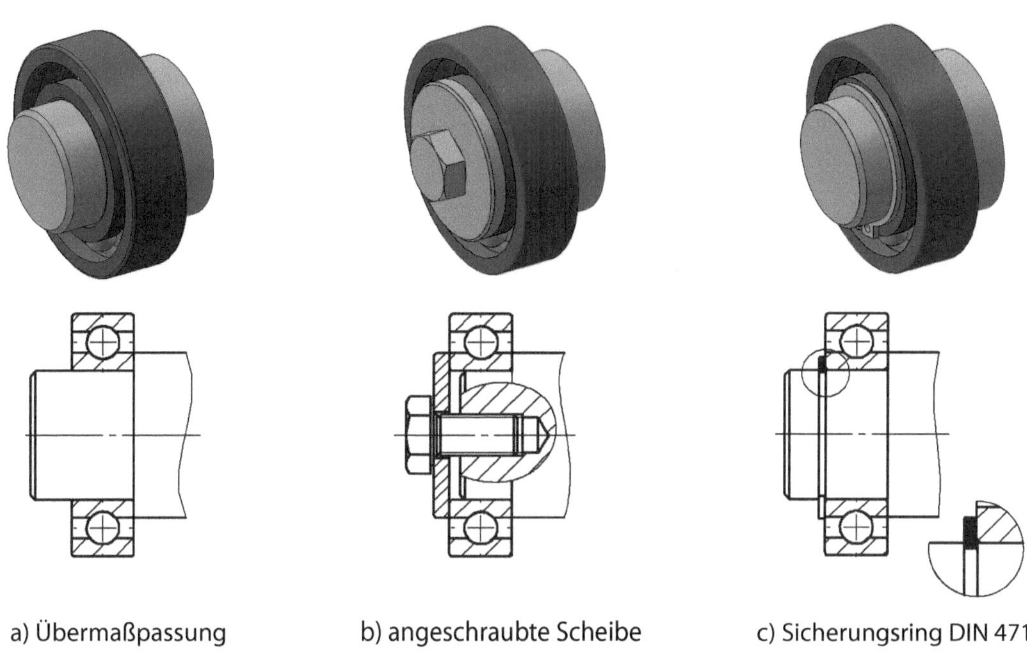

a) Übermaßpassung   b) angeschraubte Scheibe   c) Sicherungsring DIN 471

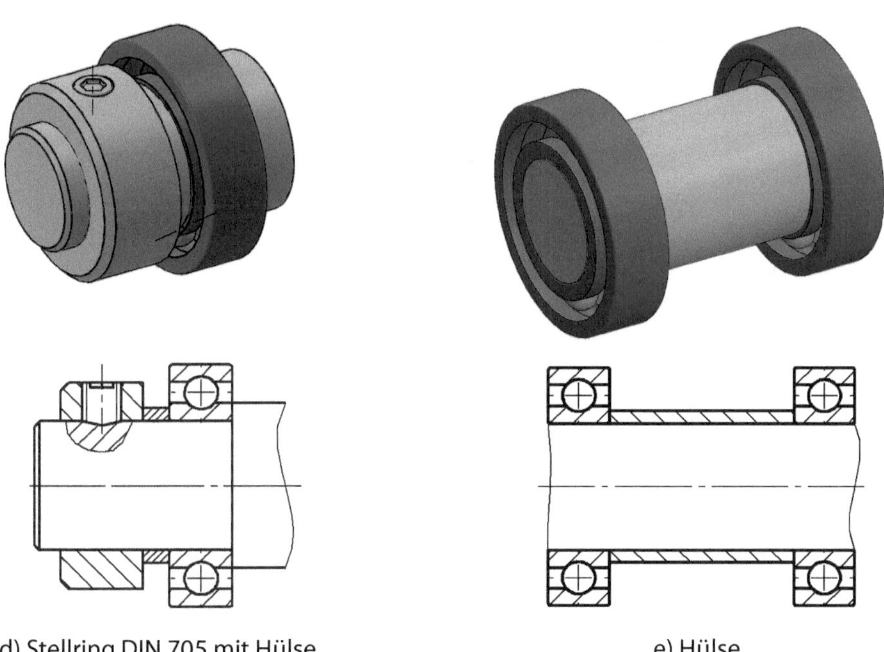

d) Stellring DIN 705 mit Hülse   e) Hülse

Abb. 3.26 Sicherung am Innenring

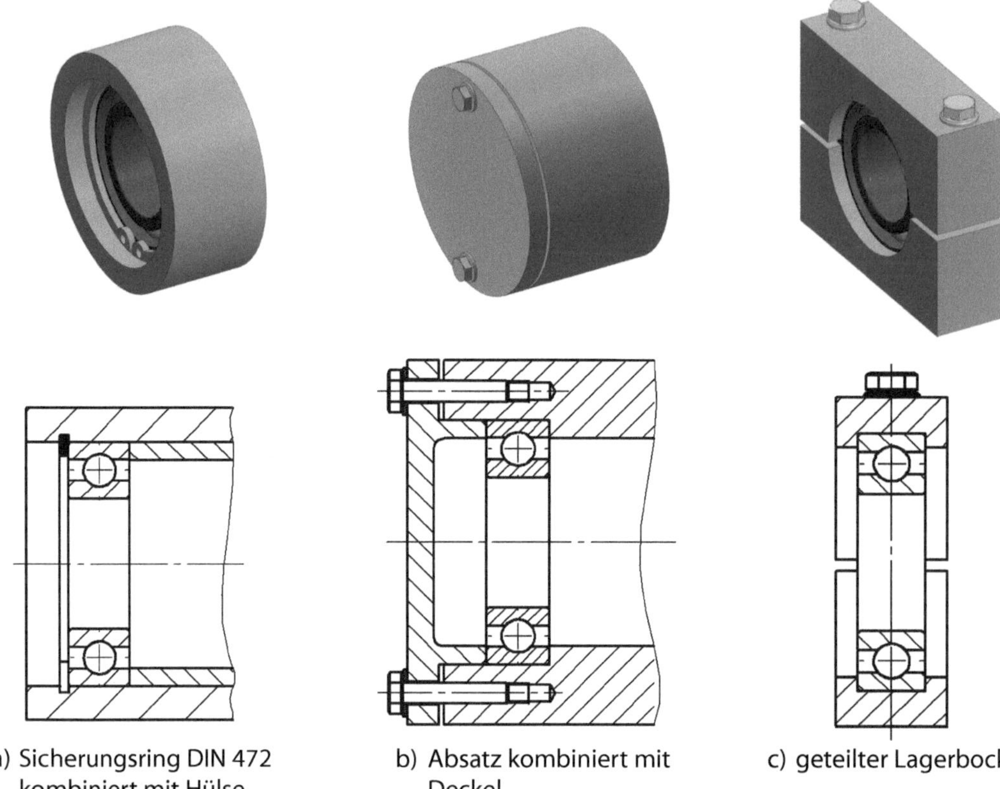

a) Sicherungsring DIN 472
   kombiniert mit Hülse

b) Absatz kombiniert mit
   Deckel

c) geteilter Lagerbock

Abb. 3.27 Sicherung am Außenring

Vorentscheidung

Abb. 3.26a zeigt eine Übermaßpassung. Vor der Montage wird das Außenteil erwärmt (hier: Lager). Dies erfolgt häufig mit einem Brenner oder Ofen. Durch die Erwärmung vergrößert sich die Bohrung des Innenrings. Der Gegenpartner (hier: Achse) kann zusätzlich beispielsweise durch das Eintauchen in Stickstoff heruntergekühlt werden. Nach der Montage stellt sich bei Erreichen der Raumtemperatur das gewünschte Übermaß ein. Das Aufbringen des Lagers erfordert meist handwerkliches Geschick.

Diese *Schrumpfsitze* sind grundsätzlich nach Norm berechenbar (DIN 7190 Pressverbände). In der betrieblichen Praxis werden davon abweichend die notwendigen Toleranzen der Partner häufig auf der Grundlage von Erfahrungswerten festgelegt. Gleiches gilt für die notwendigen hohen Oberflächenqualitäten. Zudem kommt es immer wieder zu praktischen Problemen beim Demontieren im Rahmen von Wartungs- oder Reparaturarbeiten: Da beide Bauteile unmittelbar verbunden sind, kann Wärme nur bedingt gezielt in das Lager eingebracht werden, ohne dass sich das Gegenstück mit erwärmt. Häufig kommt es dann in der Praxis durch grobe Gewalteinwirkung zu Beschädigungen der Lagersitze.

Damit ist dann die eigentliche Achse/Welle nicht mehr einsatzfähig und muss nachgearbeitet oder sogar ausgetauscht werden. Trotzdem hat diese Verbindung als kostengünstige Lösung ihre Berechtigung, da sie keine weiteren Fertigungschritte an der Achse/Welle bedingt und auch keine weiteren Maschinenelemente. Gleiches gilt auch für Einsatzzwecke, bei denen die Gesamtbaugruppe komplett getauscht wird und damit eine Demontage auch gar nicht gefordert ist.

Die Positionierung über eine Scheibe (**Abb. 3.26b**) ist ebenso für eher untergeordnete Verbindungen geeignet. Als fertigungstechnischer Aufwand muss ein Gewinde in den Zapfen eingebracht werden. Die einzusetzende Scheibe ist nur bedingt als Normteil beziehbar, beispielsweise als *Karosseriescheibe* (DIN 9021; Norm zurückgezogen). Dann muss diese alternativ als Eigenfertigungsteil hergestellt werden. Zudem kann sich aus der Laufrichtung der Verbindung ein Problem ergeben, wodurch potentiell ein Losdrehen der Schraube befördert wird. Damit die Scheibe sicher am Innenring anliegt, muss nach dem Anziehen der Schraube noch Luft zwischen Zapfen und Scheibe verbleiben (Problem der *Doppelpassung*). Beim Anziehen der Schraube wirkt die Scheibe wie eine Art Feder. Das sichere Erreichen und Halten eines vorgeschriebenen Anziehmoments unter dynamischer Last ist so nur bedingt möglich.

Eine „klassische" Lösung stellen *Sicherungsringe* dar (DIN 471, **Abb. 3.26c**). Hierbei muss allerdings beachtet werden, dass die *Dauerfestigkeit* der Achse/Welle durch die eingebrachte Nut zur Aufnahme des Sicherungsrings erheblich herabgesetzt wird. Grund ist die hohe *Kerbwirkung*, die aus entsprechenden Spannungsspitzen am Nutgrund resultiert. In der Folge kann es bei fehlerhafter Auslegung zu einem *Dauerbruch* kommen (vgl. **Abb. 3.28**). An Achs- und Wellenenden ist der Einsatz unbedenklich, da dort das Biegemoment und damit auch die Biegespannung gering ausfallen bzw. nicht vorhanden sind.

Häufig werden die Sicherungselemente kombiniert mit einem Absatz. Damit das Lager am Innenring definiert anliegen kann und das Werkzeug bei der Fertigung des Absatzes einen hinreichenden Auslauf hat, ist ein *Freistich* anzubringen (DIN 509). Alternativ ist auch ein auf das Lager abgestimmter Radius möglich. Durch den Absatzsprung als auch ggf. durch den Freistich entsteht ebenso Kerbwirkung. Zudem ist der Zerspanungsaufwand zur Herstellung der Absätze im Vergleich zu einer glatten Achse (bezogen auf den Außendurchmesser) höher.

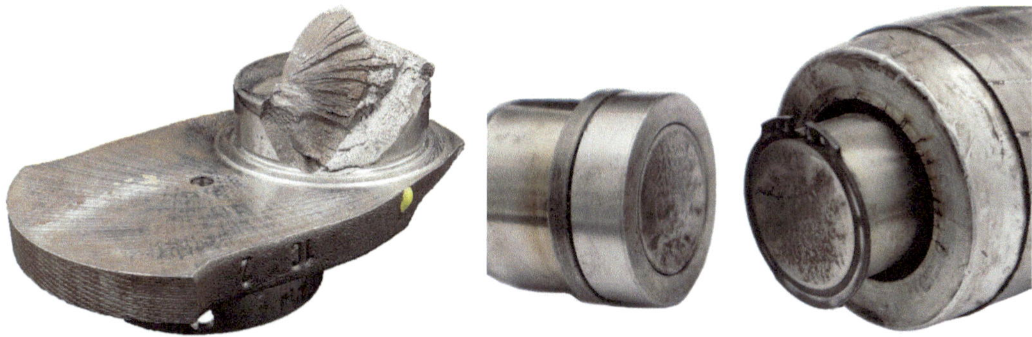

Abb. 3.28 Dauerbruch von Wellen (links: Kurbelwelle; rechts: Rotorwelle)

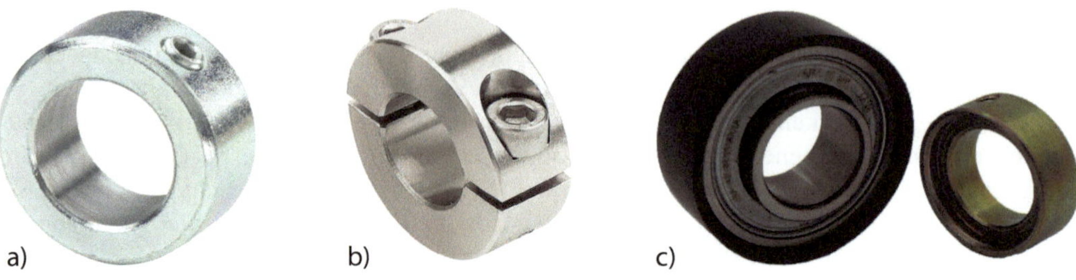

Abb. 3.29 Stellringe (links: normale Ausführung; Mitte: geteilt; rechts: Sonderform)
(Bilder a, b: © Ganter Normelemente)

Alternativ zu Sicherungsringen bieten sich Stellringe an (**Abb. 3.26d, Abb. 3.29**); genormt nach DIN 705 oder frei nach Hersteller. Ein integrierter Gewindestift wird auf die Achse/Welle geschraubt und klemmt so den *Stellring* über Flächenpressung. *Spannmarken* können u. U. Folge sein, die die Funktionsfähigkeit der Konstruktion aber i. d. R. nicht beeinträchtigen. Wegen seiner Aufbauhöhe wird ein genormter Stellring innerhalb einer Lagerkonstruktion meist mit einer Hülse gepaart. Diese ist im einfachsten Fall ein Stück abgelängtes Rohr. In herstellerspezifischen Ausführungen werden auch Stellringe mit abgestimmten Sonderformen angeboten (**Abb. 3.29c**), bei denen eine zusätzliche Hülse entfallen kann. Geteilte Stellringe (**Abb. 3.29b**) bieten hohe Flexibilität bei der Montage.

Großer Vorteil gegenüber Sicherungsringen ist, dass hier der fertigungstechnische Aufwand für das Herstellen einer Nut entfällt und entsprechend auch die damit verbundene Kerbwirkung. Zudem kann ein Stellring axial flexibel positioniert werden. Dadurch ergeben sich weitere Vorteile durch eine großzügigere Tolerierung von Breiten der beteiligten Bauteile. Als Nachteil ist zu benennen, dass er nur begrenzt Axiallasten aufnehmen kann.

Sofern beide Innenringe gesichert werden müssen, kann an den Innenseiten der Innenringe alternativ zu einem Absatz auch eine Hülse aus abgelängtem Rohr anliegen (**Abb. 3.26e**). Dieser Einbaufall liegt vor, wenn beide Innenringe in der Lageranordnung Fest-Los-Lagerung Umfangslast haben (Regelfall). Durch die Verwendung einer Hülse kann die fertigungstechnische Bearbeitung der Achse/Welle gering gehalten werden. Im günstigsten Fall wird dann ein Rundmaterial mit notwendigem Passmaß als Halbzeug verwendet, das am Außendurchmesser nicht mehr nachgearbeitet werden muss.

Sicherungsringe (DIN 472; **Abb. 3.27a**) stellen ebenso für die Sicherung der Außenringe eine klassische Lösung dar. Auch hier können Hülsen als fertigungstechnisch und damit kostengünstige Lösung zwischen Außenringen sinnvoll eingesetzt werden. Dies im Besonderen aus Funktionssicht auch wieder nur, wenn dort in einer Fest-Loslagerung Umfangslast herrscht (Ausnahmefall!).

Alternativ können zur Abstützung nach innen Absätze eingebracht werden (**Abb. 3.27b**). Am Absatzsprung ist ebenso ein abgestimmter Radius oder Freistich zu fertigen. Zur Kapselung des Systems nach außen kann ein Deckel eingesetzt werden. Hierbei ist zu beachten, dass zwischen Gehäuse und Deckel beim Verschrauben maßlich Luft verbleiben muss, damit der Deckelabsatz auf jeden Fall am Außenring zur Anlage kommt (sonst: *Doppelpassung*!).

Im direkten Vergleich zum Sicherungsring ist ein Deckel wegen der zusätzlichen Gewinde im Gehäuse fertigungstechnisch aufwendig und führt zu großen Wandstärken. Weitere Normteile (Schrauben, Scheiben) werden benötigt und müssen zeitaufwendig montiert werden. Zudem wird der Deckel im Regelfall in Eigenfertigung kostenintensiv hergestellt. Er ist nur bedingt mit einem Sicherungsring kombinierbar, da dieser für vergleichsweise geringe Axialbelastungen ausgelegt ist. Beim Anziehen der Schrauben des Deckels kann es zu einem Umstülpen des Sicherungsrings aus der Nut kommen.

Eine weitere Möglichkeit stellt der sogenannte *geteilte Lagerbock* dar (**Abb. 3.27 c**). Zu den Fertigungsmöglichkeiten wurden zur Teilfunktion 6 (Aufnehmen der Achse, **Abb. 3.20 a**) Hinweise gegeben. Den geteilten Lagerbock gibt es entsprechend auch als Kaufteil (**Abb. 3.24 d**). Die dargestellten Lösungen zur Sicherung sind größtenteils untereinander kombinierbar.

Bei den Innenringen werden die Übermaßpassung (**Abb. 3.26 a**) sowie die angeschraubte Scheibe (**Abb. 3.26 b**) wegen der beschriebenen Probleme ausgeschlossen. Alle anderen Lösungen sind grundsätzlich und ggf. in Kombination möglich. Bei den Außenringen fällt der geteilte Lagerbock (**Abb. 3.27 c**) raus, da die Lager in der Rolle montiert werden. Für den Deckel rechtfertigen sich der erhöhte fertigungstechnische sowie Montageaufwand in Relation zu anderen Lösungen nicht. Der grundsätzliche Vorteil der Kapselung des Innenraums ist für diese Konstruktion zudem nicht gefordert.

Konstruktive Hinweise
Der Durchmesser von Hülse oder Absatz muss ein Mindestmaß überschreiten, um eine hinreichende Aufbauhöhe als Anlage für den Ring zu gewährleisten. Dieses Maß wird in Wälzlagerkatalogen vorgegeben oder kann der Fachliteratur entnommen werden (vgl. Literaturverzeichnis). Allerdings darf ein Absatz auch nicht beliebig hoch ausgeführt werden, damit im Rahmen einer Demontage noch hinreichend Angriffsfläche für einen Abzieher oder dgl. zur Verfügung steht. Zudem vergrößert ein starker Absatzsprung wieder die Kerbwirkung.

In der vorliegenden Konstruktion sind die Innenringe mit Punktlast beaufschlagt (ruhende Achse). Die Toleranz der Achse ist (nach Herstellerkatalog oder Fachliteratur) als Spielpassung festzulegen, um ein Verschieben eines Lagers zu ermöglichen. Bei der schwimmenden Lagerung wird die Verschiebung durch das axiale *Lagerspiel* „s" (vgl. **Abb. 3.25 b**) begrenzt. Ein Maß nach Norm gibt es hierfür nicht. Häufig sind bereits wenige Zehntel Millimeter hinreichend. Relevant für die Festlegung sind die Bauteilgeometrien als auch die Betriebsverhältnisse; im Besonderen die Wärmeentwicklung. In der vorliegenden Konstruktion ist dies nicht zu erwarten. Damit kann das axiale Lagerspiel gering gehalten werden. Die Gehäusebohrung (Umfangslast) wird mit einer Übergangs- oder Übermaßpassung gefertigt. Die Oberflächenqualität der Sitze ist mit „feingeschlichtet" nach gewählter Reihe aus DIN EN ISO 1302 festzulegen.

Bei den Lösungen mit Sicherungsring (DIN 471, DIN 472) ist schon ausgeführt worden, dass nur geringe Axialkräfte aufgenommen werden können. Um eine ausreichende Tragfähigkeit zu gewährleisten, ist der genormte Randabstand zur Außenkante einzuhalten. Auch die Toleranzen der Nutgeometrie sind der Norm zu entnehmen. Die Toleranz beispielsweise von Nutbeginn bis Absatz ist frei wählbar. Sie muss eine einwandfreie Montage gewährleisten, gleichzeitig soll das mögliche Spiel gering sein. Mögliche Schwächungen durch Kerbwirkung (vgl. Ausführungen zuvor) müssen im Berechnungsgang entsprechend berücksichtigt werden.

Die bearbeitete Mindmap (**Abb. 3.30**) stellt sich wie folgt dar:

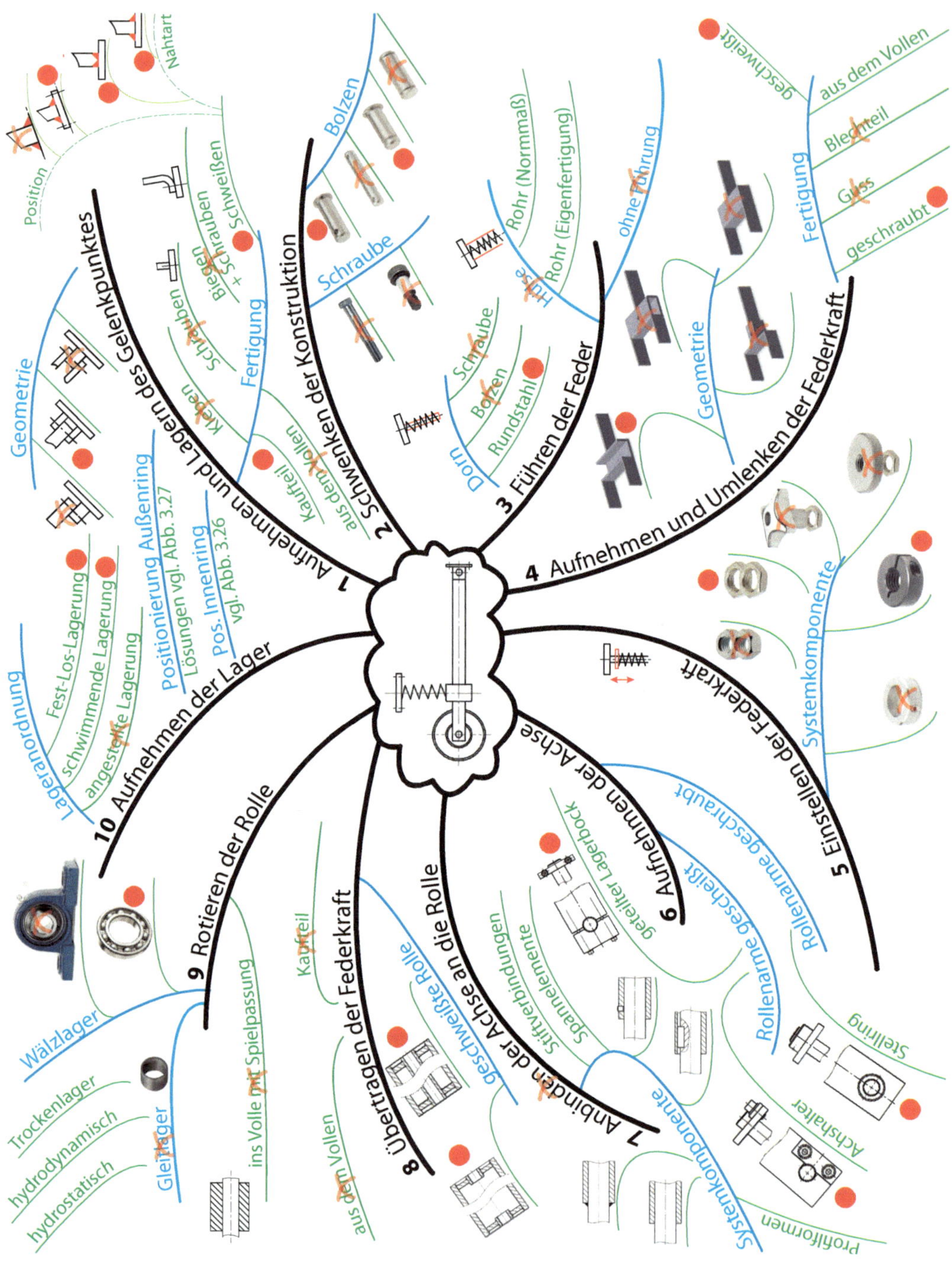

Abb. 3.30 Mindmap mit Vorauswahl

3.3.2 Morphologischer Kasten

Die besprochenen verbliebenen Lösungsoptionen (vgl. **Abb. 3.30**; rote Punkte) werden in einen Morphologischen Kasten überführt (**Abb. 3.31**). Er ist grundsätzlich auch als eigenständige Methode der Ideenfindung einsetzbar (vgl. **Abb. 2.12**). Durch Kombination werden drei Varianten gebildet. Mehr sind in der Praxis häufig nicht sinnvoll. Bei der Bildung der Kombinationen ist die Anforderungsliste wieder gedanklicher Bewertungsmaßstab. Damit sind die ermittelten Varianten ausschließlich gute bzw. sehr gute Lösungen. Im Weiteren werden diese Lösungen grafisch aufgearbeitet vorgestellt.

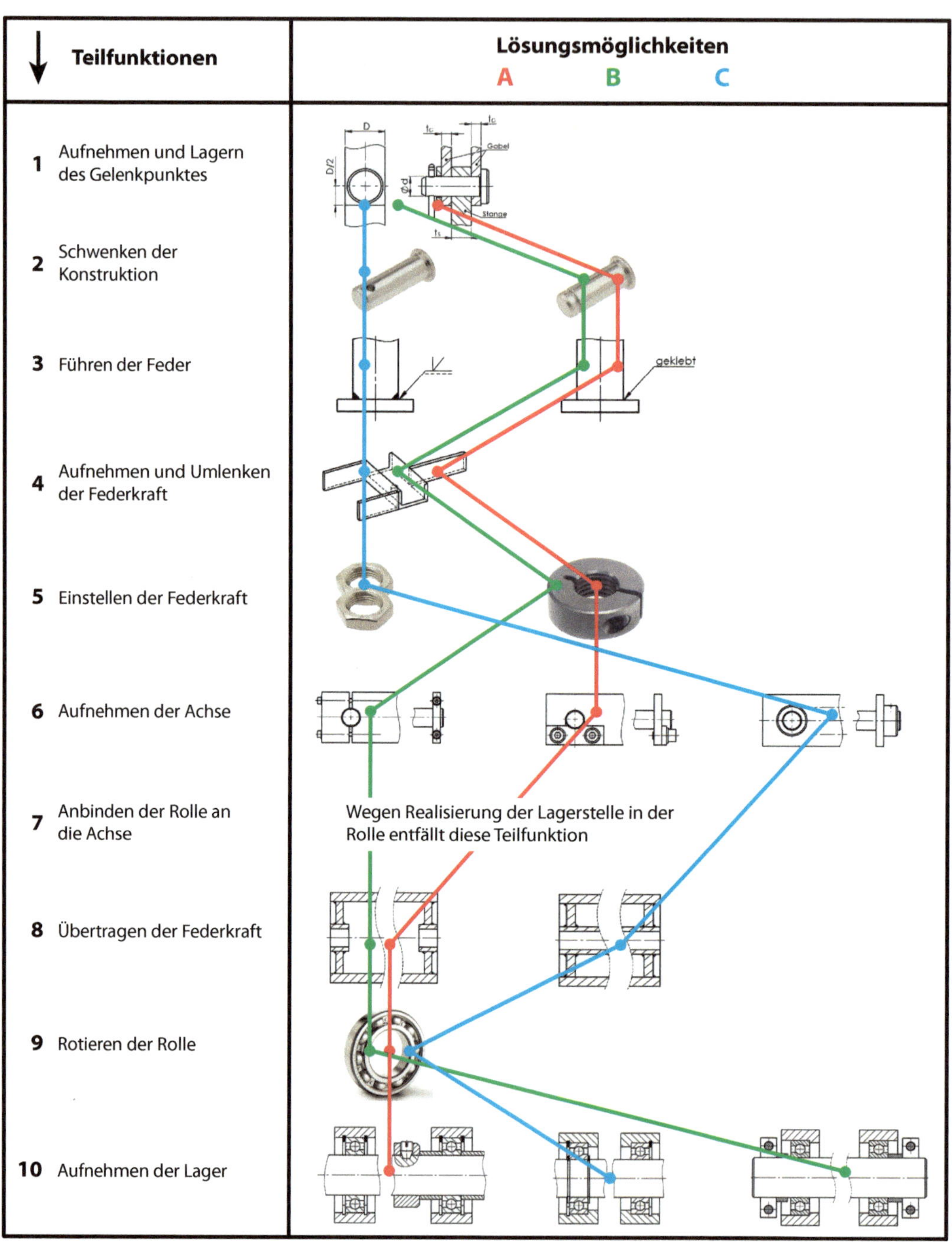

Abb. 3.31 Morphologischer Kasten mit Überarbeitungen

3.3.3 Variantendarstellung

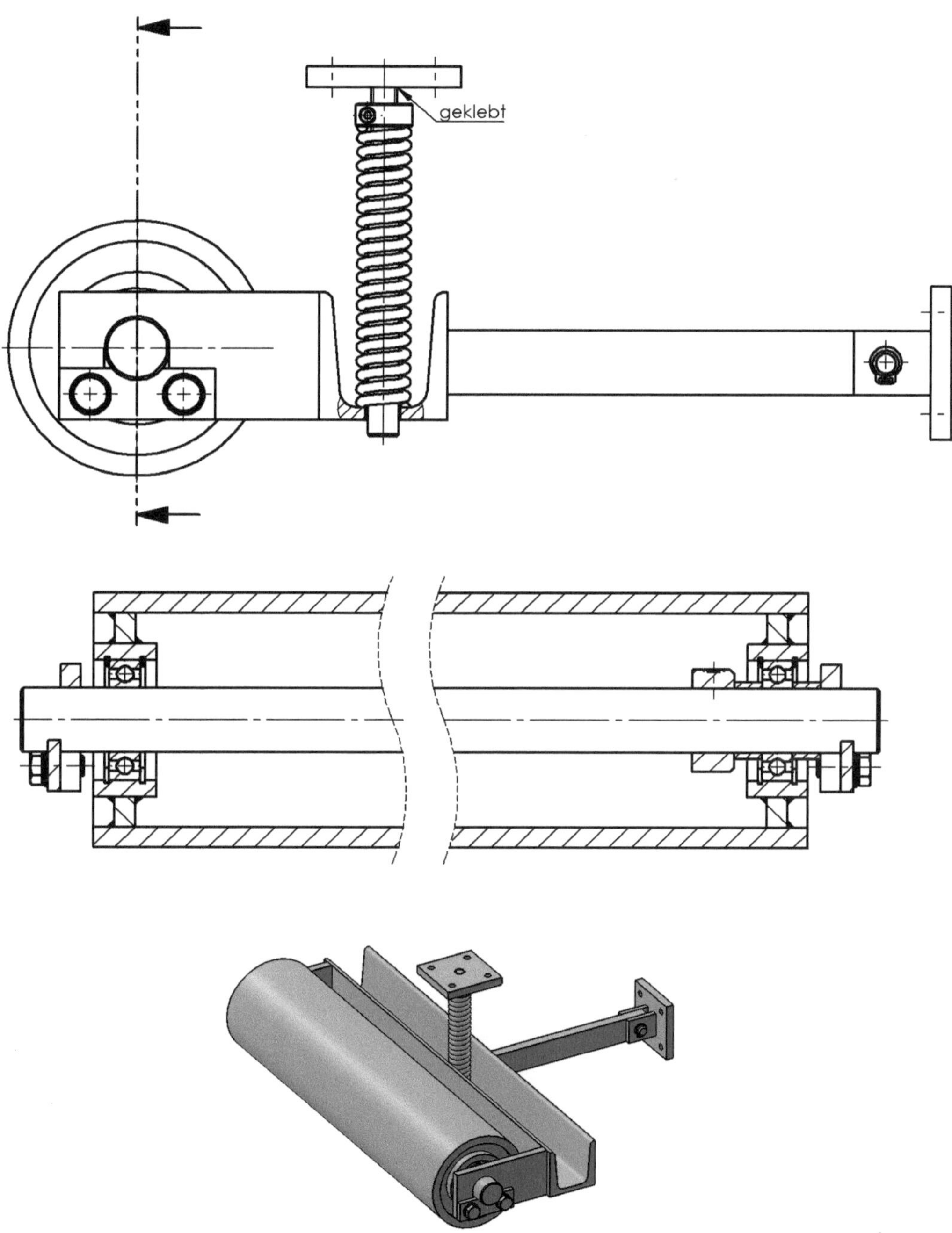

Abb. 3.32 Variante A

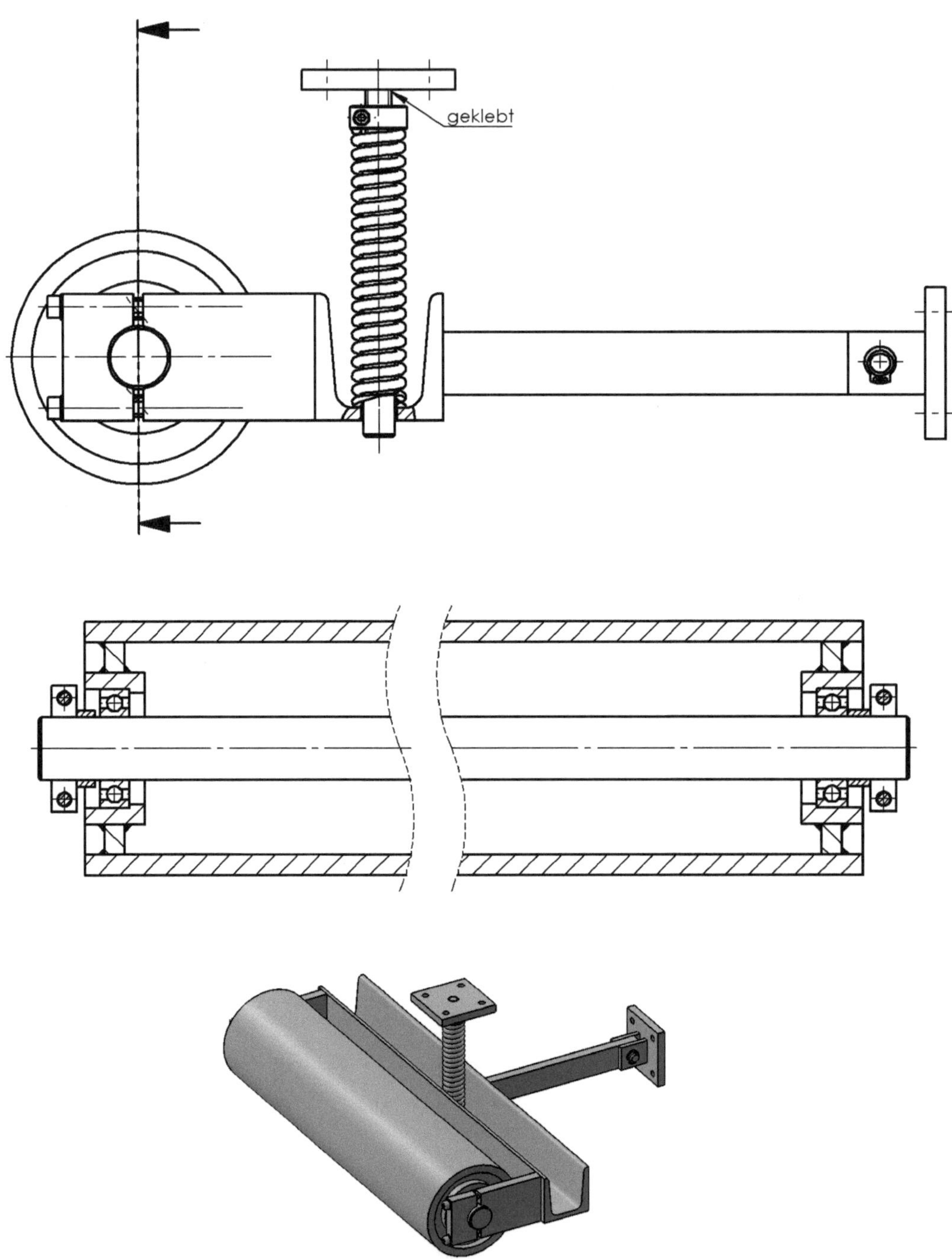

Abb. 3.33 Variante B

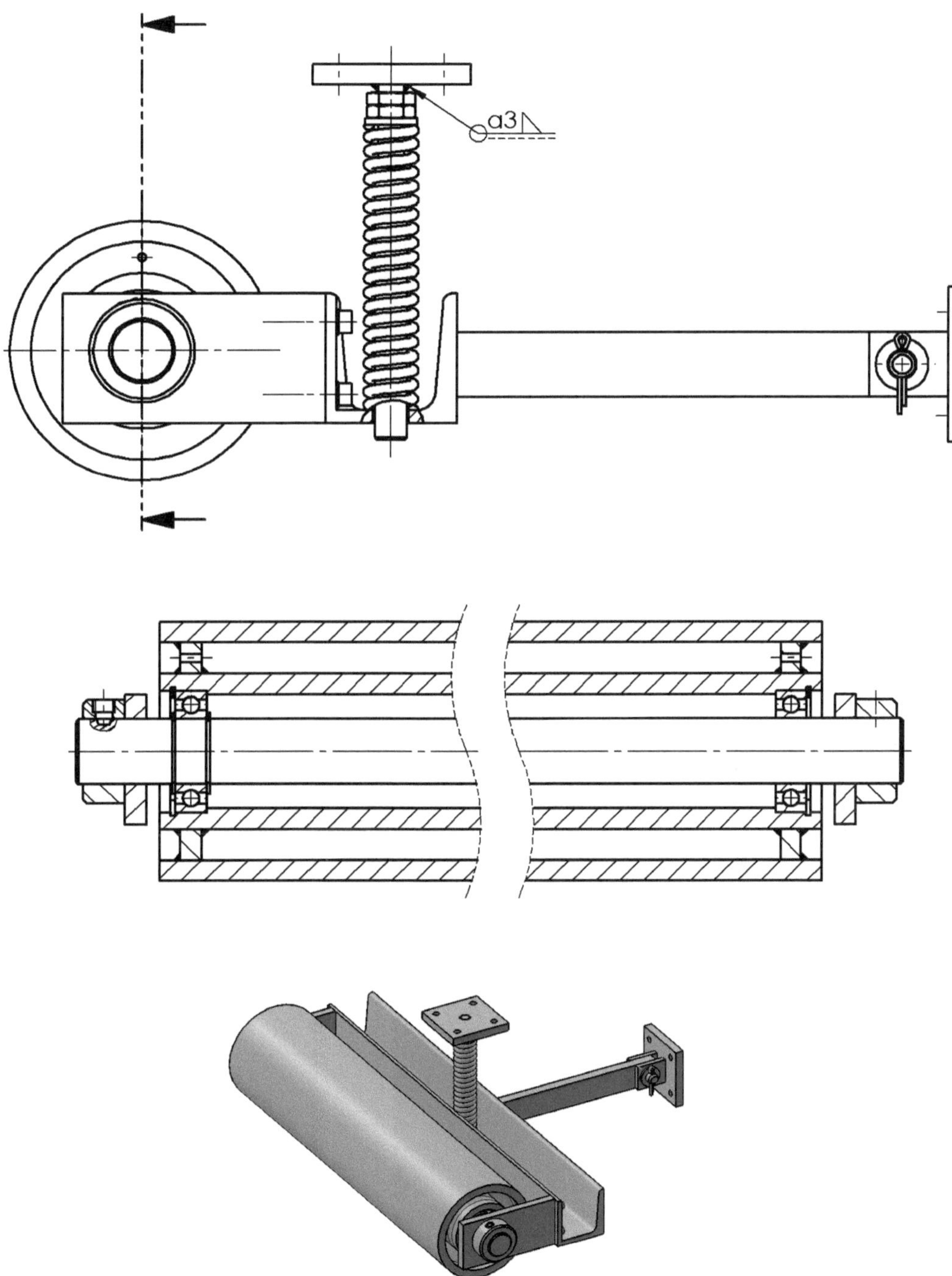

Abb. 3.34 Variante C

3.3.4 Nutzwertanalyse

Für die Auswertung wird hier die Nutzwertanalyse mit Gewichtungsfaktoren für angemessen gehalten (vgl. **Abb. 3.35**), da die Bewertungskriterien nicht als gleichtwertig erachtet werden. Die Bewertungskriterien ergeben sich unmittelbar aus der Anforderungsliste (**Abb. 3.5**). Festforderungen wie „Stückzahl" sind nicht zu übernehmen (vgl. Kap. 2.3.2 Ausführungen zur Nutzwertanalyse), da sie entweder voll erfüllt oder nicht erfüllt („K.O.-Kriterium") sind. Bei Nichterfüllung ist die Lösungsvariante direkt auszuschließen. Eine Übererfüllung macht wirtschaftlich keinen Sinn und darf daher das Bewertungsergebnis nicht verbessern.

Nutzwertanalyse

Projekt

Kaschierrolle

Fachschule für Technik
Maschinenbautechnik

Werteskala nach VDI 2225 mit Punktvergabe P von 0 bis 4

0… unbefriedigend   1… gerade noch ertragbar   2… ausreichend   3… gut   4… sehr gut

Die Bewertungskriterien werden der Anforderungsliste entnommen. Bei Bedarf werden Gewichtungsfaktoren (g) vergeben, wenn die Kriterien nicht gleichwertig sind.

| | | | Varianten | | | | | |
| | | | A | | B | | C | |
Nr.	Bewertungskriteren	g	P	P·g	P	P·g	P	P·g
1	Lebensdauer	2	4	8	4	8	4	8
2	kostengünstig	4	3	12	4	16	3	12
3	Konstruktion recyclebar	1	4	4	4	4	4	4
4	Gewicht	2	4	8	4	8	2	4
5	wartungsarm/-frei	3	4	12	4	12	3	9
6	geräuscharm	2	3	6	3	6	3	6
7	montagefreundlich	3	3	9	4	12	3	9

max. mögliche Punktzahl: **68**	Punktzahl	59	66	52
	Rangfolge	**2**	**1**	**3**

Entscheidung/Bemerkungen	Datum: 27.01.2018
Variante B wird weiter verfolgt	Bearbeiter: Projektgruppe ET 12
	Blatt: 01 (01)

Abb. 3.35 Nutzwertanalyse zur Kaschierrolle

Variante B (vgl. **Abb. 3.33**) ist bei der Nutzwertanalyse mit 66 Punkten am besten und relativ nah an der Maximalpunktzahl (68). Sie ist damit auf jeden Fall auch eine starke Lösung. Eine große Differenz zur Maximalpunktzahl hätte umgekehrt darauf gedeutet, dass die ermittelten Varianten alle nicht sehr tragfähig sind.

Vorteile der Variante B zu den anderen beiden ergeben sich besonders unter dem Aspekt Kosten (Nr. 2). Es geht bei der Bewertung nicht um absolute Kennzahlen, die ohnehin zu diesem Zeitpunkt der Entwicklung nur bedingt ermittelt werden können. Vielmehr ist eine relative Abschätzung durchzuführen. So werden durch die schwimmende Lagerung im Vergleich zu den anderen beiden Konzepten weniger Systemelemente verbaut. Zudem fällt die Fertigung der Lagersitze einfacher aus. Die Varianten A und C fallen entsprechend zurück. Sie unterscheiden sich untereinander jedoch eher geringfügig und werden daher unter diesem Bewertungskriterium als gleichwertig beurteilt.

Hinsichtlich der Lebensdauer (Nr. 1) wurden zwischen den Varianten keine bedeutsamen Unterschiede ausgemacht. Alle Varianten erhalten daher die Höchstpunktzahl. Gleiches gilt für „Konstruktion recyclebar" (Nr. 3) und „geräuscharm" (Nr. 6). Beim letztgenannten Punkt wird allerdings nicht die Höchstpunktzahl vergeben, da Lösungen wie beispielsweise Gleitlager grundsätzlicher eine geringe Geräuschemission aufweisen.

Unterschiede ergeben sich bei der Beurteilung des Gewichts (Nr. 4): Hier fällt Variante C deutlich hinter den anderen ab. Grund ist hierfür die Rollenkonstruktion, die ein durchgehendes Innenrohr enthält. Auch wird der Wartungsaufwand (Nr. 5) bei dieser Variante als etwas höher gesehen. Ursache hierfür ist die Anbindung der Rollenarme über Schrauben, die wegen des typischen Setzverhaltens zumindest zu Beginn der Betriebszeit zu kontrollieren sind. Insgesamt schneidet die Variante B hinsichtlich des Montageaufwands (Nr. 7) besser ab, da hier im direkten Vergleich weniger Teile zu montieren sind.

Bei der Durchführung der Nutzwertanalyse können sich grundsätzlich Erkenntnisse ergeben, die zu einer Überarbeitung des besten Konzeptes führen. So könnte eine als sinnvoll bewertete Teillösung das beste Konzept weiter optimieren. Weitere Änderungen am besten Konzept werden sich beim Entwerfen und Ausarbeiten ergeben.

3.4 Entwerfen

3.4.1 Kraftfluss

Nach Festlegung auf die Variante B beginnt die Modellierung der Baugruppe (beachte hierzu auch die Hinweise unter Kap. 2.3.4 Ausarbeiten). Parallel werden überschlägige Berechnungen durchgeführt, die wesentlich für die Geometriegebung sind. In einem ersten Schritt ist hierzu der *Kraftfluss* zu analysieren (**Abb. 3.36**; vgl. auch Ausführungen zu Kap. 2.3.3). Als Aktionskraft läuft die Federkraft im Betriebszustand unter einstellbarer Vorspannung in die Konstruktion rein. An der Rolle sowie am Bolzen erfolgen Reaktionskräfte. Zwischen diesen Anbindungspunkten läuft der Kraftfluss durch die Konstruktion.

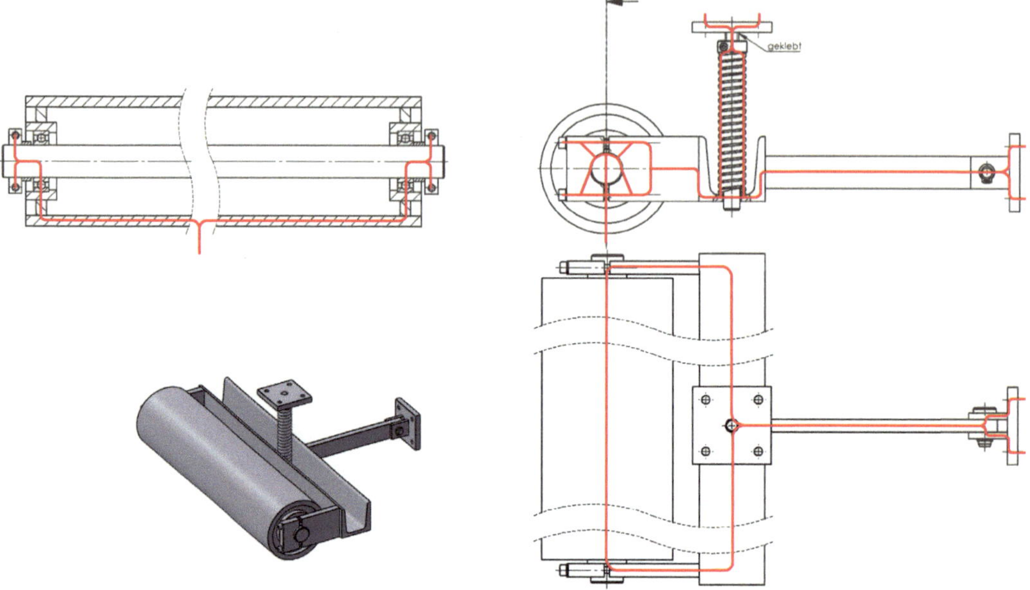

Abb. 3.36 Kraftfluss

3.4.2 Berechnungen und Gestaltung

Die Konstruktion erfolgt von „innen nach außen" (vgl. auch Ausführungen zu Kap. 2.3.3). So sollten in dieser Frühphase der Richtdurchmesser für die Achse als auch die Lager festgelegt werden. Auf der Basis dieser inneren Geometrien wird das Modell nach außen unter möglichen weiteren Berechnungen weiter aufgebaut. Berechnen und Modellieren erfolgen üblicherweise im Wechsel. Auch und gerade in dieser Phase führt dies zu Korrekturen und Ergänzungen der verfolgten Lösungsvariante. Eine Übersicht über die zu berechnenden Maschinenelemente sowie mögliche gefährdete Querschnitte zeigt **Abb. 3.37**.

Häufig wird eine sogenannte *gedrungene Bauweise* verfolgt. Diese führt für die Gesamtkonstruktion zu vergleichsweise kleineren Geometrien und geringerem Gewicht. Hier bedeutet dieser Grundsatz u. a., den Abstand von Achsaufnahme und Lager möglichst klein zu halten. Dadurch verringert sich die Biegespannung in der Achse und führt zu einem kleineren Durchmesser. In immer engeren Schleifen (Iterationen) aus Vordimensionierung und Nachrechnung nähert man sich den endgültigen Geometrien. So wird die Verringerung des Achsdurchmessers zu einem anderen (kleineren) Lager führen. Dieses andere Lager benötigt wiederum neue Geometrien für die Aufnahme im Gehäuse und auf der Achse. Dadurch wird direkt wieder die Geometrie der Achse beeinflusst, was zu neuen Änderungen führen kann.

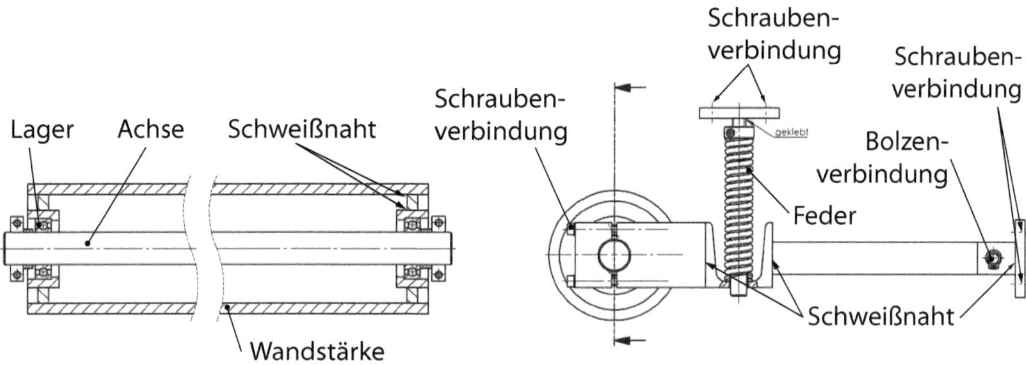

Abb. 3.37 Maschinenelemente für den rechnerischen Nachweis

Die meisten Berechnungsvorgaben für Maschinenelemente wie Achsen, Bolzen etc. geben für eine überschlägige erste grobe Bestimmung der Geometrien eine „großzügige" Dimensionierungsgleichung vor. Der rechnerische Nachweis kann immer erst nach Abschluss der Baugruppenmodellierung auf Basis der endgültigen Geometrien durchgeführt werden. Umgekehrt ausgedrückt: Man kann zu einem Zeitpunkt, wo die Zeichenfläche (bzw. der Monitor) leer ist, noch keinen endgültigen Durchmesser etc. ausrechnen.

Es kann nicht Ziel sein, eine Konstruktion in jedem Fall so auszulegen, dass sie „so gerade" hält. Wie nah man einem festgelegten Sicherheitswert kommt, hängt immer auch vom Einsatzzweck und der Wirtschaftlichkeit ab. Im Leichtbau und bei hohen Stückzahlen wird man grundsätzlich versuchen, mögliche Sicherheiten bis zur Grenze auszuschöpfen. Hier schließen sich in der Regel noch umfangreiche Tests und Dauerversuche mit Prototypen an (vgl. auch Ausführungen zu Kap. 2.3.3). Im vorliegenden Beispiel wird ein hoher Optimierungsaufwand für eine Stückzahl 1 nicht lohnen. Und bei sicherheitsrelevanten Bauteilen ist immer auch eine (leider übliche) Fehlbedienung in Bandbreite einzukalkulieren.

Der beschriebene Wechsel aus Überschlags- bzw. Dimensionierungsrechnung, Gestaltung und Nachweis in immer engeren Schleifen lässt sich als Prozess im Rahmen dieses Buchs nur bedingt darstellen. Zudem ist eine neutrale Vorgehensweise (ohne konkreten Fachbuchbezug) nicht sinnvoll abbildbar und in diesem Rahmen auch zu spezifisch. Bei Interesse und der Vollständigkeit halber kann der komplette Berechnungsgang auf der Internetseite des Verlags eingesehen oder heruntergeladen werden unter www.springer.com (direkt auf der Produktseite des Buchs).

3.5 Ausarbeiten

3.5.1 Weitere Optimierung

Nach **Abb. 2.7** erfolgt der Aufbau des Modells und die Ableitung des Zeichnungssatzes in Optimierungsschleifen (Iterationen) – zunächst werden dabei überschlägig Dimensionen der Geometrien festgelegt und nachgerechnet. Hierbei kommt es immer wieder zu Anpassungen und Neurechnungen.

Der Bolzen zur Anbindung des Hebels wird statt über einen Sicherungsring nun mit einem Splint axial gesichert (vgl. Lösungsskizze **Abb. 3.35**). Dieser ist für das geforderte Maß mit bereits gefertigter Aufnahmebohrung beziehbar. Das Gabelstück des Bolzens am Hebelende ist für die sich ergebenden Geometrien als Kaufteil kostengünstig beziehbar. Aus wirtschaftlichen Gründen wird daher auf Eigenfertigung als Schweißteil verzichtet.

Grundsätzlich müssen sich weitere Schritte im Rahmen der CE-Zertifizierung anschließen (vgl. Kap. 2.4). Die Darstellung würde allerdings den Rahmen dieses Buches sprengen. Daher wird an dieser Stelle darauf verzichtet. Entsprechende Hinweise können dem Literaturverzeichnis von Kapitel 2 entnommen werden.

3.5.2 Ableitung Zeichnungssatz

Nach der Modellierung erfolgt u. a. die Ableitung des Zeichnungssatzes nebst zugehöriger Stücklisten. Dies setzt voraus, dass das Modell bereits entsprechend den betrieblichen Fertigungsschritten aufgebaut ist (vgl. hierzu auch Ausführungen unter Kap. 2.3.4). Nachfolgend ist der *Erzeugnisbaum* (Erzeugnisgliederung) zur Kaschierrolle dargestellt (**Abb. 3.38**). Der eigentliche Zeichnungssatz ist dem Anhang zu entnehmen (vgl. Kap. 6). Bei Interesse können elektronische Originale auf der Internetseite des Verlags eingesehen oder heruntergeladen werden unter www. springer.com (direkt auf der Produktseite des Buchs) oder unter www.3dEduWorks.de.

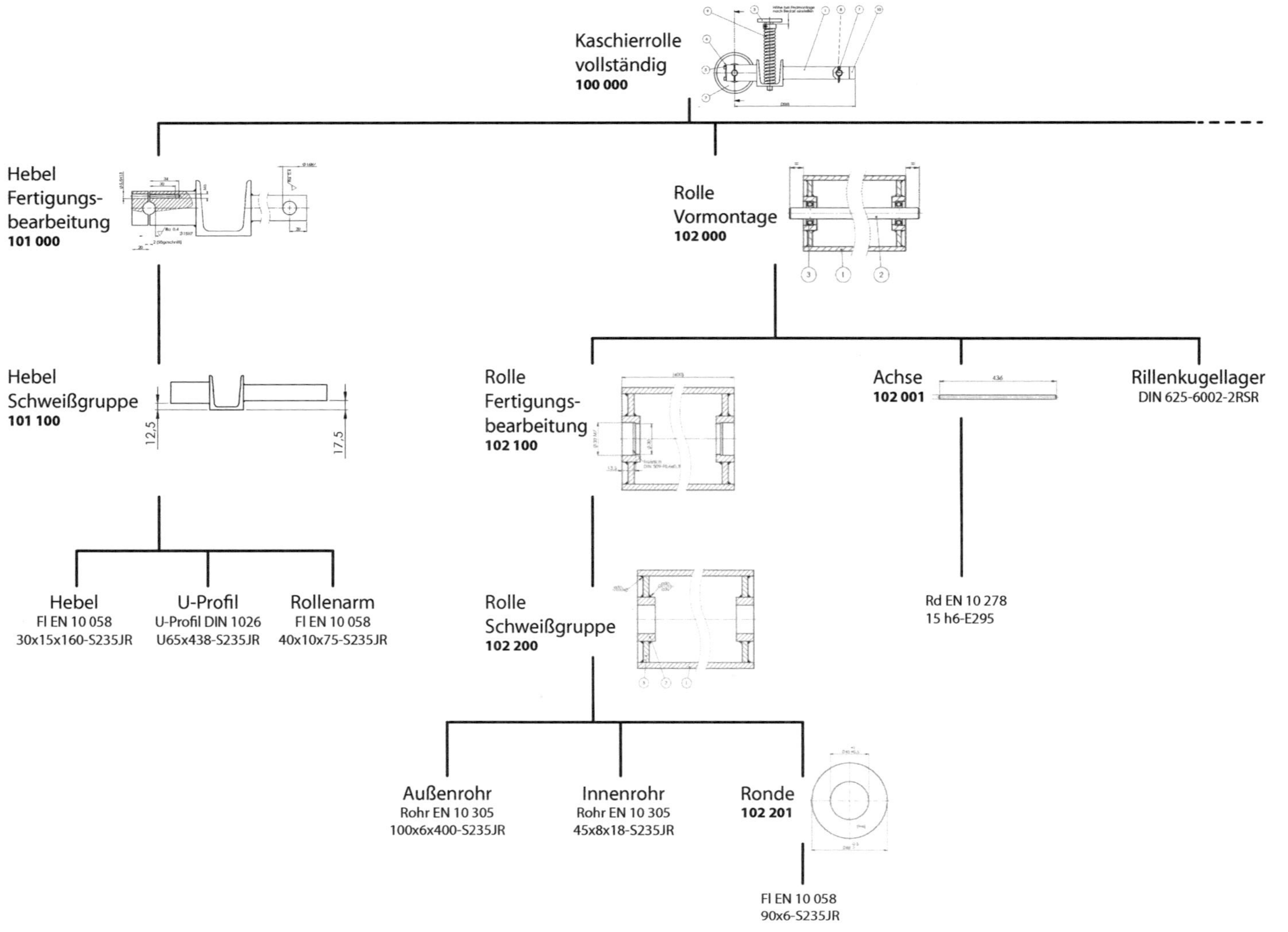

Abb. 3.38 Erzeugnisbaum Kaschierrolle

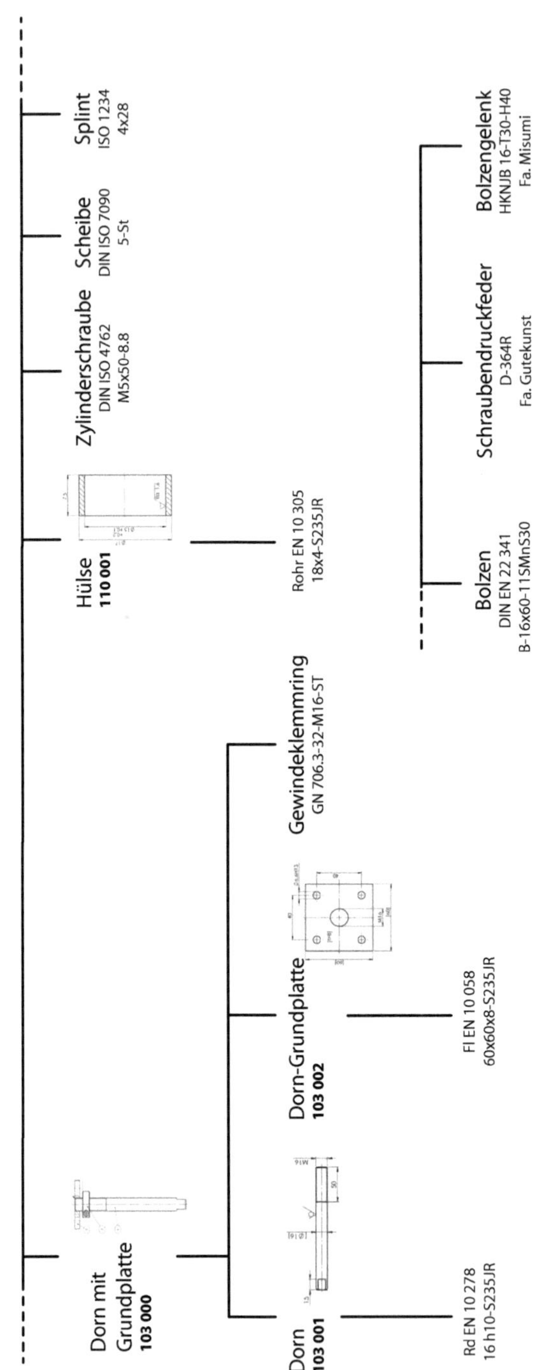

Abb. 3.38 Erzeugnisbaum Kaschierrolle (Fortsetzung)

Literaturverzeichnis

Böge, A.; Böge, W.: Technische Mechanik; Springer Vieweg; 32. Auflage; 2017

FAG Wälzlager (Hrsg.): Die Gestaltung von Wälzlagerungen. Konstruktionsbeispiele aus dem Maschinen-, Fahrzeug- und Gerätebau; Publ.-Nr. WL 00200/5 DA

Fleischer, B.; Theumert, H.: Roloff / Matek: Entwickeln, Konstruieren, Berechnen; Springer Vieweg; 6. Auflage; 2018

Künne, B.: Köhler / Rögnitz Maschinenelemente 1; Vieweg + Teubner; 10. Auflage; 2007

Künne, B.: Köhler / Rögnitz Maschinenelemente 2; Vieweg + Teubner; 10. Auflage; 2008

Rieg, F. et. al.: Decker: Maschinenenelemente; Carl Hanser; 20. Auflage; 2018

Schlecht, B.: Maschinenelemente 1; Pearson; 2. Auflage; 2015

Schlecht, B.: Maschinenelemente 2; Pearson; 2. Auflage; 2009

Wittel, H. et. al.: Roloff / Matek: Maschinenelemente; Springer Vieweg; 23. Auflage; 2017

Verwendete Internetseiten

Gutekunst + Co.KG Federnfabriken (Federn)
federnshop.com/de (Stand: 03.08.2018)

igus GmbH (Gleitlager)
igus.de (Stand: 03.08.2018)

MISUMI Europe GmbH (Normteile, Normalien)
de.misumi-ec.com (Stand: 03.08.2018)

norelem Normteile KG
norelem.de (Stand: 03.08.2018)

Otto Ganter GmbH & Co (Normteile, Normalien)
ganter-griff.de/de/home (Stand: 03.08.2018)

Schaeffler Technologies AG & Co KG (Wälzlager)
schaeffler.de (Stand: 03.08.2018)

4 Projekt Bohrvorrichtung

4.1 Problemstellung

Nachfolgend ist die technische Zeichnung einer Rastscheibe dargestellt (**Abb. 4.1**). Im Rahmen des Fertigungsprozesses sollen noch die beiden Bohrungen mit Durchmesser 6 mm hergestellt werden. Alle weiteren Geometrien sind bereits gefertigt.

Es ist eine Vorrichtung für das Herstellen der Bohrungen zu konstruieren. Alle relevanten geometrischen Maße sind der technischen Zeichnung zu entnehmen. Die Arbeiten sollen in einer gängigen Metallwerkstatt auf einer konventionellen Säulenbohrmaschine durchgeführt werden. Weitere Vorgaben sind in der Anforderungsliste (**Abb. 4.5**) aufgeführt. Es sind 5.000 Werkstücke zu bohren.

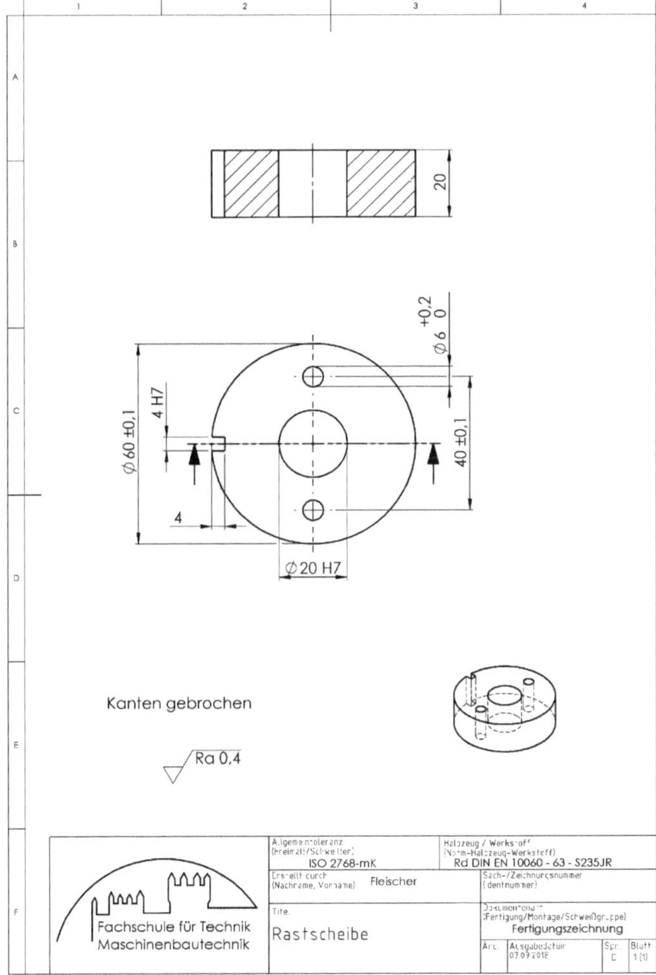

Abb. 4.1 Werkstück Rastscheibe

© Springer Fachmedien Wiesbaden GmbH, ein Teil von Springer Nature 2019

B. Fleischer, *Methodisches Konstruieren in Ausbildung und Beruf*,

https://doi.org/10.1007/978-3-658-27690-4_4

4.2 Analysieren

4.2.1 Klärung der Randbedingungen

Generell erfolgt die Auswahl von Fertigungshilfsmitteln wie Vorrichtungskörpern in Abhängigkeit von der Stückzahl der zu bohrenden Werkstücke. Bei Einzelfertigung oder sehr kleinen Serien wird häufig auf spezielle Vorrichtungen oder Automatisierung verzichtet. Im einfachsten Fall werden die Bohrungen dann von Hand angerissen, gekörnt und mittels Säulenbohrmaschine hergestellt. Bei mittleren Stückzahlen kommen häufig Vorrichtungskörper zum Einsatz. Diese ermöglichen eine hohe Wiederholgenauigkeit und geringe Fertigungszeiten für den eigentlichen Bohrvorgang. Dem steht der Aufwand für die Konstruktion des entsprechenden Betriebsmittels entgegen. Bei großen Stückzahlen erfolgt in der Regel ein hoher Automatisierungsgrad in der Fertigung mittels Einsatz von CNC-gesteuerten Maschinen. Der entsprechend hohe Maschinenstundensatz rechtfertigt sich dann über die Stückzahl und kürzere Fertigungszeiten.

Typische Bohrvorrichtungen sind nachfolgend dargestellt (**Abb. 4.2** bis **4.4**). Nach einer Vorkalkulation wird für die angestrebte Stückzahl entschieden, eine *Klappbohrvorrichtung* zu entwickeln. Die Bohrklappe dient hierbei als Bohrbuchsenträger. Zudem erleichtert sie das Einlegen und die Entnahme des Werkstücks. Auch lässt sich die Vorrichtung gut reinigen.

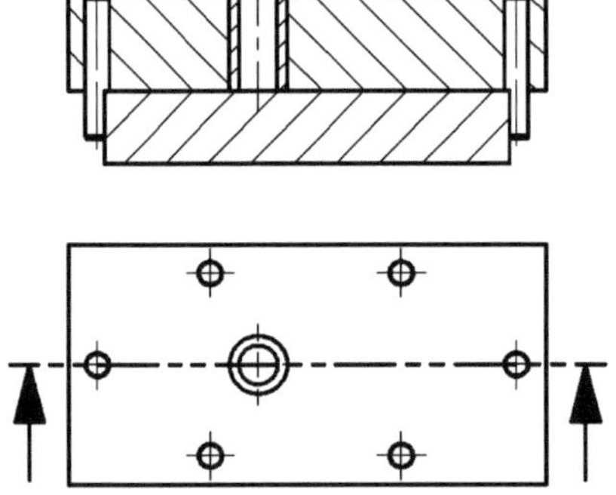

Abb. 4.2 Bohrschablone

Abb. 4.3 Klappbohrvorrichtung
Eigenkonstruktion aus Normteilen / Normalien
(Bild: © Firma norelem Normelemente KG)

Abb. 4.4 Schnellspannbohrvorrichtung (DIN 6348)
als Vorrichtungskörper
(Bild: © Firma norelem Normelemente KG)

4.2.2 Anforderungsliste

<table>
<tr><td colspan="2" rowspan="2"></td><td colspan="2" align="center">Anforderungsliste</td></tr>
<tr><td colspan="2">Projekt</td></tr>
<tr><td colspan="2">Fachschule für Technik
Maschinenbautechnik</td><td colspan="2">Bohrvorrichtung Rastscheibe</td></tr>
</table>

| F ... Festforderung: Kriterium muss zwingend erfüllt sein (K.O.-Kriterium) |
| M... Mindestforderung: Muss mindestens erfüllt sein, sonst Ausschluss der Lösung |
| W... Wunsch: Ist wünschenswert, aber nicht zwingend erforderlich |

Anforderungen

F/M/W	Nr.	Bezeichnung	Werte, Daten, Erläuterung
F	1	Anzahl der Vorrichtungen	1
F	2	Anzahl Werkstücke (= Lebensdauer)	5.000
F	3	Bohrbild	nach techn. Zeichnung
F	4	Bauraum Vorrichtung (BxHxT)	$\leq 250 \times 100 \times 80$
M	5	mit geringer Handkraft bedienbar	$\leq 50\,N$
W	6	flexible Bedienbarkeit	Links- und Rechtshänder
F	7	Einsetzbar auf Säulenbohrmaschine	Spannmöglichkeiten
F	8	standsicher	Auflage auf 4 Punkten
M	9	Gewicht	$\leq 10\,kg$
M	10	kostengünstig	$\leq 2.500\,€$
F	11	Einhaltung UVV / Ergonomie	gesetzl. Vorgaben
F	12	Entwicklungsdauer	max. 8 Wochen
M	13	Konstruktion recyclebar	$\geq 90\,\%$ der Bauteile
M	14	wartungsarm / -frei	max. 1 Wartung / Jahr
W	15	montagefreundlich	$\leq 1\,h$
F	16	korrosionsbeständig über Lebensdauer	Lackierung (Werknorm)
M	17	Rüstzeit	$\leq 15\,min$
M	18	Fertigungszeit	$\leq 15\,s$
M	19	Werkstückwechselzeit	$\leq 10\,s$
M	20	leicht mit Druckluft zu reinigen	$\leq 20\,s / 100$ Bohrungen
F	21	Spannkraft	$\geq 50\,N$
M	22	Verhinderung von Spannmarken	Eindruck $\leq 1\,\mu m$
W	23	umrüstbar auf andere Durchmesser	bis 200 mm

Bearbeiter	Datum: 22.07.2017
Projektgruppe Betriebsmittelbau	Blatt: 01 (01)

Abb. 4.5 Anforderungsliste für Bohrvorrichtung

4.2.3 Black Box

Zunächst wird die Gesamtfunktion der Baugruppe in einer Black Box beschrieben (**Abb. 4.6**). Dadurch wird die eigentliche konstruktive Problemstellung exakt definiert und in ihrem Kern herausgestellt.

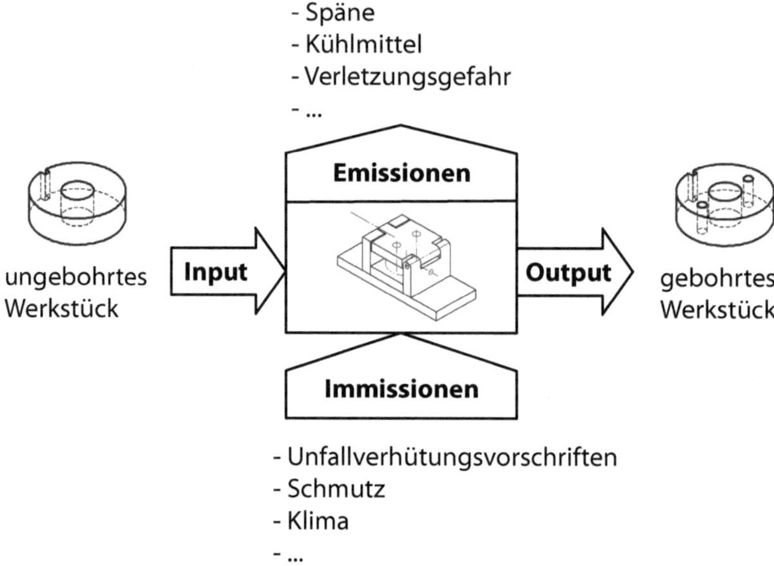

Abb. 4.6 Black Box Bohrvorrichtung

4.2.4 Funktionsanalyse

Ausgehend von der groben Systembeschreibung in der Black Box werden in der Funktionsanalyse mögliche Teilfunktionen identifiziert (Vorlage **Abb. 4.7**). Zielsetzung ist, dass komplexe System in beherrschbare Teilprobleme (Teilfunktionen) herunterzubrechen. Hier kann es keine „Musterlösung" geben.
Aufgabe: Identifizieren Sie mögliche Teilfunktionen. Auf der nächsten Seite finden Sie eine mögliche Lösung (**Abb. 4.8**).

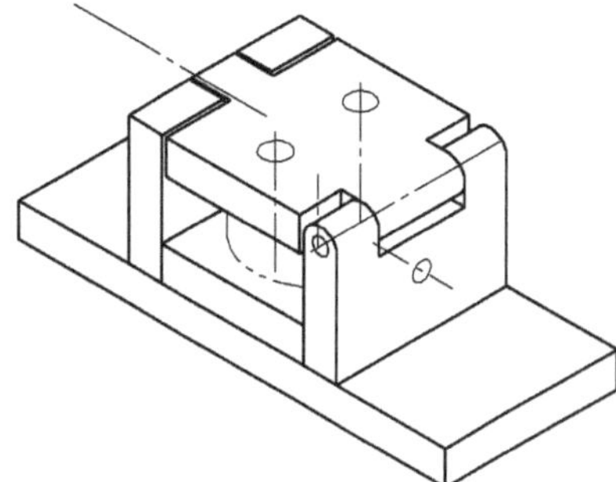

Abb. 4.7 Vorlage für Funktionsanalyse

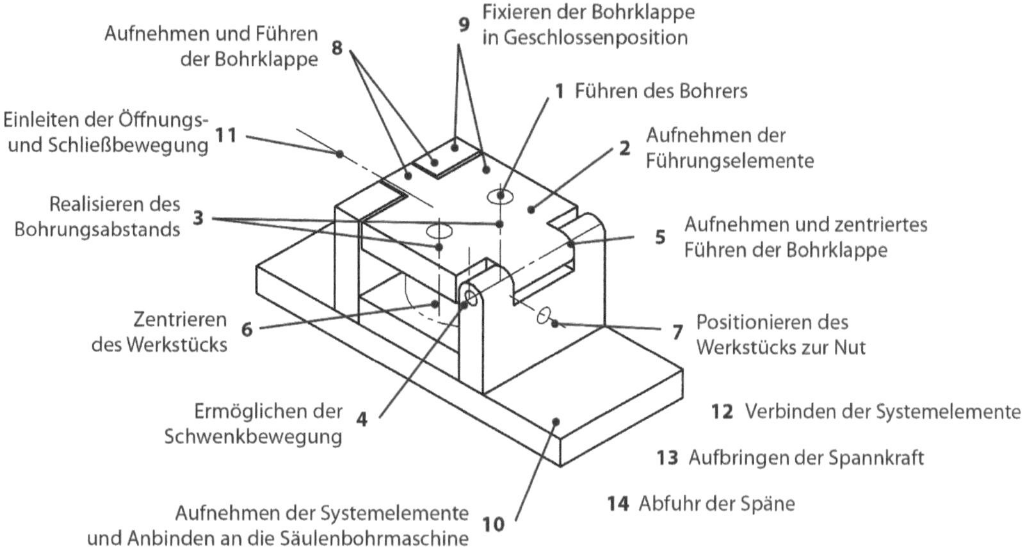

Abb. 4.8 Funktionsanalyse Bohrvorrichtung

4.3 Konzipieren

Das Grundkonzept „Klappbohrvorrichtung" ist ein klassisches Lösungsprinzip für das Fertigen von Bohrungen bei mittleren Stückzahlen (vgl. Ausführungen zu den **Abb. 4.2** bis **4.4**). Hersteller von Normalien und Normteilen bieten hier eine Vielzahl von Lösungsmöglichkeiten für typische Teilfunktionen. Im Sinne der Kosten und Funktionszuverlässigkeit gilt: Kaufteil vor Eigenfertigung.

4.3.1 Suche nach Lösungsprinzipien

Als Methode der Ideenfindung ist für die vorliegende Aufgabenstellung vor allem eine Katalogrecherche (Print oder Internet) zielführend. Mögliche Anbieter können dem Literaturverzeichnis entnommen werden.

Aufgabe: Ermitteln Sie zu den identifizierten Teilfunktionen (**Abb. 4.8**) mögliche Teilfunktionen mittels Katalogrecherche.

1 Führen des Bohrers

Erläuterung der Teilfunktion

Um eine hohe Wiederholgenauigkeit der Maße zu erzielen, wird der Bohrer innerhalb der Klappbohrvorrichtung geführt. Die entsprechende Führung darf durch die rotierenden Schneiden des Bohrers nicht beschädigt werden. Die Führungslänge muss hinreichend groß sein, damit der Bohrer im ersten Moment des Eingriffs nicht zur Seite ausweicht (Verlaufen). Im Besonderen bei Rotationsteilen führt dies schnell zu Problemen mit der Maßhaltigkeit. Zudem sollte ein geeigneter Einlauf für die Bohrerspitze ein schnelles Zentrieren des Bohrers ermöglichen. Das Ausrichten der Vorrichtung auf der Säulenbohrmaschine kann dadurch weniger genau ausfallen und spart somit Zeit.

Mögliche Lösungen

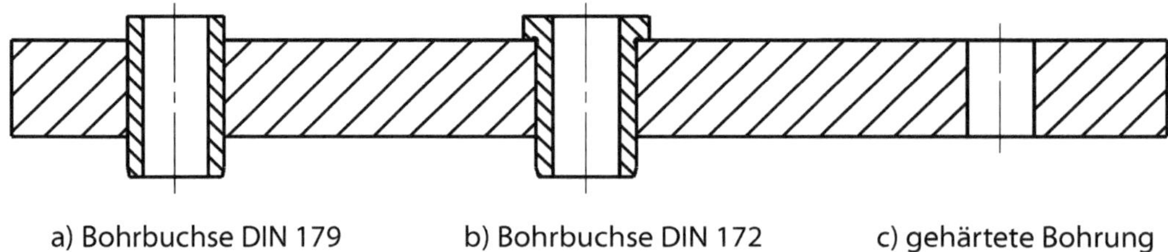

Abb. 4.9 Führen des Bohrers

Ein klassisches Lösungsprinzip zum Führen des Bohrers sind im Vorrichtungsbau sogenannte *Bohrbuchsen*. Sie werden über ein Passmaß in eine Trägerplatte eingepresst. Im Einlauf weisen sie einen Radius auf, um den Verschleiß der Bohrerschneiden zu minimieren. Bohrbuchsen ohne Bund (DIN 179, **Abb. 4.9 a**) sollten über die Trägerplatte hinausragen. Dadurch können Späne und Kühlmittel nicht mehr in die Bohrung gelangen und die Funktionsfähigkeit der Konstruktion beeinträchtigen. Zudem wirkt sich dies günstig auf die Reinigungsintervalle aus.

Bohrbuchsen mit Bund (DIN 172, **Abb. 4.9 b**) werden vorzugsweise bei kurzem Buchsensitz verwendet, um so die Führungslänge für den Bohrer zu vergrößern. Sie sind bei gleichen Geometrien (Bohrungsdurchmesser und Führungslänge) etwas teurer als die bundlosen.

Grundsätzlich kann auch die gesamte Bohrklappe gehärtet werden (**Abb. 4.9 c**), so dass die Bohrung das Werkzeug verschleißarm führen kann. Allerdings ist der zusätzliche fertigungstechnische Aufwand hoch. Zudem muss die gesamte Klappe erneuert werden, wenn die Führung durch das Bohrloch keine genauen Maße mehr gewährleistet.

Vorentscheidung

Die Führung über gehärtete Bohrungen scheidet wegen der beschriebenen Nachteile direkt aus. Bei der Bohrbuchse ohne Bund muss das Abstandsmaß zum Werkstück bei der Montage eingestellt werden (Abstand vgl. **Abb. 4.10**). Dies entfällt bei der Bohrbuchse mit Bund. Zwar ist sie etwas teurer, aber in der Montage führt dies wie beschrieben zu Einsparungen. Somit wird die Bohrbuchse DIN 172 als einzige und damit endgültige Lösung für den Morphologischen Kasten vorgehalten. Ausgeführt wird diese in der Form A (Einlaufphase nur bohrerseitig) und Form B (Einlaufradius an beiden Enden). Form B ist im Besonderen für kurzspanende Werkstoffe geeignet, damit die Späne sicher durch die Bohrbuchse abtransportiert werden.

Konstruktive Hinweise

Die Bohrbuchse soll vorzugsweise nicht direkt auf dem Werkstück aufliegen. Mögliche Spanreste und Verschmutzungen können sich sonst als *Spannmarken* beim Bohrvorgang einarbeiten. Der Abstand darf aber auch nicht beliebig groß sein, weil die Späne sonst nicht sicher durch die Bohrbuchse nach außen abgeführt werden. Sie sammeln sich dann innerhalb der Vorrichtung. Folgen sind häufiges Reinigen bis hin zum Funktionsversagen. Die Aufnahmebohrung ist in der Regel mit der Toleranz H7 zu fertigen. Maßgebend ist der Herstellerkatalog. Ein Längenmaß ist in jedem Fall über das Katalogblatt zu bestimmen.

In Abhängigkeit vom Werkstoff werden die Abstände von der Unterkante Bohrbuchse zum Werkstück auf der Basis von Erfahrungswerten festgelegt (vgl. **Abb. 4.10**). Für das zu bohrende Werkstoff gilt bei einem Bohrungsdurchmesser von 6 mm: $0{,}5 \cdot 6\,\text{mm} = 3\,\text{mm}$. Für die Führungslänge der Buchse wird festgelegt: $1{,}5 \cdot 6\,\text{mm} = 9\,\text{mm}$ als unterer Wert, da der Bohrer rechtwinklig auf das Werkstück trifft. Unabhängig von diesen Richtwerten muss stets geprüft werden, was von Herstellern maßlich beziehbar ist.

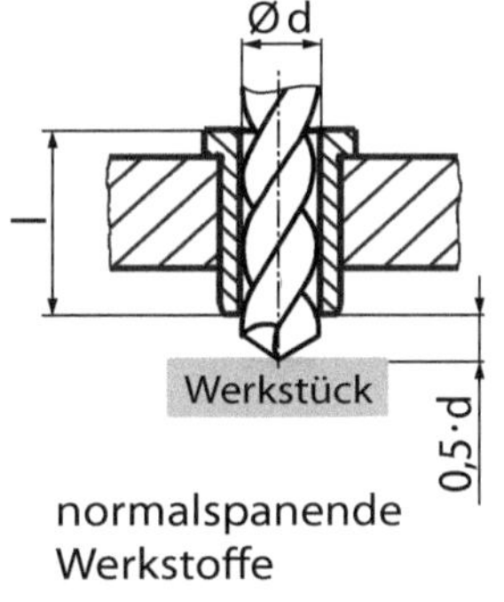

normalspanende
Werkstoffe

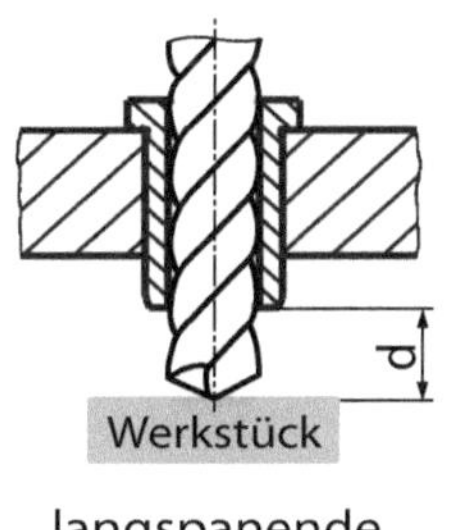

langspanende
Werkstoff

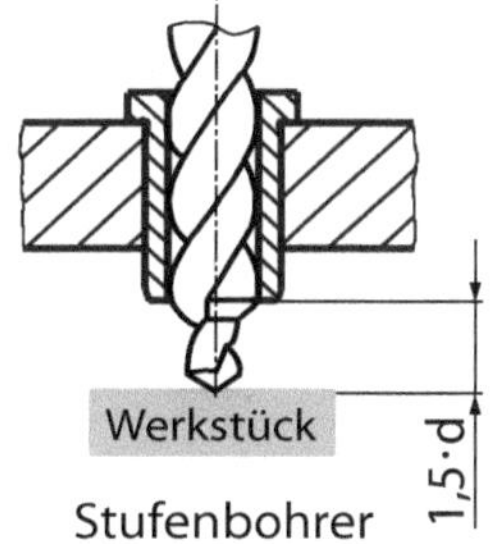

Stufenbohrer

Innendurch-messer d [mm}	Führungs-länge l [mm]
2 bis 5	3,0 bis 2,5·d
> 5 bis 25	2,5 bis 1,5·d
> 25	1,0 bis 0,5·d

Abb. 4.10 Abstandsmaße für Bohrbuchsen und Führungslängen

2 Aufnehmen der Führungselemente

Erläuterung der Teilfunktion
Die *Bohrklappe* dient vor allem der Aufnahme der Bohrbuchsen. Im Weiteren hat sie Überschneidungen mit weiteren Teilfunktionen. So wird sie in der Regel immer Bestandteil der Teilfunktion 4 (Ermöglichen der Schwenkbewegung), 5 (Aufnehmen und zentriertes Führen der Bohrklappe), 8 (Aufnehmen und Führen der Bohrklappe) und 9 (Fixieren der Bohrklappe in Geschlossenposition) sein. Eine Variation beziehungsweise Entscheidung zur Gestaltung und Ausführung hat damit zwangsläufig unmittelbare Auswirkung auf die Gestaltung der entsprechend angrenzenden Systemelemente. Die Problematik der Abhängigkeiten ist systemimmanent. Bei einer Entwicklung hängt letztlich immer „alles mit allem" zusammen.

Mögliche Lösungen
Grundsätzlich sind Bohrklappen als Kaufteil beziehbar (vgl. **Abb. 4.11**) oder Eigenfertigung. In der dargestellten Kaufteillösung ist ein Federmechanismus integriert als auch ein Drehpunkt. Damit sind die Teilfunktion 11 (Einleiten der Öffnungs- und Schließbewegung) und 4 (Ermöglichen der Schwenkbewegung) bereits in Teilen mit abgedeckt. Dies muss entsprechend bei der Ermittlung von Lösungsprinzipien durch die Kombination von Einzellösungen bedacht werden, wenn diese als Kaufteil ausgewählt wird.

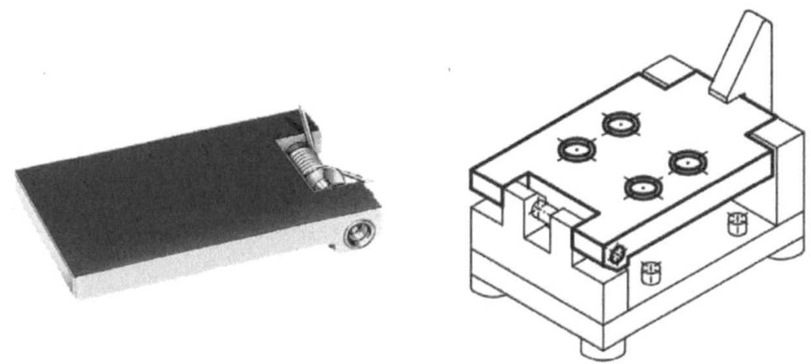

Abb. 4.11 Bohrklappe als Kaufteil (Bild: © Fima norelem Normelemente KG)

In der Lösungsstrategie Eigenfertigung finden nachfolgend die weiteren eingangs benannten Teilfunktionen keine Berücksichtigung. Die Variationen beschränken sich daher ausschließlich auf die geometrische Formgebung (**Abb. 4.12**):

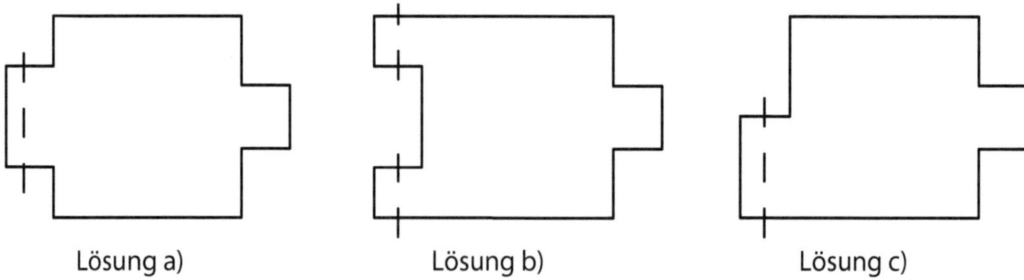

Abb. 4.12 Klappengeometrie in Eigenfertigung

An der Führungsseite (rechts) soll die Bohrklappe in einer entsprechenden Nut auf der Gegenseite aufgenommen werden. Als einzig sinnvoll erscheint eine Nase. Als Alternative wären statt der mittigen Nase zwei äußere Nasen denkbar. Hierdurch wäre der Zerspanungsaufwand herabgesetzt. Allerdings ergeben sich dann hohe Anforderungen an die Führungsgenauigkeit, da beide Nasen im entsprechenden Gegenstück aufgenommen werden müssen.

 Auf der Gelenkseite (links) sind mit **Abb. 4.12 a** und **4.12 b** klassische sogenannte *Bolzenerbindungen* realisiert. Hinweise zur geometrischen Ausgestaltung können den Ausführungen zu **Abb. 3.9** entnommen werden.

Vorentscheidung
Aus Kostensicht ist zunächst das Kaufteil sinnvoller. Grundsätzlich ist bei der Festlegung auf Kaufteile immer auch unmittelbar zu prüfen, wie und ob überhaupt entsprechende Anschlussgeometrien realisiert werden können. Im Fall der Bohrklappe sind im ausgewählten Katalog lediglich drei Baugrößen vorgehalten. Dies auch vorbehaltlich der Lieferfähigkeit, die bei Kaufteilen immer abgeklärt sein muss. Ansonsten können zu einem späteren Zeitpunkt im ungünstigsten Fall aufwendige Umkonstruktionen unter hohem Zeitdruck notwendig werden. Da die angebotenen Maße konstruktiv nicht sinnvoll integrierbar erscheinen, wird das Kaufteil ausgeschlossen.

 Bei der Eigenfertigung scheidet die Lösung nach **Abb. 4.12 c** aus. Diese Lösung entspricht nicht den Standardgeometrien einer Bolzenverbindung. Als einschnittige Verbindung führt sie im Vergleich zu den Lösungen b) und c) wegen der unsymmetrischen Krafteinleitung zu Spitzen in der Flächenpressung (vgl. auch Ausführungen zu **Abb. 3.10**). Durch die sogenannte *Lochleibung* kann es zu einem großen Spiel im Gelenk kommen, Als Folge wird die Maßhaltigkeit der zu erstellenden Bohrung beeinträchtigt. Der Einsatz von Gleitlagern kann diese Vorgänge verzögern oder sogar verhindern. In der Gesamtbetrachtung wird wegen der erwähnten Risiken für das Fertigungsergebnis die Lösung d) ausgeschlossen und die beiden Lösungen b) und c) favorisiert.

Konstruktive Hinweise
Bezüglich der Auslegung der Bolzenverbindung gelten auch hier die Ausführungen zu „Konstruktive Hinweise" in Kapitel 3 entsprechend **Abb. 3.9**.

 Die Dicke der Platte orientiert sich an der notwendigen Länge der Bohrbuchse. Bei einem Bohrungsdurchmesser von 6 mm für den Bohrer ergibt sich somit eine Führungslänge von mindestens 9 mm (vgl. auch Ausführungen zu **Abb. 4.10**). Der Bund der Bohrbuchse ragt oberseitig über dem Blech hinaus, so dass Kühlmittel und Späne nicht in die Bohrbuchse zurück gelangen. Auf der Seite des zu bohrenden Werkstücks muss das Abstandsmaß von ca. 3 mm realisiert werden. Auch sollte die Blechdicke abgestimmt sein auf die anderen Bauteile, um möglichst gleiche Halbzeugdicken zu verwenden (Kosten!). Da keine besonderen Anforderungen hinsichtlich Festigkeit etc. zu erwarten sind, ist der Standard-Baustahl S235 zu bevorzugen. Dieser Grundsatz gilt auch für alle anderen Materialien.

3 Realisieren des Bohrungsabstands

Erläuterung der Teilfunktion

Es gibt grundsätzlich zwei Möglichkeiten zur Realisierung des Bohrungsabstands (40 mm ± 0,1 mm). Zum einen kann der Abstand maßlich fest realisiert werden durch den Einsatz von 2 Bohrerführungen (Teilfunktion 1). Als Werkzeugmaschine wurde eine konventionelle Säulenbohrmaschine vorgegeben, deren Spindel nicht verstellbar ist. Da auch der Tisch zum Bohren fixiert wird, muss die Vorrichtung verschiebbar ausgeführt sein. Alternativ kann die Möglichkeit zum Verschieben innerhalb der Vorrichtung realisiert werden. Für diesen Fall wird das Bauteil relativ zum Bohrer in der Vorrichtung verschoben.

Mögliche Lösungen

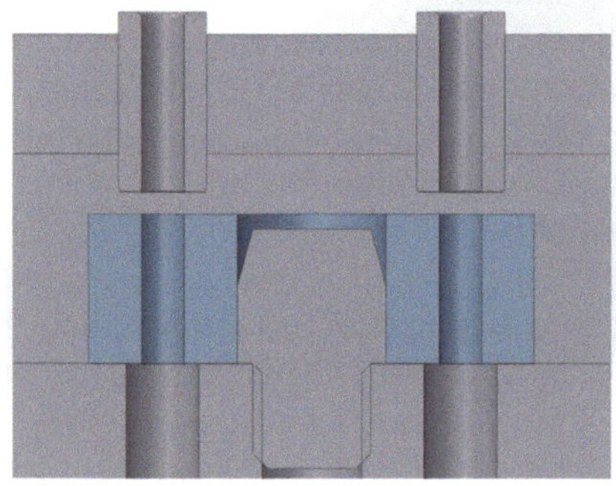

Abb. 4.13 Abstände durch Bohrbuchsen festgelegt

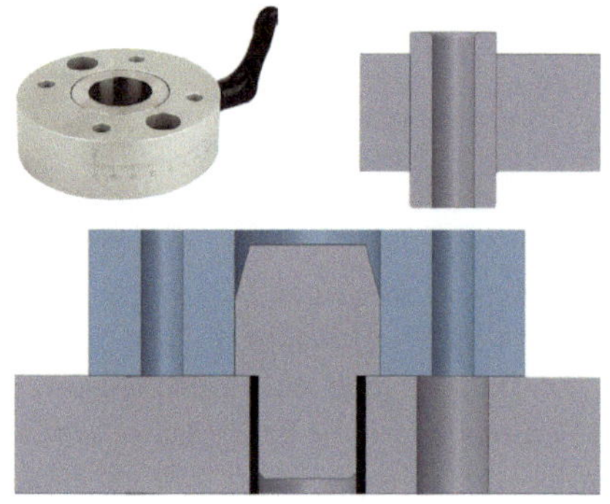

Abb. 4.14 Drehteller
(Bild o.l.: © Firma norelem Normelemente KG)

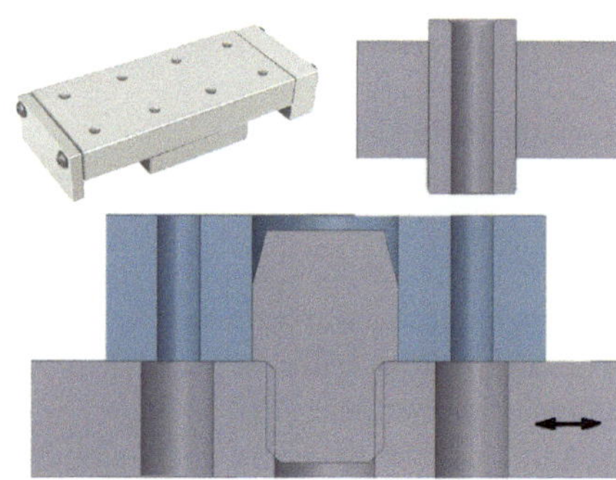

Abb. 4.15 Lineare Führung
(Bild o.l.: © Firma norelem Normelemente KG)

Durch die Realisierung des Abstandsmaßes mit zwei Bohrerführungen (**Abb. 4.13**), beispielsweise durch Bohrbuchsen, ist das geforderte Abstandsmaß wiederholgenau in der Vorrichtung integriert. Im Vergleich zu den anderen beiden Lösungsprinzipien ergibt sich ein deutlich geringerer Teileaufwand für die Konstruktion. Nachteil ist das Handling der Vorrichtung. Sie muss für jede Bohrung neu unter dem Bohrer ausgerichtet werden.

Entsprechend umgekehrt ist mit einer drehbaren (**Abb. 4.14**) oder verschiebbaren Werkstückaufnahme (**Abb. 4.15**) das Handling der Vorrichtung deutlich vereinfacht. Sie kann zudem nach dem Ausrichten zum Bohrer auf dem Tisch fixiert werden. Nachteil sind die oben beschriebenen zusätzlichen Aufwendungen für weitere Systemelemente. Diese müssen zudem sehr genau ausgeführt sein, um die geforderte Toleranz des Bohrungsabstands ($\pm\,0{,}1$ mm) zu gewährleisten. Weiter muss für die Endpositionen ein Anschlag oder Rastelement vorgesehen werden.

In jedem Fall hat die Entscheidung für ein Lösungsprinzip auch unmittelbare Konsequenz für die Anbindung an die Werkzeugmaschine (Teilfunktion 10). Bei einer Lösung mit Bohrbuchsen entfällt eine Anbindung, da die Vorrichtung verschiebbar sein muss. Bei den anderen beiden Lösungen sollte die Vorrichtung an den Tisch der Säulenbohrmaschine fest angebunden werden.

Vorentscheidung

Durch die Vielzahl der Systemelemente, die bei einer drehbaren oder verschiebbaren Aufnahme zusätzlich integriert werden müssen, entsteht in der Konstruktion Mehraufwand. Zudem werden hohe Genauigkeiten gefordert, um die vorgegebene Toleranz sicher einzuhalten. Dem steht der Zeitgewinn durch ein einfacheres Handling bei der Herstellung der Bohrungen mittels der Vorrichtung entgegen. Letztlich entscheidet hier eine wirtschaftliche Betrachtung, die vor allem von der Menge der herzustellenden Werkstücke abhängt. Ggf. müssen hier über die Arbeitsvorbereitung zumindest grobe Zeiten kalkuliert werden, um eine Vergleichbarkeit herzustellen. Unter dieser Perspektive fällt die Wahl auf die fixe Positionierung (**Abb. 4.13**).

Konstruktive Hinweise

Durch die Festlegung auf die Ausführung mit zwei fixen Bohrerführungen ist der konstruktive Aufwand an dieser Stelle gering. Bei der Fertigung der Bohrungen in der Bohrklappe ist die dabei erzielte Genauigkeit maßgeblich für die spätere Wiederholgenauigkeit des Abstandsmaßes (40 mm $\pm\,0{,}1$ mm). Um das Bohrbild symmetrisch über die Mitte des Werkstücks zu gewährleisten, sind bei der Montage Einstellmöglichkeiten zum Ausgleich vorzusehen. Dies kann durch die Werkstückaufnahme gewährleistet werden. Bei der Endmontage wird sie zunächst auf dem Grundkörper mit Schrauben grob positioniert. Mit einer Probebohrung wird die Symmetrie geprüft und ggf. die Werkstückaufnahme korrigiert ausgerichtet, bis das Bohrbild den Forderungen entspricht. Für eine endgültige Fixierung werden Werkstückaufnahme und Grundkörper dann mit Zylinderstiften endgültig positioniert (vgl. auch Ausführungen zu Teilfunktion 12 (Verbinden der Systemelemente).

Ein Ausgleich kann auch oder zusätzlich an der Anbindung der Bohrklappe an den Grundkörper realisiert werden. Hierzu wird ein Spalt zwischen der Bohrplatte und der Aufnahme gelassen, der dann mit *Passscheiben* (DIN 988) aufgefüllt wird, bis die geforderte Symmetrie im Werkstück erreicht ist.

4 Ermöglichen der Schwenkbewegung

Erläuterung der Teilfunktion

Der Gelenkpunkt an der Bohrklappe als Verbindung zum weiteren Grundkörper wird in der Technik in der Regel mit einer Achse realisiert. Die Achse wird entsprechend in den Bauteilen gelagert. Damit ergeben sich zwei Systemelemente: Achse und Lagerstelle(n).

Mögliche Lösungen Achse

a) Bolzen mit Kopf
und Splint

b) Bolzen mit
2 Splinten

c) Bolzen mit Kopf und
Nut für Sicherungsring

d) Bolzen mit
2 Nuten

e) Zylinderstift
DIN EN ISO 2338 (ungehärtet)
DIN EN ISO 8734 (gehärtet)

f) Zylinderstift mit Innengewinde
DIN EN ISO 8733

Abb. 4.16 Systemelement Achse

Mögliche Lösungen Lagerstelle

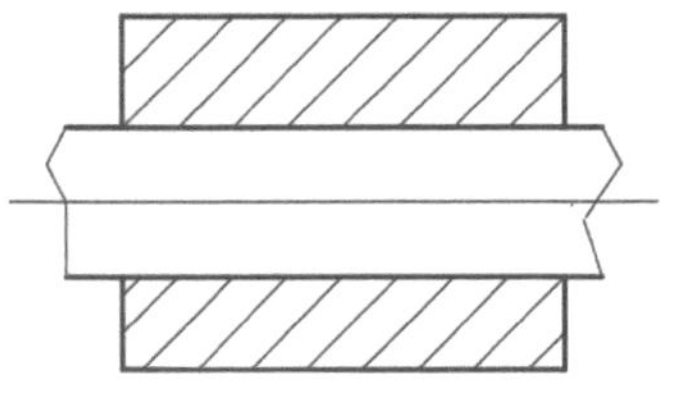  

a) Bohrung ins Volle

b) Gleitlager
DIN ISO 3547

c) Gleitlager mit Bund
DIN ISO 3547

d) Gleitlager DIN ISO 3547 kombiniert
mit Axiallager-Ring DIN ISO 6525

e) Rillenkugellager
DIN 625

Abb. 4.17 Systemelement Lagerstelle(n)

Als Achse bietet sich in jedem Fall ein Kaufteil an gegenüber möglichen Eigenfertigungen. *Bolzen* (**Abb. 4.16 a** bis **d**) sind genormt (DIN EN 22 340, DIN EN 22 341; vgl. auch weitere Ausführungen zu **Abb. 3.12**). Einige Hersteller bieten weitere Größen und Längen außerhalb der Norm an. Im Außendurchmesser können sie direkt mit einer Toleranz für eine Spielpassung bezogen werden (h11). Für die Ausführung mit Bohrung werden noch Splinte (DIN EN ISO 1234) benötigt. Als Alternative sind Bolzen mit Sicherungsringen (DIN 471) möglich. Bei Bedarf können maßlich abgestimmte Scheiben (DIN 1441, DIN EN 28 738) vor die Sicherungselemente gesetzt werden.

Alternative können *Zylinderstifte* sein (**Abb. 4.16 e**). Hier fehlen dann aber Sicherungselemente, die ein ungewolltes axiales Wandern bis zum Funktionsversagen verhindern. Dies kann dann über eine Übermaßpassung realisiert werden, was allerdings die Montage wieder aufwendiger werden lässt. Bei der Auswahl muss auf ein geeignetes Toleranzfeld geachtet werden (beispielsweise h6). Zylinderstifte können auch mit Innengewinde bezogen werden (**Abb. 4.16 f**). Das ist immer dann notwendig, wenn die Demontage nicht von der Gegenseite erfolgen kann (vgl. auch Ausführungen zu **Abb. 4.28 re**).

Hinsichtlich der Schwenkbewegung kann bei nur geringen Ansprüchen an die Verbindung (Lastbeaufschlagung, Drehfrequenz) auf eine Lagerstelle verzichtet werden beziehungsweise ist eine einfache Passbohrung hinreichend (**Abb. 4.17 a**). Diese Verbindungen sind jedoch sehr empfindlich gegenüber Flächenpressungen im Besonderen bei Gleitbewegung und neigen zum Ausschlagen (Lochleibung).

Gleitlager als sogenannte *Trockenlager* nach DIN ISO 3547 (**Abb. 4.17 b** und **c**) können bei mittleren Anforderungen eine kostengünstige Alternative zu Wälzlagern darstellen. Herstellerseitig sind diese Lager auf die unterschiedlichsten technologischen Eigenschaften wie das Ertragen einer hohen Flächenpressung „getrimmt". In der Regel bestehen sie aus einem Materialmix (Compound). Der Schmierstoff (beispielsweise PTFE) ist im Lager eingearbeitet und wird bei Relativbewegung von Achse / Welle zum Lager kontinuierlich freigesetzt. Eine externe Schmiermittelversorgung entfällt daher. Damit sind sie wartungsfrei. So sind Spezifikationen beispielsweise auch für den Einsatz in Maschinen der Lebensmittelindustrie geeignet.

Zur Aufnahme dient eine Passbohrung nach Herstellervorgabe (in der Regel H7). Diese sind sie kostengünstig und benötigen im Vergleich zu einem Wälzlager nur geringen Bauraum. Wegen der auftretenden Reibung im Betrieb durch die direkte Relativbewegung sind dem Lager technologische Grenzen gesetzt durch Drehzahl und Flächenpressung.

Gleitlager werden wahlweise auch mit Bund ausgeführt. Damit wird eine direkte Relativbewegung von Gabel – Stange innerhalb des Gelenks verhindert. Zudem kann der Bund Axialkräfte aufnehmen. Dies kann auch durch die Kombination von Gleitlager und *Axiallager-Ring* (*Anlaufscheiben*, DIN ISO 6525; vgl. **Abb. 4.17 d**) erzielt werden.

Klassische Lösung für höherwertige Anforderungen sind Wälzlager. Den höchsten Verbreitungsgrad haben Rillenkugellager (**Abb. 4.17 e**). Sie werden mit Öl oder Fett geschmiert. Als wartungsfreie fettbetriebene Lager können sie mit Dichtscheiben (Nachsetzzeichen in der Normbezeichnung: RS) bezogen werden. Weitere grundsätzliche Möglichkeiten zur Realisierung eines Drehpunktes sind hydrodynamisch oder hydrostatisch betriebene Gleitlager. Sie eignen sich im Besonderen für verschleißfreien Dauerbetrieb bei hohen Drehzahlen und Belastungen. Dafür müssen sie kontinuierlich mit einer Umlaufschmierung versorgt werden, um den trennenden Schmierfilm zu erzeugen. Für die vorgestellte Aufgabenstellung sind diese beiden Lösungen technisch deutlich überdimensioniert und werden daher von vorneherein ausgeschlossen.

Vorentscheidung

Die Zylinderstifte (**Abb. 4.16 e** und **f**) bieten bei Spielpassung keine Sicherung gegen seitliches Wandern. In der Regelausführung (ISO-Toleranzklasse m6) ergeben sie in Kombination mit einer Bohrung der ISO-Toleranzklasse H7 eine Übermaßpassung. Allerdings sollte mindestens eine Passung (Deckel – Zylinderstift oder Gehäuse – Zylinderstift) hinsichtlich der Funktion Spielpassung haben. Für das Aufreiben der ISO-Toleranz (Bsp.: D7) werden dann Werkzeuge notwendig, die üblicherweise nicht lagerhaltig und damit teuer sind. Die Zylinderstifte scheiden daher für die Ausgestaltung der Lagerstelle aus.

Die Bolzen der Formen **Abb. 4.16 a** bis **d** unterscheiden sich nur geringfügig. Bei den Varianten mit Kopf entfällt der doppelte Aufwand für die Anbringung des Sicherungselements Splint (DIN EN ISO 1234) bzw. Sicherungsring (DIN 471). Im Weiteren werden daher die Varianten **a** und **c** verfolgt.

Bezüglich der Lagerstelle ist ein Wälzlager (**Abb. 4.17 e**) deutlich überdimensioniert und fällt damit raus. Eine Kombination aus Gleitlager und Axiallager-Ring (**Abb. 4.17 d**) fällt zugunsten des Gleitlagers mit Bund (**Abb. 4.17 c**) ebenso raus.

Konstruktive Hinweise

Hier sind im Besonderen die konstruktiven Hinweise zu beachten, die zur Teilfunktion 2 (Aufnehmen der Führungselemente) ausgeführt wurden. Die beiden Teilfunktionen sind bei Wahl dieser Systemelemente nur gemeinsam betrachtbar. Genormte Bolzen werden üblicherweise mit der ISO-Toleranzklasse h11 hergestellt. In Kombination mit einer Bohrung H7 ergibt sich eine Spielpassung, die leicht zu montieren ist. Um eine Relativbewegung von Sicherungselement und Bauteil zu verhindern, sollten noch Scheiben (DIN 1441, DIN EN 28 738) verbaut werden.

5 Aufnehmen und zentriertes Führen der Bohrklappe

Erläuterung der Teilfunktion

Die Geometrien der Bohrklappe und der Aufnahme im Grundkörper ergeben sich unmittelbar aus den Entscheidungen zur Teilfunktion 2 (Aufnehmen der Führungselemente). Die Geometrie wird daher im Rahmen der Analyse dieser Teilfunktion nicht weiterverfolgt. Zum zentrischen Führen wurden bereits in Teilfunktion 3 (Realisieren des Bohrungsabstands) Hinweise gegeben. Je nach Ausrichtemöglichkeit muss ein möglicher Ausgleich zur Realisierung der Symmetrie der Bohrungen im Werkstück auch über die Aufnahme erfolgen. In jedem Fall sollte die Einstellmöglichkeit variabel gehalten sein.

Mögliche Lösungen

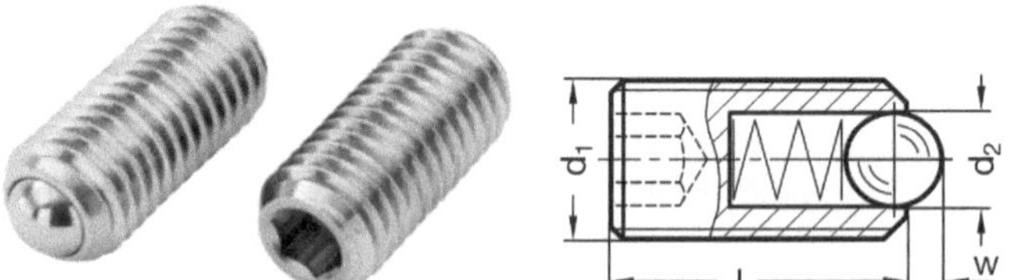

Abb. 4.18 Federnde Druckstücke (Bilder: © Ganter Normelemente)

Abb. 4.19 Passscheibe (DIN 988)

Federnde Druckstücke (**Abb. 4.18**) sind Normalien mit einem breiten Einsatzfeld. Sie werden in unterschiedlichsten Ausführungen angeboten. Als Variante zum Einschrauben ermöglichen sie die Einstellung der Federkraft.

Passscheiben (**Abb. 4.19**) dienen zum Anpassen bzw. Auffüllen von Spalten („Luft") zwischen Bauteilen. Der Spalt wird bei der Montage individuell mit Passscheiben bestückt. Sie werden mit unterschiedlichen Durchmessern und Breiten ab 0,1 mm angeboten. Die Toleranzen der beteiligten Bauteile können dann großzügig festgelegt werden. Dies führt zu Einsparungen bei den Fertigungskosten.

Vorentscheidung

Federnde Druckstücke benötigen zur Aufnahme ein Gewinde bzw. in der Ausführung zum Einschlagen eine tolerierte Bohrung (i. d. R. H7). Ggf. muss in das Gegenstück noch ein Raststück verbaut werden, in die die Kugel einrückt. In jedem Fall entsteht durch die Federkraft Reibung zwischen den Bauteilen, so dass hier die Bohrklappe schwergängig zu betätigen ist. Umgekehrt kann eine Schwergängigkeit ausdrücklich gewünscht sein. Gerade durch die Reibung kann die Konstruktion so eingestellt werden, dass die Bohrklappe im geöffneten Zustand stehen bleibt.

Das Auffüllen des Spaltmaßes mit Passscheiben bedingt keine weiteren Vorbereitungen. Sie werden einfach jeweils im Spalt aufgefüllt, bis dieser geschlossen ist. Durch die Ausführung der Breite ab 0,1 mm kann die Klappe in sehr kleinen Schritten ausgerichtet werden. Die benannten Vorteile führen zu der Festlegung auf Passscheiben zur Realisierung dieser Teilfunktion.

Konstruktive Hinweise

Bei hohen Anforderungen an die Verbindung können die Spalte zuvor mit Endmaßen maßlich bestimmt werden. Passscheiben werden u. a. in Sätzen angeboten, mit denen Breitenkombinationen nahezu unbegrenzt herstellbar sind. Dies ist sinnvoll, da sich die tatsächlich benötigten Breiten der Scheiben erst bei der Endmontage ergeben und daher nicht im Vorhinein gekauft und für die Endmontage beigestellt werden können.

Bei großen Spalten ist ggf. der zusätzliche Einsatz von eigengefertigten Distanzringen oder -hülsen sinnvoll, da Passscheiben nur zur Überbrückung schmaler Spalte gedacht sind. Im einfachsten Fall wird zur Herstellung einer Hülse Normrohr auf Maß gesägt.

6 Zentrieren des Werkstücks

Erläuterung der Teilfunktion

Die Art der Aufnahme orientiert sich an der Geometrie des Werkstücks (**Abb. 4.1**). Für das vorliegende Rotationsteil ergeben sich grundsätzlich zwei Geometrien, die Ausgangspunkt für eine Aufnahme und Zentrierung sein können: Die Bohrung ($\varnothing$ 20 mm) oder der Außendurchmesser ($\varnothing$ 60 mm). Im Vorrichtungsbau werden häufig Prismen eingesetzt, wenn eine Bearbeitung im rechten Winkel zur Rotationsachse erfolgt. Dadurch richtet sich das Werkstück unabhängig von einer Durchmessertoleranz selber mittig aus. In der vorliegenden Position kann dieses Prinzip entsprechend keine Anwendung finden und wird daher ausgeschlossen.

Mögliche Lösungen

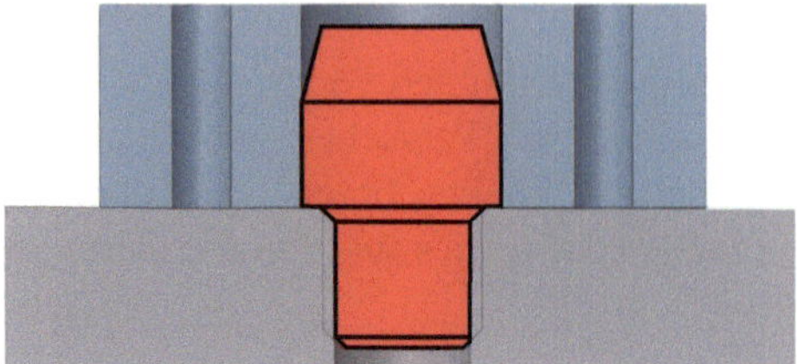

a) Aufnahmedorn

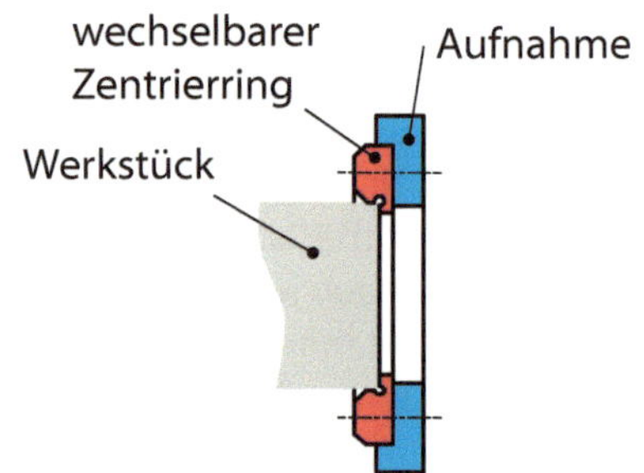

b) Spanndorn

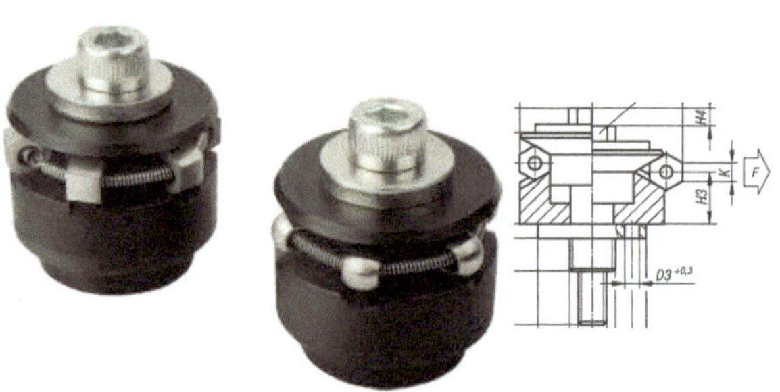

c) Zentrierspanner

d) Ringaufnahme

e) Aufspannbolzen

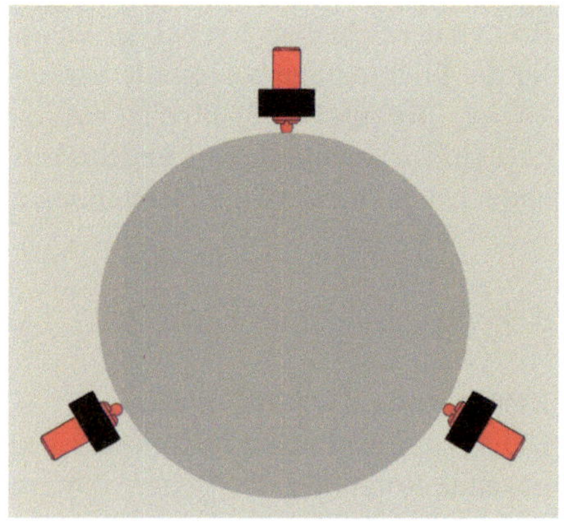

f) Federnde Druckstücke

Abb. 4.20 Spannen von Rotationsteilen (Bilder b, c, e: © Firma norelem Normelemente KG)

Aufnahmedorne (**Abb. 4.20 a**) sind klassisches Lösungsprinzip, wenn über eine zentrische Bohrung gespannt werden kann. Sie sind leicht zu fertigen und gewährleisten eine sichere Funktion. Als Kaufteilvariante kommen *Spanndorne* (**Abb. 4.20 b**) und *Zentrierspanner* (**Abb. 4.20 c**) zur Auswahl.

Ist kein Innendurchmesser vorhanden oder für Spannzwecke nicht nutzbar kann von außen gespannt werden. Hier bieten sich eigengefertigte *Ringaufnahmen* an (**Abb. 4.20 d**). Als Kaufteil können auch *Aufspannbolzen* (**Abb. 4.20 e**) sinnvoll sein. Sie sind direkt auf dem Tisch der Werkzeugmaschine montierbar. Eine eigentliche Vorrichtung entfällt dann. Allerdings muss die Werkzeugspindel oder der Tisch jeweils auf Maß verfahren werden. Daher eignet sich diese Lösung bevorzugt für Einzelteilfertigung oder Kleinstserien. Eine weitere einfache Möglichkeit von außen zu spannen, stellen *federnde Druckstücke* dar (vgl. **Abb. 4.20 f**). Durch ihre Federkraft zentrieren sie das Werkstück selbständig.

Vorentscheidung

Ringaufnahmen (**Abb. 4.20 d**) sind in der Eigenfertigung sehr aufwendig und damit teuer. Der Aufwand für die federnden Druckstücke ist ebenfalls hoch. Aus Kostengründen scheiden dieses Lösungsprinzip aus. Aufspannbolzen (**Abb. 4.20 e**) sind für mittlere Losgrößen (hier: 5.000 Stück) nicht geeignet, da sie hohe Zeiten für Einlegen der Werkstücke sowie für das Ausrichten unter dem Bohrer bedingen. Spanndorn und Zentrierspanner sind ebenfalls zu aufwendig. Weiter verfolgt wird der Aufnahmedorn (**Abb. 4.20 a**).

Konstruktive Hinweise

Aufnehmende Bauteile wie der Dorn werden mit *Einführfasen* von $15\text{-}20\,°$ gefertigt. Dies ermöglicht ein schnelles Einlegen des Werkstücks in die Vorrichtung. Die Toleranzklasse des Dorns muss entsprechend auf die aufnehmende Bohrung des Werkstücks abgestimmt sein (vgl. **Abb. 4.1**). Hier ist zum Maß Ø 20 H7 sinnvoll eine Toleranzklasse von g6 oder f7 zu paaren. Dies gewährleistet eine enge Spielpassung und damit Maßhaltigkeit der herzustellenden Bohrungen im Werkstück.

7 Positionieren des Werkstücks zur Nut

Erläuterung der Teilfunktion

Die Bohrungen Ø 6 mm unterliegen bezüglich ihrer Ausrichtung zur Nut der Freimaßtoleranz nach DIN ISO 2768 im Teil 2 den Allgemeintoleranzen für Rechtwinkligkeit. Nach Zeichnung ist die Toleranzklasse „K" gewählt worden (vgl. Schriftfeld **Abb. 4.1**). Im Nennmaßbereich bis 100 mm bedeutet dies eine erlaubte Abweichung bis 0,4 mm. Daher müssen die Bohrungen auf jeden Fall zur Nut ausgerichtet werden.

Mögliche Lösungen

a) Federndes Druckstück

b) Zylinderstift (Seite)

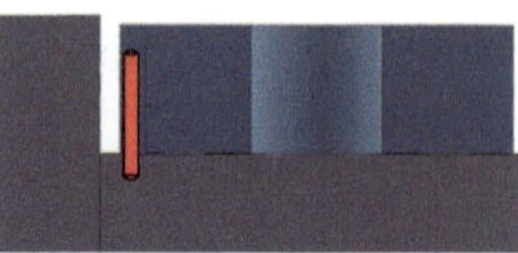

c) Zylinderstift (unten)

Abb. 4.21 Positionierung des Werkstücks

Federnde Druckstücke (**Abb. 4.21 a**) wurden in ihrer Funktion bereits in vorhergehenden Kapiteln beschrieben. Zylinderstifte sind einfache Maschinenelemente, die hier auch keiner weiteren Erläuterung bedürfen. Je nach deren Einsatz von der Seite (**Abb. 4.21 b**) oder von unten (**Abb. 4.21 c**) ergeben sich geringe Unterschiede im Handling beim Einlegen und Entnehmen des Werkstücks.

Vorentscheidung

Bei Einsatz eines federnden Druckstücks kann die Federkraft bei der Ausführung mit Gewinde bei der Endmontage eingestellt werden. Problematisch kann sich dabei die Punktberührung der Kugelspitze auf der Kante der Nut darstellen. Hier entsteht eine sehr hohe Flächenpressung, die wegen der Punktberührung nicht mit der Beziehung $p = F / A$ gerechnet werden kann. Aber auch mit den spezifischen Gleichungen nach Hertz kann die Flächenpressung nicht exakt ermittelt werden. Es bleibt daher eine Unsicherheit, ob durch das kugelige Ende eine *Spannmarke* am Werkstück entsteht. Bei Wahl einer Kunststoffspitze besteht umgekehrt die Gefahr von Verschleiß an der Spitze. Folge könnte dann ein Absinken der Federkraft sein mit entsprechenden Konsequenzen für das Fertigungsergebnis. Wegen der beschriebenen Unsicherheiten werden federnde Druckstücke daher als Lösungsprinzip ausgeschlossen.

Sowohl vom Handling als auch von den Fertigungskosten unterscheiden sich die vorgestellten Varianten zum Zylinderstift nur geringfügig. Wegen der geringen Kosten der jeweiligen Maschinenelemente und des geringen fertigungstechnischen Aufwands sind die vorgeschlagenen Lösungen auf jeden Fall möglichen Eigenfertigungen vorzuziehen.

Konstruktive Hinweise

Bei der Auswahl des *Zylinderstifts* sind die Normen DIN EN ISO 2338 (ungehärtet) und DIN EN ISO 8734 (gehärtet) zu unterscheiden (vgl. **Abb. 4.16 e**). Da der Stift durch das Einlegen und die Entnahme des Werkstücks immer wieder berührt wird, ist der gehärtete Zylinderstift zu bevorzugen. Er bietet durch die Aufhärtung einen Verschleißschutz. Üblicherweise werden Zylinderstifte zur Fixierung von Bauteilen mit der ISO-Toleranzklasse m6 bezogen. Diese ist hier aber ungeeignet, da dies im Zusammenspiel mit der Nut (Toleranzklasse H7) zu einer Übermaßpassung führen würde. In der Konsequenz könnte das Werkstück nicht mehr eingelegt werden. Alternativ ist daher die ISO-Toleranzklasse h8 auszuwählen, die von den Toleranzfeldern her die kleinstmögliche Spielpassung ergibt.

Erweist sich diese Paarung in der Praxis vom Handling als zu knapp, so sollte versucht werden, auf nicht genormte Maße auszuweichen. Hier ist die Verfügbarkeit bei Händlern zu prüfen. Ggf. kann der Zylinderstift in geringer Bandbreite nachgearbeitet werden.

8 Aufnehmen und Führen der Bohrklappe

Erläuterung der Teilfunktion
Die Umsetzung dieser Teilfunktion hängt unmittelbar mit der Teilfunktion 2 (Aufnehmen der Führungselemente) zusammen. Im Besonderen die Geometrie ist bereits mit festgelegt worden (vgl. Ausführungen zu **Abb. 4.12**). Die Ausrichtung der Nase zur Nut erfolgt durch die Teilfunktion 5 (Aufnehmen und zentrisches Führen der Bohrklappe). Die Nase sollte möglichst nur geringes Spiel in der Aufnahme haben oder im günstigsten Fall spielfrei sein. Großes Spiel würde Auswirkungen auf das Fertigungsergebnis am Werkstück haben. Grundsätzlich könnte man das Spiel durch eine geeignete Tolerierung gering halten. Alternativ könnten auch hier wieder federnde Elemente eingebracht werden, die die Klappe zentrieren.

Mögliche Lösungen

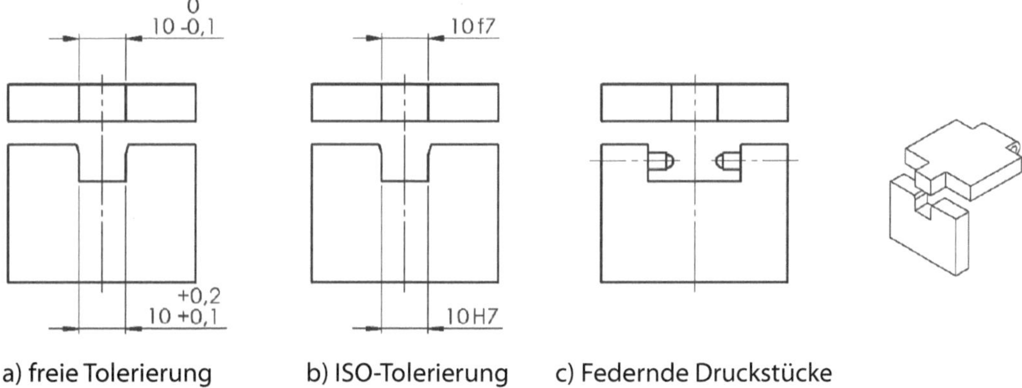

Abb. 4.22 Aufnahme der Klappe

In den Lösungen nach **Abb. 4.22 a** und **b** wurde die Teilfunktion über eine Tolerierung gelöst. Die Tolerierung mit ISO-Passungen ist fertigungs- und prüftechnisch aufwendiger als eine freie Tolerierung. Dafür gewährleistet die ISO-Tolerierung ein kleineres Spiel und damit eine genauere Führung. Die federnden Druckstücke zentrieren die Klappe selbständig. Allerdings werden dann zwei Bauteile zusätzlich eingesetzt. Auch steigt der Fertigungsaufwand, da zusätzlich Gewinde eingebracht werden müssen.

Vorentscheidung
Eine exakte Ausrichtung durch die Druckstücke ist nicht notwendig, da die Führung bereits mit der Teilfunktion 5 (Aufnehmen und zentrisches Führen der Bohrklappe) umgesetzt ist. Damit werden die Druckstücke als Lösungsprinzip ausgeschlossen. Die Aufnahme mit einer freien Tolerierung ermöglicht ein hinreichend kleines Spiel, so dass negative Auswirkungen auf das Fertigungsergebnis nicht zu erwarten sind. Entsprechend ist die ISO-Tolerierung unnötig fein und wird daher ebenfalls ausgeschlossen.

Konstruktive Hinweise

Wie auch der Aufnahmedorn (**Abb. 4.20 a**) sollte die Aufnahme eine *Einführschräge* erhalten. Wegen der Einschwenkbewegung der Bohrklappe in die Aufnahme muss die Nase der Bohrklappe hinreichend Luft aufweisen (Spalt „s" in **Abb. 4.23**).

Abb. 4.23 Spalt für Schwenkbewegung

9 *Fixieren der Bohrklappe in Geschlossenposition*

Erläuterung der Teilfunktion

Die Bohrklappe muss in der Endposition geometrisch eindeutig definiert sein. Winkelabweichungen von der Geschlossenstellung haben unmittelbaren Einfluss auf das Fertigungsergebnis am Werkstück.

Mögliche Lösungen

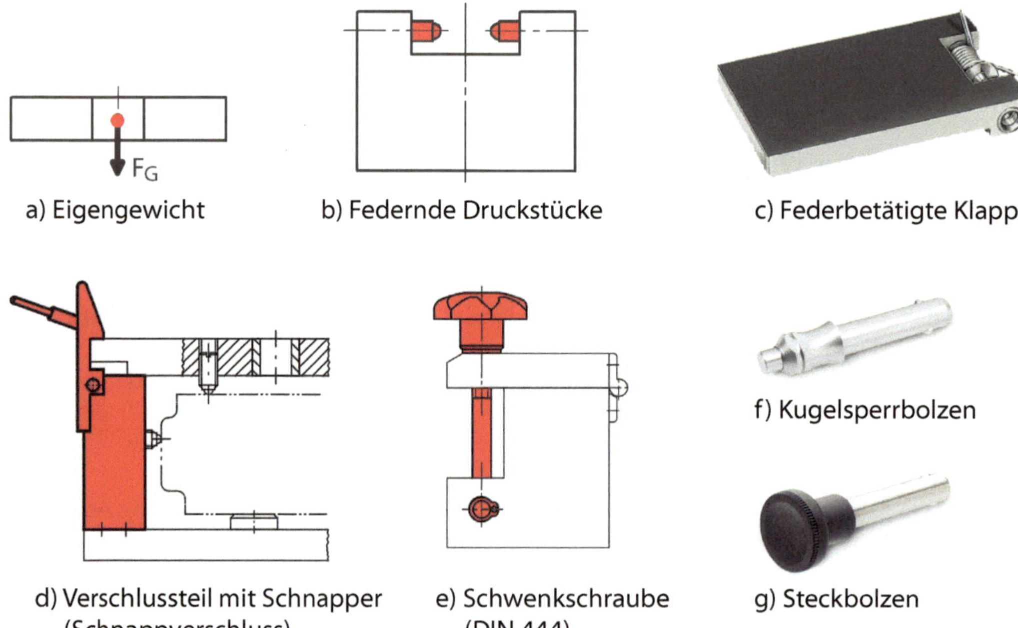

Abb. 4.24 Fixieren der Bohrklappe
(Bilder c, d, e: © Firma norelem Normelemente KG; Bilder f, g: © Ganter Normelemente)

Je nach geforderter Fertigungsgenauigkeit und Gewicht der Bohrklappe kann alleine die Gewichtskraft hinreichend sein (**Abb. 4.24 a**). Die federnden Druckstücke (**Abb. 4.24 b**) bringen durch Reibung eine Haltekraft auf. Die Bohrklappe als Kaufteil (**Abb. 4.24 c**) hat eine entsprechende Feder integriert. Genormte *Schnapper* (DIN 6310), auch als Systemkomponente (Verschlussteil, **Abb. 4.24 d**), haben eine angeformte Nase. Beim Schließvorgang wird diese zunächst zurückgeschoben. Bei Erreichen der Endposition schiebt eine Feder den Schnapper über die Bohrklappe und verriegelt sicher. Um Verschleiß an der Bohrklappe gering zu halten, können entsprechende gehärtete Druckplatten aufgebracht werden.

Funktionale Alternative hierzu sind *Schwenkschrauben* (auch: *Augenschraube*, DIN 444, **Abb. 4.24 e**). Sie werden im Grundkörper drehbar gelagert. Nach dem Schließen der Klappe wird die Schraube eingeschwenkt. Über einen *Kreuzgriff* (DIN 6335), *Sterngriff* (DIN 6336) oder eine *Rändelmutter* wird die Klappe auf dem Grundkörper fixiert. Um ein schnelleres Lösen zu ermöglichen, wird das Ende der Bohrklappe angefast.

Kugelsperrbolzen (**Abb. 4.24 f**) und *Steckbolzen* (**Abb. 4.24 g**) werden als Maschinenelemente zum schnellen Fixieren, Verbinden und Sichern eingesetzt. Typische Anwendung ist die als Lagebolzen, der häufig montiert und demontiert werden muss. Durch Drücken des Bedienknopfes werden die Sperrelemente (Kugeln bzw. Sperrklinken) entriegelt bzw. eingezogen – der Bolzen kann in die Bohrung geschoben werden. Nach dem Lösen werden die Sperrelemente verriegelt und sichern gegen axiale Verschiebung.

Vorentscheidung

Eine Positionierung alleine auf Basis der Gewichtskraft ist nicht gewährleistet. Der Bediener erfährt keine Rückmeldung, ob die Bohrklappe sicher in der Geschlossenstellung ist. Zudem können Kräfte aus dem Zerspanprozess die Bohrklappe bewegen. Somit verstößt diese Lösung gegen die Gestaltungsgrundregel der Eindeutigkeit (vgl. Ausführungen zu **Abb. 2.23**). Aus demselben Grund sind Druckstücke ungeeignet. Zudem ist nicht funktionssicher bestimmbar, ob die Reibungskraft durch die Kugeln hinreichend ist, um die Bohrklappe zuverlässig in Position zu halten. Beide Lösungen sind zwar kostengünstig aber im Sinne der Funktionszuverlässigkeit nicht hinreichend. Dies ist somit ein K.O.-Kriterium. Gleiches gilt für die federbetätigte Bohrklappe. Diese Lösungsprinzipien können allenfalls für technisch untergeordnete Aufgaben bzw. bei geringen Ansprüchen an die Fertigungsgenauigkeit des Werkstücks zum Einsatz kommen.

Schnappverschluss und Schwenkschraube sind verbreitete Prinzipien im Vorrichtungsbau. Sie sind funktionssicher und im Handling vorteilhaft. Allerdings werden für ihren Einsatz zahlreiche weitere Bauteile und fertigungstechnische Bearbeitungen notwendig. Für den Einsatz von Kugelsperrbolzen und Steckbolzen ist hingegen lediglich eine Aufnahmebohrung einzubringen. Eine höhere Fertigungszeit durch das Handling gegenüber Schnappverschluss und Schwenkschraube ist eher nicht zu erwarten. Daher werden diese beiden Lösungen favorisiert.

Konstruktive Hinweise

Für die Aufnahme von Kugelsperrbolzen und Steckbolzen ist lediglich eine Aufnahmebohrung mit der ISO-Toleranzklasse H7 nötig. Die Bohrung wird erst im Verlauf der Endmontage eingebracht, um das Fluchten der Geometrien zu gewährleisten. Eine Senkung zum besseren Einführen ähnlich den Einführfasen ist sinnvoll. Die Länge der Bohrung sollte so beschaffen sein, dass die Sperrelemente am Bolzenende nach dem Einstecken auf der anderen Seite des Grundkörpers frei ausfahren können. Sinnvoll ist die Anbindung an eine Kugelkette als Verliersicherung. Diese wird entsprechend am Grundkörper der Vorrichtung als auch am Systemelement angebracht.

10 Aufnehmen der Systemelemente und Anbinden an die Säulenbohrmaschine

Erläuterung der Teilfunktion

Die Grundplatte hat die Aufgabe, alle weiteren Bauteile aufzunehmen und die Gesamtkonstruktion mit der Umwelt zu verbinden; in diesem Fall die Säulenbohrmaschine. Grundplatten sind üblicherweise ein Flachmaterial, in das die entsprechenden Anbindungsmöglichkeiten wie Gewinde und Bohrungen eingebracht werden. Grundsätzlich ist Steifigkeit ein wichtiges Ziel einer Vorrichtung. Je größer die Querschnitte, desto geringer sind Formabweichungen durch Kräfte im Zerspanprozess und ggf. Spannkräfte. Damit werden Toleranzabweichungen der herzustellenden Werkstücke gering gehalten. Es ist umgekehrt im Vorrichtungsbau daher auch nicht Ziel, aus Gewichts- oder Kostengründen mit möglichst geringen Bauteilquerschnitten auszukommen.

Im Weiteren ist zu unterscheiden, ob die Bohrvorrichtung fest mit dem Tisch der Säulenbohrmaschine verbunden wird oder ob sie flexibel verschiebbar bleiben muss. Dies ist unmittelbar mit der Teilfunktion 3 (Realisieren des Bohrungsabstands) gekoppelt.

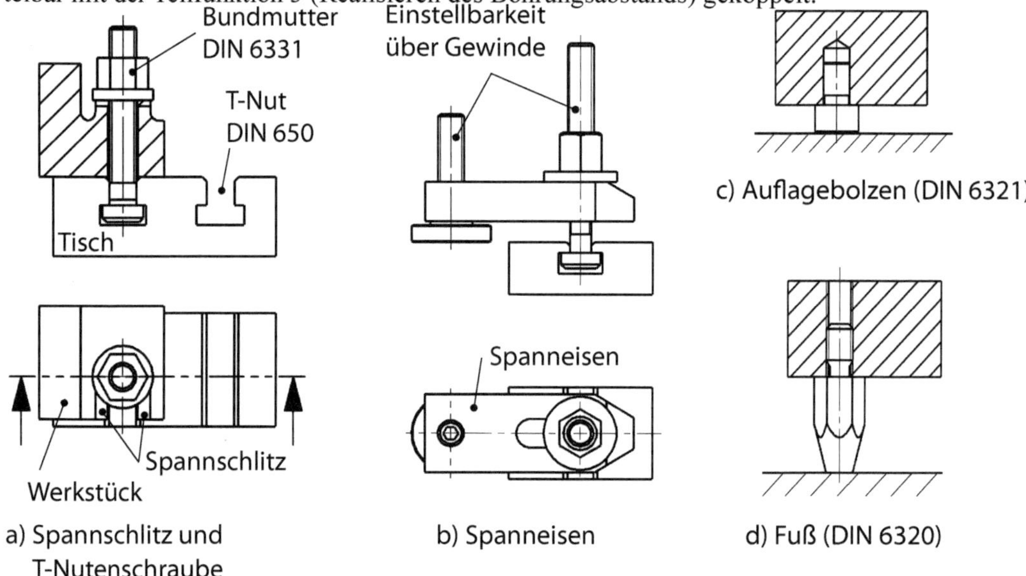

Abb. 4.25 Anbindung an die Säulenbohrmaschine

Bei einer festen Verbindung von Vorrichtung und Maschinentisch können als Positionierungselemente *Nutensteine* (DIN 6322, DIN 6323) zum Einsatz kommen. Diese werden in Nuten des Tisches geführt und dienen als Anschraubpunkt für weitere Systemelemente. Durch diese Vereinheitlichung wird das Aufspannen und Ausrichten erleichtert. Das eigentliche Spannen erfolgt dann beispielsweise über *T-Nutenschrauben* (**Abb. 4.25 a**). Entsprechend müssen in der Vorrichtung Bohrungen oder Spannschlitze (DIN 6377) eingebracht sein. Alternativ kann von außen über ein *Spanneisen* gespannt werden (vgl. **Abb. 4.25 b**). Als mobile Lösung können Füße angebracht werden. Hier wird unterschieden zwischen einfachen *Auflagebolzen* (**Abb. 4.25 c**) zum Einschlagen und einschraubbaren *Füßen* (DIN 6320, **Abb. 4.25 d**).

Vorentscheidung
Grundsätzlich ist zu prüfen, ob die Grundplatte einen Abstand zum Tisch haben muss oder plan aufliegen kann. Muss die Vorrichtung wie im vorliegenden Fall bewegt werden, sind in der Auflageebene Füße einzubringen. Die Lösungen nach **Abb. 4.24 a** und **b** fallen somit unmittelbar raus.

Konstruktive Hinweise
Die Grundplatte sollte mindestens überfräst sein, da sie die Referenzebene für alle aufbauenden Teile darstellt. Damit würde jede Maß- und Lageungenauigkeit zu Qualitätsverlusten im Fertigungsergebnis des Werkstücks führen.

Grundsätzlich sind Vorrichtungen mit vier Füßen vorzusehen, die in die Grundplatte der Vorrichtung einzubringen sind. Mit drei Füßen wäre ein sicherer Stand theoretisch hinreichend (vgl. Drei-Bein-Hocker). Allerdings würde im Gegensatz zur Vier-Punkt-Auflage nicht auffallen, dass ggf. Späne zu einem unkorrekten Stand der Vorrichtung führen und damit das Fertigungsergebnis negativ beeinflussen. Mehr als vier Füße bringen keinen weiteren Vorteil mehr. Die Wahl zwischen Auflagebolzen (**Abb. 4.25 c**) und Füßen (**Abb. 4.25 d**) orientiert sich an den Anforderungen der Zerspanaufgabe. Benötigt beispielsweise ein Bohrer einen längeren Auslauf oder müssen Späne aus dem Zerspanungsprozess großzügig aus der Vorrichtung herausfallen, sollten Füße zum Einsatz kommen. Sie gewährleisten ein größeres Abstandsmaß von Unterseite der Vorrichtung zum Werkzeugtisch.

Bei der Anordnung von Füßen muss ein sicherer Stand gewährleistet werden. Entsprechend sollen der Massenschwerpunkt als auch die Zerspankräfte innerhalb der Füße sein. Füße werden daher in der Regel sinnvoll an den Rändern der Vorrichtung angebracht (vgl. **Abb. 4.37**).

11 Einleiten der Öffnungs- und Schließbewegung

Erläuterung der Teilfunktion
Zum Öffnen und Schließen sollte ein ergonomisches Bedienteil zur Verfügung stehen.

Abb. 4.26 Bedienteil (Bilder: © Ganter Normelemente)

Im einfachsten Fall wird ein genormter Zylinderstift hierfür eingesetzt (**Abb. 4.26 a**, vgl. auch Ausführungen zu **Abb. 4.16** ff.). Alternativ können hier übliche Bedienteile verbaut werden (**Abb. 4.26 b, c**). Diese gibt es im Griffteil in vielfachen geometrischen Variationen (Zylinder, Konus, Kugel). Sie sind drehbar oder feststehend ausgeführt. Üblicherweise werden sie in den Vorrichtungskörper eingeschraubt.

Vorentscheidung

Für den Zylinderstift muss lediglich eine Bohrung H7 gefertigt werden. Der Zylinderstift mit der ISO-Toleranzklasse m6 wird dann eingeschlagen. Durch die sich ergebende Übermaßtoleranz hält der Zylinderstift dauerhaft in der Bohrung. Allerdings ist in dieser Einbausituation eine spätere Demontage nicht bzw. nur sehr aufwendig möglich, da die Bohrung in der Bohrklappe sinnvoll nicht durchgebohrt wird. Alternative sind dann Zylinderstifte mit Innengewinde (vgl. **Abb. 4.16 f**). Grundsätzlich ist dies zwar eine Lösung, die aber unter ergonomischen Gesichtspunkten im Vergleich nicht sinnvoll ist und daher ausscheidet.

Klassische Bedienteile (**Abb. 4.26 b, c**) sind genau für diese Einsatzzwecke gedacht. Drehbare Ausführungen sind bei Relativbewegungen wie an Handrädern (DIN 950) o. Ä. sinnvoll. Dies liegt hier nicht vor. Daher wird grundsätzlich eine starre Ausführung bevorzugt. Die genaue geometrische Form ist dann eher eine Frage des „persönlichen Geschmacks" und weniger sachlicher Natur. Argument gegen den *Kugelknopf* könnte der etwas erhöhte Platzbedarf sein.

Konstruktive Hinweise

Für die Aufnahme des Griffs muss ein Gewinde in das aufnehmende Bauteil eingebracht werden. Dies bedingt eine entsprechende Dicke der Bohrklappe. Ein festgelegtes Maß für die minimale Wandstärke („Fleisch") in Relation zum eingebrachten Gewinde geht aus der Norm nicht hervor. Es sollten hierfür immer in Abhängigkeit von der Gewindegröße mehrere Millimeter eingeplant werden. Die Größe des Bedienteils ist im vorliegenden Fall nicht abhängig von den Systemkräften, die hier gering ausfallen. Trotzdem sollte es optisch „angemessen" gewählt werden.

12 Verbinden der Systemelemente

Erläuterung der Teilfunktion

Grundsätzlich ergeben sich so viele Möglichkeiten des Fügens der Bauteile wie es Fügeverfahren gibt: Nieten, Kleben, Schweißen etc. Im Betriebsmittelbau hat sich allerdings für den Regelfall eine Kombination aus Verschrauben und Verstiften durchgesetzt. Zunächst werden die Bauteile mit Schrauben gefügt. Dann erfolgt das Fertigen eines Probestücks und nachfolgend eine Korrektur der montierten Bauteile der Vorrichtung. Dieser Vorgang wird so oft durchgeführt, bis das Werkstück die gewünschten Toleranzen wiederholsicher verkörpert. Abschließend werden die Bauteile in dieser Position zusätzlich verstiftet. Dadurch ist gewährleistet, dass beispielsweise nach einer Demontage zwecks Ersatz von Verschleißteilen die Bauteile über die Verstiftungspositionen wieder maßlich exakt montiert werden können.

Mögliche Lösungen

Aus den vorstehenden Vorgaben ist eine Festlegung einer Kombination aus Schrauben und Stiften sinnvoll. Üblich sind Zylinderschrauben mit Innensechskant (DIN EN ISO 4762), deren Kopf in einer Aufnahmesenkung (DIN 974) liegt (vgl. **Abb. 4.27**). Als Zylinderstifte sollte die gehärtete Ausführung (DIN EN ISO 8734 (vgl. **Abb. 4.16 e**) bevorzugt eingesetzt werden, um Verschleiß durch Montage und Demontage vorzubeugen. Für Verbindungen mit geringer Lagegenauigkeit können alternativ genormte Spannstifte eingesetzt werden.

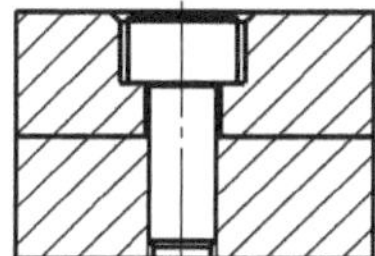

Abb. 4.27 Zylinderschraube in Senkung

Da sich die Kombination Verschraubung – Stift im Betriebsmittelbau bewährt hat, werden hier keine Alternativen diskutiert.

Vorentscheidung
siehe vor

Konstruktive Hinweise
Aus Platzgründen stehen als Alternative zu den vorstehenden Zylinderschrauben noch Ausführungen mit flachem Kopf (DIN 6912) zur Verfügung. Ggf. können hier noch Scheiben (DIN EN ISO 7090, DIN EN ISO 7091) unterlegt werden. Die Senkungstiefe ist nach DIN 974 entsprechend anzupassen.

Die Reihenfolge der Endmontage wurde bereits zu Beginn des Abschnitts ausgeführt. Da die Verstiftung erst nach dem Herstellen von Probestücken durchgeführt wird, erfolgt dieser Arbeitsschritt als Abschluss. Die benannte Fertigungsfolge ist entsprechend im Zeichnungssatz abzubilden (vgl. Kap. 6). Die Einbringung der Schrauben und Stifte erfolgt dabei über Kreuz.

Beim Verbau von Stiften muss deren mögliche Demontage bedacht werden. Im einfachsten Fall werden die zu verbindenden Werkstücke gemeinsam gespannt und durchgebohrt. So ist der Stift gut zugänglich und kann problemlos für den Fall einer Demontage von der Gegenseite wieder ausgetrieben werden. Bewährt haben sich Freibohrungen an einem Ende (vgl. **Abb. 4.28 li** und **mi**).

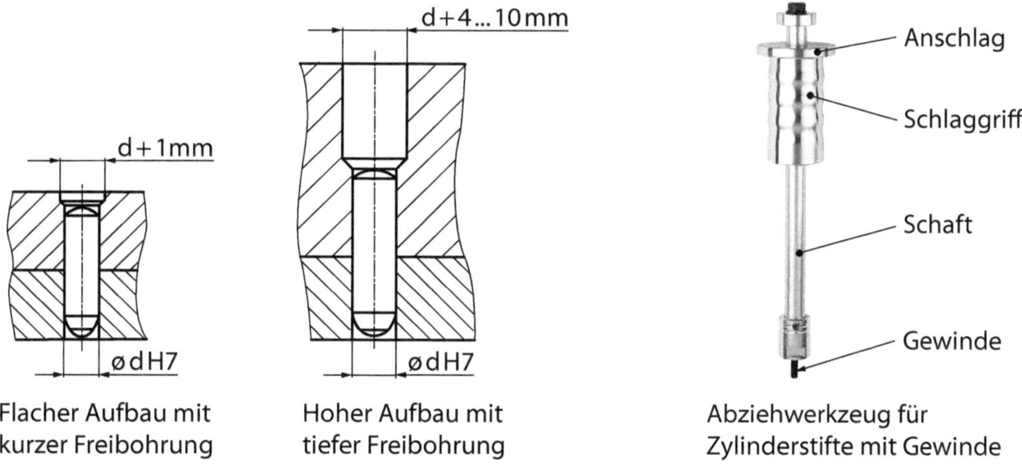

Abb. 4.28 Demontage von Zylinderstiften li/mi: Freibohrung; re: Abziehwerkzeug
(Bild re: © Firma norelem Normelemente KG)

Kann nicht durchgebohrt werden, so entsteht eine Sacklochbohrung. Dann kann der Stift nicht mehr von der Gegenseite ausgetrieben werden. Zudem ist es auch problematisch, den Stift überhaupt erst einzutreiben. Wegen der Übermaßpassung (Stift: m6) kann ein Luftpolster unter dem Stift das Eintreiben mindestens erschweren oder sogar unmöglich machen. Verstärkt wird dieser Effekt noch, wenn sich beispielsweise Öl oder andere Flüssigkeiten in der Verbindung befinden. Alternative sind hier Zylinderstifte mit Längsrille und Gewinde zum Ausziehen (DIN EN ISO 8733, DIN EN ISO 8735; vgl. **Abb. 4.16 f**). Mit speziellen Abziehvorrichtungen können diese Stifte gezogen werden (vgl. **Abb. 4.28 re**).

13 Aufbringen der Spannkraft

Erläuterung der Teilfunktion

Das Werkstück muss im Bearbeitungsprozess in den drei Raumachsen sicher positioniert sein. Und es muss durch die Aufbringung einer Spannkraft während des eigentlichen Bearbeitungsprozesses sicher gehalten werden. Die Spannkraft soll dabei möglichst in Bearbeitungsrichtung und gegen eine feste Fläche gerichtet wirken, die für die Maßhaltigkeit der herzustellenden Geometrie verantwortlich ist (*Bestimmfläche*). Zudem sollte sie im Besonderen bei größeren Werkstücken in der Nähe der Bearbeitungskraft angeordnet sein, um die Verformung des Werkstücks gering zu halten. Dies vermindert / verhindert auch sogenannte Ratterschwingungen.

Hohe Spannkräfte können über Fremdenergien wie Öl oder Druckluft mittels Zylinder eingeleitet werden sowie beispielsweise auch über Magnetismus. Fremdenergien wurden in der Aufgabenstellung aber ausgeschlossen und wären hier auch deutlich überdimensioniert. Vielmehr soll die Spannkraft durch Muskelkraft aufgebracht werden (vgl. Anforderungsliste **Abb. 4.5**). Typischen Spannelementen aus dem Vorrichtungsbau ist gemein, dass sie selbsthaltend sind. D. h., dass sie sich während des Bearbeitungsprozesses nicht selbsttätig lösen.

Mögliche Lösungen

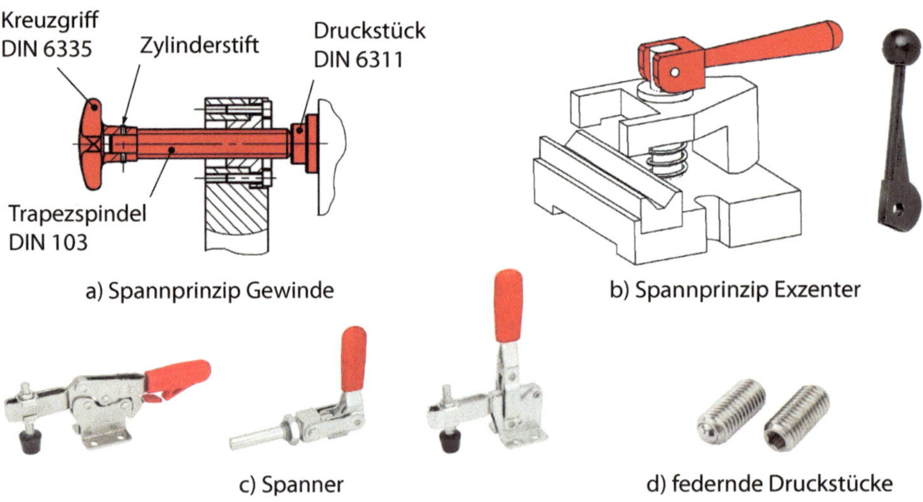

Abb. 4.29 Spannprinzipien
(Bild b re: © Firma norelem Normelemente KG; Bilder c, d: © Ganter Normelemente)

Erläuterungen zu den Lösungen

Bei minderwertigen Werkstücken und nur geringen Systemkräften ist eine Spannkraft ggf. verzichtbar. Dann müssen die Vorschubrichtung und möglichst auch die Zerspankraft in Richtung einer *Bestimmfläche* wirken. Zusätzlich kann die Gewichtskraft zusammen mit den Reibverhältnissen zwischen Bestimmfläche und Werkstück für ein sicheres Spannen sorgen. Grundsätzlich ist von dieser Vorgehensweise abzuraten, da eine genaue Ermittlung der vorliegenden Kraftgrößen im Vorrichtungsbau nur sehr eingeschränkt möglich ist.

Einige muskelkraftbetätigte *Spannprinzipien* basieren auf der Übersetzung einer Handkraft über ein Gewinde: so beispielsweise über eine *Trapezspindel* (Gewinde DIN 103; vgl. **Abb. 4.29 a**). Alternative sind *Spannschrauben* (DIN 6332) mit metrischem Gewinde (DIN 13). Eingeleitet wird die Torsion über ein Bedienelement (hier: Kreuzgriff DIN 6335). Die Kraftübersetzung ergibt sich aus dem Verhältnis des Rotationsdurchmessers zur Steigung des Gewindes. In der Regel wird ein *Druckstück* (DIN 6311) am Spindel- bzw. Gewindeende angebracht. Über die vergrößerte Kontaktfläche verringert sich die Flächenpressung und damit die Gefahr von *Spannmarken*. Alternativ zum Gewinde kann das *Keilprinzip* zur Anwendung kommen. Hier wird die eingeleitete Kraft je nach Winkelverhältnis der Ebenen zueinander übersetzt. Die Neigung beträgt üblicherweise 1:10. Dieses Prinzip wird häufig in Eigenfertigung hergestellt und ist überwiegend aus Kostengründen weniger verbreitet. Es findet häufig auch als Maschinenfuß unter Werkzeugmaschinen Verwendung, um diese auszurichten (nivellieren).

Das *Exzenterprinzip* als Kreisexzenter (**Abb. 4.29 b**) beruht auf einem Mittenversatz des Drehpunktes. Daneben gibt es auch noch eigengefertigte Spiralexzenter, die einen größeren Spannhub ermöglichen. Exzenterhebel können vergleichsweise einfach selbst gefertigt oder als Kaufteil in unterschiedlichen Variationen bezogen werden. Den Prinzipien ist gemein, dass sie über ihre Mechanik eine Steigung realisieren. Diese muss jeweils unter $6°$ liegen, was einem *Haftreibwert* von $\mu_0 = 0{,}1$ entspricht. Technisch entspricht dies folgenden Reibbedingungen: Stahl auf Stahl, hohe Oberflächenqualität, geschmiert. Somit ist gewährleistet, dass die vorbenannten Spannprinzipien (Gewinde, Keil, Exzenter) selbsthaltend sind (*Selbsthemmung*). Das bedeutet, dass sie nicht speziell gesichert werden müssen, um ihre Spannkraft aufrecht zu halten; alleine durch Reibung verbleiben sie in ihrer Position. Entsprechend müssen diese Bedienteile nach dem Zerspanprozess auch wieder aktiv gelöst werden.

Spanner aller Art (**Abb. 4.29 c**) arbeiten mit dem *Kniehebelprinzip* (**Abb. 4.30**). Die Selbsthaltung erfolgt durch die Überwindung einer Totpunktlage. Sie sind als Zukaufkomponente sehr kostengünstig und flexibel im Einsatzbereich. Es gibt sie in zahlreichen Ausführungen, Anbaupositionen, Größen etc. Das Spannprinzip Feder ist hier im einfachsten Fall mit federnden Druckstücken (**Abb. 4.29 d**) realisierbar. Da dieses Maschinenelement vorstehend schon umfassend erläutert wurde, wird hier auf weitere Ausführungen verzichtet.

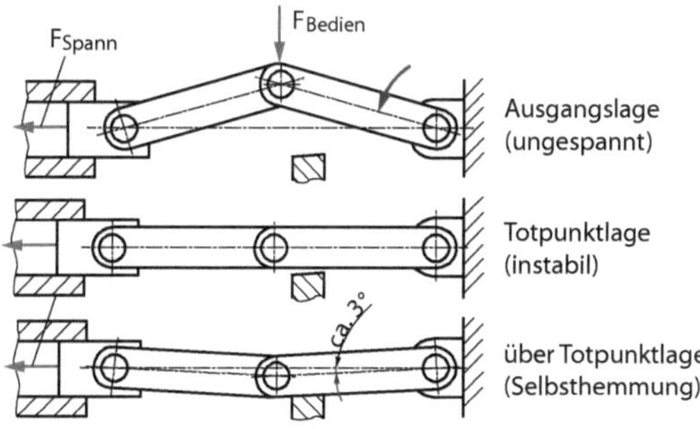

Abb. 4.30 Kniehebelprinzip

Vorentscheidung

Die Lösungen **Abb. 29 a** bis **c** sind im Rahmen der hier umzusetzenden Bohrvorrichtung unangemessen aufwendig in der konstruktiven Umsetzung sowie im Platzbedarf und Handling. Daher erfolgt bereits hier eine endgültige Festlegung auf das Prinzip des federnden Druckstücks.

Konstruktive Hinweise

In jedem Fall sollte das federnde Druckstück als Gewindevariante ausgewählt und bei der Endmontage entsprechend eingestellt werden. Zudem ist zu beachten, dass die federbelastete Kugel auf die Planfläche des Werkstücks wirkt und somit zu hohen Flächenpressungen führen kann. Um Spannmarken zu vermeiden, sollte daher ein Kunststoffende eingesetzt werden.

14 Abfuhr der Späne

Erläuterung der Teilfunktion

Hier gibt es zwei Aspekte zu beachten: Zum einen müssen die Späne im Zerspanprozess zu einem Großteil aus der Vorrichtung abgeführt werden. Zum anderen muss die Vorrichtung leicht zu reinigen sein. Das Ableiten der Späne erfolgt vor allem über den Bohrer aus der Vorrichtung heraus. Damit keine/geringe Reste in der Vorrichtung verbleiben, ist ebenso eine Abfuhr nach unten aus der Vorrichtung heraus sinnvoll. Dies betrifft unmittelbar die Teilfunktion 10 (Aufnehmen der Systemelemente und Anbinden an die Säulenbohrmaschine). Hier erfolgte bereits eine Festlegung auf das Systemelement Fuß. Dadurch können Spänereste durch die Grundplatte nach unten herausfallen. Zudem ergibt sich dadurch ein nötiger Auslauf der Bohrerspitze. Weitere Zerspanreste werden klassisch über Druckluft entfernt.

Mögliche Lösungen

Auf Grund der Festlegung in Teilfunktion 10 und der Notwendigkeiten aus Teilfunktion 14 wird nur das Lösungsprinzip Druckluft weiter verfolgt (**Abb. 4.31**):

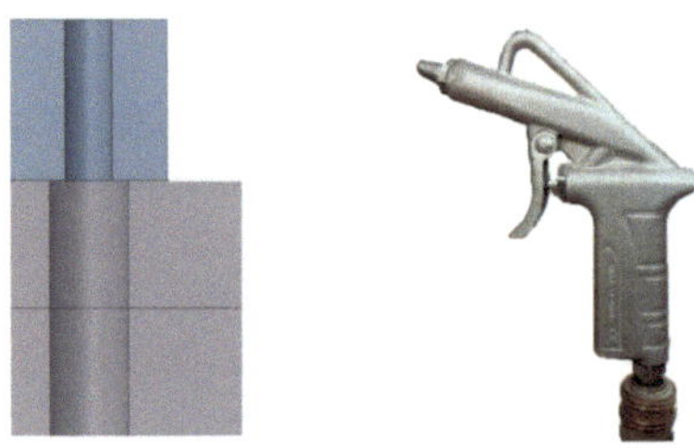

Abb. 4.31 Späneführung und Reinigung

Erläuterungen zu den Lösungen

Der Begründungszusammenhang ist vorstehend unter Erläuterung der Teilfunktion dargelegt worden.

Vorentscheidung

siehe vor

Konstruktive Hinweise

Der Spänedurchgang sollte im Durchmesser großzügig über dem des Bohrerdurchmessers liegen. Ein besonderes Maß legt die Norm hierfür nicht fest. Hinsichtlich der Unterkonstruktion (Füße) muss bedacht werden, dass mit der Aufbauhöhe über dem Tisch die Zahl der Reinigungsintervalle einhergeht. Das Reinigen mittels Druckluft bedingt für die Gesamtkonstruktion, dass sogenannte Schmutzecken vermieden werden sollten.

4.3.2 Morphologischer Kasten

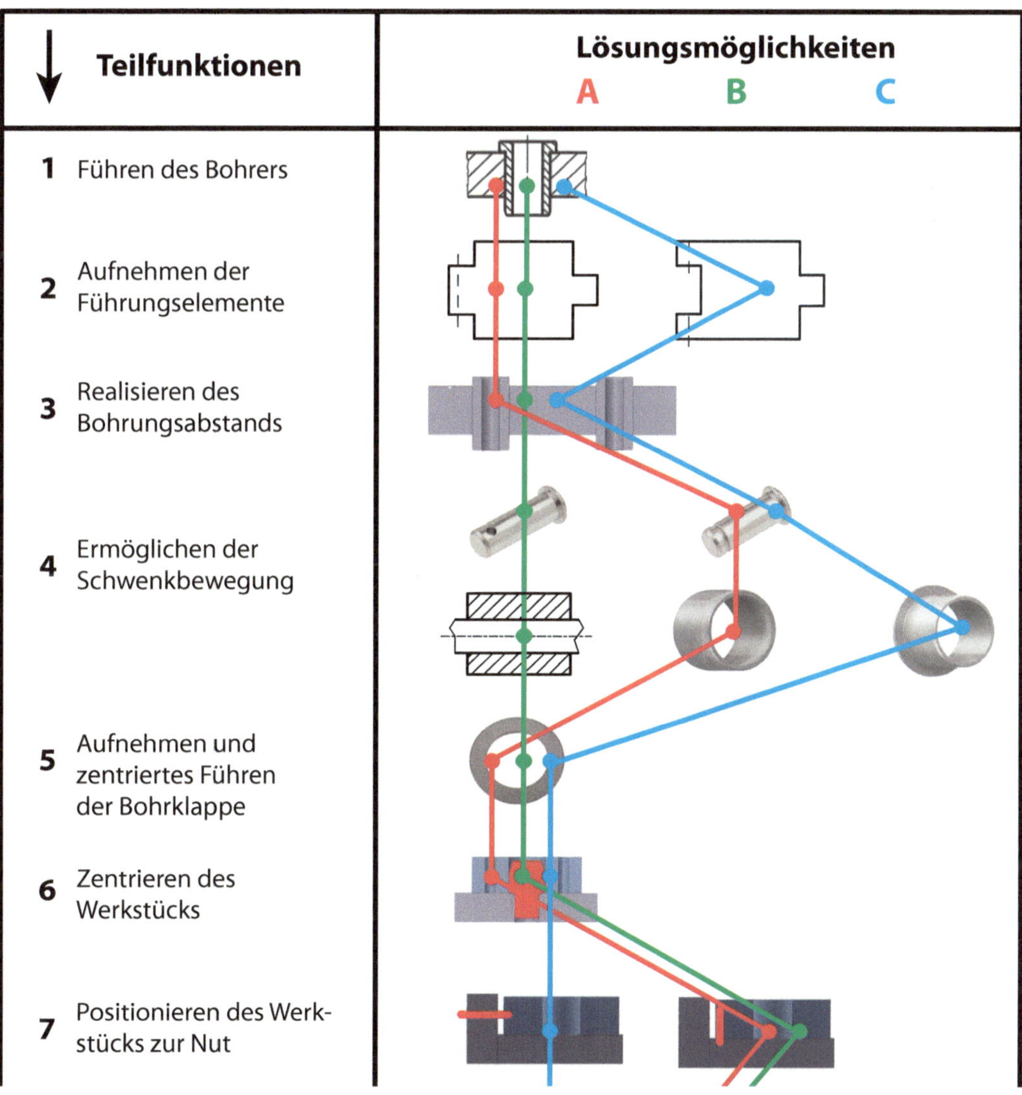

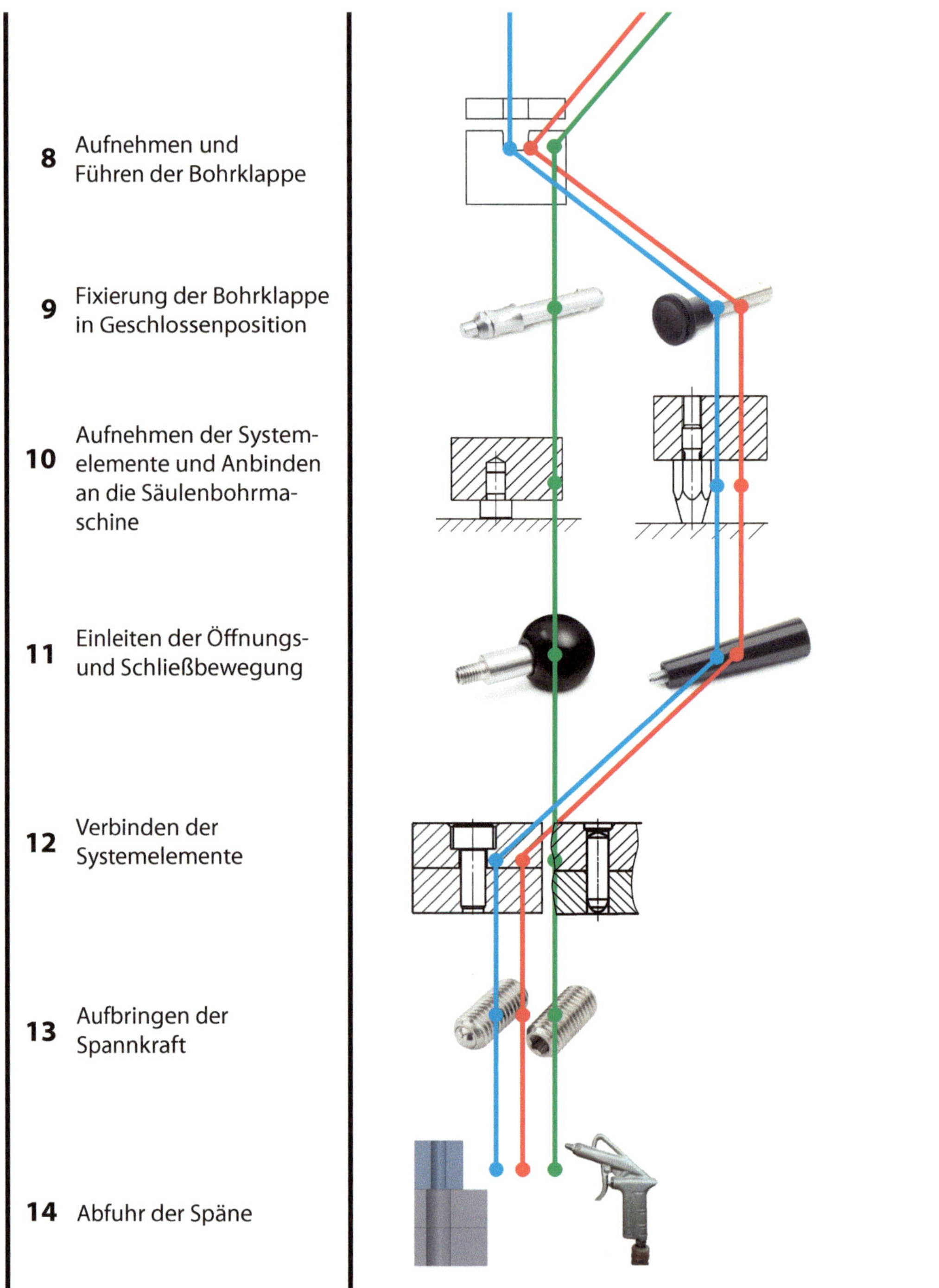

Abb. 4.32 Morphologischer Kasten mit Überarbeitungen

4.3.3 Variantendarstellung

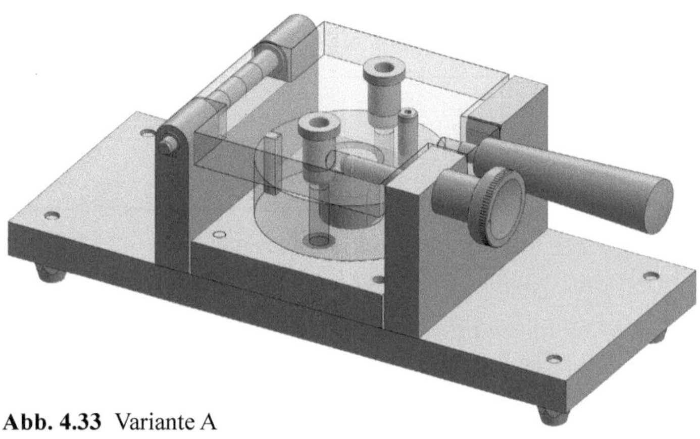

Abb. 4.33 Variante A

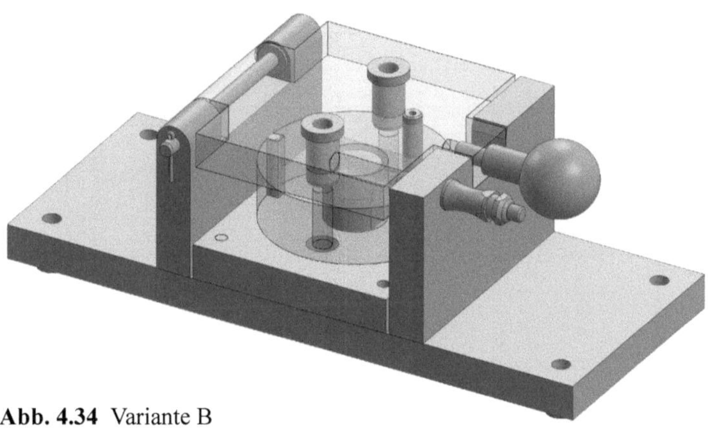

Abb. 4.34 Variante B

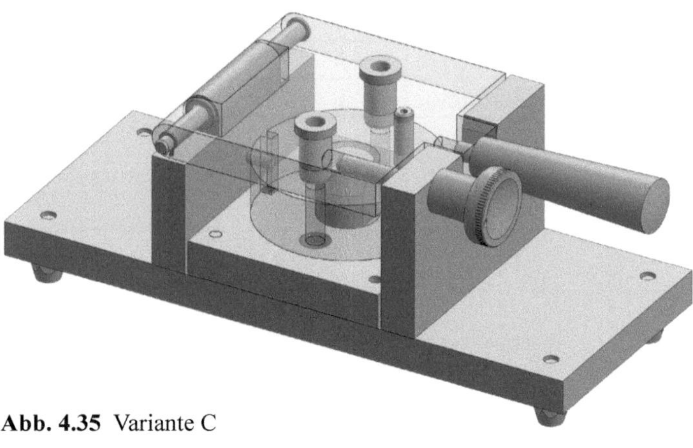

Abb. 4.35 Variante C

4.3.4 Nutzwertanalyse

	Nutzwertanalyse					
	Projekt Bohrvorrichtungs Rastscheibe					

Werteskala nach VDI 2225 mit Punktvergabe P von 0 bis 4
0… unbefriedigend 1… gerade noch ertragbar 2… ausreichend 3… gut 4… sehr gut

Die Bewertungskriterien werden der Anforderungsliste entnommen. Bei Bedarf werden Gewichtungsfaktoren (g) vergeben, wenn die Kriterien nicht gleichwertig sind.

Nr.	Bewertungskriteren	g	Varianten A — P	A — P·g	B — P	B — P·g	C — P	C — P·g
1	mit geringer Handkraft bedienbar	2	4	8	4	8	4	8
2	flexible Bedienbarkeit (Links-/Rechtsh.)	2	2	4	2	4	2	4
3	Gewicht	2	4	8	4	8	4	8
4	kostengünstig	3	3	9	4	12	3	9
5	Konstruktion recyclebar	1	4	4	4	4	4	4
6	wartungsarm/-frei	2	4	8	2	4	4	8
7	montagefreundlich	2	3	6	3	6	3	6
8	Rüstzeit	3	3	9	3	9	3	9
9	Fertigungszeit	4	4	16	4	16	4	16
10	Werkstückwechselzeit	4	4	16	3	12	4	16
11	leicht mit Druckluft zu reinigen	2	4	8	2	4	4	8
12	Verhinderung von Spannmarken	2	4	8	4	8	1	2
13	umrüstbar auf andere Durchmesser	1	2	2	2	2	3	3

max. mögliche Punktzahl: **120**	Punktzahl	106	97	101
	Rangfolge	**1**	**3**	**2**

Entscheidung/Bemerkungen Variante A wird weiter verfolgt	Datum: 17.08.2018
	Bearbeiter: Projektgruppe Vorr.bau
	Blatt: 01 (01)

Abb. 4.36 Nutzwertanalyse zur Bohrvorrichtung

Wie im Projekt Kaschierrolle zuvor wird auch hier die Auswertung mittels Nutzwertanalyse mit Gewichtungsfaktoren für angemessen gehalten, da die Bewertungskriterien nicht als gleichwertig erachtet werden. Die Bewertungskriterien ergeben sich unmittelbar aus der Anforderungsliste (**Abb. 4.5**). Festforderungen wie „Stückzahl" sind nicht zu übernehmen (vgl. Kap. 2.3.2 Ausführungen zur Nutzwertanalyse), da sie entweder voll erfüllt oder nicht erfüllt sind. Bei Nichterfüllung ist die Lösungsvariante direkt auszuschließen („K.O.-Kriterium"). Eine Übererfüllung macht wirtschaftlich keinen Sinn und darf daher das Bewertungsergebnis nicht verbessern.

Anders als in Kapitel 3 finden sich in der Anforderungsliste auch Wünsche. Eine Erfüllung verbessert eine Lösung. Eine Nichterfüllung ist in Abgrenzung zu den Festforderungen hingegen aber kein Ausschlusskriterium. Da die Wünsche eine Übererfüllung darstellen, sollten sie in der Gewichtung eher geringwertig ausfallen. Grund hierfür ist, dass der Kunde i. d. R. nur wenig oder gar nicht geneigt ist, für die Übererfüllung zusätzlich zu bezahlen.

Variante A (vgl. **Abb. 4.33**) erreicht die höchste Bewertung und stellt mit 106 Punkten von 120 möglichen insgesamt eine gute bis sehr gute Lösung dar. Ggf. ist zu prüfen, ob andere Teillösungen aus den Varianten B oder C die favorisierte Lösung weiter verbessern können.

Bezüglich der einzusetzenden Handkraft (Nr. 1), Gewicht (Nr. 3), Recyclingfähigkeit (Nr. 5) und Fertigungszeit (Nr. 9) zeigen die Varianten keine signifikanten Unterschiede und stellen sehr gute Lösungen dar (4 Punkte). Hinsichtlich Rüstzeit (Nr. 8) erhalten die Lösungen lediglich 3 Punkte, da die Vorrichtung zur Herstellung der Bohrungen auf der Säulenbohrmaschine ständig verschoben werden muss. Flexible Bedienbarkeit (Nr. 2) meint vor allem die Nutzung für Links- und Rechtshänder. Hier ist das Fixierelement in allen Fällen für einen Linkshänder gleich ungünstig, so dass die Bewertung durchgängig mit 2 Punkten ausfällt.

Variante B zeigt Vorteile in den Kosten (Nr. 4). Dies begründet sich im Besonderen durch den Verzicht auf ein Gleitlager im Gelenk, wodurch dieses Bauteil als Kaufteil entfällt und auch nicht montiert werden muss. Der Nachteil des etwas höheren Montageaufwands für den Splint gegenüber den Sicherungsringen fällt hier kaum ins Gewicht. Variante A und C (Gleitlager mit / ohne Bund) werden untereinander als nahezu gleichwertig gesehen. Bezüglich der Montagefreundlichkeit (Nr. 7) wird der Vorteil allerdings als so geringwertig eingeschätzt, dass die Bepunktung hier gleich gehalten wird. Durch das Fehlen eines Lagers könnten sich im Betrieb jedoch deutliche Nachteile einstellen: Durch die Reibung und möglichen Verschleiß wird sich die Lagerstelle unter der vorherrschenden Flächenpressung ggf. geometrisch verändern (Lochleibung). Zudem könnten Spanpartikel als auch Verunreinigungen in die Bohrung eingeschwemmt werden und im Vergleich zu einer Schwergängigkeit führen. Daher fällt die Variante B in den Beurteilungskriterien wartungsarm / -frei (Nr. 6) und Werkstückwechselzeit (Nr. 10) ab.

Nachteilig an Variante B sind auch die niedrigen Füße, die ein Reinigen erschweren können (Nr. 11). Vordergründig von Vorteil ist die Einbringung des Zylinderstiftes von der Seite, mit der das Werkstück an der Nut ausgerichtet wird (vgl. auch **Abb. 4.21 b**). Dadurch ist diese Variante im direkten Vergleich leichter auf andere Durchmesser umbaubar (Nr. 13), auch wenn dies bei allen Lösungen stark eingeschränkt ist. Die Position des Zylinderstifts führt aber zugleich zu möglichen Problemen: Beim Einlegen könnte die Nut des Werkstücks ungewollt beschädigt werden (Nr. 12) und führt zu einer Abwertung dieser Lösung.

4.4 Entwerfen

4.4.1 Kraftfluss

Um Berechnungen durchführen zu können, müssen die Kräfte an der Bohrvorrichtung ermittelt werden. Hierzu zählen:

- Gewichtskraft
- Bearbeitungskräfte
- Spannkräfte.

Die *Gewichtskraft* findet im Besonderen im Stahlbau Berücksichtigung wie bei Hallenkonstruktionen, Gerüsten etc. Dort sind Eigengewichte der Konstruktion in Relation zu von außen einwirkenden Kräften (Systemkräfte) vergleichsweise sehr groß. Im allgemeinen Maschinenbau verschieben sich diese Verhältnisse in der Regel hin zu den Systemkräften, während die Eigengewichte häufig vernachlässigt werden. Zuschläge wie der sogenannte *Anwendungsfaktor* sowie die Wahl höherer Sicherheiten gleichen diese verkürzte Betrachtung großzügig aus. Grundsätzlich ist dies aber immer vom betrachteten Einzelfall abhängig und kann daher auch nicht pauschal so festgelegt werden. Eine Art Regel, ab wann im allgemeinen Maschinenbau die Eigengewichte Berücksichtigung finden sollten, gibt es nicht. Im vorliegenden Fall wird das Eigengewicht als vernachlässigbar gering beurteilt.

Grundsätzlich können *Bearbeitungskräfte* mittels Formeln berechnet werden. Allerdings treffen diese auf einen konkret vorliegenden Einzelfall nur sehr ungenau zu. Grund sind die vielen Einflussfaktoren wie: Schnittgeschwindigkeit, Vorschub, Schneidenwinkel der Werkzeuge, Werkzeugzustand (Verschleiß), Kühl- und Schmierbedingungen etc. Mit der Vielzahl der Einflussparameter variiert entsprechend die Bandbreite und Aussagequalität der Berechnung. Eine exakte Ermittlung ist nicht möglich bzw. der Aufwand zur Ermittlung wäre in einem nicht vertretbaren Verhältnis zur Aufgabe. Werte werden daher häufig über Gebrauchsformeln oder Tabellen ermittelt, die nach Reihenversuchen aufgestellt worden sind. Für die vorliegende Konstruktion wurde das Drehmoment in Abhängigkeit vom Bohrerdurchmesser und Werkstoff des Werkstücks mit 3,4 Nm ermittelt. Die Vorschubkraft wurde mit 830 N abgelesen (Datenquelle: DGB-Technikum: Konstruieren und Berechnen, Vorrichtungsbau 1).

Da die Vorschubkraft über das Werkstück in Richtung Auflageplatte wirkt, erfolgt ein Spannen schon unmittelbar aus dem Zerspanprozess. Kritisch ist der Moment, in dem der Bohrer durch das Werkstück tritt. Dann entfällt schlagartig die Vorschubkraft und die Bohrergeometrie versucht das Werkstück nach oben abzuheben. Eine seriöse Ermittlung der benötigten Spannkraft für die vorliegende Konstruktion ist nicht möglich. Als Spannelement dient in der vorliegenden Konstruktion ein federndes Druckstück. Dieses muss im Praxisbetrieb entsprechend eingestellt werden. Ggf. erfolgt späterhin der Austausch gegen ein stärkeres. Begünstigend wirkt hier die Positionierung über den Aufnahmedorn. Im Moment des Abhebens entsteht hier ein Kippmoment (vgl. **Abb. 4.20 a, 4.38**). Die entsprechend auftretende Reibung wirkt dem Abheben entgegen. Eine seriöse rechnerische Absicherung ist wegen der vielfachen Einflussparameter aber nicht leistbar. Grundsätzlich sollten alleine aus Sicherheitsgründen Spannkräfte im Zweifel immer (stark) überdimensioniert werden. Für die hier vorgestellte Konstruktion ist dies aus den vorbenannten Gründen eher zu vernachlässigen. Zudem können zu große Spannkräfte zu unerwünschten Spannmarken führen.

4.4.2 Berechnungen und Gestaltung

Die Analyse des Kraftflusses (**Abb. 4.37**) zeigt, dass zahlreiche Maschinenelemente und Bauteilgeometrien der Konstruktion unkritisch sind. Nachfolgend sind die Elemente für eine mögliche Berechnung dargestellt:

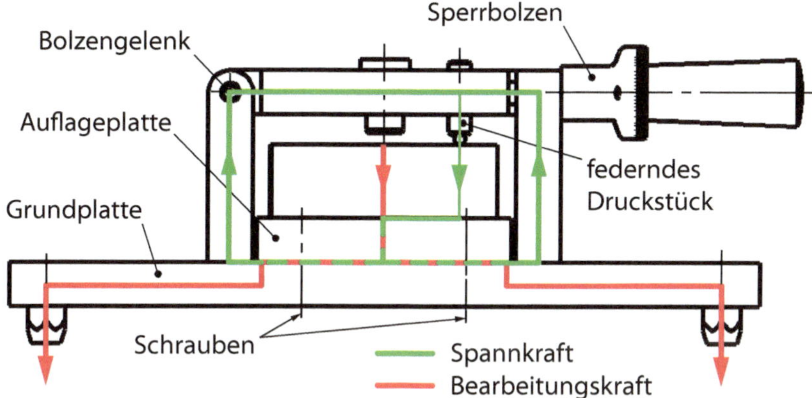

Abb. 4.37 Kraftfluss

Federndes Druckstück

Die Kontaktstelle des federnden Druckstücks mit dem Werkstück kann zu einer Spannmarke führen. Ursache ist dessen kugeliges Ende. Die entstehende Flächenpressung kann daher auch nicht mit dem einfachen Formelzusammenhang $p = F / A$ gerechnet werden. Vielmehr gelten wegen der Punktberührung die Gleichungen nach Hertz (Hertz'sche Flächenpressung). Eine wirkliche Berechnung ist hier jedoch kaum möglich, da die Spannkraft vor allem von der benötigten Einstellung im Praxisbetrieb abhängt. Abhilfe konstruktiver Art können Enden aus Kunststoff am Druckstück sein, so dass im Zweifel das Druckstück eine plastische Verformung erfährt und das Werkstück unbeschädigt bleibt.

Grundplatte / Auflageplatte

Hauptbelastung der Grundplatte ist die Biegespannung. Der Kraftfluss zeigt, dass die Bearbeitungskraft mittig in die Bohrplatte ein- und außen über die Füße abgeleitet wird. Entsprechend ergibt sich ein durchaus beträchtlicher Hebelarm von einem Fuß bis Mitte Grundplatte. Um die Biegespannung gering zu halten, sollten die Füße möglichst weit nach innen in Richtung Krafteinwirkung angebunden sein. Wichtiger ist jedoch die *Standsicherheit*; Daher werden sie weit nach außen gesetzt und die Platte mit dem Ziel einer geringen Verformung stark überdimensioniert. Da die Systemkräfte gering sind, wird die Biegespannung unkritisch ausfallen und daher auch nicht gerechnet. Gleiches gilt für die Durchbiegung der Vorrichtung, die wegen der starken Überdimensionierung keine nachhaltigen Konsequenzen auf das Fertigungsergebnis hat. Unter den benannten Ausführungen erübrigt sich die Nachrechnung der Auflageplatte erst recht.

Bolzengelenk, Sperrbolzen

Die Druckkraft des federnden Druckstücks wirkt auf das Werkstück. Als Reaktionskraft wird die Bohrplatte nach oben weggedrückt (vgl. Kraftfluss **Abb. 4.37**). Die Klappe wird linksseitig vom Bolzengelenk gehalten und rechtsseitig vom Sperrbolzen. Der Sperrbolzen ist außermittig montiert. Wegen der engen Führung der Klappe wird diese jedoch nicht zum Kippen neigen. Die beiden Seitenwände werden dadurch mitgenommen und belasten wiederum die Schraubenverbindungen zur Grundplatte. Allerdings ist die Kraft des federnden Druckstücks als vernachlässigbar klein anzunehmen (siehe auch Erläuterungen zur Grundplatte). Weitere Berechnungen fallen daher nicht an. Für die Anschlussgeometrien an der Bohrklappe können übliche Verhältnisse angenommen werden (vgl. **Abb. 3.9**).

Schrauben

Die eigentliche Kraftübertragung der Spann- und Bearbeitungskraft erfolgt direkt durch die Kontaktauflage der Auflageplatte auf der Grundplatte. Dadurch sind die Schrauben zur Anbindung der Werkstückaufnahme entlastet und müssen nicht berechnet werden. Grundsätzlich sollten Schrauben vorzugsweise in entlasteter Position verbaut sein. Die beiden Seitenplatten (Klappengelenk, Klappenaufnahme; vgl. auch Zeichnungssatz Kap. 6) werden durch die Kraft des Druckstücks belastet. Wegen der geringen Kraftbeaufschlagung ist eine Nachrechnung auch hier verzichtbar.

4.5 Ausarbeiten

4.5.1 Weitere Optimierung

Nach **Abb. 2.7** erfolgt der Aufbau des Modells und die Ableitung des Zeichnungssatzes in Optimierungsschleifen (Iterationen) – zunächst werden dabei überschlägig Dimensionen der Geometrien festgelegt und bei Bedarf nachgerechnet. Hierbei kommt es immer wieder zu Anpassungen und Neurechnungen (vgl. Berechnungsgang zu Kap. 3 als Zusatzmaterial).

Der angedachte Bolzen ist auf die Plattendicke sinnvoll abzustimmen. Dies meint, dass noch eine angemessen große Wandstärke verbleiben muss. Dann aber ist wegen der benötigten Länge kein Bolzen mehr nach Norm beziehbar. Die Platten dicker auszuführen macht die Konstruktion hingegen unnötig schwer. Daher wird der Bolzen durch einen eigengefertigten Zylinderstift mit ISO-Toleranz h9 ersetzt (vgl. Lösung **Abb. 4.38**). Alternativ hätte man auch ein Sondermaß bei einem Hersteller anfragen können, was dann aber in der Regel preislich höher ausfällt.

Die Buchsen sind herstellerseitig in der angedachten Länge nicht beziehbar. Für die Konstruktion bedeutet es aber keinen Abstrich in der Funktion, diese kürzer auszuführen. Dies zielt vor allem auf die Flächenpressung, die wegen der geringen Systemkräfte hinreichend klein ausfallen wird (vgl. Ausführungen zu den Berechnungen).

Die Aufnahmeplatte (Pos. 4, siehe Zeichnungssatz in Kap. 6) wird in der maßlichen Aufaddierung um 2 mm kürzer ausgeführt als das lichte Maß (Spaltmaß) zwischen den beiden Seiten (Pos. 2, Pos. 3). Dadurch muss das Längenmaß der Aufnahmeplatte nicht mehr toleriert werden. Dies bringt auch Vorteile beim Ausrichten zur Festlegung des Bohrbildes. Ebenso wird durch den Einsatz von Passscheiben (DIN 988) Fertigungsaufwand gespart. Die Passscheiben

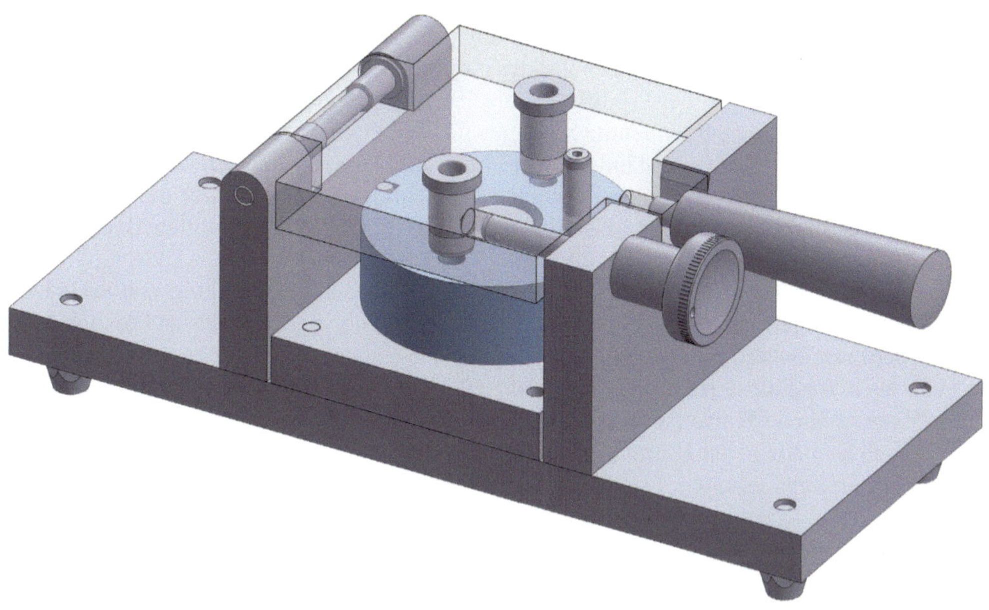

Abb. 4.38 ausgearbeitete Variante

sind in variablen Breiten ab 0,1 mm erhältlich und werden nach Bedarf zum Ausrichten der Bohrklappe aufgefüllt (vgl. auch Ausführungen zur Teilfunktion 5). Dadurch können die Fertigungstoleranzen an den beteiligten Baugruppen entsprechend großzügig ausfallen.

Unabhängig vom dargestellten Zeichnungssatz in Kap. 6 ergibt sich weiteres Optimierungspotenzial, dass hier im Sinne Aufwand – Nutzen nicht weiter verfolgt wird. Der eigengefertigte Zylinderstift ist noch nicht zufriedenstellend. Ggf. ist dieser aber als Sondermaß als Kaufteil erhältlich. Zudem sollten die weiteren Zylinderstifte und Schrauben vorzugsweise als Gleichteile ausgeführt werden. Dies führt zu Optimierungen in der Lagerhaltung und Beschaffung. Zudem ist die Gefahr von Fehlern geringer, da Längen hierbei nicht vertauscht werden können.

Aus fertigungstechnischer Sicht ist der Radius am Klappengelenk zu hinterfragen. Dieser ist in jedem Fall in der Herstellung aufwendiger als eine einfache Fase. Unfallschutzgründe sprechen hingegen für den Radius. Ob der Kugelsperrbolzen so sinnvoll eingesetzt werden kann, muss in der Praxis noch geprüft werden. Im Grundsatz sollte das federbeaufschlagte Ende frei bleiben, während es hier gespannt in der Bohrung der Konstruktion verbleibt. Alternativ könnte auch ein einfacher Bolzen mit Kopf Einsatz finden. In jedem Fall sollte das Systemelement eine Verliersicherung beispielsweise als Kette haben.

4.5.2 Ableitung Zeichnungssatz

Nach der Modellierung erfolgt u. a. die Ableitung des Zeichnungssatzes nebst zugehöriger Stücklisten. Dies setzt voraus, dass das Modell bereits entsprechend den betrieblichen Fertigungsschritten aufgebaut ist (vgl. hierzu auch Ausführungen unter Kap. 2.3.4). Nachfolgend ist der *Erzeugnisbaum* (*Erzeugnisgliederung*) zur Bohrvorrichtung dargestellt (**Abb. 4.39**). Der eigentliche Zeichnungssatz befindet sich im Anhang (vgl. Kap. 6). Bei Interesse können elektronische Originale auf der Internetseite des Verlags eingesehen oder heruntergeladen werden unter www.springer.com (direkt auf der Produktseite des Buchs) oder unter www.3dEduWorks.de.

Tolerierungen für Schraubendurchgänge und Senkungen sind den entsprechenden Normen zu entnehmen. Schraubenabstände sind je nach Maß frei zu tolerieren. Bei ungünstiger Konstellation von Freimaßtoleranz und Toleranz der Schraubensenkung oder der Durchgangsbohrung kann es maßlich auftreten, dass die Bohrbilder der beiden beteiligten Bauteile nicht mehr in Überdeckung gebracht werden können.

Grundsätzlich werden die Verstiftungen erst im Laufe der Herstellung von Probewerkstücken in der dann fertigen Baugruppe erstellt. Ein vorzeitiges Fertigen dieser Passbohrungen würde bei der Endmontage zur Folge haben, dass die Baugruppe nicht mehr ausgerichtet werden kann (vgl. auch Ausführungen zur Teilfunktion 12 Verbinden der Systemelemente). Entsprechend müssen textliche Hinweise in die Gesamtzeichnung eingebracht werden. Damit dürfen die betroffenen Bauteile in der Hierarchie der Modellerstellung erst in der Gesamtbaugruppe entsprechende Bohrungen erhalten. Das federnde Druckstück ist bei der Endmontage nach Bedarf einzustellen. Auch hierauf muss ein entsprechender Text in der Montagezeichnung hinweisen.

Zu tolerieren ist im Besonderen das Abstandsmaß für den Sitz der Bohrbuchsen (Zeichnung Bohrklappe 100 006). Mit der Genauigkeit der Maßverkörperung des Sitzes der Bohrbuchsen wird unmittelbar die Fertigungsgenauigkeit des Werkstücks beeinflusst.

Die Einbautiefe der Bohrbuchse ist relevant für eine funktionssichere Späneabfuhr (**Abb. 4.10**). Durch die Ausführung der Bohrbuchse mit Bund wird diese bis zur Anlage in die Bohrplatte eingetrieben. Der funktionssichere Abstand der Unterseite der Bohrbuchse zum Werkstück wird durch die weiteren Geometrien des Grundkörpers realisiert.

Grundsätzlich müssen sich weitere Schritte im Rahmen der CE-Zertifizierung anschließen (vgl. Kap. 2.4). Die Darstellung würde allerdings den Rahmen dieses Buches sprengen. Daher wird an dieser Stelle darauf verzichtet. Entsprechende Hinweise können dem Literaturverzeichnis von Kapitel 2 entnommen werden.

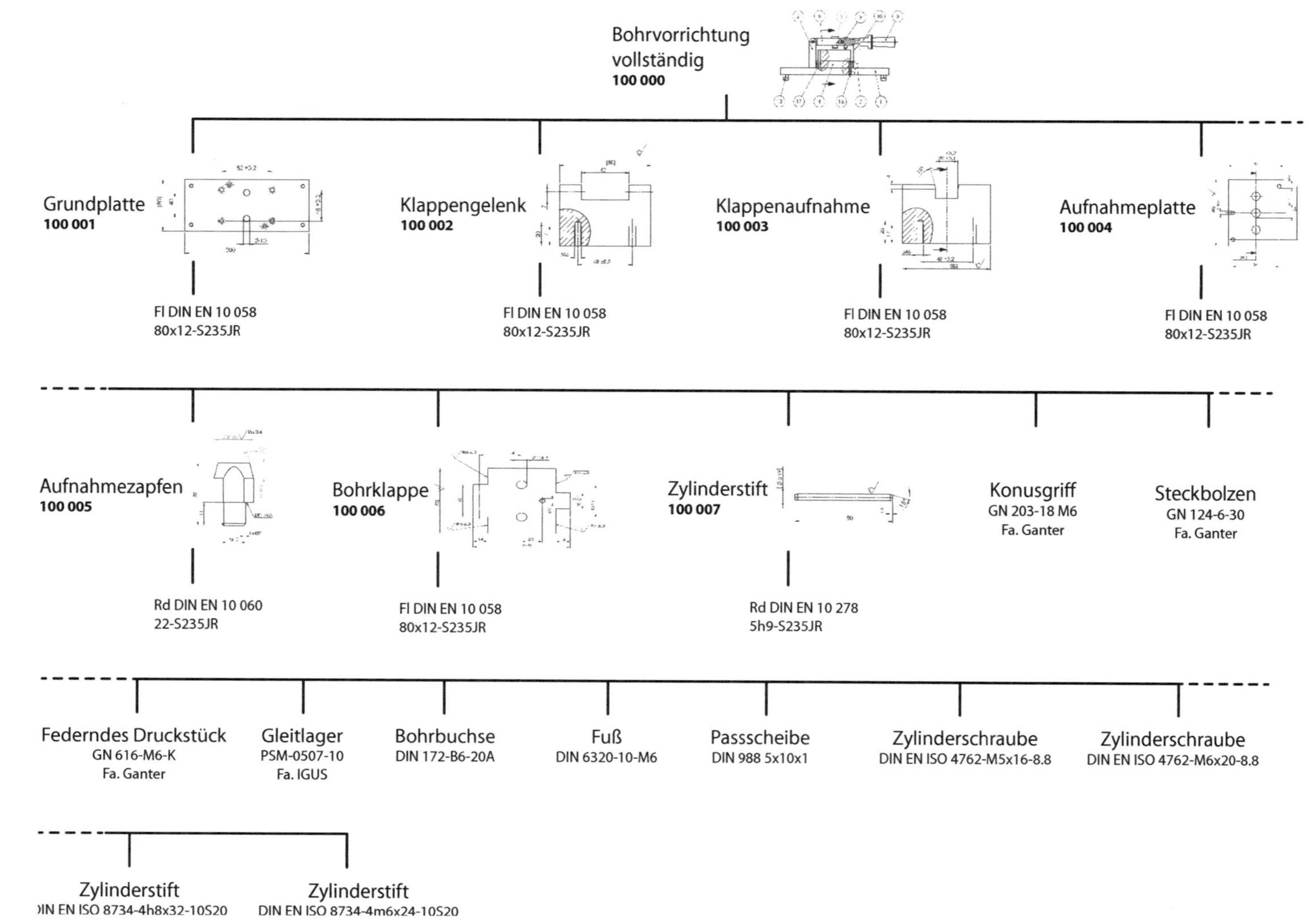

Abb. 4.39 Erzeugnisgliederung Bohrvorrichtung

Literaturverzeichnis

Böge, A.; Böge, W.: Technische Mechanik; Springer Vieweg; 32. Auflage; 2017

DGB-Technikum: Konstruieren und Berechnen, Vorrichtungsbau Band 1, 2, 3

Fleischer, B.; Theumert, H.: Roloff / Matek: Entwickeln, Konstruieren, Berechnen; Springer Vieweg; 6. Auflage; 2018

Hengesbach, E.: Fachwissen für Werkzeugmechaniker; Stam-Verlag; 1993

Keller, E. et. al.: Der Werkzeugbau; Verlag Europa-Lehrmittel; 13. Auflage; 2001

Krahn, H. et. al.: Konstruktionselemente 1 für den Vorrichtungs- und Maschinenbau; Vogel; 3. Auflage; 2002

Künne, B.: Köhler / Rögnitz Maschinenelemente 1; Vieweg + Teubner; 10. Auflage; 2007

Künne, B.: Köhler / Rögnitz Maschinenelemente 2; Vieweg + Teubner; 10. Auflage; 2008

Nagel, J.: Betriebsmittelkonstruktion, Vorrichtungsbau und Sondermaschinen; nverlag; 2003; 6. Auflage

Nagel, J.: Konstruktionsbeispiele von Spannvorrichtungen; nverlag; 2004

Rieg, F. et. al.: Decker: Maschinenenelemente; Carl Hanser; 20. Auflage; 2018

Schlecht, B.: Maschinenelemente 1; Pearson; 2. Auflage; 2015

Schlecht, B.: Maschinenelemente 2; Pearson; 2. Auflage; 2009

Wittel, H. et. al.: Roloff / Matek: Maschinenenelemente; Springer Vieweg; 23. Auflage; 2017

Verwendete Internetseiten

HASCO Hasenclever GmbH + Co KG (Normalien im Werkzeug- und Vorrichtungsbau)
hasco.com (Stand: 18.08.2018)

Heinrich Kipp Werk KG (Normteile, Normalien)
kippwerk.de (Stand: 18.08.2018)

igus GmbH (Gleitlager)
igus.de (Stand: 03.08.2018)

norelem Normteile KG
norelem.de (Stand: 03.08.2018)

Otto Ganter GmbH & Co (Normteile, Normalien)
ganter-griff.de/de/home (Stand: 03.08.2018)

5 Konstruktionsoptimierung

Während noch Mitte des letzten Jahrhunderts Firmen in erster Linie bestehende Marktbedürfnisse deckten (*Verkäufermarkt*), befinden sich die Unternehmen aktuell in einem *Käufermarkt* (vgl. auch Ausführungen in Kap. 2.3.5). Es ist zunehmend wichtig, mit immer neuen Ideen immer schneller Produkte herzustellen. Unter verkürzten *Produktlebenszyklen* (vgl. Beispiel **Abb. 5.1**) stellen sich Sättigungsphasen des Marktes stetig früher ein (vgl. auch **Abb. 2.29**) und die Zeitspanne von der Idee bis zur Produktreife (*time to market*) nimmt ab; einhergehend ebenso die Gewinnphase. Dies führt in den Konstruktionsabteilungen zu zeitparallelen und überlappenden Tätigkeiten (vgl. **Abb. 1.14**).

Fehler in der Produktentwicklung führen zu Geld- und Zeitverlusten (vgl. auch **Abb. 2.2** und **2.3**) und damit zu einem Schrumpfen der Gewinnphase. Es gilt daher, mögliche Fehlerpotenziale bereits in der Frühphase der konstruktiven Entwicklung zu erkennen und auszuschließen. Hier unterstützen moderne Konstruktionswerkzeuge den Anwender bereits in großer Bandbreite, die in diesem Kapitel auszugsweise dargestellt werden.

Darüber hinaus haben sich auch in den Konstruktionen Werkzeuge und Methoden des Qualitätsmanagements etabliert. So findet beispielsweise die *Fehler-Möglichkeits- und Einfluss-Analyse (FMEA)* weite Verbreitung. Sie ist eine analytische Methode zur vorbeugenden System- und Risikoanalyse. Zielsetzung ist die Identifizierung von Schwachstellen in Prozessen oder auch direkt im Produkt (vgl. auch Ausführungen in Kap. 2.3.4). Diese werden bewertet und geeignete Maßnahmen definiert. Idealisiertes Ziel ist beispielsweise ein fehlerfreier konstruktiver Entwurf als Grundlage der Erzeugung eines fehlerfreien Produktes.

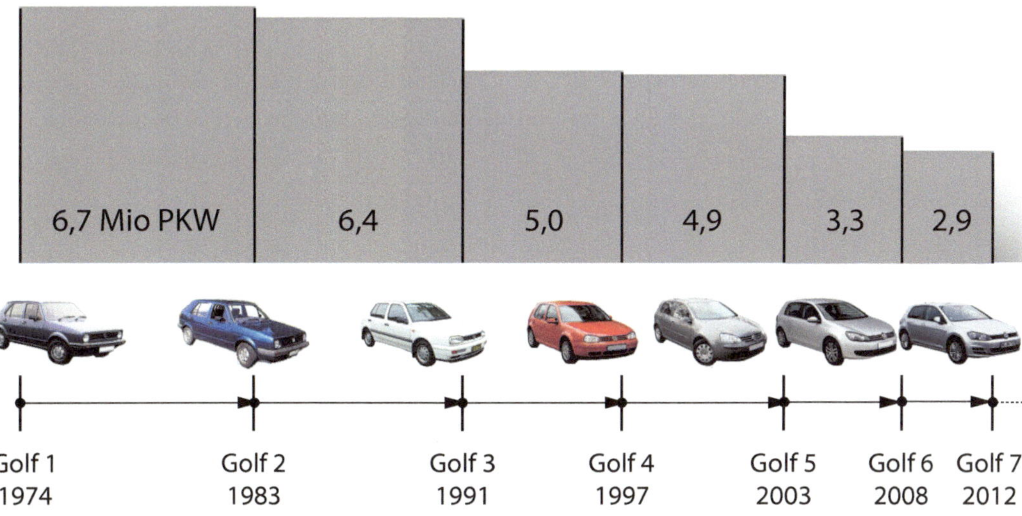

Abb. 5.1 Generationen VW Golf (Datenquelle: statista; Bilder Autos: © CC BY-SA 2.0)

© Springer Fachmedien Wiesbaden GmbH, ein Teil von Springer Nature 2019
B. Fleischer, *Methodisches Konstruieren in Ausbildung und Beruf*,
https://doi.org/10.1007/978-3-658-27690-4_5

5.1 Teileeinsatz aus Bauteilkatalogen

CAD-Systeme werden üblicherweise mit Teilebibliotheken (*Toolbox*) ausgeliefert (vgl. **Abb. 5.2**). Hier findet der Anwender klassische Normteile wie Schrauben, Scheiben, Muttern etc. Meist werden auch gängige Halbzeugprodukte wie Profile vorgehalten. Nach Vorauswahl des gewünschten Bauteils (hier. Zylinderschraube) kann die benötigte Größe (*Konfiguration*) über eine Vorauswahl festgelegt werden. Großer Vorteil der Direktauswahl innerhalb des CAD-Programms besteht im nachträglichen Ändern. Ist beispielsweise im Zuge der Ausmodellierung eine Schraube in ihrer Länge zu korrigieren, kann die Konfiguration über das zugehörige Auswahlmenü schnell angepasst werden.

Allerdings zeigen sich in der Praxis mitunter Konflikte, wenn Baugruppen von einem Rechnersystem auf ein anderes kopiert werden. Im Einzelfall werden dann ausgewählte Konfigurationen eines Bauteils auf dem neuen Rechner falsch zugeordnet. In der Folge kann dies schwerwiegende Konsequenzen für die gesamte Baugruppe haben, da die Bauteile über ihre Geometrien, Achsen und Ebenen innerhalb einer Baugruppe verknüpft sind. Ein einfaches nachträgliches Ändern oder Tauschen der Konfiguration greift mitunter nicht mehr, so dass die gesamte Konstruktion im schlimmsten Fall neu aufgebaut werden muss. Beim Produkt SolidWorks bietet der Hersteller mit der Webseite 3D Content Central (3dcontentcentral.de) eine Teiledatenbank im Internet an, die weit umfangreicher ist als die integrierte Toolbox. Hier können neben Dateiformaten von SolidWorks auch weitere Formate heruntergeladen werden.

Daneben gibt es systemneutrale Anbieter wie TraceParts (traceparts.de; vgl. **Abb. 5.3**) und Cadenas (cadenas.de). Der Konstrukteur kann online gezielt nach Teilen und / oder Herstellern suchen. Die Daten werden in allen gängigen CAD-Formaten für den Download bereitgestellt. Mittlerweile sind diese Bibliotheken sehr umfangreich und werden von den Unternehmen stetig aktualisiert. Während die Nutzung der Bibliotheken kostenfrei ist, müssen die Hersteller Gebühren bezahlen, um ihre Bauteile elektronisch einstellen zu dürfen. Da auch Konstruktionsabteilungen meist unter hohem Zeit- und damit Kostendruck stehen, wird sich kaum ein

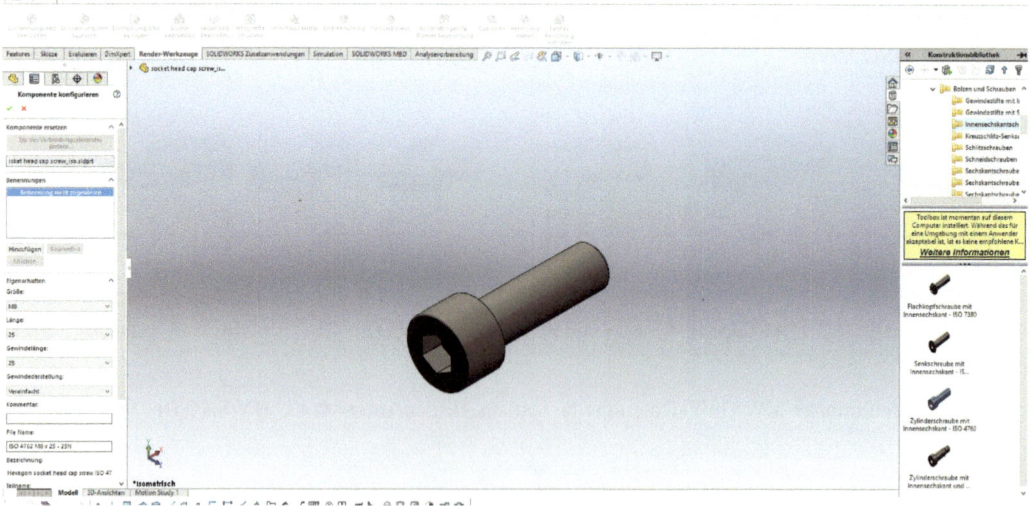

Abb. 5.2 Toolbox in SolidWorks (Screenshot)

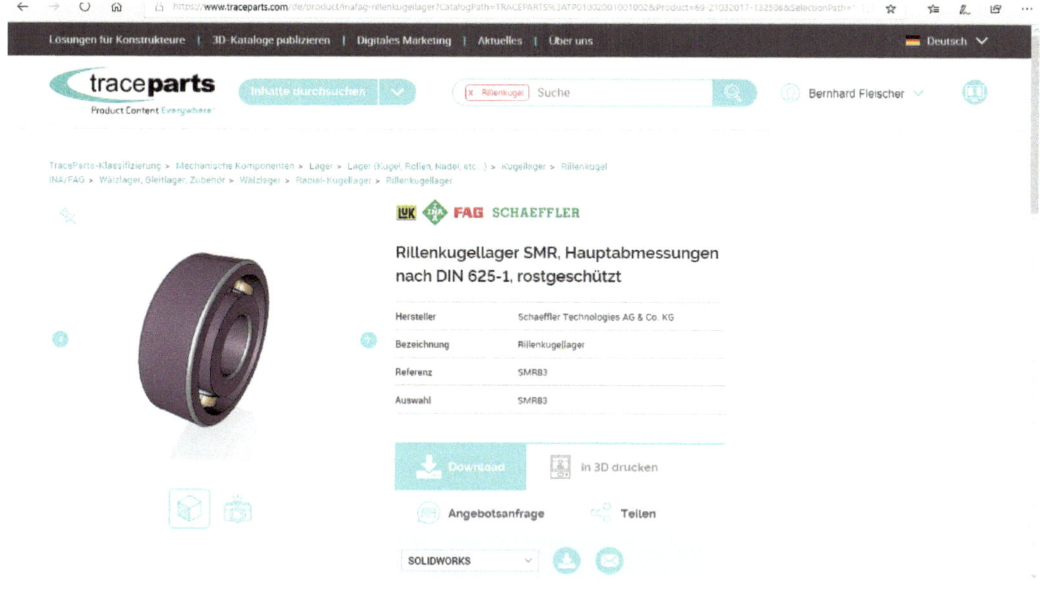

Abb. 5.3 Teilebibliothek TraceParts (Screenshot)

Entwickler die Zeit nehmen (können), potenzielle Zulieferteile nach Datenblättern nachzumodellieren. Im einfachsten Fall greift er auf bereits schon erstellte Bauteile der Bibliotheken zurück. Dies führt bei den Herstellern zu einem wirtschaftlichen Druck, hier unbedingt vertreten zu sein. Unabhängig davon pflegen die meisten Anbieter ihre firmeneigenen elektronischen Bibliotheken, über die sie ihre Bauteile und Baugruppen für den Download vorhalten.

Nachteil der so generierten Bauteile ist in Abgrenzung zu den programmeigenen Bibliotheken, dass einmal generierte Konfigurationen i. d. R. nicht mehr änderbar sind. Soll die Schraube (vgl. Beispiel **Abb. 5.2**) eine andere Länge erhalten, muss ein neues Modell generiert und gegen das vorhandene getauscht werden. Dies ist im direkten Vergleich zusätzlicher Aufwand. Üblicherweise kann der Konstrukteur im Rahmen der Verknüpfung zur Baugruppe oft auch nur eingeschränkt auf Geometrien zugreifen. Hintergrund: Durch das Konvertieren in andere Dateiformate gehen Informationen über Konstruktionselemente der Geometrieerzeugung (*Features*) verloren. Bei komplexen Bauteilen ist dies durchaus auch beabsichtigt, da hier drin technisches Knowhow der Hersteller steckt. Die beschriebenen Probleme im Umgang mit den programmeigenen Bibliotheken haben in der betrieblichen Praxis in vielen Unternehmen dazu geführt, vorzugsweise extern generierte Bauteile zu verwenden.

Häufig ergibt sich im betrieblichen Alltag die Notwendigkeit, Bauteile oder ganze Baugruppen zu übernehmen, die mit anderen CAD-Systemen erzeugt wurden. Grundsätzlich ist dies mittlerweile sehr komfortabel möglich, da die Dateiformate fast durchgängig austauschbar sind. So kann beispielsweise das Dateiformat von Inventor problemlos mit SolidWorks geöffnet werden und umgekehrt. Häufig gehen auch hierbei wie zuvor beschrieben Features verloren. Die CAD-Programme sind aber zunehmend in der Lage, auf der Basis der vorhandenen Bauteile die Generierung der Geometrien über die programmeigenen Features nachzubilden. Dies ist vor allem vom verwendeten Quell- und Zielformat der Datei abhängig.

5.2 Konstruktionsprüfung

Die einfachste Art der *Konstruktionsprüfung* ist das Schneiden des Modells (vgl. **Abb. 5.4**). Über die Auswahl von Ebenen kann unmittelbar Einsicht in das Innere eines Modells genommen werden. Mögliche grobe Fehler wie das Durchdringen von Körpern oder Lücken an Bauteilanschlüssen sind so unmittelbar identifizierbar. Daneben halten 3D-Modellierungssysteme eine Reihe weiterer Funktionen zur *Evaluierung* vor (vgl. **Abb. 5.5**). So untersucht das Tool *Interferenzprüfung* (auch: *Kollisionsprüfung*) Baugruppen auf unzulässige Durchdringungen (vgl. **Abb. 5.6**). Mögliche Überschneidungen werden vom System identifiziert, hinsichtlich der räumlichen Ausdehnung quantifiziert und farblich dargestellt. Hier sollte man dem System aber nicht „blind" vertrauen. So wird ein Gewinde aus Performancegründen häufig als Vollzylinder dargestellt. Nach der Verknüpfung von Außen- und Innengewinde kann es zu Fehlinterpretationen kommen (vermeintliche Durchdringung vgl. **Abb. 5.6**, rot gekennzeichnet). Sind diese vom Benutzer aber erkannt, können sie in der Fehlerdarstellung unterdrückt werden.

Eine weitere effektive Möglichkeit zur Konstruktionsoptimierung ist das *Messen*. Hiermit können unmittelbar an Bauteilen oder Baugruppen diverse geometrische Informationen direkt am Modell abgegriffen werden. Hierzu gehören beispielsweise: Abstände, Längen, Umfänge, Flächen. Über die Funktion *Masseneigenschaften* sind die Masse, Körperschwerpunkt, Volumen, Oberfläche, Trägheitsmomente usw. eines Bauteils oder einer Baugruppe auslesbar. Mit einer *Toleranzanalyse* sind die Auswirkungen von Toleranzen und Zusammenbaumethoden durch die Summierung der Bemaßung zwischen Geometrien eine Baugruppe bestimmbar. Als Ergebnis können u. a. die minimale und maximale Summe der Tolanzen ausgegeben werden.

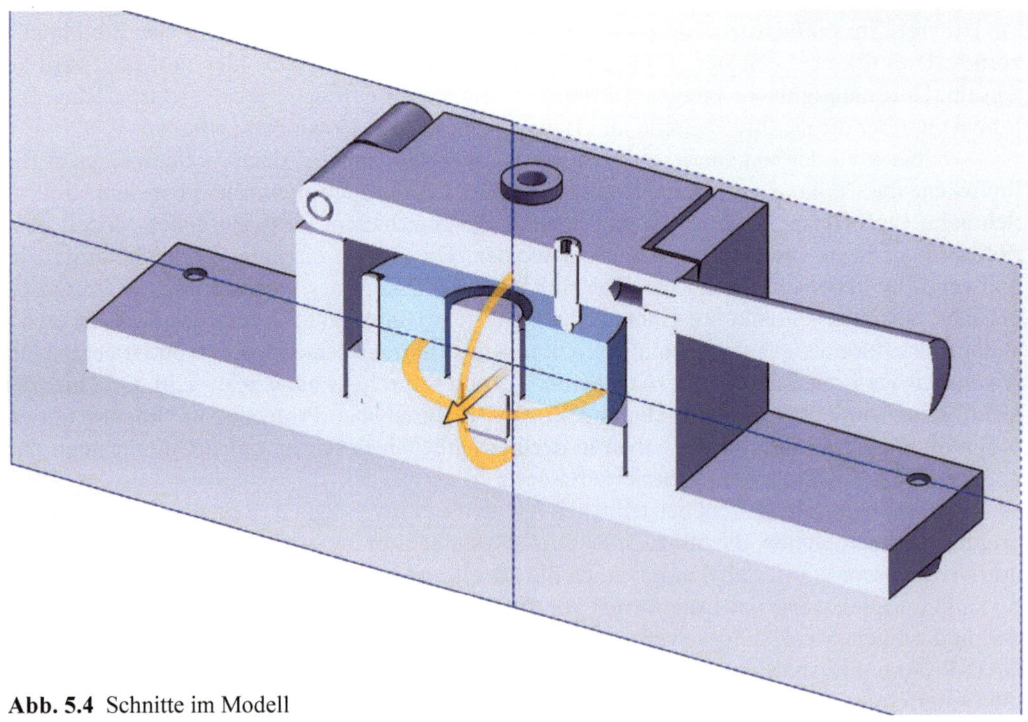

Abb. 5.4 Schnitte im Modell

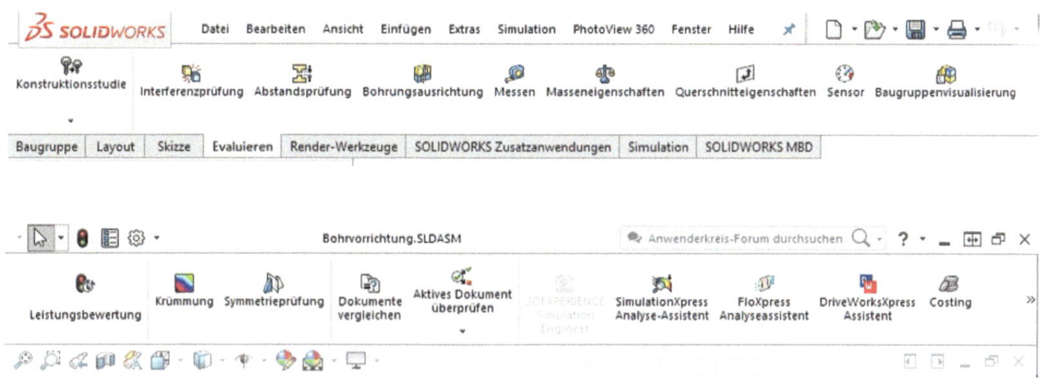

Abb. 5.5 Evaluation: Übersicht über die Tools

Die dargestellten Tools zielen auf den eigentlichen Konstruktionsprozess ab. Weitere Hinweise zum Einsatz können der Hilfefunktion der jeweils eingesetzten Modellierungssoftware und dem Literaturverzeichnis entnommen werden. Ob ein Modell unter Gesichtspunkten wie beispielsweise Festigkeit oder Verformung optimal konzipiert ist, wird nachfolgend mit Simulationswerkzeugen der Modellierungssoftware geprüft (vgl. nächstes Kapitel).

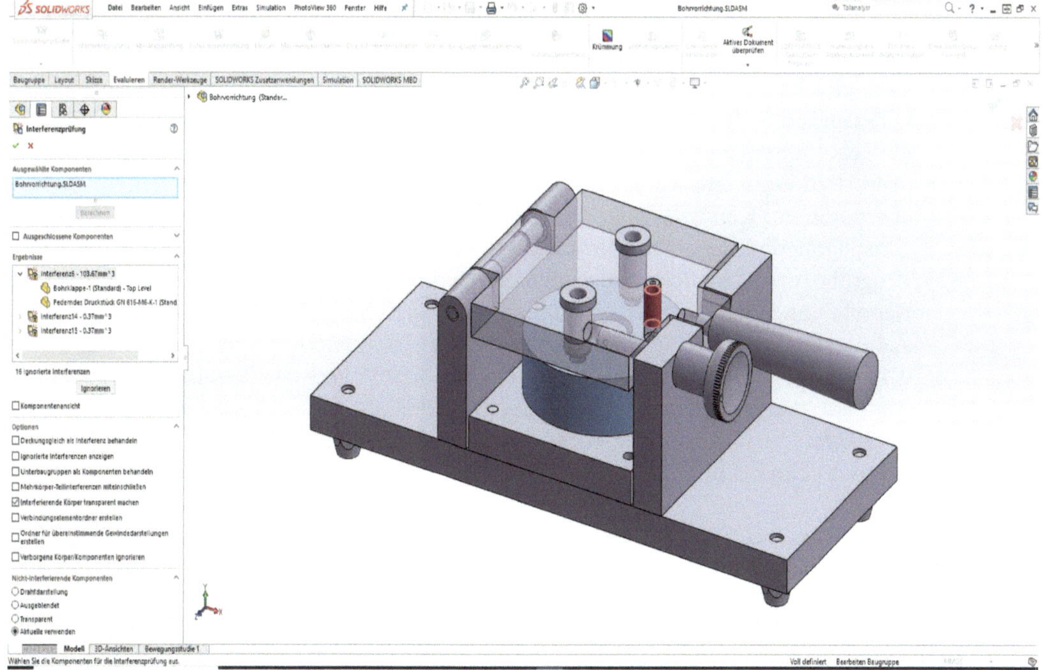

Abb. 5.6 Interferenzprüfung (Kollisionsprüfung)

5.3 Methoden der Spannungsermittlung

Mit der Entwicklung der Wissenschaftsdisziplin Technische Mechanik stehen den Menschen seit mehreren Jahrhunderten Berechnungsansätze für die Spannungsermittlung zur Verfügung. Dehnungsmessstreifen ermöglichen eine Absicherung am Realmodell. Untersuchungen mittels Spannungsoptik visualisieren Bauteilschwächungen, die durch Geometrien wie Rundungskerben verursacht werden. Weitgehend abgelöst ist dies mittlerweile durch die digitale *Simulation* mittels Finite-Elemente-Methode (FEM). Zur finalen Absicherung einer Entwicklung dienen meist physische Prototypen. Durch den Einsatz von Rechnersystemen können aktuell ganze Konzepte noch vor der Erstellung eines Prototypen digital am virtuellen Modell getestet werden.

5.3.1 Analytische Berechnung

Analytische Berechnungen („händisch") stehen auch aktuell i. d. R. am Anfang einer konstruktiven Neuentwicklung. Überschlägig können so schnell erste grobe Dimensionierungen festgelegt werden. Auf dieser Basis wird dann die Modellierung vorangetrieben. Problematisch wird häufig der abschließende rechnerische Nachweis: Beispielsweise entstehen durch funktionelle Notwendigkeiten und eine gedrängte Bauweise (Integralbauweise, vgl. Ausführungen in Kap. 2.3.3 Prinzipielles Vorgehen) schnell Geometrien, die sich für eine analytische Berechnung nicht oder nur mit hohem Aufwand erschließen. Dann stehen beispielsweise keine (oder ungenaue) Gleichungen für polare Widerstandsmomente zur Verfügung. Auch sind Rahmenbedingungen häufig nicht exakt erfassbar. Zu klassischen Fehlerquellen bzw. Ungenauigkeiten insgesamt zählen:

- Eine gleichförmige (stationäre) Lastbeaufschlagung wird im Berechnungsgang vorausgesetzt, obwohl in der Realität im Besonderen bei dynamischen Vorgängen im Regelfall ein zeitlicher Verlauf mit Schwankungsbreite vorliegt
- Werkstoffkennwerte werden als statistische Richtwerte aus Tabellenwerken übernommen; Kennwerte der gelieferten Charge sind unbekannt
- Einspannbedingungen und Kraftfluss werden idealisiert
- Zu grobe/ungenaue Idealisierungen der Geometrie, um noch aussagekräftige Berechnungen durchführen zu können (vgl. Ausführungen Widerstandsmomente)
- Zahlreiche Einflüsse bleiben unberücksichtigt: Temperatur (keine Dauerfestigkeit ab $0{,}4 \cdot T_{Schmelz}$!), Eigenspannungen, Eigengewicht, dynamische Zusatzlasten, äußere Einflüsse wie Umgebungsmedien (Bsp.: Salzhaltige Luft in Meeresnähe), Klima etc.
- Fachliche Qualifikation der Mitarbeiter
- Menschliche Fehler

Um eine Konstruktion rechnerisch abzusichern, werden bei Unklarheiten großzügige Annahmen und Bauteilsicherheiten sowie vereinfachte Betrachtungen zugrunde gelegt. Die führt in der Praxis zu (deutlich) größeren Dimensionen und Gewichten als notwendig (*Overengineering*). Bei „einfachen" Einzelprodukten und kleinen Serien ist dieses Vorgehen häufig gerechtfertigt und wirtschaftlich sinnvoll. Für sicherheitsrelevante Bauteile, größeren Serien und Branchen wie Luft- und Raumfahrt ist eine solche Vorgehensweise nicht akzeptabel. Hier werden dann in den verschiedenen Entwicklungsphasen bis hin zum fertigen Produkt („Erlkönig" in der Automobilbranche) stetig physische Prototypen gefertigt und ausgiebig getestet.

5.3.2 Spannungsoptik

Noch weit vor dem Einsatz von Rechnersystemen konnten qualitative Vorhersagen zum Spannungsverhalten eines Bauteils mit Hilfe der *Spannungsoptik* getroffen werden (vgl. **Abb. 5.7**). Ein lichtdurchlässiges Modell (beispielsweise aus Plexiglas) wird dabei mit einer Last beaufschlagt. Es verformt sich entsprechend dem nachgebildeten realen Bauteil. Das Modell wird dann mit polarisiertem Licht durchleuchtet. Die Dichte und Farben der sichtbar gemachten Linien (Isochromaten) lassen unmittelbar Rückschluss auf die vorhandenen Spannungen und den *Kraftfluss* im Modell sowie der Realie zu (Ähnlichkeitsmechanik). Nachteil dieser Methode ist die aufwendige Vorbereitung des Modells und die Reduzierung auf eine Ebene. Dies schließt die Untersuchung vieler Bauteile und Baugruppen aus. Das Verfahren hat vornehmlich nur noch historische Bedeutung.

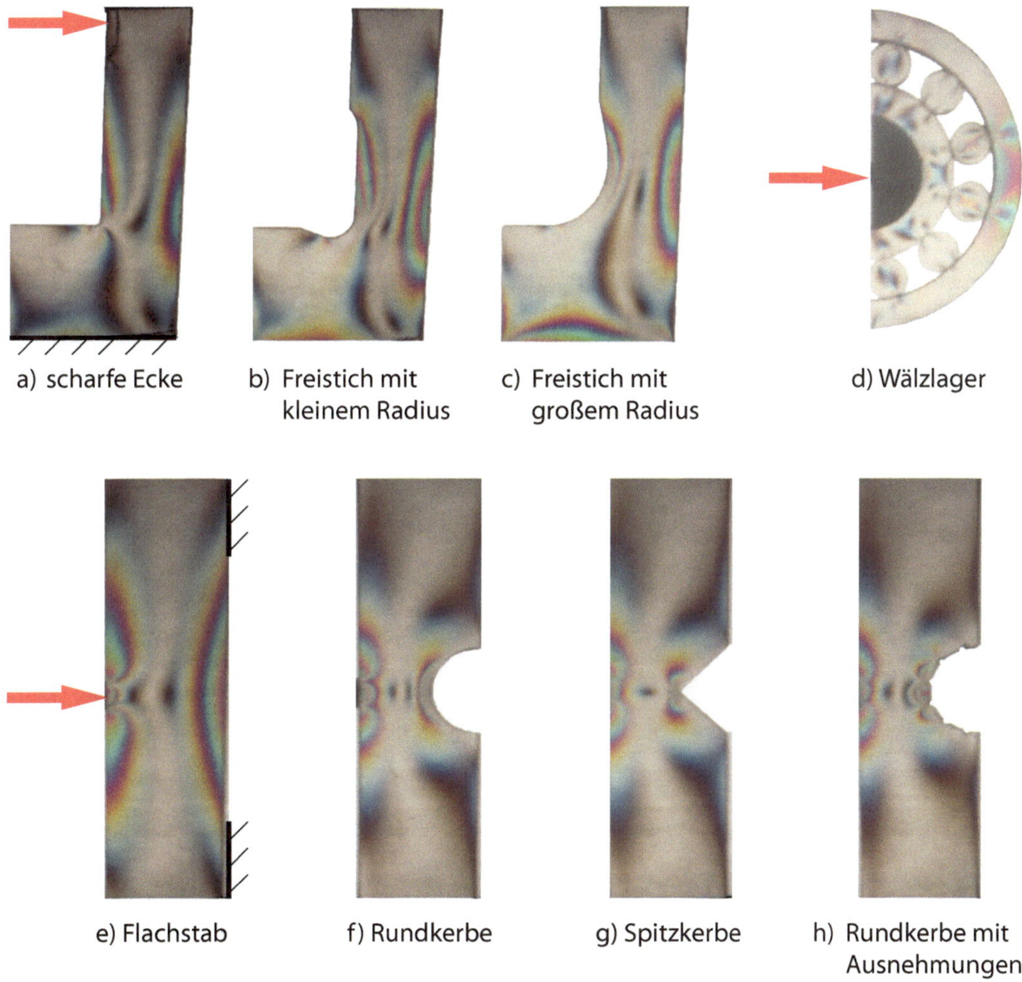

Abb. 5.7 Spannungsoptik

5.3.3 Dehnungsmessstreifen (DMS)

Obwohl schon in den 1940er Jahren entwickelt sind Untersuchungen mit *Dehnungsmessstreifen* (DMS) immer noch weit verbreitet. Sie liefern Informationen über die tatsächlich auftretenden Spannungen am realen Objekt. Damit erschließen sich Potenziale zur Gewichtsoptimierung (vgl. Overengineering) und ein ungewolltes Produktversagen kann für den späteren Praxiseinsatz nahezu ausgeschlossen werden.

Die DMS bestehen aus einem in einer Trägerfolie (beispielsweise aus Acrylharz) eingelassenen Draht. Sie werden auf die zu untersuchende Geometrie geklebt (vgl. **Abb. 5.8 li**; Pressengestell: Untersuchung am Übergangsradius). Unter Lastbeaufschlagung wird das Werkstück durch den physikalischen Zusammenhang von Spannung, Kraft und Dehnung verformt. Diese Formänderung führt zu einer Längen- und Querschnittsänderung des eingelassenen Drahtes. Damit einher geht eine Änderung seines elektrischen Widerstands, der gemessen wird. Aus den Messergebnissen wird über die physikalischen Zusammenhänge die örtlich auftretende Spannung ermittelt.

DMS bilden den realen Zustand eines Bauteils für den linear elastischen Fall (Hookesche Gerade) sehr genau ab. Daher eignet sich deren Einsatz zur Absicherung von analytisch berechneten Werten oder auch aus Simulationen (FEM, vgl. nächstes Kapitel). Da die DMS auf Oberflächen angebracht werden, sind allerdings auch nur die oberflächennahen Spannungen ermittelbar. Bei überlagerten Beanspruchungen und komplexen Geometrien kann die Genauigkeit des Ergebnisses abnehmen.

Sie dienen auch zur Spannungsbestimmung in Fällen, in denen der Realbetrieb nur sehr ungenau als Berechnungsgrundlage vorhergesagt werden kann (vgl. Ausführungen Kap. 5.3.1). Grundsätzlich gilt: Die Genauigkeit des Berechnungsgangs korreliert immer mit der Genauigkeit der festgelegten oder / und bekannten Randbedingungen. Der Abgleich der ermittelten Werte (analytisch oder FEM) mit den Ergebnissen der Untersuchung mittels DMS führt somit zu gesicherten Erkenntnissen als *Erfahrungswerte*. Mit diesem Wissen können zukünftige ähnlich gelagerte Berechnungen immer genauer ausfallen. Und über das *Skalieren* kann bei variierenden Rahmenbedingungen auf Dimensionierungen rückgeschlossen werden (Hochrechnen).

Neben den beschriebenen Anwendungen werden DMS auch zur Zustandsüberwachung in Sensoren verbaut. Einsatzfelder sind so beispielsweise: Waagen, Kraftaufnehmer, Drehmomentaufnehmer, Beschleunigungsmesser, Druckmessumformer, Schwingungsmesser etc.

Abb. 5.8 Dehnungsesssstreifen (DMS) (li: Untersuchung an einem Pressengestell; re: eigentlicher DMS)

5.3.4 Finite-Elemente-Methode (FEM)

Historische Entwicklung

Der Einsatz der *FEM* in der Berechnungspraxis begann in den 1950er Jahren bei der Struktur-berechnung von Flugzeugflügeln in der Luft- und Raumfahrtindustrie. Weiter Verbreitung fand sie schnell in der Automobilindustrie. Zunächst beschränkte sich der Einsatz auf die Lösung von Festkörper-Problemen im Rahmen der Spannungs- und Verformungsanalyse. Auch heute bildet die statische Festigkeitsberechnung den Schwerpunkt des FEM-Einsatzes. Mittlerweile können aber nahezu unbegrenzt alle Arten physikalischer Vorgänge mit einer FEM untersucht werden:

- Statik (Spannungen, Verformungen)
- Dauerfestigkeit/Dauerbruch
- Temperatur
- Schwingungen
- Akustik
- Srömungsverhalten (Fluide, Gase)
- Crash-Verhalten (Verformungen, Beschleunigungen)
- Knicken/Beulen
- Magnetismus
- Strahlung
- Umformprozesse
- ...

Durch die Breite der Untersuchungsmöglichkeiten erstrecken sich FEM-Analysen heute über nahezu alle Branchen, in denen physikalische Prozesse eine Rolle spielen. So nutzen beispiels-weise auch Klimaforscher und Wetterdienste die Simulationswerkzeuge für ihre Vorhersagen. Die Software konnte in den Anfangsjahren nur auf teuren Großrechnern von Spezialisten betrie-ben werden. Die Programme waren zudem teuer, so dass oft nur wenige oder sogar nur eine Lizenz im Unternehmen vorgehalten wurde. Mittlerweile sind Simulationen zumindest bei einfachen Bauteilen und Baugruppen mit akzeptablen Rechenzeiten auf Standard-PCs lauffä-hig. Und sie sind häufig als Tool unter einer einheitlichen Benutzeroberfläche der eigentlichen Modellierungssoftware integriert. Die Bedienung ist oftmals intuitiv und damit schnell erlernbar. Diese Rahmenbedingungen trugen maßgeblich zur Verbreitung der Technologie bei.

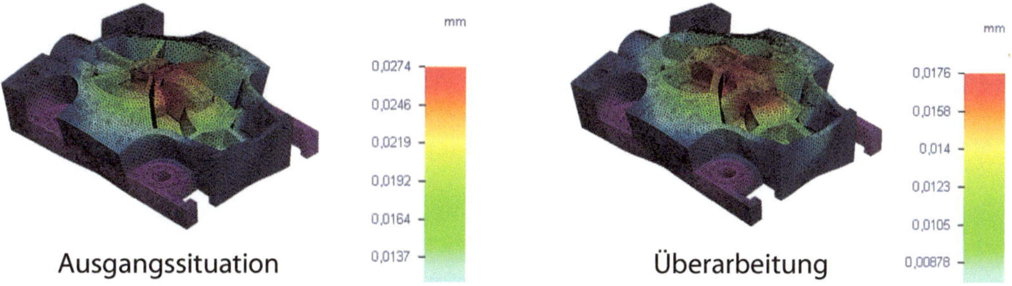

Abb. 5.9 FEM-Darstellung: Überarbeitung eines Pumpendeckels (vgl. auch Original **Abb. 1.7**)

Analysevorgang

Nachfolgend ist der Workflow einer FEM-Analyse exemplarisch und softwareunabhängig an einer Spannungsuntersuchung für den statischen Fall dargestellt (**Abb. 5.10**):

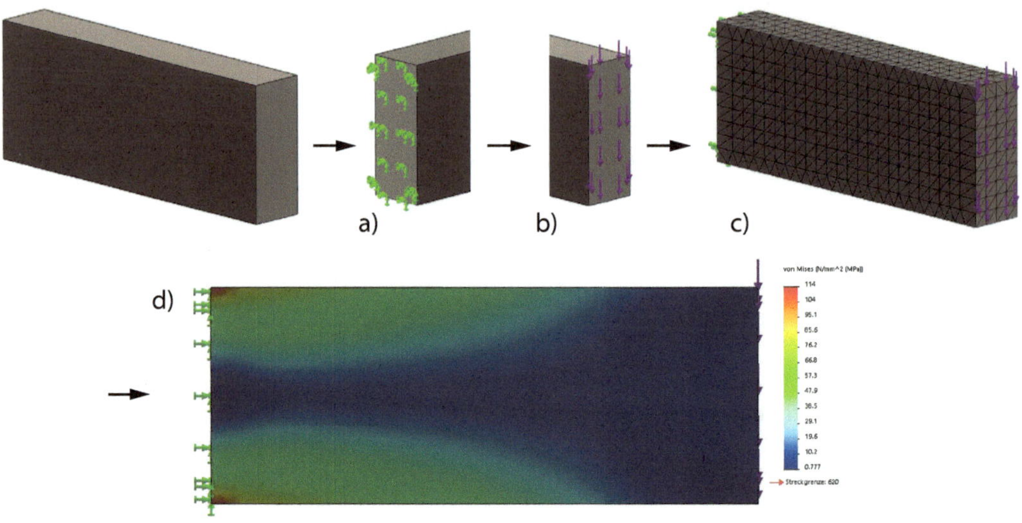

Abb. 5.10 Vorgehen bei der Analyse

Eingangs muss dem Bauteil ein Material zugewiesen werden. Dies wird häufig schon bei der Bauteilmodellierung definiert, um beispielsweise das Gewicht zu bestimmen. Im Weiteren können Kontaktbedingungen mit der Umgebung definiert werden (Schrauben, Federn, Lager u. Ä.). Da im Beispiel ein einfacher isolierter Rechteckstab untersucht werden soll, entfällt diese Randbedingung. Dann wird die Einspannung definiert (**Abb. 5.10a**). In diesem Fall ist ein starrer Anschluss als „fixierte Geometrie" gewählt worden. Alternativen sind beispielsweise „Rolle/Gleitvorrichtung" oder „Fixiertes Scharnier". Es folgt eine Kraftbeaufschlagung über die vordere Stirnfläche (**Abb. 5.10b**). Weitere Möglichkeiten sind „Drehmoment", „Druck", „Schwerkraft" u. v. m.

Nächster Schritt ist die Vernetzung (*Diskretisieren*; **Abb. 5.10c**). Hierbei wird der Körper vollständig über verbundene Knotenpunkte nachgebildet und dabei die Geometrie in kleine und einfach geformte Einheiten aufgeteilt. Dies sind sogenannte *finite Elemente* (= endliche Teile), woraus sich auch der Name dieser Untersuchungsmethode ableitet. Auf dieser Basis werden vom Programm mathematische Gleichungssysteme aufgestellt und gelöst. Desto feinmaschiger das Netz mit seinen Knotenpunkten voreingestellt wird (Netzdichte), desto näher wird das Ergebnis am tatsächlichen liegen (Ausnahmen vgl. nächstes Unterkapitel). Allerdings steigt hiermit auch der Umfang des Gleichungssystems und damit der Aufwand des Berechnungsgangs zur Gleichungslösung. Die Ergebnisse werden abschließend den Knotenpunkten auf der Geometrie farblich zugeordnet (**Abb. 5.10d**). Rot bedeutet in dieser Untersuchung die höchste Spannung. Im Farbschema nach blau hin nimmt die Spannung ab.

Der Konstrukteur kann auf Basis dieser Analyse beispielsweise einen besser geeigneten Werkstoff auswählen. Unter Gewichts- und Kostenaspekten kann er aber auch die Geometrie optimieren. Am Beispiel (**Abb. 5.10**) ist zu erkennen, dass die Spannung über den Hebelarm zur
Einspannung hin zunimmt. Somit könnte im Bereich der Lastbeaufschlagung unkritisch Material
entnommen werden bei nur geringem Anstieg der *Maximalspannung* in der Randfaser (*angeformte Bauweise;* vgl. Ausführungen zu **Abb. 5.29**), Weiter ist die für eine Biegespannung
kennzeichnende neutrale Faser in Bauteilmitte zu erkennen. Hier kann ebenso in Bandbreite
unkritisch weiteres Material entnommen werden. So ergeben sich erste Ansätze zu Leichtbau-
konstruktionen (vgl. **Abb. 5.11**). Konsequent verfolgt werden diese Strategien mittels der Bionik
und hier im Besonderen der Topologieoptimierung (vgl. Kap. 5.6.2).

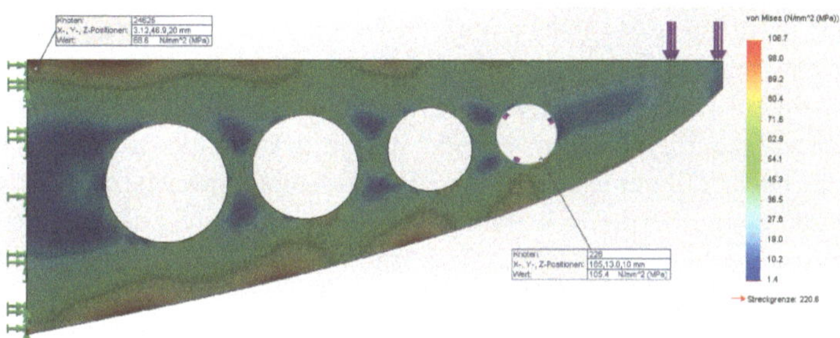

Abb. 5.11 Ansatz Leichtbau

Grenzen und Möglichkeiten der FEM

Um die Software zu bedienen, muss der Anwender kein Spezialist (mehr) sein, der sich in den
Tiefen der dahinter liegenden Mathematik sicher auskennt. Relativ schnell kommt auch der Neuling zu Berechnungsergebnissen. Dies ist zugleich aber auch eine Gefahr, da fehlende Erfahrung
und Übung unbeabsichtigt und unentdeckt zu großen Fehlern führen können. Werden beispielsweise Systemgrenzen des Bauteils mit seiner Umgebung (Kontaktbedingungen) falsch oder
unzureichend genau definiert, können die Fehlerabweichungen schnell eine Zehnerpotenz betragen. Eine Spannungsuntersuchung mittels FEM kann fundiertes Ingenieurwissen nicht ersetzen!
Beherrscht der Anwender jedoch die Technische Mechanik und Grundzüge der FEM-Analyse
sicher, ist sie ihm wertvolles Werkzeug im Rahmen seiner konstruktiven Tätigkeit.

Eine *analytische Berechnung* lässt sich im Besonderen bei komplexen Geometrien
(vgl. **Abb. 5.9**) nicht mehr sinnvoll durchführen. Um solche Bauteile überhaupt noch einer Rechnung zugänglich zu machen, müssen die Geometrien stark vereinfacht betrachtet werden, um
noch Formeln (beispielsweise für Widerstandsmomente) anwenden zu können. Dann aber kann
das ermittelte Ergebnis so weit vom realen abweichen, dass eine zielführende Aussagequalität
nicht mehr gegeben ist. Gerade hier entfaltet die FEM ihre große Stärke. Sie wird bei jeder Geometrie ein Ergebnis liefern. Aber auch dieses wird nie exakt die Realität widerspiegeln. Streng
betrachtet gilt die Berechnung auch nur für das mathematische Modell auf Basis der Geometrie.
Alleine schon eine Änderung der Genauigkeit in der Vernetzung wird zu differierenden Ergebnissen führen (vgl. auch Ausführungen zu **Abb. 5.10**).

Bei der Interpretation der Ergebnisse müssen Abweichungen sicher erkannt und geklärt werden, wie sie beispielsweise durch *Spannungssingularitäten* bedingt sind (vgl. **Abb. 5.12**). Dies bedeutet technisch, dass mit immer feiner voreingestellter Vernetzung das Ergebnis (beispielsweise der Spannung) in immer größeren Sprüngen zunimmt (Tendenz: Unendlich!). Hintergrund ist, dass aus mathematischer Sicht beispielsweise eine scharfe Kante (Übergangsradius = 0 mm) zu einer unendlich hohen Spannung führen kann. Der ermittelte Wert der FEM kann für die Realie nicht stimmen! Allerdings können in der Fertigung auch keine „echten" scharfen Kanten erzeugt werden. Mindestens der Radius einer Werkzeugschneide wird am Bauteil bestehen bleiben, während die Geometrie des elektronischen Bauteils tatsächlich scharfkantig modelliert wird.

Um zu vertrauenswürdigen Ergebnissen zu kommen, muss ein Modell daher häufig für die FEM aufbereitet werden. In vorliegenden Fall würde ein Übergangsradius (z. B. 3 mm) in das Modell eingearbeitet. Zwar wird damit das Problem der Spannungssingularität umgangen, aber es wird auch nicht mehr das reale Modell gerechnet (*Idealisierungsfehler*)! Es gilt: „Die Wahrheit" lässt sich nicht ausrechnen! Der Einbezug von FEM-Analysen kann den Praxistest an Prototypen (aktuell noch) nicht vollständig ersetzen. Gerade aber in der Frühphase einer konstruktiven Entwicklung ist es ein sehr effizientes Tool, um über Konzeptvergleiche schnell zu richtungsweisenden Ansätzen zu gelangen. Häufig werden dann Erkenntnisse aus dem Prototypentest in nachfolgende FEM-Studien „eingepreist", so dass sich mit zunehmender Erfahrung eine starke Annäherung von FEM und Realität einstellt.

Schon die Analyse mit gleichen Parametern auf unterschiedlichen Rechnern führt in der Berechnungspraxis zu differierenden Ergebnissen. Es gibt weitere Einflussfaktoren und modellhafte Annahmen, die zu Abweichungen der Analyseergebnisse von denen im Realbetrieb führen. Folgende Aspekte/Hinweise sollten bei einer FEM-Analyse beachtet werden:

- Spannungssingularitäten (vgl. Ausführungen zuvor)
- Geometrische Aufbereitung (z. B. Radien statt scharfe Modellkanten) mit geringem Ergebniseinfluss
- FEM-Rechnungen mit analytischer Rechnung auf Plausibilität prüfen
- Besonderheiten der Vernetzung beachten (Netzdichte, Elementtypen bei Netzen)
- Klarheit/Eindeutigkeit der gewählten Randbedingungen zu Lastbeaufschlagungen und Kontakt- bzw. Einspannbedingungen (→ Gefahr: Idealisierungsfehler)
- Überprüfung, ob die idealisierten Bedingungen der Berechnung vorliegen: Temperatur, Freiheit von Eigenspannungen, Homogenität der Eigenschaften des Werkstoffs, abgesicherte Werkstoffkennwerte, geringe Beanspruchungsgeschwindigkeit, Medien (Salzwasser etc.), Oberflächenqualität, Klimaeinflüsse etc.

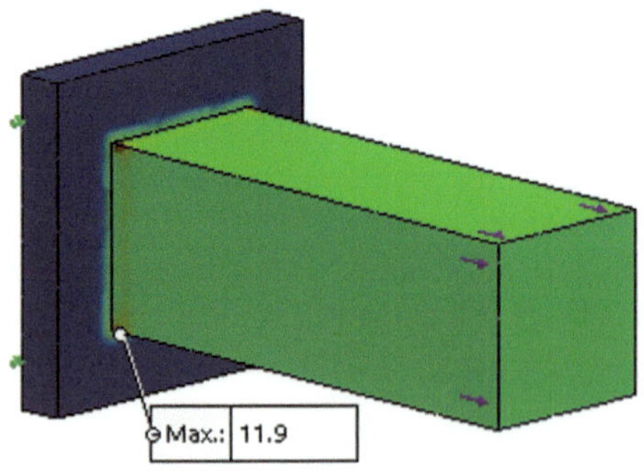

Abb. 5.12 Spannungssingularität an scharfkantigen Übergängen

Generell muss bei einer FEM-Analyse mit einem Fehler von bis zu 10% ausgegangen werden. Auch die Hersteller der Software sensibilisieren den Anwender, nicht „blind" den Ergebnissen zu vertrauen. In der Hilfefunktion der Software SolidWorks findet sich folgender Hinweis: „Begründen Sie Ihre Konstruktionsentscheidungen nicht ausschließlich auf Ergebnisse der Simulation. Verwenden Sie diese Informationen in Kombination mit experimentellen Erfahrungswerten. Praktische Tests sind zur Bewertung der endgültigen Konstruktion unerlässlich. Die Simulation-Konstruktions-Software hilft, die Zeit zur Erlangung der Marktreife zu reduzieren, indem praktische Tests verringert aber nicht eliminiert werden." Insgesamt überwiegen aber die Vorteile:

- Komplexe Geometrien, die nicht mehr analytisch gerechnet werden können (vgl. **Abb. 5.9**), sind nun überprüfbar
- Senkung der Produktentwicklungszeit (time to market)
- Kostenreduktion (Entwicklung, Produktion etc.)
- Einsparung von Material ($\rightarrow$ Kosten, Gewicht)
- Frühzeitiges Erkennen von Schwachstellen des Produktes
- Bessere Produkte (schnelle Prüfung unterschiedlicher Konzepte; vgl. **Abb. 5.13**)
- Senkung der Fehlerkosten (vgl. **Abb. 2.2**, **2.3**, **2.30**)
- (deutliche) Reduktion von realen (physischen) Prototypen

Im Bereich des Maschinenbaus gehört die Einführung in die FEM-Analyse zum festen Repertoire der technischen Ausbildung an Hochschulen, Fachhochschulen und einigen Fachschulen. Sogar in der Sekundarstufe 1 werden in der Vertiefung Technik bereits vereinzelt einfache Analysen durchgeführt. Die Nutzung der FEM ist als Stand der Technik anzusehen. Auch mittlere und kleine Unternehmen greifen zunehmend auf die Unterstützung durch Simulationssoftware zurück. Lediglich 5% der branchenführenden Unternehmen verzichten weiter auf den Einsatz entsprechender Software-Tools (Quelle: Aberdeen Group: Die Vorteile virtueller Simulation im

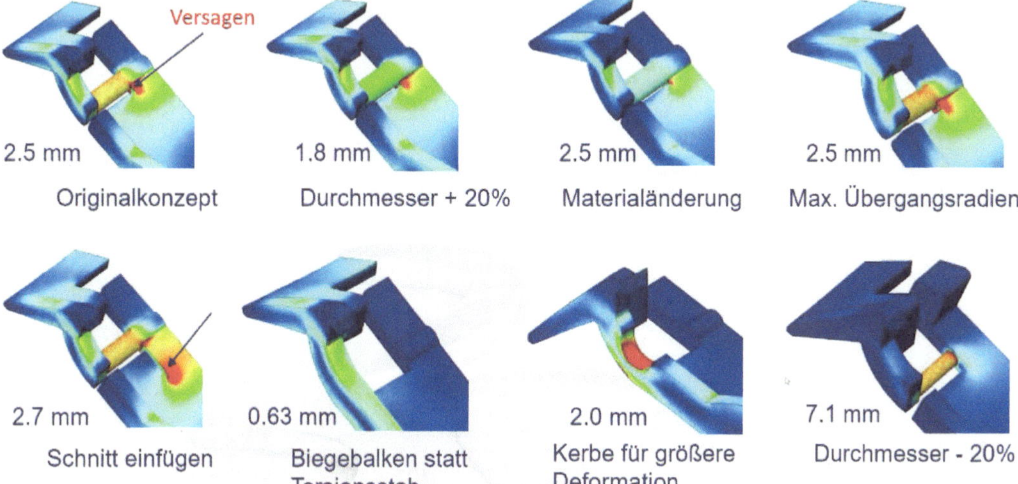

Abb. 5.13 FEM-Untersuchung von Lösungskonzepten (Quelle: Webseminar SolidWorks: SolidWorks Simulation – Der Schlüssel zur Innovation im Maschinenbau; 31.08.2010)

Vergleich zu herkömmlichen Methoden; Dez. 2014).

Vertriebsfirmen und/oder Hersteller der Analysesoftware bieten entsprechende Schulungen an. Bei Interesse kann ein Skript auf der Internetseite des Verlags heruntergeladen werden unter springer.com (direkt auf der Produktseite des Buchs) oder unter www.3dEduWorks.de. Dieses ist aus der Unterrichtsarbeit des Autors an der Fachschule für Technik hervorgegangen und als Selbstlernunterlage seit einigen Jahren in der Unterrichtsarbeit im Einsatz.

5.4 Prototypen

5.4.1 Übersicht und Einsatzziele

Der Begriff *Prototyp* leitet sich aus dem griechischem ab (protos = der Erste; typos = Urbild, Vorbild). Im Laufe des Konstruktionsprozesses werden in verschiedenen Entwicklungsstadien Prototypen hergestellt. In der Frühphase (Konzeptphase, vgl. **Abb. 2.7**) geht es im Kern um die Optimierung eines grundlegenden Lösungsprinzips (Beispiel vgl. **Abb. 5.13**). Mit den Phasen Entwerfen und Ausarbeiten stehen zunehmend die Gebrauchsfähigkeit und Kostenreduzierung im Vordergrund (vgl. Anhang **A 9** Produktentwicklung). Am Ende erfolgt der Einsatz in der Realität mit Serienteilen (Feldversuch, vgl. **Abb. 5.14**).

Ein gründliches Testen ermöglicht ein frühzeitiges Erkennen und Eingrenzen von Risiken. Dadurch werden die durch Fehler verursachten potenziellen Kosten deutlich reduziert (vgl. **Abb. 2.2**). Spätestens mögliche Rückruf- und Nachrüstaktionen beispielsweise in der Automobilindustrie kosten schnell dreistellige Millionenbeträge und führen zu einem nachhaltigen Imageschaden. So bringen noch heute viele Menschen mit dem Begriff „Elchtest" das Versagen eines Mercedes-Benz-A-Klasse bei einem Fahrdynamik-Test im Jahr 1997 in Verbindung. Als Konsequenz wurde vom Hersteller u. a. das Elektronische Stabilitätsprogramm (ESP) nachträglich verbaut.

In den Anfangsjahren automobiler Entwicklung waren die Möglichkeiten zur Erstellung physischer Prototypen (*Physical Mock-up*) vergleichsweise beschränkt. Beispielsweise wurden zur Strömungsanalyse beginnend in den 1930er Jahren zu Studienzwecken Holzmodelle im verkleinerten Maßstab gefertigt und im Windkanal getestet (vgl. **Abb. 5.15**). Hiermit wurden Untersuchungen zum Strömungswiderstandskoeffizient (kurz: c_w-Wert) durchgeführt. Desto niedriger der Wert, desto besser ist die „Windschlüpfrigkeit" der Geometrie.

Abb. 5.14 Prototypen
li: „Erlkönig" BMW X5 (Quelle: B. Forbes; CC BY-SA 3.0)
re: Prototyp Formel 1 Rennwagen TF110 von Toyota, ursprünglich entwickelt für die Rennsaison 2010

Als strömungstechnisch optimale Geometrie gilt die Tropfenform (c_w-Wert = 0,02). Der c_w-Wert ist somit ein technischer Maßstab, der unmittelbare Relevanz für den Energieverbrauch hat und für den Transportsektor (Auto, Zug, Flugzeug, Raumfahrt) herausragend ist. Heutige Serienfahrzeuge der Automobilindustrie liegen in Bereichen des c_w-Wertes von 0,24 bis 0,3. Experimentalfahrzeuge wie das sogenannte „1-Liter-Auto" kommen auf einen Wert von 0,159, das Serienfahrzeug Tesla Modell 3 auf c_w = 0,23. Heute werden solche Untersuchungen vor allem mit digitalen Prototypen (*Digital Mock-up*) durchgeführt.

Für den Treibstoffverbrauch ist neben dem Strömungswiderstandskoeffizient das Fahrzeuggewicht von herausragender Bedeutung. Mit Hilfe digitaler Optimierungsprozesse, die häufig schon Bestandteil der Modellierungssoftware sind, können Bauteile und Baugruppen mit der Zielsetzung Gewichtsminimierung bei vorgegebener aufzunehmender äußerer Belastung entwickelt werden. Die Möglichkeiten des 3D-Drucks sind hierbei auf fertigungstechnischer Seite entscheidende Voraussetzung für die praktische Umsetzung (vgl. **Abb. 5.20, 5.21**). Konstruktive Ansätze des Leichtbaus werden in Kapitel 5.5 herausgestellt.

Die Fertigung physischer Prototypen ist sowohl kosten- als auch zeitaufwendig und verlängert damit den Entwicklungsprozess (vgl. **Abb. 5.16**). Das Herstellen eines Prototypen muss sich daher immer auch wirtschaftlich rechtfertigen. Liegen hinreichend Erfahrungswerte vor oder/und sind Risiken eines Produktausfalls gut beherrschbar (Ausfallkosten, Gesundheitsgefährdung), kann und wird auf Prototypen u. U. gänzlich verzichtet. In Branchen wie Luft- und Raumfahrt sowie in Massenmärkten wie der Automobilindustrie sind Prototypen über die Phasen des Entwicklungsprozesses unabdingbar.

Neben den Faktoren Zeit und Kosten bringen physische Prototypen weitere Probleme und Einschränkungen mit sich. Da Endprodukt und Prototyp nicht identisch sind, lässt sich die tatsächliche Leistung des Endproduktes nur eingeschränkt abschätzen. Unterschiede ergeben sich im Besonderen durch abweichende Werkstoffe und Herstellprozesse sowie die Einhaltung der Konstruktionstreue. Zudem lassen sich die Einsatzbedingungen des Produktes häufig nur eingeschränkt in einem Test simulieren. Aktuelle und zukünftige Möglichkeiten des 3D-Drucks erlauben zunehmend eine zeitnahe und kostengünstige Herstellung physischer Prototypen mit repräsentativen Werkstoffeigenschaften nahe am Endprodukt.

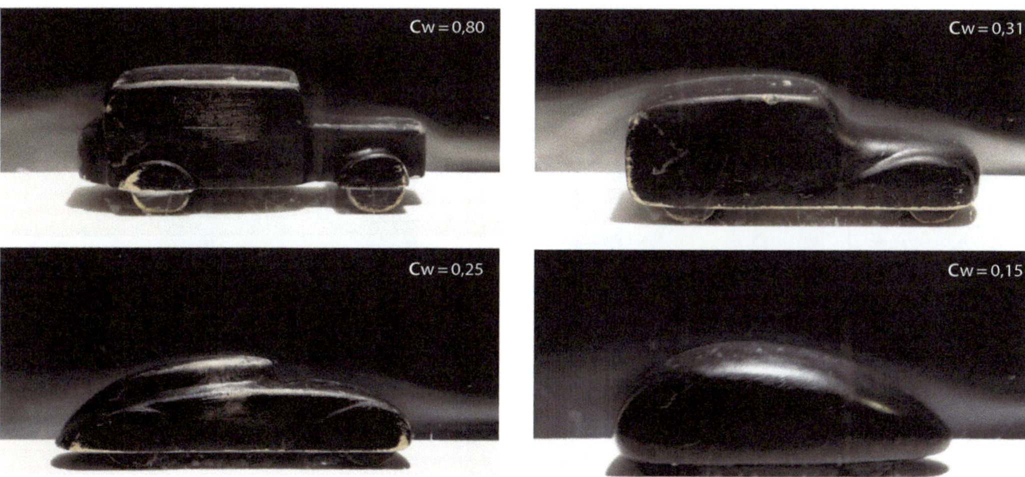

Abb. 5.15 Windkanaluntersuchungen in den 1930er Jahren

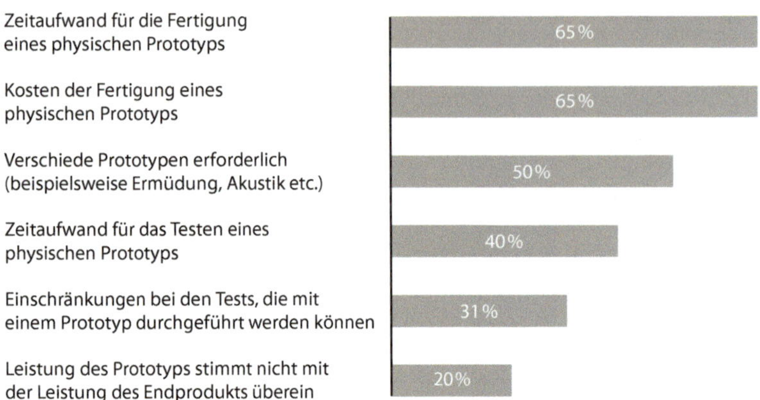

Abb. 5.16 Befragung: Herausforderungen bei der Nutzung physischer Prototypen
(Datenquelle: Aberdeen Group)

Durch die Möglichkeiten einer Simulationssoftware können physische Prototypen zunehmend durch virtuelle ersetzt werden (Digital Mock-up). Das eröffnet weiteres Einsparpotenzial bei Zeit und Kosten. Die zunehmend einfachere Bedienbarkeit entsprechender Software durch „Nichtexperten" sowie deren Leistungsumfang führt dazu, dass diese Technologie zunehmend auch in mittelständischen und kleinen Unternehmen Einsatz findet (vgl. auch Ausführungen in Kap. 5.4.4 hierzu). Besonders wenn es um die Erschließung von Potenzialen für eine Produktoptimierung und eine Verkürzung des time to market geht, sind virtuelle Prototypen den physischen deutlich überlegen. In der betrieblichen Praxis sind die beiden grundsätzlichen Ansätze aber nicht konkurrierend sondern ergänzend. Sie arbeiten häufig im Wechselspiel mit einer Tendenz hin zum virtuellen Prototypen zusammen. Hinsichtlich der Erreichung der Produktziele eines Unternehmens schneidet eine virtuelle Simulation gegenüber physischen Prototypen und der konventionellen analytischen Berechnung entsprechend gut ab (**Abb. 5.17**).

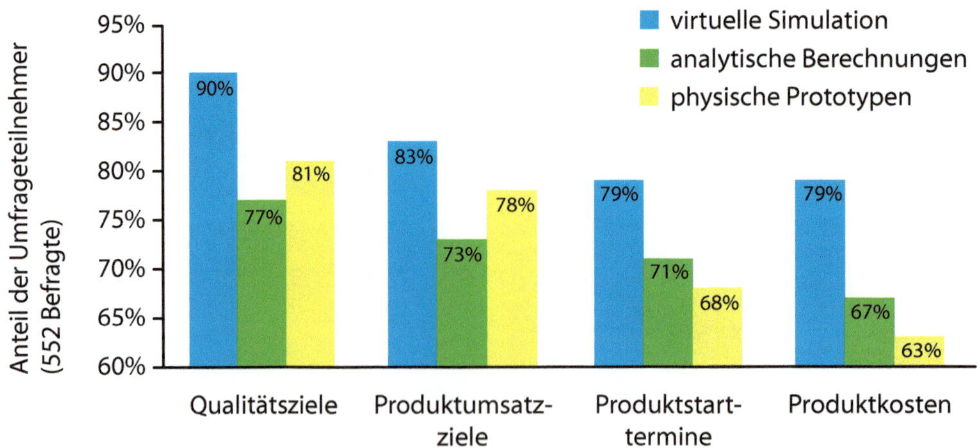

Abb. 5.17 Befragung: Erreichung von Produktzielen (Datenquelle: Aberdeen Group, Juli 2014)

5.4.2 Rapid Prototyping

Die Fertigung physischer Prototypen war lange Zeit sehr kosten- und zeitaufwendig. Sie wurden überwiegend in Handarbeit aus Materialien wie Holz hergestellt. Während Untersuchungen beispielsweise zum Strömungsverhalten mit Geometriemustern große Aussagekraft haben (vgl. **Abb. 5.15**), gilt dies für Materialverhalten oft nur eingeschränkt. So wird aus Kostengründen bei Mustern von Gussteilen häufig auf andere Materialien ausgewichen. Durch große Entwicklungsfortschritte beim *Rapid Prototyping* (=schneller Modellbau; umgangssprachlich: *3D-Druck*) sind entsprechend hergestellte Prototypen eine häufige Alternative. Ausgehend vom Datenmodell kann die Herstellung zeitnah erfolgen.

Konventionelle (klassische) Fertigungsverfahren wie Drehen, Fräsen, Bohren etc. arbeiten überwiegend materialabtragend (subtraktiv). Daraus ergeben sich Forderungen an die Formgebung des Bauteils, die vom jeweiligen Verfahren abhängen. Der Konstrukteur muss daher schon in einer frühen Phase der Entwicklung „in Fertigungsverfahren" denken. 3D-Modelle werden schichtweise aufgebaut. Daraus leitet sich die Bezeichnung *additive Fertigung* ab. Dies bedingt nur geringe Einschränkungen (*Restriktionen*) hinsichtlich der Formgebung (vgl. Hohlkugel **Abb. 5.18 li**). Die Form kann damit konsequent der Funktion folgen. Hiervon profitieren Ansätze aus der Bionik mit der Zielsetzung Leichtbau im besonderen Maße (vgl. Kap. 5.6 und **Abb. 5.52**).

Die Ursprünge der additiven Verfahren gehen u. a. auf ein Patent aus dem Jahr 1986 zurück. In dieser Schrift wird beschrieben, wie flüssiger Kunststoff schichtweise mit einem Laserstrahl verfestigt wird. Das als *Stereolithographie* bezeichnete Verfahren wird immer noch eingesetzt. Ein weiteres frühes Verfahren ist das *Fused Deposition Modelling (FDM)*, auch Schmelzschichtverfahren genannt. Hier wird ein thermoplastischer Kunststoff (beispielsweise ABS, PLA) aufgeschmolzen und mit einer geführten Düse auf einer schrittweise verfahrbaren Trägerplatte aufgebracht. Aus Universitäten und freien Initiativen heraus wurden schließlich Konstruktionspläne für Drucker nach dem FDM-Verfahren als Open Source-Projekt zur freien Verfügung gestellt. Mit Material aus dem Baumarkt konnten so auch Privatleute einen Drucker für den Heimbereich bauen (vgl. **Abb. 5.19 li**). Mittlerweile sind Einsteigergeräte so kostengünstig, dass sie einen hohen Verbreitungsgrad auch im Hobbybereich haben (vgl. **Abb. 1.11**).

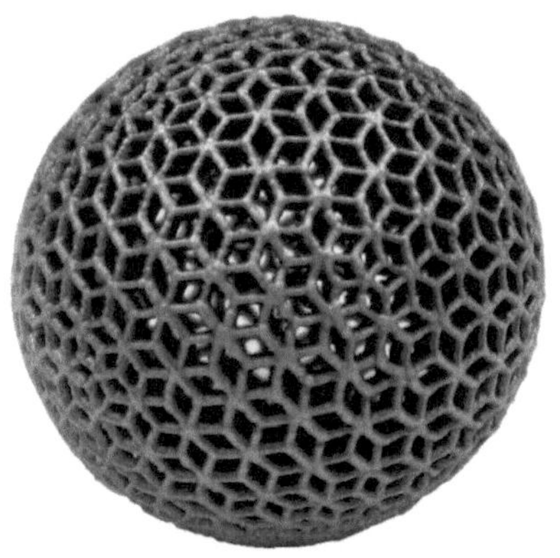

Abb. 5.18 3D-Druck einer Hohlkugel aus Metall; Verfahren: Laserstrahlschmelzen
(Bild re: © voestalpine Additive Manufacturing GmbH)

 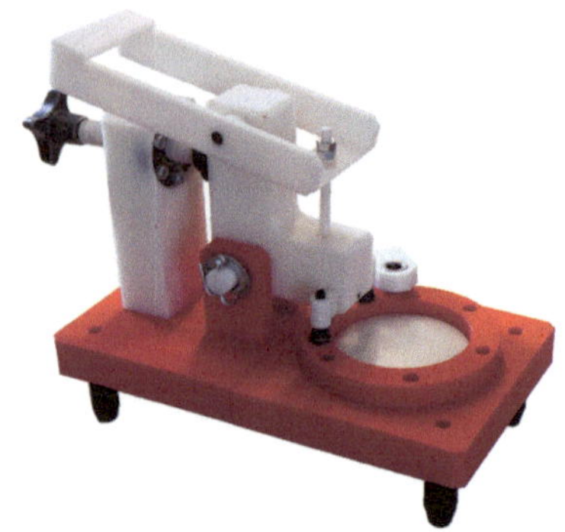

Abb. 5.19   li: 3D-Drucker Mendel (Open-Source-Projekt); re: Anschauungsobjekt (Unterricht)

Bei diesen Geräten liegen die Genauigkeiten bereits im Bereich von wenigen Zehntel Millimetern, was für Privatanwendungen meist hinreichend ist. Als Design-Studie oder Ergonomie-Modell ist auch ein industrieller Einsatz möglich. Den Anforderungen an ein Einbau- oder Funktionsmuster genügen die erzeugten Modelle im Regelfall nicht. Neben den für den Maschinenbau üblichen Toleranzanforderungen sind auch die Oberflächenqualität und Festigkeiten häufig nicht ausreichend. Für diese Zwecke werden Verfahren wie das *Laserstrahlschmelzen* (oder: selektives Laserschmelzen; vgl. **Abb. 5.18 re**) eingesetzt.

Dabei wird ein Pulver schichtweise auf einer in Schritten absenkbaren Trägerplattform aufgebracht. Ein geführter Laserstrahl schmilzt das Pulver örtlich auf. Die Schmelze verbindet sich mit der jeweils darunter liegenden Schicht (Bauteilbeispiele vgl. **Abb. 5.20**). Je nach Materialwahl sind hohe Festigkeiten erzielbar: Die Streckgrenze vom Werkstoff Titan Ti6 Al4V liegt bei $Rm = 1200$ N/mm^2. Er wird beispielsweise zum Druck von Turbinenschaufeln eingesetzt. Das Verfahren ermöglicht Wandstärken ab $180\,\mu$m bei einen Ra-Wert von $20\,\mu$m. Fertigungstoleranzen entsprechend Allgemeintoleranz DIN ISO 2768 sind nach Kalibrierung bis „fein" erzielbar.

Solche Fertigungsqualitäten erlauben die Erstellung von direkt einsatzfähigen Endanwendungen; dies wird als *Rapid Manufacturing* bezeichnet. Entsprechend dem Anwendungsfall werden Herstellkosten, Bauteilgewicht und Materialverbrauch gegenüber der klassischen Fertigung gesenkt. Sekundäreffekte ergeben sich bei der Lagerhaltung. Idealisiert wird ein Bauteil erst im Bedarfsfall gedruckt, so dass eine Lagerhaltung mit Ersatzteilen entfällt. Dies spart weitere Kapitalkosten für Material etc. In Branchen wie der Luftfahrt rechnet sich der Einsatz von 3D-gedruckten Teilen bereits aktuell (vgl. **Abb. 5.21**). Im neuen Flugzeugmuster A350 gibt es über 1000 3D-Druck-Bauteile (Quelle: Zeitschrift Konstruktionspraxis, 10/2018; S. 34 ff.).

Weitere Einsatzfelder ergeben sich durch die Möglichkeit, Werkzeuge mittels 3D-Druck herzustellen (*Rapid Tooling*). Beispielsweise erstellen Produzenten von Trockenlagern (vgl. **Abb. 3.24b**) für Kleinserien entsprechende Gusswerkzeuge für den Spritzguss. Neben der schnellen Bereitstellung ergeben sich Vorteile durch die beliebige Einbringung von Kühlkanälen in die Gussform. Dadurch werden inhomogene Temperaturverteilungen in der Form und im Werkstück reduziert. Folgen sind Qualitätsverbesserungen in der Formgenauigkeit des Werkstücks, geringere Abkühlzeiten und damit schnellere Produktionszyklen. Auch Sandgussformen samt Kerne sind mittlerweile druckbar und führen zu Einsparungen bei Werkzeugkosten und Lieferzeit.

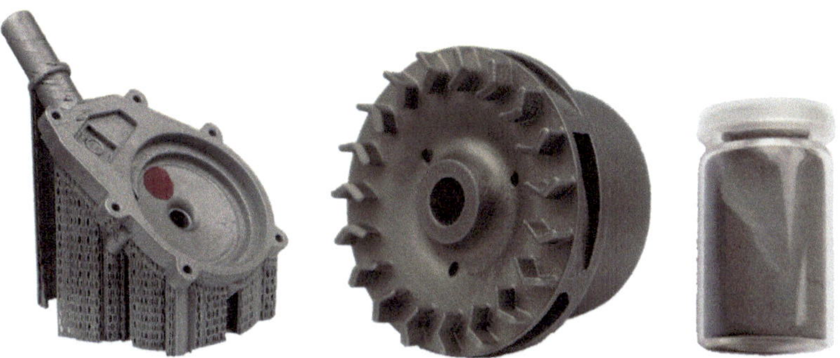

Abb. 5.20 Funktionsmuster im 3D-Druck-Verfahren Laserstrahlschmelzen
(li: Pumpendeckel einer Wasserpumpe mit Stützstruktur; mi: Pumpenrad; re: Pulver)

In der Massenproduktion wird das Laserstrahlschmelzen aktuell noch nicht eingesetzt. Gründe sind die niedrige Fertigungsgeschwindigkeit, hohe Pulverkosten sowie hohe Anschaffungskosten der Maschine. Das Entfernen von Stützstrukturen (vgl. **Abb. 5.20 li**) erfordert häufig manuelle Nacharbeiten und verursacht weitere Kosten. In Abgrenzung zu klassischen Fertigungsverfahren hat die herzustellende Geometrie nur geringen Einfluss auf die Kosten. Preise für 3D-Druckteile werden daher meist Volumen- bzw. Massebezogen angegeben: Aluminium: 300 €/kg; Edelstahl: 400 €/kg; Sonderlegierungen: 1300 €/kg (Quelle: Zeitschrift Konstruktionspraxis; 10/2018; S. 30 f.). Die Wirtschaftlichkeit steigt mit der Komplexität der Bauteilgeometrie wie bei Werkstücken in Intergralbauweise (vgl. Kap. 2.3.3 Prinzipielles Vorgehen) und bionischen Strukturen (vgl. Kap. 5.6).

Aktuell sind die Einsatzfelder überwiegend in der Einzelteilfertigung und Kleinserie. Zurzeit werden im Bereich Forschung und Entwicklung aber bereits große Anstrengungen unternommen die Fertigungsgeschwindigkeiten zu erhöhen. So werden beispielsweise beim Laserstrahlschmelzen mehrere Laser parallel betrieben. Automobilhersteller arbeiten aktuell an Konzepten für die Großserien- und Massenfertigung. Somit steckt in dem Verfahren ein großes Potenzial zur Kostenreduzierung (vgl. auch Kasp. 5.6.2 Abschnitt Herstellung mittels additiver Fertigung). Auch hinsichtlich der einsetzbaren Materialien werden große Fortschritte erzielt. Mittlerweile sind Materialien wie Beton, Papier, Aluminium, Keramik, Zucker und sogar Biomaterialien verarbeitbar. Damit eröffnen sich immer weitere Einsatzfelder wie beispielsweise die Medizintechnik, Bau, Nahrungsmittel-, Schmuck-, Bekleidungsindustrie etc.

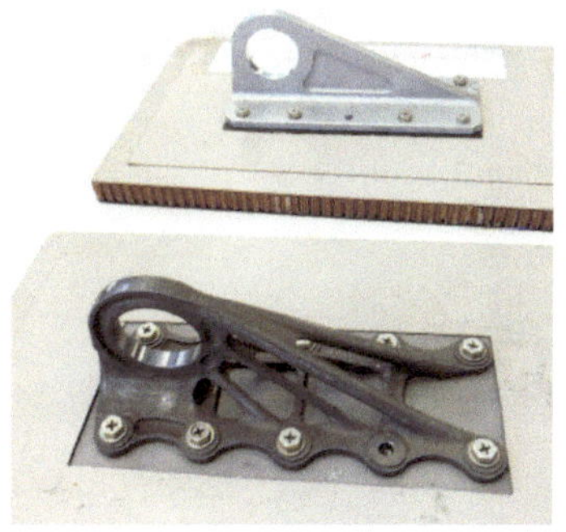

Abb. 5.21 Kabinenhalter (Bracket) aus Titan für Airbus A350
(Bild: © Engmann, K.: Technologie des Flugzeuges)

5.4.3 Reverse Engineering

Im Rapid Manufacturing eröffnen sich durch den Einsatz von 3D-Scannern neue Möglichkeiten (vgl. **Abb. 5.22**). Neben professionellen Geräten sind auch hier kostengünstige Einsteigergeräte erhältlich. Sogar einzig mit einer Handy-App (beispielsweise: Qlone) sind einfache Geometrieerfassungen möglich. Je nach Verfahren wird mit lasergestützten oder photooptischen Systemen gearbeitet. Um das Objekt vollständig zu erfassen, wird entweder das Objekt in Relation zum Aufnahmegerät rotiert oder die Aufnahmeeinheit fährt um das Objekt herum. Dabei generierte Messdaten repräsentieren eine Punktwolke. In der Nacharbeit werden u. a. grobe Messfehler eliminiert sowie Lücken geschlossen. Abschließend wird das Modell digital geglättet (Flächenrückführung). Nach einer elektronischen Übergabe kann das Modell im CAD-System weiterverarbeitet werden.

Optische Anlagen generieren Geometrien mit einer Auflösung von bis zu 10 μm. Mit berührenden (taktilen) Anlagen sind auch Auflösungen von unter 1 μm realisierbar. Allerdings arbeiten diese Prozesse im direkten zeitlichen Vergleich sehr langsam. Beiden Verfahren ist gemein, dass innere Strukturen wie Bohrungen nicht erfasst werden können. Diesen Verfahrensnachteil gleicht die Computertomografie (CT) aus. Allerdings ist die Auflösung mit 0,1 - 0,5 mm deutlich geringer. Sie hängt u. a. ab von der Strahlenleistung, Bauteilgröße etc.

Große Stärken zeigt das 3D-Scannen bei Freiformflächen. Typische Anwendungsgebiete sind bionische Forschungen (beispielsweise Insektenflügel), Automobilbereich (Karosserie) oder Energiesektor (Turbinenschaufeln). Benötigte Geometrien werden mit Rechnern sehr aufwendig modelliert. Über das Scannen können händisch hergestellte Designstudien (vgl. **Abb. 5.22 re**) digitalisiert werden. Da das Verfahren sozusagen rückwärts entwickelt – vom Objekt zum digitalen Modell – wird es als *Reverse Engineering* bezeichnet. Zudem ergeben sich weitere Optionen zur Konstruktionsprüfung: Beispielsweise kann im Zuge der Erstellung von Erstmustern eines Spritzgussteils ein fertiges Erzeugnis eingescannt und mit dem elektronischen Modell abgeglichen werden. Auch in der Archäologie finden diese Systeme häufig Einsatz als auch beispielsweise bei der Erzeugung von Ersatzteilen für Altmaschinen oder Oldtimer, bei denen die Hersteller nicht mehr lieferfähig sind. Leider begünstigen die Möglichkeiten auch die Produktpiraterie in erheblichem Maße (vgl. Ausführungen zu **Abb. 2.13**).

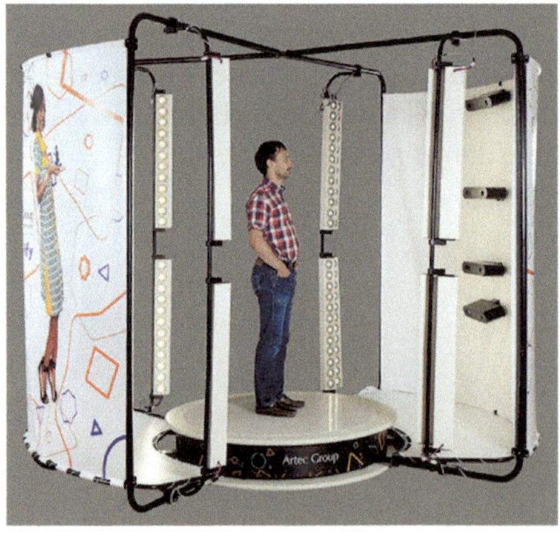

Abb. 5.22 li: 3D-Scanner (© Aniwaa); re: Designstudie als Clay Modell

5.4.4 Virtual Prototyping

Die Untersuchung des digitalen Modells (*Digital Mock-up*) mit Hilfe der FEM wurde am Beispiel der Spannungsuntersuchung bereits in Kap. 5.3.4 dargestellt. Als Stand der Technik verkürzt sich der Produktentwicklungszyklus (time to market) dadurch deutlich. Häufig sind die Softwaretools zur Simulation physikalischer Eigenschaften in der eigentlichen Modellierungssoftware integriert und damit unter einer einheitlichen Oberfläche bedienbar. Daneben gibt es eigenständige sehr leistungsstarke Softwareprodukte (z. B. Ansys, Nastran, Abaqus).

Mit Fortschreiten im Entwicklungsprozess wird der Detaillierungsgrad der Modelle immer höher und nähert sich dem finalen Produkt. Im Vordergrund der Simulation stehen zunehmend die exakte Vorhersage und Optimierung von Bauteileigenschaften. Dies dient der Überprüfung und Absicherung des Entwicklungsstands in der Phase Entwerfen (vgl. **Abb. 2.7**) und bildet die Grundlage für die Freigabe einzelner Baustufen (vgl. **A 9**); im Besonderen bei Massenherstellern wie die Automobilindustrie. Verlässlich definierte Eingangsgrößen zur Lastbeaufschlagung, Lagerung etc. sind notwendige Voraussetzung für eine hohe Ergebnisqualität.

Die Simulationsergebnisse werden fortlaufend gegengeprüft (*Verifizieren*), um die Ergebnisqualität weiter zu verbessern. Dies meint den Abgleich von simulierten Werten mit beispielsweise gemessenen an realen Prototypen (vgl. Dehnungsmessstreifen **Abb. 5.8**). In einem zweiten Schritt werden das digitale Modell oder/und die Parameter der Simulation in immer kleineren Schritten verändert, um die Ergebnisse von Simulation und Realität anzugleichen. Dieses Vorgehen heißt *Validieren*. Dabei werden mögliche Modellvereinfachungen durchgeführt, Eingangsparameter wie Werkstoffkennwerte genauer ermittelt etc. Mit dem Grad der Annäherung von Simulation und Realmodell steigt die Vertrauenswürdigkeit und damit die Ergebnisqualität des digitalen Modells als alleinigem Aussagekriterium. Diese Iterationsschleifen sind zeit- und kostenaufwendig, aber unabdingbar. Das so geschaffene kalibrierte Modell bildet dann als Erfahrungsgröße wieder Grundlage für weitere und ähnliche Untersuchungen.

Aktuelle Softwareentwicklungen zielen auch auf die Frühphase der Produktentwicklung ab (Konzeptphase). Hier will der Konstrukteur schnell entwicklungsbegleitend unterschiedliche Ansätze vergleichen, während die Ergebnisgenauigkeit noch eine untergeordnete Rolle spielt. Spezielle Simulationsprogramme wie ANSYS Discovery Live oder Altair Simsolid setzen hier als Gestaltungswerkzeuge an. Sie ermöglichen durch einen anderen softwareseitigen Analyseansatz im Wortsinn sekundenschnelle Berechnungen. So kann der Konstrukteur mit den virtuellen Prototypen „spielen" und alternative Denkansätze effizient prüfen. Auf Basis der Erkenntnisse werden Richtungsentscheidungen hinsichtlich Konzept und Geometrien gefällt (vgl. auch **Abb. 5.13**).

Aktuell ist in den Entwicklungsabteilungen, abhängig vom Produkt und der Erzeugnismenge, eine Verschiebung von realen Prototypen hin zu digitalen festzustellen. Zusammengefasst sind die Gründe hierfür:

- Fehler und Probleme eines Produktes werden frühzeitig erkannt; dies spart Kosten in der Fehlerbehebung (vgl. **Abb. 2.2** und **2.3**)
- Entwicklungszeiten verkürzen sich: Virtuelle Prototypen entstehen entwicklungsbegleitend (*Simultaneous engineering*) und können somit schneller getestet werden als reale; Entwicklungsschleifen nehmen ab
- Die Zahl (teurer) realer Prototypen kann im Regelfall deutlich gesenkt werden

- Die Produktqualität steigt, weil mehr konstruktive Ansätze in vergleichbarer Zeit getestet werden können
- Die Möglichkeiten der Visualisierung helfen dem Entwickler, die physikalischen Vorgänge besser zu verstehen und gezieltere Rückschlüsse aus Versuchen zu ziehen
- Auf lange Sicht werden Entwicklungskosten gesenkt; die Investition in Zusatzsoftware rechtfertigt sich wirtschaftlich.

Neben den unmittelbaren Vorteilen durch virtuelle Prototypen ergeben sich weitere Zeit- und Kostenvorteile:

- Virtuelle Prüfung von Montage- und Einbausituationen
- Virtuelle Hallen-/Fabrikplanung
- Entwicklungsbegleitende Erstellung von Dokumenten: Bedienungsanleitungen, Wartungsanweisungen, Unterlagen Marketing etc.
- Simulation von Fertigungsprozessen (im Besonderen: Gießen, Umformen)
- Simulation von elektronischen Komponenten inklusive Steuerungssoftware

Die Umfänge zeitlicher Verkürzungen des Entwicklungsprozesses hängen immer auch von Produkt und Branche ab. Im Automobilbereich wird aktuell von sechs Monaten ausgegangen (Quelle: IAV GmbH: Virtuelle Produktentwicklung). Weiter wurden beispielsweise beim Hersteller Opel bei einem Modellwechsel durch die frühzeitigen und umfänglichen Möglichkeiten virtuellen Testens im Vergleich zur konventionellen Vorgehensweise Änderungskosten um 50 % reduziert. Mercedes Benz erzielte eine Verbesserung der Planungseffizienz von 23 %. Die Auslastung der Anlagen verbesserte sich in der Folge um 10-15 %.

Virtuelle Prototypen werden mittel- und langfristig physische Prototypen mutmaßlich nicht ersetzen. Im Besonderen am Ende des Entwicklungsprozesses sind sie zur endgültigen Absicherung des Produktes (immer noch) unverzichtbar. Hauptgrund ist hierfür, dass viele Randbedingungen (beispielsweise zeitlicher Verlauf der Lastbeaufschlagung) nur ungenau für den Realbetrieb vorhergesagt werden können. Auch ist der Aufwand für die Ermittlung einer exakten Datenlage häufig unwirtschaftlich. Die Aussagequalität eines digitalen Prototypen kann entsprechend maximal nur so gut sein wie die zugrunde liegende Datenlage.

Die aktuelle Entwicklung im Bereich der Simulationssoftware geht mittlerweile in Richtung des sogenannten *digitalen Zwillings*. Das virtuelle Modell wird dazu kontinuierlich mit Messdaten des realen Produktes versorgt. Beispielsweise Last- oder Temperaturzustände können so über ihren zeitlichen Verlauf exakt erfasst und in der Simulation berücksichtigt werden; der sonst übliche Idealisierungsfehler entfällt. Ergänzt werden die Daten von Sensoren am virtuellen Modell an Messorten, die im Realbetrieb nicht oder nur schwer zugänglich sind. So sind beispielsweise Temperaturaufnehmer im inneren eines System oft nicht platzierbar (beispielsweise Brennkammer, Fließprozesse bei Gieß- oder Umformprozessen) oder führen ortsbedingt zu hohen Abweichungen. Dies ermöglicht beispielsweise exakte Vorhersagen zum Verschleiß. Eine vorbeugende Instandhaltung kann entfallen zugunsten einer zustandsorientierten (*prädiktive Wartung*). Bei einem Wechsel von präventiver Wartung auf eine prädiktive wird von einer Verringerung von Ausfällen um 70 % ausgegangen bei Einsparungen von 25 % bei den Wartungskosten (Quelle: Zeitschrift Konstruktionspraxis; 04/2018, S. 39).

Werden ganze Anlagen untersucht, kommt zunehmend die sogenannte *virtuelle Realität* (*virtual reality*; *VR*) zum Einsatz (vgl. **Abb. 5.23**). Eine Software bereitet das Modell auf und

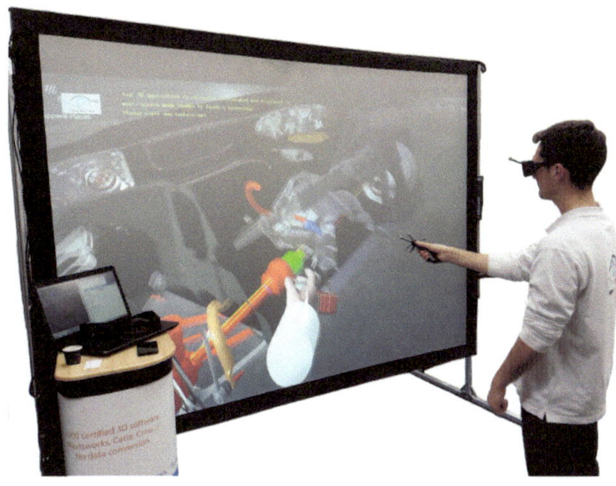

Abb. 5.23 Virtuelle Realität

projiziert es auf eine spezielle Wand (Powerwall) oder ggf. in einen ganzen Raum (Cave). Die Aufbereitung der Grafiken erfolgt in Form stereoskopischer Bilder. Das bedeutet, das Bildpaare aus zwei einzelnen Bildern erzeugt werden. Über spezielle Brillen entsteht beim Betrachter im Gehirn ein räumlicher Eindruck. Die Kopfposition des Betrachters wird kontinuierlich beispielsweise über Kameras ermittelt. In Echtzeit, also ohne beeinträchtigende zeitliche Verzögerung, werden dann die der Blickrichtung entsprechenden Bilder aufbereitet.

Durch ergänzende Handlinggeräte können virtuell Bauteile gegriffen oder/und platziert werden. Dies ermöglicht, komplexe Fertigungs-, Montage- oder Wartungsarbeiten bereits in einer frühen Phase der Entwicklung realitätsnah zu simulieren. Weitere Einsatzgebiete dieser Technik sind Mitarbeitertrainings beispielsweise als Flugsimulatoren und Führerstände (Bahn, Schiff etc.). Rund 1000 Zugbegleiter der Deutschen Bahn haben u. a. im Rahmen der Einführung des ICE 4 die Bedienung des Hubliftes für die Mitnahme von Rollstuhlfahrern eingeübt. Kosten für die Bereitstellung eines echten Zuges entfallen zum Großteil. Der Motorsägen-Hersteller Stihl schult Mitarbeiter und Fachhändler mit einem Motorsägen-Simulator. Die Teilnehmer halten dabei eine mit Sensoren ausgestattete echte Säge in der Hand. Das Einüben des Baumfällens wird gefahrlos Schritt für Schritt eingeübt. Zudem kann das Training unabhängig von Jahreszeiten und Witterung geplant und durchgeführt werden.

5.4.5 Weitere technische Umsetzungen von Virtualisierung

Eine weitere Entwicklung ist die *Augmented Reality* (oder: Mixed Reality, erweiterte Realität). Hierbei wird in einer realen Umgebung eine situationsgerechte Anzeige von rechnergenerierten Informationen im Sichtfeld des Betrachters eingeblendet. Die reale Welt wird somit künstlich erweitert. Dies geschieht üblicherweise mit speziellen Brillen (vgl. **Abb. 5.24 li**). Auch hier erfassen Kameras die Blickrichtung des Nutzers. In einem Szenengenerator werden unterstützende Bilder und Informationen perspektivisch richtig in das Blickfeld eingeblendet. Einsatzfelder sind hier beispielsweise Montage, Wartung, Reparatur und allgemein Trainings. Porsche plant im Rahmen des Qualitätsmanagements den Einsatz von Tabletts, die auf Basis von CAD-Daten beispielsweise Formabweichungen unmittelbar sichtbar machen (vgl. **Abb. 5.24 re**).

Abb. 5.24 Augmented Reality (Bild li: © Festo, re: © Porsche AG)

5.5 Ansätze für den Leichtbau

In der Verkehrstechnik ist für den Energieverbrauch neben dem Strömungswiderstandskoeffizienten (vgl. **Abb. 5.15**) auch das Fahrzeuggewicht von herausragender Bedeutung. Dies gilt im Besonderen im Flugzeugbau, wo das Kerosin einen wesentlichen Kostenfaktor für die Luftfahrtunternehmen darstellt. Beim Airbus A320 sind die Treibstoffkosten mit 28,4 % der einflussreichste Faktor der direkten Betriebskosten. Eine Einsparung von 1 % des Gewichts führt bereits zu einem Einspareffekt von 0,2 % bei den direkten Betriebskosten (Quelle: Engmann, K.: Technologie des Flugzeugs; S. 48 ff.).

Konkret beziffern lässt sich dies am Beispiel der Herstellung von Sitzrahmen für den Kabinenbereich. In einem neuen Entwicklungsansatz wurde der Werkstoff Aluminium durch Magnesium ersetzt. Die Formgebung des Gestells erfolgte unter Einsatz von digitalen Optimierungsmethoden. Für die Fertigung wurde das klassische Metallgussverfahren mit der additiven Fertigung kombiniert (*hybride Fertigung*). Durch die Kombination der benannten Ansätze wurde eine Gewichtsreduktion von 56 % gegenüber dem Ausgangsmodell erzielt. Bei 615 Sitzen bei einem Airbus A380 führt dies zu einer Gewichtsverringerung von 557 kg und damit zu einer Verringerung der Treibstoffkosten von 100.000 US-Dollar / Jahr und Flugzeug. Im Weiteren ergibt sich zudem eine Verringerung der CO_2-Emmision von 190 t / Jahr und Flugzeug.

In der Raumfahrt ist das Gewicht ebenso von dominierender Bedeutung: Jedes Kilogramm Nutzlast, dass per Raumkapsel ISS transportiert wird, kostet 12.500 € (Quelle: Lufthansa). Bei Pkw wird die Verbrauchsminderung für je 100 kg Massenersparnis mit 0,5 l / 100 km geschätzt (Quelle: B. Klein: Leichtbaukonstruktion; S. 1). Durch die Gewichtsreduktion bei einzelnen Bauteilen ergeben sich dabei Sekundäreffekte: So können für einen leichteren Motorblock die Motoraufhängung und sogar die Bremsen kleiner dimensioniert werden. Bei einer Annahme von 50 Mio. Fahrzeugen pro Jahr entspricht die benannte Gewichtsreduktion einer Ressourcenschonung von 2,5 Mrd. Liter Kraftstoff. Der Umweltaspekt wird mutmaßlich zukünftig von wachsender Bedeutung sein (vgl. „Dieselskandal"). In der Verkehrstechnik werden daher große Anstrengungen zur Konstruktionsoptimierung unternommen.

Neben den niedrigeren direkten Energiekosten ergeben sich durch die geringere Materialmenge weitere Kosteneffekte beispielsweise für die Fertigung bis hin zum Recycling. Auch für Performance-Vorteile wie stärkere Beschleunigung ist der Kunde häufig bereit, einen höheren Kaufpreis zu akzeptieren. Stark ausgeprägt ist dies beispielsweise im Sportbereich (vgl. **Abb. 5.14 re** Formel 1; **Abb. 5.38** Rennrad aus Carbon). Unter Einbeziehung aller Einflussgrößen ergeben sich folgende grob geschätzten Einsparpotenziale pro kg eingespartem Gewicht über den gesamten Produktlebenszyklus: Raumfahrt: 5000,- €, Luftfahrt: 500,- €, Bahn: 50,- €; Auto: 7,- € (Elektroauto: 15,- €) (Quelle: A. Sauer: Bionik in der Strukturoptimierung).

Intelligente Werkstoffwahl und -kombination ist eine gängige Strategie zur Gewichtsreduktion. Bei Kfz können als Richtwert beispielsweise 2 kg Stahl belastungsneutral durch 1 kg Aluminium ersetzt werden. Allerdings verteuert sich das Serienbauteil hierdurch um 3,- bis 7,- €. Gründe sind die höheren Kilopreise als auch ggf. höherer Aufwand in der Fertigung (vgl. auch Hinweise in Kap 5.5.3). Wegen der im Vergleich geringeren Festigkeitswerte müssen zudem im Regelfall Querschnitte etc. angepasst werden.

Oft können schon Verbesserungen erzielt werden durch den Einsatz von Geometrien in Form von Halbzeugen, die optimal auf die äußeren Belastungen abgestimmt sind. Weitere Verbesserungen ergeben sich durch Anpassungen der Geometrie an den Belastungsverlauf (Beispiel: angeformte Bauweise bei Biegebelastung). Das Wissen um und die Beeinflussung potenzieller Versagensstellen durch *Kerbwirkung* (Beispiele: Übergang an Querschnitten, Nuteinstich für Sicherungsring DIN 471) gehört ebenso zum „Handwerkszeug" des Konstrukteurs. Weitere Gestalt- und Formoptimierungen werden durch den Einsatz digitaler Tools einer Modellierungssoftware bereitgestellt und kombiniert mit den Möglichkeiten der additiven Fertigung.

Die vorstehenden Ausführungen machen deutlich, dass Leichtbau auf der Seite des eingesetzten Produktes vor allem zu Einsparungen in den Betriebskosten führt. Dafür nehmen Aufwand und damit auch die Kosten für die Produktentwicklung und Fertigung mit zunehmender Realisierung von Leichtbaukonzepten (*Leichtbaugrad;* vgl. **Abb. 5.25**) überproportional zu; der angestrebte Leichtbaugrad muss sich immer auch wirtschaftlich rechtfertigen. Die Luft- und Raumfahrtindustrie haben hier eine Vorreiterposition.

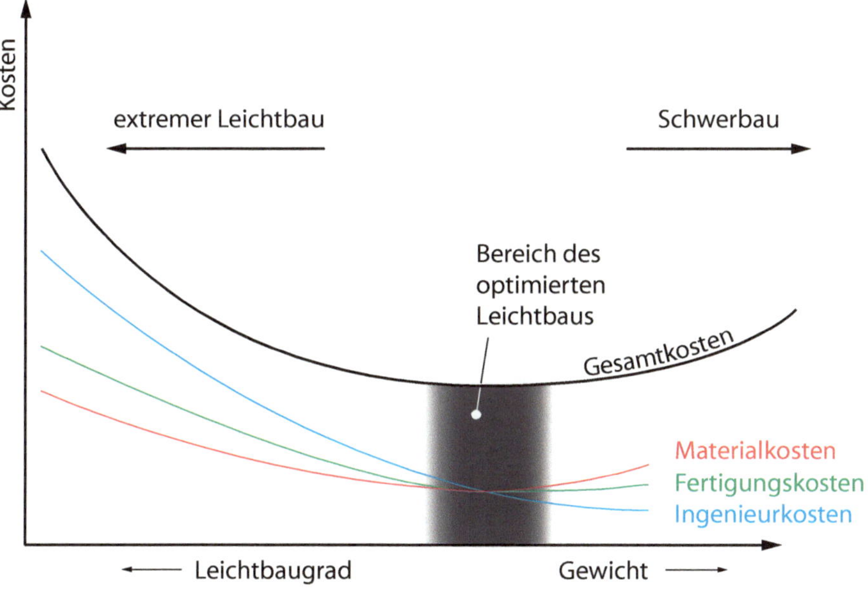

Abb. 5.25 Leichtbaugrad und Kosten (schematisch nach Klein)

5.5.1 Bauteilgeometrie

Geometriefestlegung nach Belastungsart

Grundsätzlich unterscheidet die Festigkeitslehre fünf Grundbeanspruchungsarten (**Abb. 5.26**).
Entsprechend der Beanspruchungsart ergeben sich Vorzugsgeometrien (vgl. Anhang **A 10**).

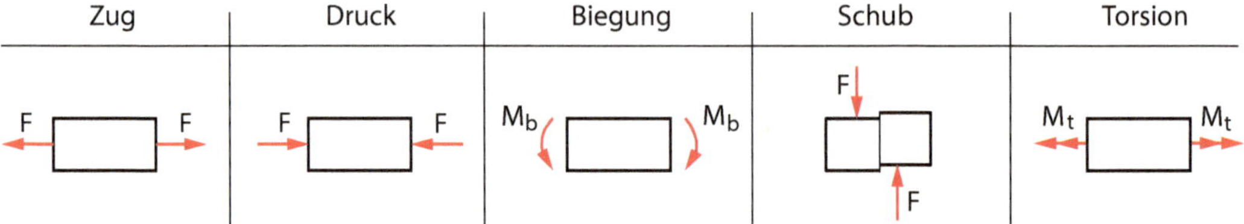

Abb. 5.26 Grundbeanspruchungsarten

3D-CAD-Systeme ermöglichen umfangreiche Informationen zu den erzeugten Geometrien
(vgl. **Abb. 5.27**). Hierzu gehören beispielsweise: Fläche, Volumen, Masse, Lage des Massen-
schwerpunktes, Flächenmomente 2.Grades etc. Schnell können so u. a. Widerstandsmomente
zusammengesetzter Flächen ermittelt werden, die rein analytisch einen hohen Aufwand bedingen (Verschiebesatz von Steiner etc.). Unabhängig von speziellen Tools der Modellierungssoftware kann so schon mit einfachen Mitteln die Geometrie eines Bauteils optimiert werden. Für
die Biege- und Torsionsspannung, die aus Sicht des Bauteilsversagens meist die Hauptkriterien
darstellen, werden im Anhang (**A 11**) zielführende Hinweise gegeben.

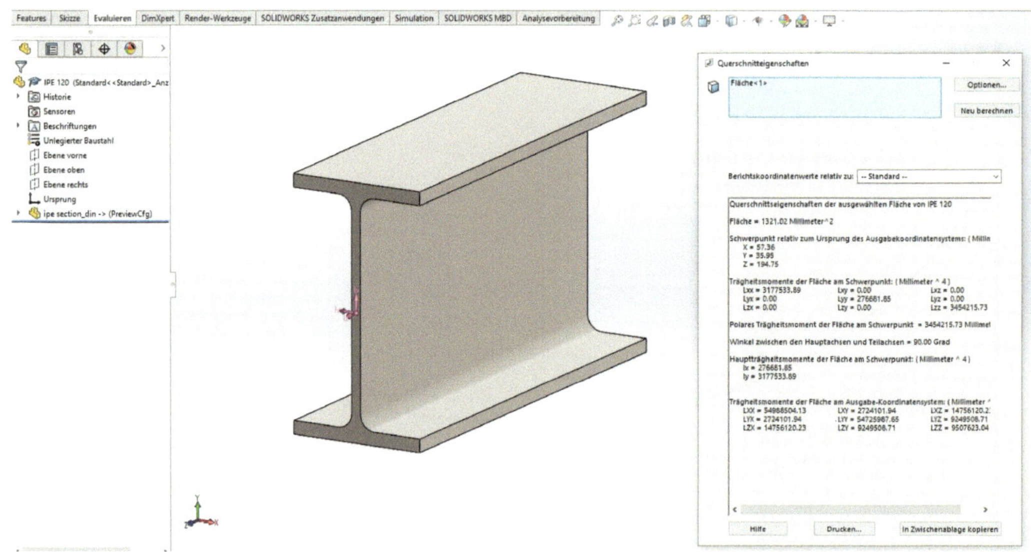

Abb. 5.27 Auslesen von Geometrieinformationen (Screenshot)

Bei Torsionsbelastungen sind grundsätzlich geschlossene Hohl-Geometrien zu bevorzugen, da offene eine dramatische Erhöhung der Torsionsspannung zur Folge haben. Fertigungstechnische oder funktionale Gründe sowie Vorgaben aus dem Design können aber trotzdem dazu führen, auf eine geschlossene Geometrie verzichten zu müssen. Dann können die Bauteile mittels *Verrippung* ausgesteift werden (vgl. **Abb. 5.28**).

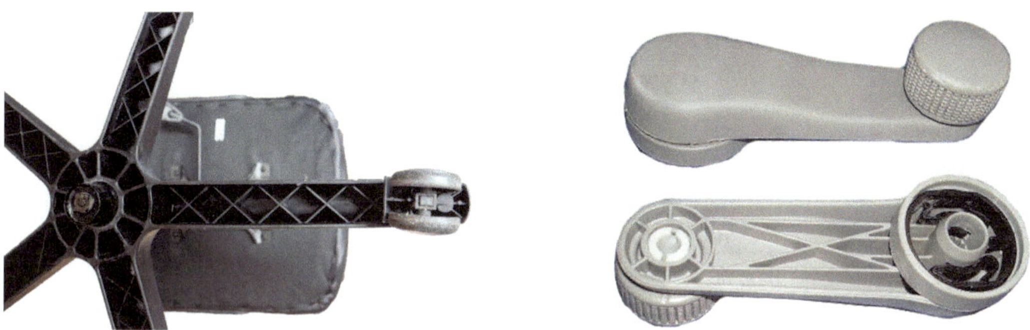

Abb. 5.28 Verrippung (li: Fuß Bürostuhl; re: Handkurbel Kfz)

Angeformte Bauweise

Mit *angeformter Bauweise* werden Geometrien bezeichnet, die an die äußere Belastung angepasst sind (vgl. **Abb. 5.29**). Die Spannung in den Bauteilen ist dann idealisiert an jeder Stelle gleich (*Axiom der konstanten Spannung*). Dadurch kann ein Minimum an Werkstoffeinsatz realisiert werden. Praktische Anwendungen der angeformten Bauweise sind nachfolgend dargestellt (**Abb. 5.30**).

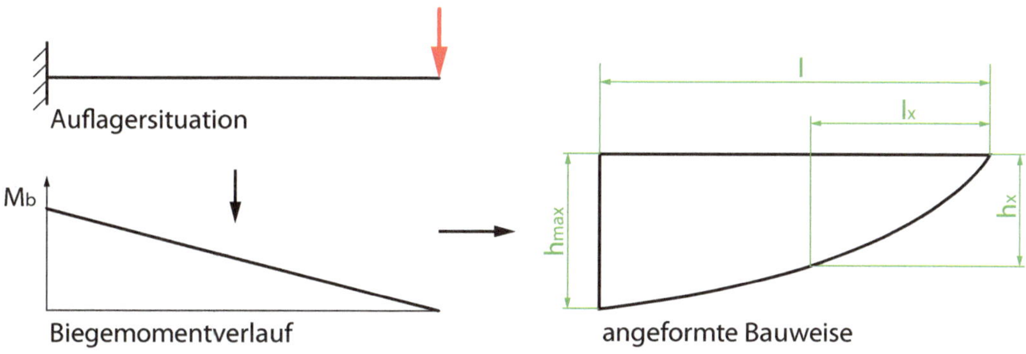

$$h_x = h_{max} \cdot \sqrt{\frac{l_x}{l}}$$

Abb. 5.29 Angeformte Bauweise

Abb. 5.30 Beispiele für angeformte Bauweise (li: Taumelscheibe Hubschrauber;
re o: Unterkonstruktion Brücke; re u: Querlenker Auto)

Der Vorteil der Gewichtsersparnis wird mit technologischen Nachteilen an anderer Stelle „erkauft". So können für solche Geometrien i. d. R. keine kostengünstigen Normprofile mehr eingesetzt werden. Meist ist ein erheblicher Zerspanaufwand notwendig. Weitere Grenzen (Restriktionen) ergeben sich durch den Einsatzzweck. So ist bei einer Wellengeometrie die angeformte Bauweise nur bedingt umsetzbar, da beispielsweise Sitze für Lager etc. entsprechende Anforderungen an die aufnehmende Geometrie stellen.

Konstruktive Versteifungen

Im Besonderen beispielsweise bei großflächigen Blechen ist die Einsatzfähigkeit nicht nur durch die Bauteilfestigkeit begrenzt. Hier kann es auch zum Funktionsversagen durch Beulen oder / und Knicken kommen. Dies sind neben dem Kippen sogenannte *Stabilitätsprobleme*.

Im einfachsten Fall werden Profilstäbe als Rippen durch Kleben, Schweißen, Nieten etc. auf den flächigen Bauteilen angebracht (Untergurt). Nachteilig ist hierbei natürlich das Fügen weiterer Materialien. Wirtschaftlicher ist im Regelfall, wenn lediglich die Bleche selbst umgeformt werden und so zu einer Erhöhung der Stabilität beitragen. Die Stabilisierung von Blechrändern in der Automobilindustrie erfolgt durch das Umbiegen freier Blechkanten. Durch schalenartige *Versteifungen* können mittels Biegeumformen bei vergleichsweise geringen Blechdicken hohe Beanspruchungen ermöglicht werden.

Bei großflächigen Blechen haben sich *Sicken* bewährt (vgl. **Abb. 5.31**). Dies sind rinnenartig eingebrachte Versteifungen (Formen: halbrund, Kasten, Trapez, Dreieck). Die Einprägtiefe ist gegenüber der Längsprägung vergleichsweise gering. Neben Verbesserungen in der Stabilität wirken sie auch schwingungsdämpfend.

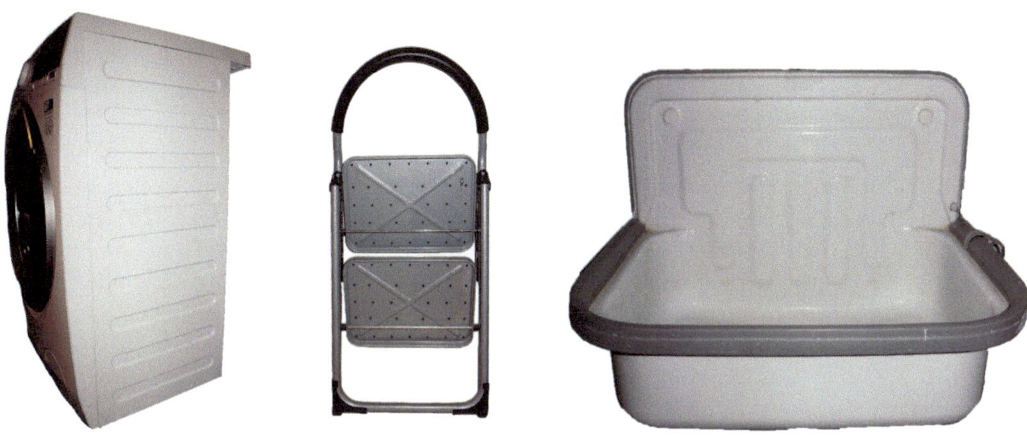

Abb. 5.31 Sicken zur Versteifung

Materialverbund

In Branchen wie der Luftfahrt haben sich mit dem Ziel Leichtbau verschiedene Ansätze hinsichtlich der Geometriegebung durchgesetzt. So bestehen Flugzeugzellen als Schalensystem aus einer Kombination von Längs- und Querversteifungen (Stringer, Spanten), die nachfolgend beplankt werden (**Abb. 5.32 li**). Entsprechend kann diese Struktur sehr gut Biege- als auch Torsionsbelastungen aufnehmen. Durchgesetzt haben sich als Leichtbaukonzept auch *Wabenstrukturen* (Honeycomb), die im einfachsten Fall aus Papier hergestellt sind (vgl. **Abb. 5.32 mi**). Diese werden in der Regel mit kohlenstofffaserverstärkten Kunststoffplatten (CFK) verklebt. Vorbild der Konstruktion sind Bienenwaben. Die Leitidee stammt aus der Bionik (vgl. Kap. 5.6). Oder aber es werden Profile speziell für den Anwendungszweck entwickelt (**Abb. 5.32 re**).

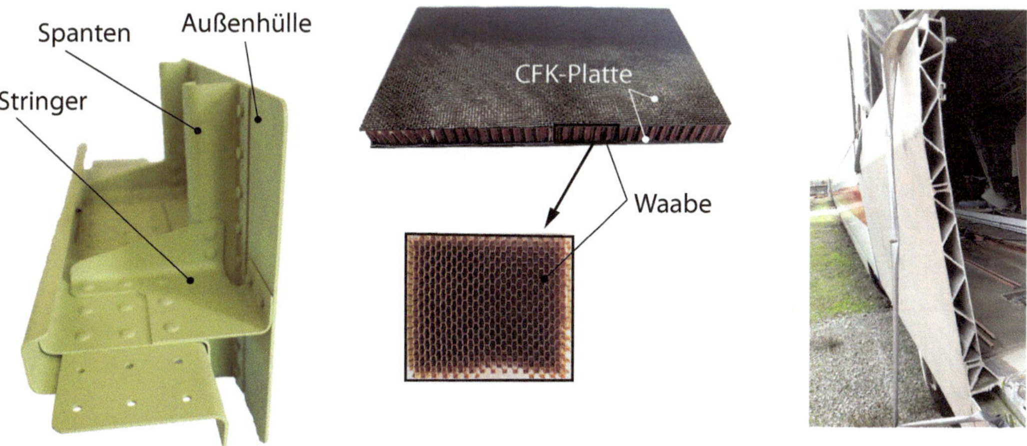

Abb. 5.32 Spezielle Leichtbaustrukturen (li: Ausschnitt Rumpfstruktur Flugzeug; mi: Sandwichkonstruktion Bodenplatte Flugzeug; re: spezifisches Profil Fahrzeugwand beim ICE)

5.5.2 Kerbwirkung

Äußere Kerben

Die Geometrie muss an einigen Stellen der Funktion folgen. So dient ein Wellenabsatz beispielsweise als Anlagefläche für den Innenring eines Wälzlagers (vgl. **Abb. 3.26**) und nimmt Axialkräfte auf. Jede Querschnittsänderung führt dabei zu einer Umlenkung im *Kraftfluss* (vgl. **Abb. 5.33 re o**). Somit kommt es in Analogie zur Strömungstechnik (Ähnlichkeitsmechanik) an diesen Stellen zu einer Verdichtung der Linien im Kraftfluss. Diese örtlichen Spannungsspitzen liegen über der *Nennspannung* σ_n (gleichmäßig über Querschnitt verteilte Spannung; vgl. **Abb. 5.33 li u**). Das Verhältnis von *Maximalspannung* σ_{max} (**Abb. 5.33 re u**) zur Nennspannung wird als *Kerbformzahl* α_k (bei statischer Last) beziehungsweise *Kerbwirkungszahl* β_k (bei dynamischer Last) bezeichnet. Somit ist die Kerbform- bzw. Kerbwirkungszahl ein Maß für die festigkeitsmindernde Wirkung einer Geometrieänderung. Aus Tabellenwerken von Lehrbüchern oder aus der DIN 743 (Tragfähigkeitsberechnung von Wellen und Achsen) können entsprechende Werte entnommen werden.

Äußere Kerben können ungewollt auch im Fertigungsprozess entstehen beispielsweise durch Riefen und Kratzer. Ebenso begünstigt eine geringe Oberflächenqualität den Beginn einer Rissbildung. In jedem Fall sollte das Zusammentreffen mehrerer Kerben vermieden werden (Bsp.: Nut für Passfeder direkt am Wellenabsatz). Für solche sogenannten Durchdringungskerben ist eine Gesamtkerbwirkungszahl nicht in Tabellenwerken erfasst. Konstruktiv ist daher eine Art Sicherheitsabstand vorzusehen.

Wie beschrieben sind konstruktive Kerben häufig nicht vermeidbar. Beispielsweise ist das Verbauen eines Sicherungsrings (β_k bis 3,5!) aber an einem Achs- oder Wellenende unkritisch, da hier im Regelfall keine oder nur eine geringe Biegespannung vorliegt. Mitten in einer Welle ist die Aufnahmenut potenzielle Ausgangsstelle eines Dauerbruchs (vgl. **Abb. 3.28 re**). Hinweise zur konstruktiven Gestaltung in diesem Zusammenhang finden sich in der „Checkliste für gute Konstruktionen" im Anhang (**A 7**). Neben den dort benannten Maßnahmen wie Freistiche an Absätzen (DIN 509) oder Gewindefreistiche (DIN 76) kann durch Maßnahmen der Oberflächenverfestigung die Dauerfestigkeit erhöht werden. Hierzu zählen chemisch-thermische

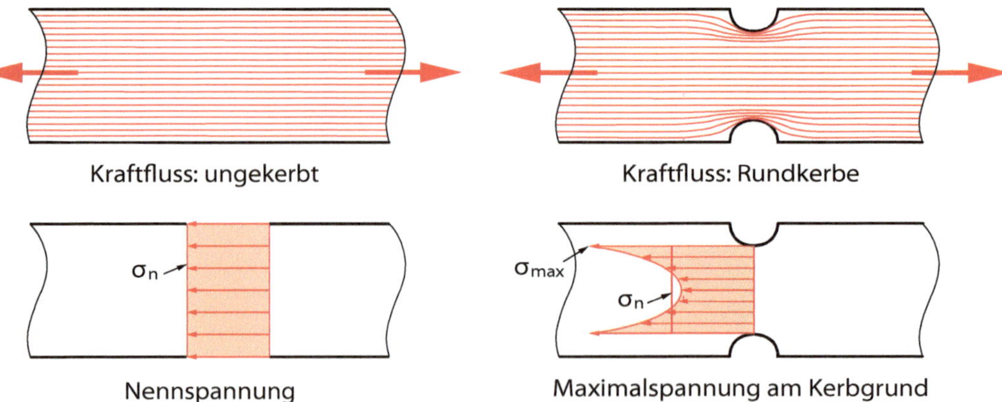

Abb. 5.33 Nennspannung und Kraftfluss in einem Zugstab

Verfahren (Bsp.: Einsatzhärten), thermische Verfahren (Bsp.: Flammhärten) und mechanische Verfahren (Bsp.: Festwalzen). Dies gilt im Besonderen für die Spannungsarten Biegung und Torsion, bei denen das Spannungsmaximum eben genau in der Randzone vorliegt.

Ein Beispiel für mechanische Verfahren sind die Übergangsradien an Kurbelwellen (Dauerbruch vgl. **Abb. 3.28 li**). Spezielle Fest- und Richtwalzmaschinen verdichten die Übergänge (**Abb. 5.34**). Dies führt zu einer Erhöhung der Dauerfestigkeit bzw. Lebensdauer. Oder es kann umgekehrt der Wellenquerschnitt verkleinert werden und in der Folge auch die Anschlussgeometrien (Lager, Gehäuse etc.). Insgesamt führt dies zu entsprechenden Einsparungen bei Gewicht und Baugröße.

Strategien wie die angeformte Bauweise und Optimierung von Kerbgeometrien finden in der Bionik (vgl. Kap. 5.6) ihre Vorbilder.

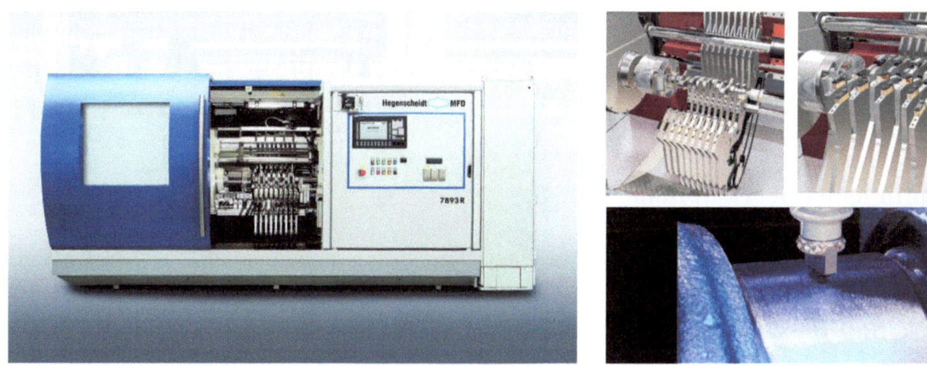

Abb. 5.34 Fest- und Richtwalzen einer Kurbelwelle (Bild: © Hegenscheidt MFD)

Kerbwirkung - innere Kerben

Neben äußeren in der Regel konstruktiv bedingten Kerben können sich Fehlstellen im inneren des Werkstücks festigkeitsmindernd auswirken (vgl. **Abb. 5.35**). Hierzu zählen u. a.: Lunker, Seigerungen, Schlackeneinschlüsse, Schmiedefalten, Eigenspannungsrisse, Einbrandkerben von Schweißnähten. Grundsätzlich setzen diese Fehler die mit genormten Prüfverfahren ermittelten Festigkeitswerte herab. Eine Herstellung ohne innere Fehler (Kerben) ist technisch kaum realisierbar und meist unwirtschaftlich. Die Nachweisgrenze von zerstörungsfreien Prüfverfahren (z. B.: Ultraschallprüfung, Wirbelstromprüfung, Farbeindringverfahren) liegt bei aktuell ca. 1 mm. Daher ist grundsätzlich auch nach einer Prüfung davon auszugehen, dass Werkstücke innere Defekte aufweisen.

Die sogenannte *Bruchmechanik* als Domäne der Werkstofftechnik befasst sich mit der Festigkeitsbewertung fehlerbehafteter und angerissener Bauteile (vgl. auch Kap. 5.5.4 Abschnitt Optimierte Werkstoffausnutzung – Dauerfestigkeit) Sie findet vor allem Anwendung, wenn ein Bauteilversagen zu schwerwiegenden Folgeschäden führt. Dies gilt im Besonderen für die Luft- und Raumfahrt sowie für den Kraftwerksbau. Ein spontanes Versagen eines Bauteils auf Grund einer inneren Fehlstelle tritt in der Praxis erst bei einer kritischen Kombination aus Rissgröße und Belastung auf.

Abb. 5.35 Gebrochene Rotorscheibe einer DC-10 durch Lunkereischluss (Foto: © NTSB)

5.5.3 Optimierter Werkstoffeinsatz

Im Sinne von Leichtbau ist u. a. die Dichte eines Werkstoffes neben seinen Festigkeitswerten und anderen Kennzahlen zentrales Entscheidungskriterium. Über die Multiplikation mit dem Bauteilvolumen ergibt sich die Masse; umgangssprachlich als Gewicht bezeichnet. Klassische Stähle (S235JR etc.) schneiden gegenüber beispielsweise Aluminium schlecht ab. Trotzdem ist Stahl auch im Fahrzeugbau nach wie vor weit verbreitet. Gründe hierfür:

- günstiger Kilopreis
- Halbzeuge in großer maßlicher Bandbreite und Qualität verfügbar
- große Vielfalt an mechanischen und physikalischen Eigenschaften
- gut verarbeitbar

Weiter können gewünschte Eigenschaften klassischer Stähle durch Modifikationen gezielt beeinflusst werden. Als technologische Verfahren kommen beispielsweise zum Einsatz: Legieren, Wärmebehandlung, Verfestigungsmechanismen. Aufwand, Kosten und Nutzen müssen aber immer in einem vertretbaren Verhältnis zueinander stehen (vgl. auch **Abb. 5.25**).

Relative Werkstoffkosten und Festigkeitswerte

Ausgangspunkt konstruktiver Überlegungen ist wie ausgeführt häufig der Einsatz eines klassischen Baustahls wie S235JR. Für höher beanspruchte Bauteile wie Wellen oder Ritzel werden höherwertigere Stahlsorten verwendet (Bsp.: E335). Wegen der höheren zulässigen Festigkeitswerte für die Biege- und Torsionsspannung (vgl. **Abb. 5.36**) können die Querschnitte kleiner ausfallen mit entsprechenden Gewichtsvorteilen. Grundsätzlich sind höherwertige Werkstoffe im Kilopreis teurer als klassische. Durch das geringere benötigte Volumen kann sich dies bei den Bauteilkosten u. U. wieder ausgleichen.

Kurzname	Stahlsorte Werkstoff-nummer	A % min.	R_{mN} min.	R_{eN} $R_{p0,2N}$ min.	$\sigma_{zd\,WN}$ $(\sigma_{zd\,SchN})$	$\sigma_{b\,WN}$ $(\sigma_{b\,SchN})$	$\tau_{t\,WN}$ $(\tau_{t\,SchN})$	relative Werkstoff-kosten[3]	Eigenschaften und Verwendungsbeispiele
S235JR S235J0 S235J2	1.0038 1.0114 1.0117	26	360	235	140 (235)	180 (280)	105 (165)	[1]	**Stahlsorten mit Werten für die Kerbschlagarbeit (z. B. J2: Kerbschlagarbeit 27J bei −20°C)** Standardwerkstoff im Maschinen- und Stahlbau, bei mäßiger Beanspruchung; Flach- und Langerzeugnisse; gut bearbeitbar, Schweißeignung verbessert sich bei jeder Sorte von Gütegruppe JR bis K2
S275JR S275J0 S275J2	1.0044 1.0143 1.0145	23	410	275	170 (275)	215 (330)	125 (190)	1,05	Bei mittlerer Beanspruchung; gut bearbeitbar und unformbar, gute Schweißeignung; z. B. Wellen, Achsen, Hebel, Schweißteile
E295	1.0050	20	470	295	195 (295)	245 (355)	145 (205)	1,1	**Stahlsorten ohne Werte für die Kerbschlagarbeit** (Erzeugnisse aus diesen Stählen dürfen nicht mit **CE** gekennzeichnet werden) gut bearbeitbar; meist verwendeter Maschinenbaustahl bei mittlerer Beanspruchung, pressschweißbar; z. B. Wellen, Achsen, Bolzen
E335	1.0060	16	570	335	235 (335)	290 (400)	180 (230)	1,7	für höher beanspruchte verschleißfeste Maschinenteile, pressschweißbar; z. B. Wellen, Ritzel, Spindeln

Abb. 5.36 Tabellenauszug: Festigkeitskennwerte und Relativkosten (Bild: © Roloff / Matek)

Es würde allerdings den Aufgabenbereich des Konstrukteurs sprengen, wenn er in diesem Zusammenhang vergleichende Angebote einholt. Zur Beurteilung werden daher sogenannte *Relativkosten* herangezogen. Am Beispiel des vorstehenden Tabellenauszugs wird der Baustahl S235JR als Referenzgröße mit dem Wert „1" festgelegt. Der Werkstoff E335 fällt entsprechend mit der Relativkostenzahl „1,7" mit 70 % höheren Kilopreisen aus. Als grober Orientierungsrahmen ist dies für den Konstrukteur hinreichend.

Leichtbauwerkstoffe

Neben der Dichte als indirektes Maß für das Gewicht sind weitere technologische Daten für die Werkstoffauswahl relevant. Hierzu zählen neben den Festigkeitswerten (Fließgrenze, Dauerfestigkeiten): Elastizitätsmodul, Temperaturbeständigkeit der Festigkeitswerte, Wärmeausdehnungskoeffizient, Formbarkeit, Schweißbarkeit, Zerspanbarkeit. Grundsätzlich gilt, dass es nicht „den einen" Leichtbauwerkstoff gibt. Vielmehr erfolgt die Auswahl immer unter Berücksichtigung des konkreten Anwendungsfalls.

Der wichtigste metallische *Leichtbauwerkstoff* ist Aluminium. Er verfügt im direkten Vergleich zu Stahl über ähnlich gute Festigkeitseigenschaften. Durch die technologische Möglichkeit des Aufschäumens (Bsp. **Abb. 5.37**) ergibt sich eine weitere Verbesserung des Verhältnisses Festigkeit – Gewicht. Schaumaluminium findet Einsatz als Ultraleichtbauprofil, zur Aussteifung und als Stoßverzehrkörper (Front- / Seitenaufprall). Weitere schäumbare Materialien sind u. a.: Magnesium, Messing, Blei.

Magnesium-Legierungen weisen eine niedrige Dichte auf, sind aber sehr korrosionsanfällig. Als unedles Gebrauchsmetall (vgl. elektrochemische Spannungsreihe) wird es in Werkstoffkombinationen zersetzt. Zudem ist die spanende Bearbeitung vergleichsweise aufwendig; gleiches gilt für die Möglichkeiten der Kaltumformung. Titan und Titan-Legierungen verfügen bei niedriger Dichte im Vergleich zu hochfesten Stählen über sehr gute Festigkeitswerte. Umformende und spanende Bearbeitungen sind sehr aufwendig bzw. schwierig.

Abb. 5.37 Aluminiumschaum   **Abb. 5.38** Rennrad in Carbonbauweise
(Bild: © Metalfoam, CC BY-SA 3.0)

Reine Kunststoffe weisen im Regelfall eine sehr geringe Dichte auf bei im Vergleich schlechten Festigkeitswerten. Als Strukturbauteile sind sie daher nicht von Bedeutung. Als faserverstärkte Kunststoffe finden sie hingegen zunehmend Verbreitung. In der Herstellung werden in einem Grundwerkstoff (sogenannte Matrix; beispielsweise Harz) Fasern in definierter Anordnung und Ausrichtung eingebettet. Durch die Werkstoffkombination werden gezielt Eigenschaften in Belastungsrichtung eingebracht. Technologisch von Bedeutung sind:

- Glasfaserverstärkter Kunststoff (GFK)
- Kohlenstofffaserverstärkter Kunststoff (CFK); Handelsname: Carbon
  (vgl. **Abb. 5.32 mi** und **5.38**)
- Aramidfaserverstärkter Kunststoff (AFK); Handelsname: Kevlar

Die Fortsetzung dieser Entwicklung stellen sogenannte Superleichtlegierungen dar. Dies sind beispielsweise lithiumhaltige Aluminium- und Magnesiumlegierungen. Lithium weist als „Füllstoff" eine extrem geringe Dichte auf. Eingesetzt werden diese Hochleistungswerkstoffe aktuell bereits in der Luft- und Raumfahrt zur Beplankung. In der Luftfahrt findet zudem der Werkstoff GLARE zunehmend Verbreitung. Er besteht aus einer Kombination von Aluminium- und GFK-Lagen und wird in einer Klebevorrichtung laminiert. Durch die Variation von Anzahl und Dicke der Lagen können die Werkstoffeigenschaften gezielt eingestellt werden. Wegen seiner geringen Dichte wird er beispielsweise in großem Umfang in der Rumpfstruktur des Airbus A380 eingesetzt.

Der Relativkostenvergleich (€/kg) zwischen ausgewählten Leichtbauwerkstoffen mit der Referenzgröße Stahl ergibt sich überschlägig wie folgt: Stahl [1] – Aluminium [3] – Magnesium [5] – GFK [10] – AFK [50] – CFK [100]. Bezogen auf technologische Eigenschaften haben sich in der Praxis sogenannte *Gütezahlen* durchgesetzt (vgl. **Abb. 5.39**). Sie sind ein Maß dafür, um wie viel leichter (schwerer) eine geometrisch ähnliche Konstruktion aus einem betrachteten Werkstoff bezogen auf einen Referenzwerkstoff (hier: Aluminium-Legierung) ist.

Eigenschaften bezüglich	Holz	Mg.-Leg.	Al.-Leg.	Ti.-Leg.	Stahl	GFK	CFK	AFK
stat. Festigkeit (Zug, Druck)	1,54	1,16	1	1,50	0,60	3,17	5,52	8,85
Längssteifigkeit (Zug, Druck)	0,93	0,89	1	0,87	1,03	0,79	6,88	1,86
Schubfestigkeit (Torsion)	-	0,90	1	0,89	1,06	0,32	0,37	0,15
Knicksteifigkeit bei Stäben	2,54	1,17	1	0,72	0,60	1,05	3,64	1,93
Beul- und Biegesteifigkeit (Platten)	3,05	1,31	1	0,69	0,50	1,17	3,00	1,98

Abb. 5.39 Gütezahlen zur Beurteilung der Leichtbaueignung (nach Klein)

5.5.4 Sicherheitsreserven

Sicherheit meint im Grundsatz, wie weit ein zulässiger Referenz- bzw. Grenzwert als Verhältniszahl über dem real vorliegenden Wert liegt. Konkret könnte dies beispielsweise ein Vergleich der Dauerfestigkeit (Bsp.: Biegewechselspannung einer umlaufenden Achse) für einen festgelegten Werkstoff (vgl. **Abb. 5.36**) mit der vorhandenen Biegespannung sein. Berücksichtigt werden dabei Einflüsse wie: Oberflächenqualität, Kerben, Temperatur etc.

Der junge und / oder unerfahrene Konstrukteur neigt dazu, für „die Ewigkeit" konstruieren zu wollen. Mangelndes *Erfahrungswissen* wird dann häufig mit „Angstzuschlägen" und übertrieben hohen Sicherheiten ausgeglichen. Es ist aber schlicht unwirtschaftlich, eine Konstruktion weit über die vom Kunden gewünschte Lebensdauer auszulegen. Dies stellt aus dessen Sicht keinen Mehrwert dar, den er daher auch nicht zu zahlen bereit ist. Kritisch wird dies im Besonderen, wenn die Konkurrenz in der Lage ist, die Anforderungen an ein Produkt hinsichtlich der Dimensionierung punktgenau und damit kostengünstiger zu realisieren. Voraussetzung für ein optimal ausgelegtes Produkt ist die detaillierte Kenntnis der Rahmenbedingungen. Hierzu zählen beispielsweise:

- Wirkende Kräfte (Größe, Richtung, Dauer bestimmter Belastungshöhen)
- Absicherung von Werkstoffkennwerten (beispielsweise über Werkszeugnisse oder interne Prüfungen)
- Verwendung exakter Berechnungsmethoden (Einsatz FEM, digitaler Zwilling)
- Absicherung über Prototypen oder / und Dauerversuche, Feldversuche

Desto genauer die Rahmen- und Einsatzbedingungen bekannt sind, desto geringer können Sicherheiten ausfallen. Im Automobilbereich und in der Bahntechnik wird für bestimmte definierte Anwendungsbereiche mit Sicherheiten von 1,15 (DIN EN 12 663) gearbeitet.

Begriff der Sicherheit

Der Begriff der *Sicherheit* und die Aussagefähigkeit von Kennwerten werden in der Konstruktion häufig missverständlich wahrgenommen. So entnimmt der Konstrukteur aus Tabellenwerken im Rahmen seiner Berechnungen beispielsweise Dauerfestigkeitswerte. Keineswegs bedeuten diese Werte aber, dass ein entsprechend ausgelegtes Bauteil unter Einhaltung dieses Grenzwertes „bis in alle Ewigkeit" hält. Vielmehr liegt die Aussagekraft der Überlebenswahrscheinlichkeit entsprechend genormten Prüfverfahren bei statistisch 97,5 % (vgl. **Abb. 5.40**)! So hat auch die sogenannte dynamische Kennzahl eines Wälzlagers lediglich eine Aussagequalität für 90 % eines Lagerkollektivs. Was aber bedeutet es für die Dimensionierung, wenn man eine Überlebenswahrscheinlichkeit von (statistisch) 100 % erreichen will? Am Beispiel eines Rillenkugellagers sei dies verdeutlicht: Bei gleichen Rahmenbedingungen (äußere Kräfte, Umdrehungsfrequenz etc.) müsste statt der Baugröße DIN 625-6301 (Bohrungsdurchmesser d = 12 mm) beispielsweise ein DIN 625-6418 (d = 90 mm!) verbaut werden.

Eine garantierte Ausfallwahrscheinlichkeit von 0 % ist technisch wegen der Vielzahl an Einflüssen im Regelfall nicht realisierbar und vor allem auch nicht wirtschaftlich. Wie hoch dieses Restrisiko (vgl. **Abb. 5.40** roter Bereich) ausfällt bzw. festgelegt wird, ist zu einem Großteil eine Frage der wirtschaftlichen Bewertung. So ist bei jedem Optimierungsprozess irgendwann eine Grenze erreicht, bei dem immer höhere Aufwendungen für eine immer größere (statistische) Sicherheit teurer werden als im Zweifelsfall durch vereinzeltes Produktversagen Schadenskosten anfallen (Stillstandszeiten von Anlagen, Rückrufaktionen, Schadensersatz für Personenschäden, Imageschaden etc.). Aber auch länderspezifische, gesellschaftliche und ethische Einstellungen sind Hintergrund, dass es keinen einheitlichen Begriff von Sicherheit gibt. Einstürze von Textilfabriken in der sogenannten Dritten Welt und die „Schwarze Liste" potenziell unsicherer Luftfahrtunternehmen im Flugverkehr zeugen von diesen unterschiedlichen Maßstäben.

Die sogenannte *Risikoklassifizierung* ist hierbei eine transparente und allgemeingültige Referenz. Bungee-Jumping gilt mit einer Risikoklassifizierung von 10^3 (1 Unfall auf 1000 Ereignisse) als gefahrenträchtiges System. Wirtschaftsbereiche mit hohem allgemeinen

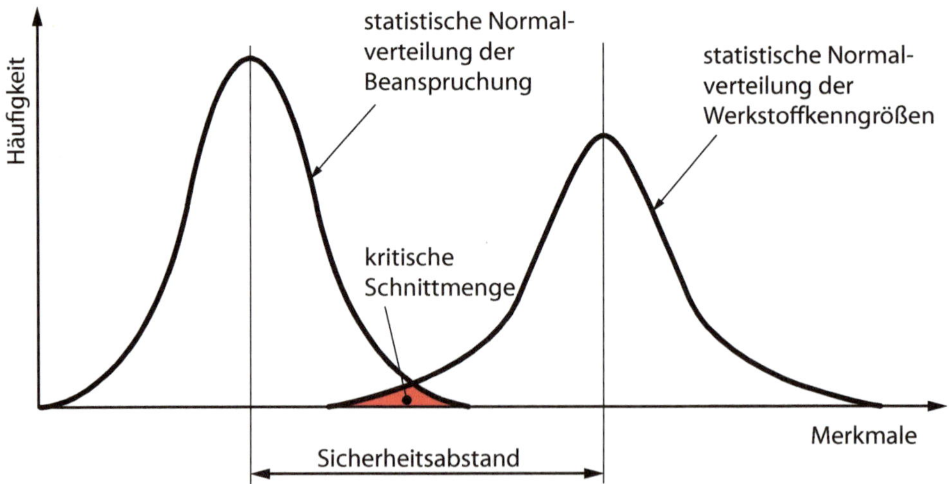

Abb. 5.40 Sicherheit als statistische Normalverteilung (schematisch)

Gefährdungspotenzial sind in der Regel aber nur in geringem Maße riskant: Kernkraftwerke, die Bahn und die Luftfahrt gelten mit einer Mindestvorgabe von 10^6 als ultrasichere Systeme. Umgekehrt bedeutet dies aber auch, dass es nicht ausschließbare Restrisiken gibt. Das Eisenbahnunglück von Eschede (vgl. Ausführungen zu **Abb. 5.46**) sowie die Atomunglücke von Tschernobyl und Fukushima belegen dies in dramatischer Weise. Sicherheit ist daher immer ein Kompromiss unter wirtschaftlichen und ggf. gesellschaftlichen Rahmenbedingungen.

Im Bereich der Konstruktion verkürzt sich der Begriff der Sicherheit nicht einfach auf den Vergleich beispielsweise eines statistisch zulässigen Festigkeitswertes mit einem real vorhandenen. So wurden Tragflächen eines Flugzeugs lange im Sinne der Sicherheitsphilosophie *Safe-Life* ausgelegt. Dies bedeutet im Rahmen einer Musterzulassung konkret, dass ein ganzes Flugzeugleben simuliert wird (geplant: 30 Jahre). Damit sollte jeglicher potenzieller statische oder dynamische Belastungsschaden über die Einsatzzeit ausgeschlossen werden. Bei den aktuell üblichen last- und gewichtsoptimierten Flugzeugen ist diese Philosophie nicht mehr umsetzbar. Abgelöst wurde sie durch die Strategie *Fail-Safe*. Sie zielt darauf ab, dass nach einem Ausfall eines Bauteils die verbleibende Primärstruktur in einem definierten Zeitraum immer noch eine hinreichende Steifigkeit und Sicherheit sicherstellt. So werden beispielsweise entstandene und fortschreitende Risse in definierter Bandbreite akzeptiert und über entsprechende Wartungsintervalle in ihrer Ausbreitung überwacht (vgl. Ausführungen zu **Abb. 5.44**). Beim Überschreiten festgelegter Grenzwerte erfolgt schließlich die Reparatur der Bauteile oder der Teiletausch.

Unabhängig vom Festigkeitsversagen werden funktionswichtige Baugruppen redundant (= mehrfach) ausgelegt. Einfaches Beispiel ist die Handbremse eines Autos, die von der Betätigung unabhängig von der Pedalbremse funktionieren muss. In der Luftfahrt gibt es zwei Bordcomputer und sogar drei Hydraulikkreisläufe für die Klappenbedienung der Flügel etc.

Optimierte Werkstoffausnutzung – Dauerfestigkeit

Werkstoffkennwerte als Grenze für Dauerbeanspruchungen werden sogenannten *Wöhlerdiagrammen* entnommen (vgl. **Abb. 5.41**). Aus ihnen können zulässige Spannungen (*Dauerfestigkeiten*) abgelesen werden, die ein Werkstoff unter genormten Prüfbedingungen (DIN 50 100) dauerhaft dynamisch (Wechsel- oder Schwellbelastung) ertragen kann. Die Grenzschwingspielzahl n_{gr}, ab der (bei statistisch 97,5 %) kein Versagen mehr eintritt, liegt je nach Werkstoff bei $2 \cdot 10^6$ bis 10^7 Schwingspielen (Belastungswechsel). Allerdings weisen nicht alle Werkstoffe einen ausgeprägten Grenzwert für die Dauerfestigkeit auf (beispielsweise Kupfer). Hier wird die Dauerfestigkeit ersatzweise für eine Grenzschwingzahl definiert (beispielsweise 10^8).

Da die geplante Nutzungszeit von Bauteilen im Regelfall begrenzt ist (Flugzeug: 30 Jahre), müssen sie letztlich auch nicht für „die Ewigkeit" ausgelegt werden. Entsprechend einer geringeren Zahl von Schwingspielen können im Bereich der *Zeitfestigkeit* höhere zulässige Grenzwerte für die Auslegung einer Baugruppe zugrunde gelegt werden. In der Folge sind kleinere Querschnitte (= geringeres Gewicht) hinreichend, um eine vorgegebene Lastbeaufschlagung bis zum Ende der Gebrauchsdauer sicher zu ertragen.

In den Dauerfestigkeitswerten stecken noch große Reserven, da sie für eine konstante Maximalbeanspruchung ermittelt werden. Im Realbetrieb werden diese üblicherweise nicht dauerhaft erreicht beispielsweise durch Zeiten für Anfahren, Auslauf und Intervallen mit niedrigerer Belastung. Über mathematische Verfahren können sogenannte Lastkollektive berechnet werden, die unterschiedlich große Beanspruchungen und deren zeitliche Verläufe berücksichtigen.

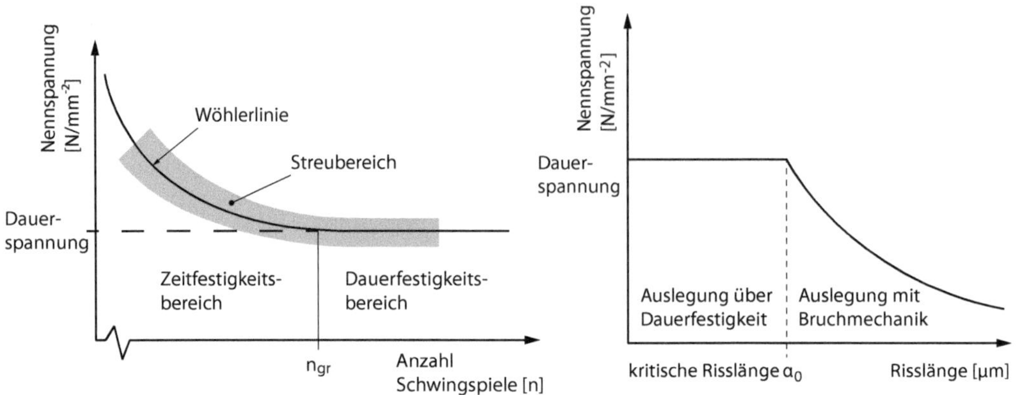

Abb. 5.41 Wöhlerlinie (schematisch)   Abb. 5.42 Nachweisarten

Noch genauer kann der Realbetrieb durch den Einsatz von Rechnersystemen nachgebildet werden. Über FEM-Berechnungen oder über die Bildung eines digitalen Zwillings (vgl. Ausführungen in Kap. 5.4.4) können diese *Betriebsfestigkeitsberechnungen* durchgeführt werden und erschließen somit weiteres Potenzial zur optimalen Werkstoffausnutzung. Diese Vorgehensweise findet sich vor allem im Fahrzeug- und Flugzeugbau.

Optimierte Werkstoffausnutzung – Ermüdungsrisswachstum

Sind Bauteile dynamisch ausgelegt (beispielsweise nach DIN 743: Tragfähigkeitsberechnung von Wellen und Achsen oder mittels FEM) kann es trotzdem weit vor der Auslegungsgrenze zu einem Bauteilversagen durch Bruch kommen. Hintergrund ist ein *Ermüdungsrisswachstum*, das sich von einer Fehlstelle im Inneren beginnend ausbreitet (vgl. auch Kap. 5.5.2 Abschnitt Kerbwirkung – innere Kerben) oder an einer äußeren Geometriekerbe (vgl. **Abb. 5.43**). Geometrieübergänge und andere Kerben sind daher übliche Ausgangspunkte einer Bauteilinspektion.

Ein Riss hat in der Rissspitze einen Kerbradius $R = 0$. Daraus folgt eine theoretisch unendlich große Kerbspannung. Fließprozesse im Werkstoff bauen einen Teil der Spannung ab. Statt der Kerbformzahl gilt hier in Analogie der Spannungsintensitätsfaktor. Die wissenschaftliche Disziplin *Bruchmechanik* befasst sich mit der Erforschung und Auslegung rissbehafteter Bauteile (vgl. **Abb. 5.42**). Beide Nachweiswege sind unabhängig voneinander zu sehen.

Risse im Werkstück sind im Regelfall herstellungsbedingt und nicht zu vermeiden (vgl. Abschnitt Kerbwirkung - innere Kerben in Kap. 5.5.2). Liegt die Risslänge unterhalb einer für den Werkstoff spezifischen Grenze (vgl. kritische Risslänge α_0 in **Abb. 5.42**), ist eine Festigkeitsauslegung auf Basis einer ertragbaren Dauerfestigkeit hinreichend. Überschreitet sie dieses kritische Maß, muss zusätzlich auf Nachweiskonzepte der Bruchmechanik zurückgegriffen werden. Nach einer Initialphase erfolgt ein stabiles Risswachstum (vgl. **Abb. 5.44**): Mit Zunahme der Belastungszyklen vergrößert sich der Riss stetig (Dauerbruchfläche, vgl. **Abb. 5.43**). Die Linien (Rastlinien) in der Dauerbruchfläche resultieren aus dem Wechsel von Phasen unterschiedlicher Belastungsintensitäten. Bei Erreichen einer kritischen Risslänge kommt es zu einem plötzlichen Versagen des Bauteils durch den sogenannten Spaltbruch (instabiles Risswachstum). Die resultierende Gewaltbruchfläche hebt sich optisch deutlich von der Dauerbruchfläche ab.

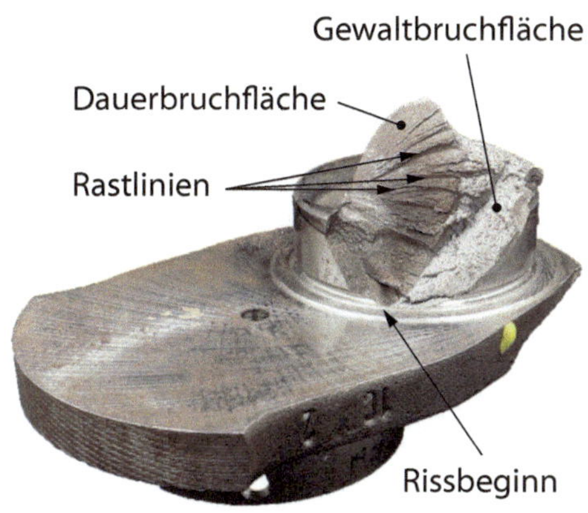

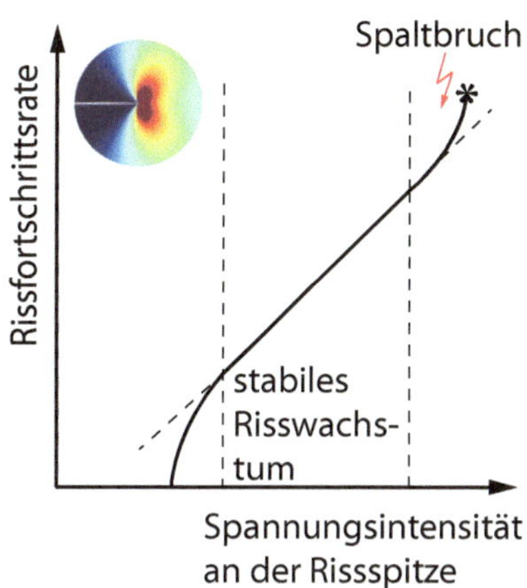

Abb. 5.43 Ermüdungsrissbildung an einer Kurbelwelle

Abb. 5.44 Rissfortschrittsgeschwindigkeit (schematisch)

Unentdeckte Risse können in einer Katastrophe enden. Großes Glück hatten die Passagiere der Fluggesellschaft Aloah Airlines im Jahr 1988. In 7.300 m Höhe riss unvermittelt ein Teil der oberen Rumpfschale ein und es kam zu einer Ablösung der kompletten Kabinendecke im Bereich zwischen Cockpit und Flügelvorderkante (vgl. **Abb. 5.45**). Eine Flugbegleiterin wurde in Folge des schlagartigen Druckausgleichs aus der Maschine gesogen, 65 weitere Passagiere verletzt. Die Maschine konnte trotz des Defekts sicher landen.

Die amerikanische Flugunfallbehörde NTSB machte als Ursache des Unglücks unentdeckte Ermüdungsrisse aus. Die Maschine war 19 Jahre im Kurzstreckenverkehr auf den hawaiianischen Inseln eingesetzt. Dadurch ergaben sich bei vergleichsweise kurzen Flugzeiten viele Lastwechsel aus Starts und Landungen (90.000 Flüge bei 35.500 Betriebsstunden). Zudem förderte die salzhaltige Meeresluft Korrosionsvorgänge. In der Folge nahmen alle großen Fluggesellschaften ihre ältesten Maschinen aus dem Dienst. Weiter wurden engere Wartungsintervalle eingeführt und die Forschungen zur Materialermüdung an Flugzeugen intensiviert.

Vor der Inbetriebnahme und im Rahmen von Wartungsintervallen werden sicherheitsrelevante Bauteile mittels zerstörungsfreier Prüfverfahren auf innere Risse untersucht. Zu den Verfahren zählen: Farbeindring-, Klang-, Ultraschall-, Wirbelstrom- und Magnetpulverprüfung. Bei üblichen Konstruktionswerkstoffen liegen die kritischen Risslängen, die zu einem Bruch führen können, oberhalb der Nachweisgrenze der benannten Verfahren. Liegt die kritische Fehlergröße unter der Nachweisgrenze, eignet sich der Werkstoff nur sehr eingeschränkt als Konstruktionswerkstoff (beispielsweise Keramik).

Innere Kerben führen im Vergleich zu äußeren im Regelfall zu einer nur geringen Abnahme der Festigkeit. Im günstigsten Fall kann die Baugruppe ohne Maßnahmen weiter betrieben werden. Wenn ein unzulässig großes Risswachstum innerhalb der Gebrauchsdauer sicher ausgeschlossen werden kann, reicht zunächst das Überwachen des Risses in definierten Intervallen. Wie beschrieben, wachsen Risse zu Beginn mit einer konstanten Geschwindigkeit. Dann kann das Risswachstum über die Lebensdauer des Bauteils im Rahmen von Wartungsintervallen fortlaufend beobachtet und beurteilt werden. Die Baugruppe wird dann bis zu einer definierten Risslänge, die deutlich unter der kritischen Risslänge liegt, weiter unkritisch betrieben.

Abb. 5.45 Flugunglück Aloah Airlines
(Bild: © Picture Alliance / Associated Press; Fotograf: Robert Nichols)

Durch Herabsetzung der Belastung kann im Regelfall die Rissfortschrittsgeschwindigkeit gesenkt und damit die Restlebensdauer erhöht werden. Nach Prüfung ist ggf. noch eine Reparatur möglich (Rissstoppbleche, Ausschleifen des Risses, Bohrung in Rissspitze, Auftragsschweißung, Überbrücken des Risses mit Spannschrauben). Teiletausch bzw. Verschrottung werden dann häufig vermieden oder zumindest hinausgezögert. Kosten für Ersatz und Stillstandszeiten verringern sich. Entsprechende Vorgehensweisen findet man beispielsweise bei der Wartung von Flugzeugen, Brücken und der Bahn. Leider haben Wartungsmaßnahmen das größte Bahnunglück der deutschen Geschichte nicht verhindern können. Am 03.06.1998 verunglückte in Eschede ein ICE infolge eines Dauerbruchs eines Radreifens (vgl. **Abb. 5.46**). 101 Menschen verloren ihr Leben.

Abb. 5.46 Bahnunglück Eschede
(Bild li: Unglücksstelle; Foto: © Nils Fretwurst)
(Bild re: Radreifen im Prozess; Foto: © picture-aliance / dpa, Ingo Wagner)

5.6 Bionik

5.6.1 Natur als Ideengeber

Der Begriff *Bionik* ist ein Kunstwort aus den Begriffen Biologie und Technik und ist eine sogenannte Querschnittsdisziplin. Die Richtlinie VDI 6220 (Bionik – Konzeption und Strategie – Abgrenzung zwischen bionischen und konventionellen Verfahren / Produkten) erläutert den Begriff wie folgt: „Bionik verbindet in interdisziplinärer Zusammenarbeit Biologie und Technik mit dem Ziel, durch Abstraktion, Übertragung und Anwendung von Erkenntnissen, die an biologischen Vorbildern gewonnen werden, technische Fragestellungen zu lösen." Leitgedanke ist somit das Lernen von der Natur. 4 Milliarden Jahre Evolution haben die Welt entstehen lassen, in der wir heute leben. Sie „konstruiert" durch Versuch und Irrtum.

Stetige zufällige und meist nur kleine „Entwurfsänderungen" entstehen dabei permanent durch Änderungen im Erbgut der Lebewesen (Mutationen). Bringt eine Änderung einen Überlebensvorteil, so setzt sich die neue Eigenschaft mittelfristig durch. Diese passive Optimierung durch Selektion hört in der Natur nie auf. Optimal meint aber nicht die bestmögliche Ausprägung eines Merkmals (beispielsweise Schnelligkeit), sondern bestmögliche Anpassung an die aktuellen Umweltbedingungen unter dem Aspekt des minimalen Ressourceneinsatzes mit dem Ziel der Arterhaltung. Damit eine Spezies im Konkurrenzkampf langfristig überlebt, sind vielfach besondere Anpassungsleistungen nötig. Dies erfolgt konsequent nach dem Prinzip des Energieminimums. Am Beispiel natürlicher Konstruktionen führt dies zu spannungsoptimierten Geometrien und damit zu einem optimalen Kompromiss aus Materialeinsatz und Lebensdauer.

Auch wenn die Bionik als Wissenschaftsdisziplin vergleichsweise jung ist: Schon Leonardo da Vinci ließ sich im 15. Jahrhundert von Fledermäusen und Vögeln zu Skizzen von Flugmodellen inspirieren, die sich noch als flugunfähig erwiesen. Anders aber bei Otto Lilienthal – er leitete aus Naturbeobachtungen im Besonderen bei Störchen physikalische Experimente ab und erkannte den Zusammenhang von Flügelgeometrie und Auftrieb. Er erschuf einen funktionsfähigen Gleitapparat, der bis zu 400 m segeln konnte. Lilienthal kann daher historisch als erster wissenschaftlich arbeitender Bioniker angesehen werden. Sein Werk „Der Vogelflug als Grundlage der Fliegkunst" gilt als Ausgangspunkt der motorisierten Luftfahrt (vgl. auch **Abb. 2.1** Gebrüder Wright).

Viele dieser natürlichen Vorbilder finden ihre Umsetzung in der Technik im Alltag wieder; so beispielsweise die Honigwabe im Rahmen von Leichtbaustrukturen (vgl. **Abb. 5.32**).

Abb. 5.47 Lotoseffekt (Bild li: © Ralf Pfeifer / re: © René F. Appenzeller; CC-BY-SA 3.0)

Kennzeichnend ist ihr optimales Verhältnis von Volumen zu Oberfläche. Zudem ist diese Geometrie lückenlos stapelbar. Am bekanntesten ist sicherlich der *Lotoseffekt* nach der gleichnamigen Pflanze (vgl. **Abb. 5.47**): Die Oberfläche der Blätter verfügt über eine spezielle Struktur, die ein Anhaften von Wasser verhindert. In der Folge formt es sich zu Tropfen und perlt vom Blatt ab. Hintergrund dieses Selbstreinigungseffektes ist ein Schutz vor Besiedlung durch Mikroorganismen, Pilzsporen oder Algen etc. Technische Umsetzung findet der Lotoseffekt beispielsweise bei Gebäudefassaden, Verglasungen, wasserlose Urinale, Autolacke usw.

Auch die widerstandsarme Oberflächenstruktur der Haifischhaut findet bereits Anwendung. Im Schwimmsport wurden mit speziellen Anzügen „Fabelzeiten" erzielt, die teilweise noch immer gelten; mittlerweile sind die Anzüge daher für Wettkämpfe nicht mehr zugelassen. Als Beschichtung auf Flugzeugrümpfen (Ribletfolie) soll die Reduktion des Luftwiderstands zu Einsparungen in den Treibstoffkosten von ca. 1,5 % führen. Aktuell ist hier die Entwicklung noch im Bereich der Forschung und ersten Feldversuchen.

Manche Entdeckung überrascht wie beispielsweise der Kofferfisch (vgl. **Abb. 5.48**). Er wirkt von seiner äußeren Gestalt klobig und bewegt sich meist gemächlich. Bei Flucht erreicht er aber erstaunliche Geschwindigkeiten. Hintergrund ist sein extrem niedriger Strömungswiderstandskoeffizient (vgl. auch Ausführungen zu **Abb. 5.15**). Mit einem originalgetreuen Modellnachbau konnte im Windkanal ein c_w-Wert von 0,06 erzielt werden. Als Übertragung auf ein Auto wurde mit einem Tonmodell immerhin noch $c_w = 0,095$ erreicht. Ein auf dieser Basis entwickeltes praxistaugliches Konzeptauto („bionic car") erzielte einen immer noch überragenden Wert von $c_w = 0,19$. Neben „Anleihen" in der Geometriegebung aus der Natur kam ein biologisches Konstruktionsprinzip zum Tragen: Die Rohkarosserie wurde am Rechner basierend auf Wachstumsvorgängen der Natur entwickelt. Diese *Soft-Kill-Option* (*SKO*) benannte Methode führt dabei zu Geometrien, die optimal an die äußere Belastung angepasst sind (vgl. auch Ausführungen in Kap. 5.6.2).

Abb. 5.48 Bionic car (Bilder: © Mercedes Benz)

Möglichkeiten der technischen Übertragung nach dem Vorbild der Natur finden sich in nahezu allen Feldern der Physik. Neben den beschriebenen Anwendungen zu Oberflächen, Strömungswiderstand und Leichtbau sind dies beispielsweise auch: Aktuatorik, Sensorik, Antriebe, Verfahrenstechnik, Kinematik etc. Allerdings gelingt es nur im Ausnahmefall, die Natur einfach zu kopieren. Meist beschränken schon die technischen Möglichkeiten eine direkte Übertragbarkeit; die Natur liefert keine „Blaupausen". Bionische Strukturen können sind mit klassischen Fertigungsverfahren (Drehen, Fräsen etc.) selten herstellbar. Hier kommen bevorzugt additive Fertigungsverfahren zum Einsatz, bei denen die Geometrie eines Bauteils schichtenweise aufgebaut wird (vgl. auch Kap. 5.4.2 Rapid Prototyping). Dadurch ist der Konstrukteur in der Frage der Geometriegebung (fast) völlig frei. Die Geometrie folgt damit konsequent der Funktion und nicht mehr dem Fertigungsverfahren. Additive Verfahren selbst haben auch ein Vorbild in der Natur: Meeresschnecken. Sie stellen ihre Gehäuse aus Schichten von Kalziumkarbonat her.

Bei der Bionik gilt es, die hinter einer natürlichen Geometrie oder Funktion liegenden Prinzipien zu erkennen und in technisch realisierbarer Form zu übertragen. Im Anhang befindet sich ein Bastelbogen zur Bionik (**A 12**) Mit dem Modell lässt sich nach dem Vorbild des Ahornsamen die Autorotation veranschaulichen, die als Notfallmaßnahme bei Triebwerksausfällen von Hubschraubern zum Einsatz kommt.

5.6.2 Topologieoptimierung

Die konventionelle Bauteiloptimierung orientiert sich in der Praxis im Besonderen an Erfahrungswerten, die über vorhandene Konstruktionen (eigene oder Konkurrenz) und Prototypen abgesichert werden. Durch die Möglichkeiten der FEM (vgl. Kap. 5.3.4) wird die Ermittlung optimierter Geometrien dramatisch beschleunigt. Fußend auf Grundkenntnissen der Technischen Mechanik und praktischer Konstrukionserfahrung verbleiben aber alle Bemühungen als Trial-and-error-Verfahren. Ob final in Relation zum theoretischen Optimum ein gutes Ergebnis erzielt wurde bleibt unklar. So ist der Einsatz der FEM auch nur ein Hilfsmittel auf dem Weg zu einer optimierten Konstruktion. Hier setzen rechnergestützte Topologie- und Formoptimierungsverfahren (vgl. Kap. 5.6.3) an. Topologie ist die Lehre von der Lage und der Anordnung geometrischer Gebilde im Raum.

Prozessablauf

Mittels *Topologieoptomierung* werden basierend auf der FEM in Berechnungsschleifen optimierte Geometrien erzeugt. Beim Leichtbau läuft die Optimierung üblicherweise unter der Zielvorgabe Gewicht ab. Als Zwangsbedingung (Restriktion) darf bei der Geometrieentwicklung ein definierter (maximal zulässiger) Festigkeitswert nicht überschritten werden. Weitere Zielvorgaben und Zwangsbedingungen können sein: Steifigkeit (z. B. Durchbiegung), Eigenfrequenzen, Temperatur u. a. Am Beispiel Leichtbau werden nachfolgend die Prozessschritte der Topologieoptimierung erläutert (Bsp.: Blattaufnahmeanlenkung Helikopterrotorblatt; vgl. **Abb. 5.49**).

Zu Beginn des Prozesses legt der Konstrukteur den zur Verfügung stehenden Bauraum fest sowie Einspanngeometrie und Lastbeaufschlagung. Weiter werden Konstruktionsvariablen definiert. Einige Geometrien wie beispielsweise Blechdicken sind in festgelegten Grenzen als änderbar definierbar (kontinuierliche Variablen), andere als unveränderbar (diskrete Variablen).

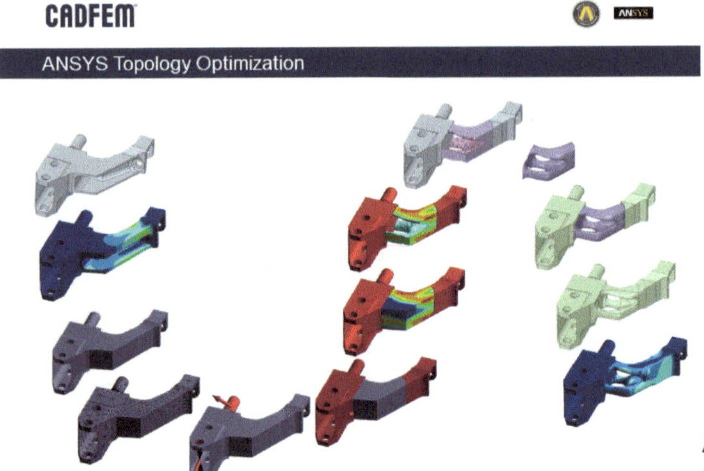

Abb. 5.49: Topologieoptimierung (Bild: © CADFEM 2019)

Danach erfolgt die eigentliche Analyse. Die Algorithmen des Programms orientieren sich dabei an evolutionären Ausleseprozessen der Natur. Dies bezeichnet stochastische Suchverfahren, die sich an die Prinzipien der natürlichen biologischen Evolution anlehnen. Entsprechende Vorgänge werden bei der Lösungsoptimierung imitiert wie: Mutation, Selektion, Rekombination etc. (vgl. nächstes Unterkapitel).

Als Ergebnis wird ein zerklüftetes, poröses Entwurfsmodell („Designvorschlag") ermittelt. Softwareseitige Nacharbeiten zur Harmonisierung der Konturen werden als Glätten bezeichnet. Je nach Programm ist die sogenannte Rückführung des finalen Vorschlags in ein verarbeitbares Datenformat des CAD-Systems notwendig. Weitere Nacharbeiten können nötig werden beispielsweise für die Verstärkung von Wanddicken an Verschraubungspunkten oder Lastaufnahmen. Am finalen Modell wird eine FEM-Analyse durchgeführt, um die Optimierung abzusichern. Sollten die Ergebnisse der Spannungsuntersuchung noch nicht zufrieden stellen, können mit den Möglichkeiten der Formoptimierung weitere Verbesserungen erzielt werden (vgl. Kap. 5.6.3). Sind umfangreiche Nacharbeiten nötig, kann es im Einzelfall sinnvoll sein, den Designvorschlag am Rechner in Orientierung am Designvorschlag nachzumodellieren. Besondere Anforderungen an die Geometrie, beispielsweise Hinterschneidungen für das Gießen, können häufig erst nachträglich in das Modell eingearbeitet werden.

Einsatz findet die Topologieoptimierung zu Beginn der Konzeptfindung. Dadurch ergeben sich sehr früh optimale Designvorschläge, durch die sich die Entwicklungszeiten verkürzen. Am Beispiel des Bionic car konnte das Gewicht der Rohbaustruktur um 30 % verringert werden (vgl. **Abb. 5.48** oben rechts). Weiteres praktisches Beispiel ist die Entwicklung eines Scharniers für die Anbindung einer Motorhaube für einen Massenhersteller in der Automobilindustrie (**Abb. 5.52**). Neben der Topologieoptimierung kam hier auch die Formoptimierung zum Einsatz. Gegenüber der konventionellen Blechbauweise ist es um 52 % leichter (Quelle: Lightweight Design 3/18: Additiv gefertigtes Haubenscharnier). Die Zahl der Bauteile wurde durch die Möglichkeiten der additiven Fertigung (hier: Laserstrahlschmelzen; vgl. Ausführungen zu **Abb. 5.18**). von 19 auf 6 Stück reduziert und der Einbauraum verkleinert. Zudem ist das Bauteil aus Designsicht optisch ansprechend. Aktuell findet der Einsatz des optimierten Scharniers aus wirtschaftlichen Gründen bei Kleinserien statt.

Bionisches Prinzip

Die Vorgehensweise wird nachfolgend am Beispiel der Methode *Soft-Kill-Option* (*SKO*, nach Mattheck) beschrieben, die die wissenschaftliche Grundlage für die meisten Softwareprodukte auf diesem Gebiet darstellt. Die Methode simuliert das Prinzip des sogenannten (last-)adaptiven Knochenwachstums (vgl. **Abb. 5.50**). Knochen müssen möglichst leicht sein, da sie bewegt werden und dafür Energie verbraucht wird. Gleichzeitig müssen sie äußere Lasten sicher aufnehmen. Der menschliche Oberschenkelknochen dient daher als gutes Beispiel für Leichtbau der Natur. Ähnlich den Muskeln werden ständig hochbeanspruchte Bereiche durch knochenaufbauende Zellen verstärkt (versteift) und weniger belastete abgebaut. Dies spiegelt die evolutionäre Strategie des minimalen Ressourceneinsatzes wider. Lange Bettlägerigkeit oder der Aufenthalt von Astronauten in der Schwerelosigkeit führt daher unweigerlich zum Abbau von Knochensubstanz.

In der technischen Umsetzung entnimmt die Software der Geometrie in mehreren Durchläufen (Iterationen) Material und ermittelt im Anschluss die jeweilige Beanspruchungsverteilung im verbliebenen Bauraum (vgl. **Abb. 5.51**). Der anfänglich zur Verfügung gestellte Bauraum wird eher großzügig vorgegeben; fällt er zu klein aus, kann im Einzelfall die Ausprägung einer optimalen Geometrie behindert werden. Die Materialentnahme erfolgt so lange, bis die entstandenen Geometrien zu einer weitreichend optimalen Materialausnutzung geführt haben. Übrig bleibt eine Struktur, die an organisch gewachsene Formen erinnert (bionische Struktur). Die Krafteinleitungs- und Lagerpunkte sind die Start- und Endpunkte des Kraftflusses durch das Bauteil. So gesehen repräsentiert die herausgearbeitete Geometrie den Kraftfluss. Am Beispiel des Oberschenkelknochens zeigt sich die Ausrichtung der Struktur als Verläufe des Kraftflusses in Richtung maximaler Zug- und Druckspannungen (Hauptspannungstrajektorien); Biegespannungen sind nicht (mehr) vorhanden. Die Pfade schneiden sich unter 90°. Die Spannungsverteilung ist durch die Optimierung weitgehend homogen, da Bereiche mit nur geringem Anteil an der Lastaufnahme nicht mehr vorhanden sind. Auch die Topologieoptimierung verläuft in Richtung der Auflösung von Biegespannungen zugunsten von Zug- und Druckspannungen.

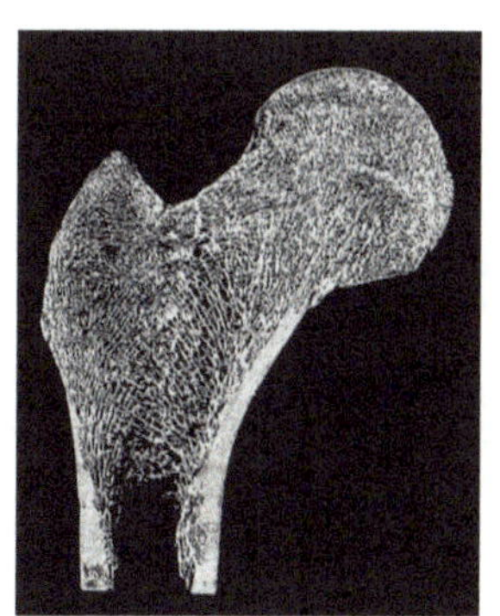

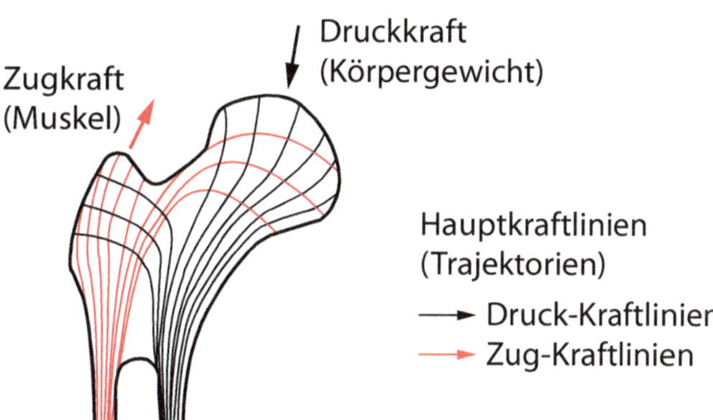

Abb. 5.50 Knochenwachstum

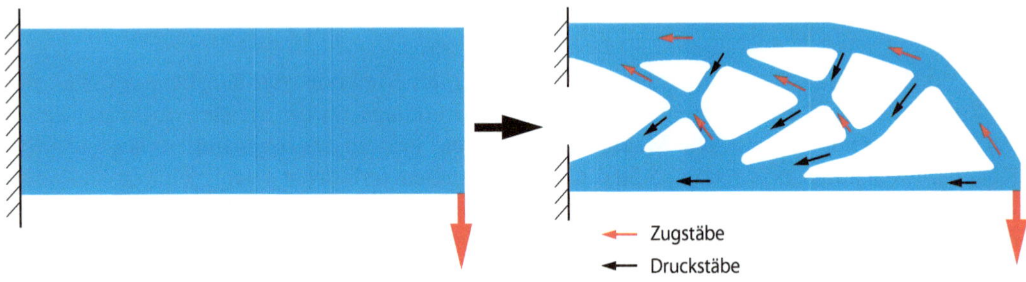

Abb. 5.51 SKO-Methode (nach Mattheck)

Herstellung mittels additiver Fertigung

Bei größeren Stückzahlen sind klassische Fertigungsverfahren wie Drehen oder Fräsen (noch) im Vorteil. Für das Herstellen bionischer Strukturen sind sie ungeeignet. Einzig das Gießen lässt eine Umsetzung in Grenzen zu. Allerdings schränkt das Verfahren die Geometriegebung durch Rahmenbedingungen wie zu vermeidende Hinterschneidungen ein. Innenliegende Strukturen (z. B. Kühlkanäle in Turbinenschaufeln) müssen nachträglich eingebracht werden.

Bionische Strukturen des Leichtbaus werden vorrangig mit additiven Fertigungsverfahren wie dem Laserstrahlschmelzen hergestellt. Technologische Grenzen sind aktuell gesetzt durch: Oberflächenqualität (bis Ra = 3,5 µm), Mindestwandstärken, Bauteilgröße, thermischer Verzug, Materialauswahl. Zunehmend wird diese Technologie neben der Erzeugung von Prototypen (vgl. Kap. 5.4.2) auch für größere Stückzahlen wirtschaftlich interessant. Vorreiterfunktion haben die Luft- und Raumfahrt, Fahrzeugbau und Bahn. Aktuell laufen bei Automobilherstellern erste additive Versuchsanlagen mit der Zielsetzung Großserien- und Massenfertigung. Im Airbus A350 sind bereits über 1000 additiv gefertigte Bauteile im Einsatz (vgl. Kap. 5.4.2). Große Anstrengungen in Forschung und Entwicklung werden unternommen, um Kosten und Fertigungszeiten zu senken.

Neben der freien Geometriegebung ergeben sich weitere Vorteile bei Lagerhaltung, Verfügbarkeit (bei Einzelteilen / Kleinserie), Werkzeugkosten, Abfallmenge, Transportkosten, Lieferzeiten, Kapitalbindung (Vorprodukte, Lagerhaltung), verbesserte Integralbauweise (vgl. Ausführungen in Kap. 2.3.3). Durch die schnelle Verfügbarkeit können zudem potenzielle Fehler frühzeitiger erkannt werden. In der Folge steigt die Produktqualität.

Neben der eigentlichen Topologieoptimierung müssen die Modelle digital nachgearbeitet werden. Dadurch nehmen die Produktentwicklungszeiten zu. Verfahrensbedingt kommt es speziell beim Laserstrahlschmelzen zudem durch die nachgelagerten Abkühlprozesse zu Formänderungen (Verzug, Schrumpfen). Beim Beispiel Scharnier in **Abb. 5.52** können die Abweichungen eines nicht verzugskompensierten Bauteils zum CAD-Modell 1 bis 2 mm betragen. Dies ist im allgemeinen Maschinenbau häufig inakzeptabel. Der Herstellprozess muss daher im Engineering vorab simuliert werden. Den Stützstrukturen kommt hierbei eine besondere Bedeutung zu (**vgl. Abb. 5.53** und **5.20**). Sie führen an den Anbindnungspunkten Wärme des Bauteils ab und beeinflussen so den Modellaufbau thermomechanisch. Durch eine optimierte Stützstruktur werden Eigenspannungen und Verzug gezielt reduziert. In der Folge minimieren sich (teure) Fehldrucke bei gesteigerter Qualität der Endprodukte.

Abb. 5.52 Scharnier Motorhaube: li: optimiert, re: konventionell (Bild: © EDAG)

Allerdings stellen die Stützstrukturen Abfall dar und finden bei den derzeitigen Pulverpreisen gesonderte Beachtung (Preise vgl. Ausführungen zu **Abb. 5.20**). Zudem ist die Entfernung der Stützstruktur aktuell noch ein vorwiegend zeitaufwendiger manueller Vorgang, der mittelfristig wegen der vorliegenden Geometrien auch nur bedingt automatisierbar ist. Daher ist immer auch Ziel, mit möglichst wenig Stützstrukturen auszukommen.

Die additive Fertigung ermöglicht eine nahezu uneingeschränkte Designfreiheit und damit deutlich komplexere (bionische) Geometrien. Der Konstrukteur muss dann nicht mehr klassisch „in Fertigungsverfahren" denken. Vielmehr kann die Geometrie konsequent der Funktion folgen. Dafür gilt es, sich von alten Denk- und Konstruktionsweisen zu lösen, sonst kommen die Vorteile dieses Fertigungsverfahrens nur eingeschränkt zur Geltung.

Additiv hergestellte Bauteile können zudem nur begrenzt nachkonstruiert oder kopiert werden (vgl. Reverse Engineering, Kap. 5.4.3), da das Fertigungs-Knowhow nicht sichtbar ist. Dadurch ergibt sich in gewisser Bandbreite ein Schutz vor Produktpiraterie.

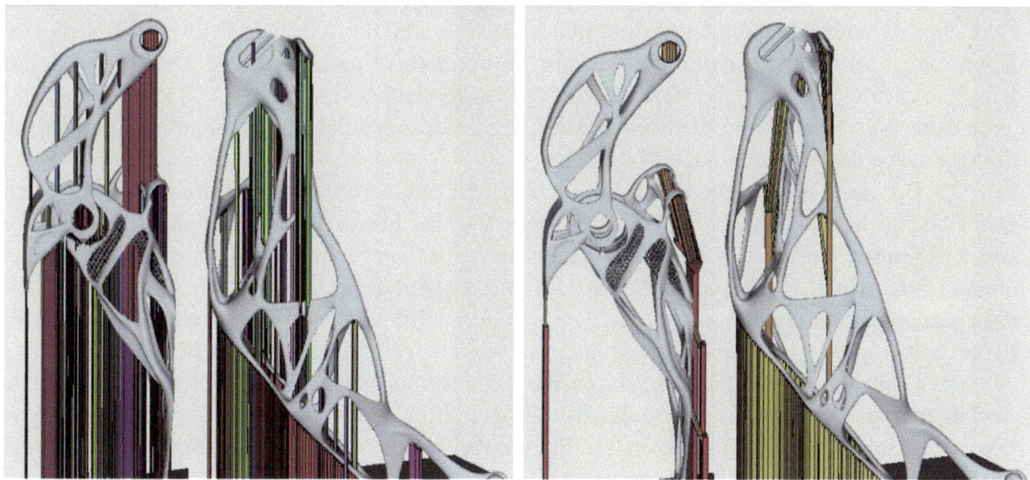

Abb.5.53 Simulationsunterstützte Minimierung von Stützstrukturen (Bild: „© Simufact)

Die Technical University of Denmark (DTU) stellt im Zusammenhang mit Simulation auf ihrer Homepage zahlreiche Applikationen zur Verfügung. Diese ersetzen natürlich keine vollwertige Software. Aber sie geben dem Interessierten einen Einblick in die Wirkungsweise der einzelnen Simulationstools (vgl. Topologieoptimierung **Abb. 5.54**). Aus den Ergebnissen lassen sich durchaus erste Erkenntnisse für eigenen Entwicklungen ziehen.

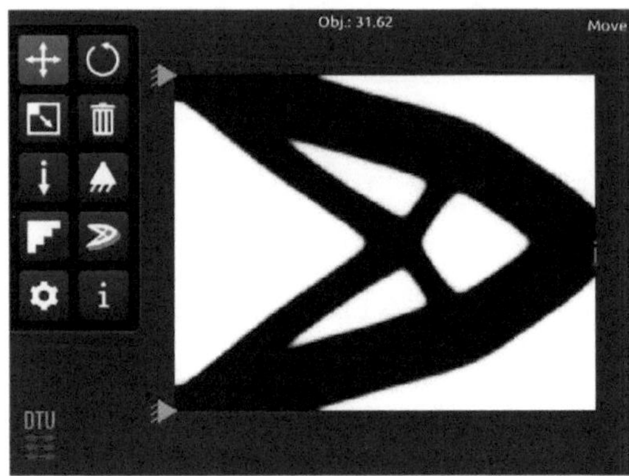

Abb. 5.54 Screenshot der Handyapp TopOpt (Programmquelle: topopt.mek.dtu.dk)

5.6.3 Formoptimierung

Die *Formoptimierung*, auch Gestaltoptimierung genannt, schließt sich häufig der Topologieoptimierung an (vgl. auch Kap. 5.6.2). Visuelles Vorbild des Verfahrens ist beispielsweise der Baum. Am Übergang vom Stamm zur Wurzel (Wurzeleinlauf) sind mechanische Belastungen besonders hoch. Als Anpassung häuft der Baum örtlich Material an (lastadaptives Wachstum; vgl. **Abb. 5.56**). Dadurch wird die Kerbwirkung erheblich herabgesetzt (vgl. auch Kap. 5.5.2). So entsteht eine optimierte Kerbformkontur ohne Spannungsspitzen an der Oberfläche (Kerbformzahl $\alpha_k = 1$!); die Geometrie ist formoptimiert (*Axiom der konstanten Spannung*).

In Abgrenzung zur Topologieooptimierung wird sie nur örtlich begrenzt in kritischen Bereichen (Geometrieübergänge) angewandt. Hier reicht die Feinheit eines FEM-Netzes als Kompromiss zu Rechenzeiten nicht aus, um ein optimales Ergebnis zu generieren. Als digitale Umsetzung kommt häufig die *Computer-Aided-Optimization-Methode* (*CAO*) zum Einsatz. Als „manuelles Verfahren" führt die Methode der Zugdreiecke bereits zu signifikanten Spannungsreduktionen (beide Verfahren nach Mattheck).

Bei der CAO-Methode wird das Wachstum rechnerunterstützt mittels FEM simuliert. Das Beispiel in **Abb. 5.55** zeigt einen Ausbruch eines Flansches zur Befestigung eines großen Kegelrades. Der Radius an der schwingbruchkritischen Stelle betrug 2 mm. Beginnend mit einem Hinterschnitt von 3 mm wurde die Optimierung mit der CAO-Methode durchgeführt. Die dabei erzeugte Kontur kann mit den konventionellen Fertigungsverfahren Drehen oder Schleifen hergestellt werden. Die Spannungsreduktion betrug an der kritischen Stelle 28 %.

Die Methode der *Zugdreiecke* verkürzt die Geometrieerzeugung auf ein rein grafisches Verfahren (vgl. **Abb. 5.56**). Die entstehenden stumpfen Ecken aus den Dreieckskonstruktionen stellen lokale Spannungsspitzen dar. Sie werden in einer Nachbearbeitung mit tangentialen Kreisradien oder einem Spline ausgerundet. Die FEM-Untersuchungen führen zu vergleichbaren Ergebnissen.

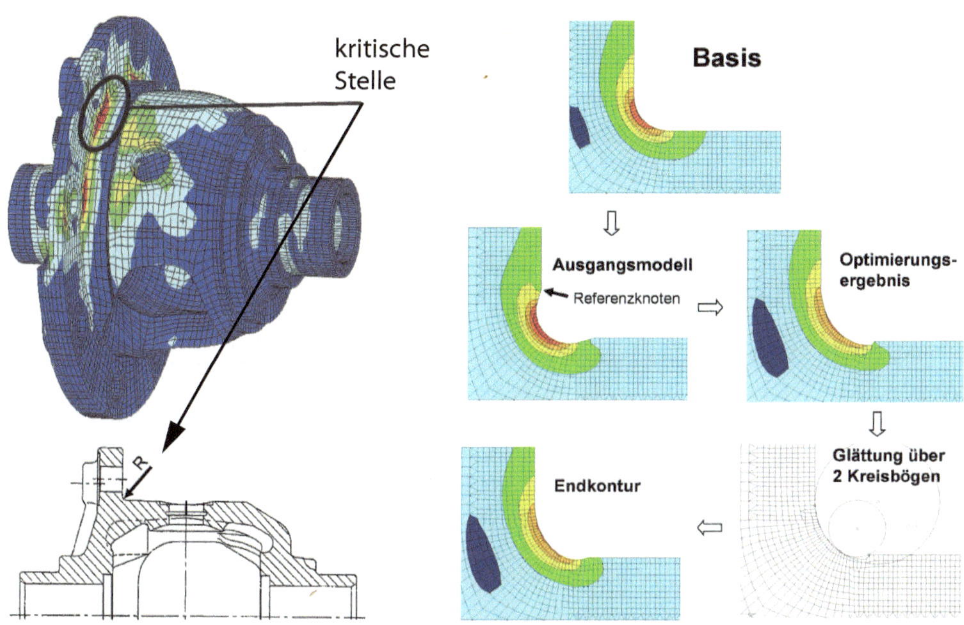

Abb. 5.55 Anwendung CAO-Methode; (Quelle: © L. Harzheim; vgl. Literaturverzeichnis; CC BY 3.0)

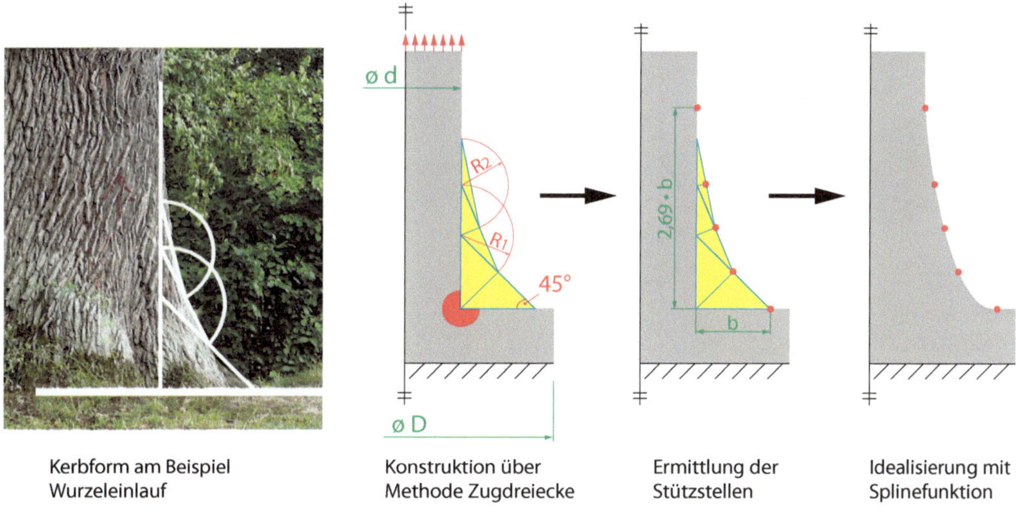

Kerbform am Beispiel
Wurzeleinlauf

Konstruktion über
Methode Zugdreiecke

Ermittlung der
Stützstellen

Idealisierung mit
Splinefunktion

Abb. 5.56 Methode der Zugdreiecke (nach Mattheck)

Allerdings kann ein Konstrukteur die Kontur beispielsweise an einer Wellenschulter häufig nur begrenzt frei modellieren. Die Gestaltung der Anlagefläche ist mit einer großzügigen Übergangskontur nicht vereinbar. Mindestens sollte daher ein Freistich DIN 509 (Gewindeenden: DIN 76) vorgesehen werden. Ist hinreichend Platz vorhanden, sollte als Bauraum für die Zugreiecke vorgesehen werden: $D = 1{,}8 \cdot d$ bei Zugbelastung bzw. $D = 1{,}4 \cdot d$ bei Biegebelastung (Variablen vgl. **Abb. 5.56**). Ist die Wellenschulter breiter, haben die zusätzlichen Volumen keinen Anteil mehr an der Spannungsreduktion („Faulpelzecken").

Abb. 5.57 zeigt eine vergleichende Untersuchung mittels FEM bezüglich der Übergangsgeometrien. Zugkraft und Querschnitt am Stabende sind in den Simulationen gleich und führen zu einer Nennspannung von $\sigma_{nenn} = 31{,}8$ N/mm^{-2}. Entsprechend der ermittelten Maximalspannung ergibt sich für den relativ scharfen Übergang mit R2 eine Formzahl $\alpha_k = 2{,}0$ (vgl. Ausführungen zur Formzahl zu **Abb. 5.33**). Der Anschluss mit Viertelkreis („Ingenieurkerbe") führt schon zu einer deutlichen Verbesserung mit $\alpha_k = 1{,}3$, ein Geometrieanschluss mit der Methode der Zugdreiecke schließlich zu $\alpha_k = 1{,}1$ (aufgerundet).

Die Methode der Zugdreiecke kann auch zur Materialreduktion eingesetzt werden (vgl. **Abb. 5.58**). Dies gilt vor allem für einfache Lastfälle. Im Ergebnis kommt sie der angeformten Bauweise (**Abb. 5.5 re u**; vgl. auch Ausführungen zu **Abb. 5.29**) sehr nahe. Durch die Kombination wird wegen der Verbesserung der Kerbformzahl die Maximalspannung im Übergang herabgesetzt und gleichzeitig durch das Entfernen niedrig belasteter Bereiche das verbleibende Material besser ausgenutzt (Eliminierung von „Faulpelzecken"). Dadurch wird der Spannungsverlauf an der Kontur insgesamt deutlich homogener. Somit gelingen mit vergleichsweise geringem Aufwand weitreichende Strukturverbesserungen. Einschränkungen (Restriktionen) ergeben sich auch hierbei wieder aus den Möglichkeiten der Fertigung und der konkreten Konstruktion (beispielsweise Anlagefläche für einen Lagerring).

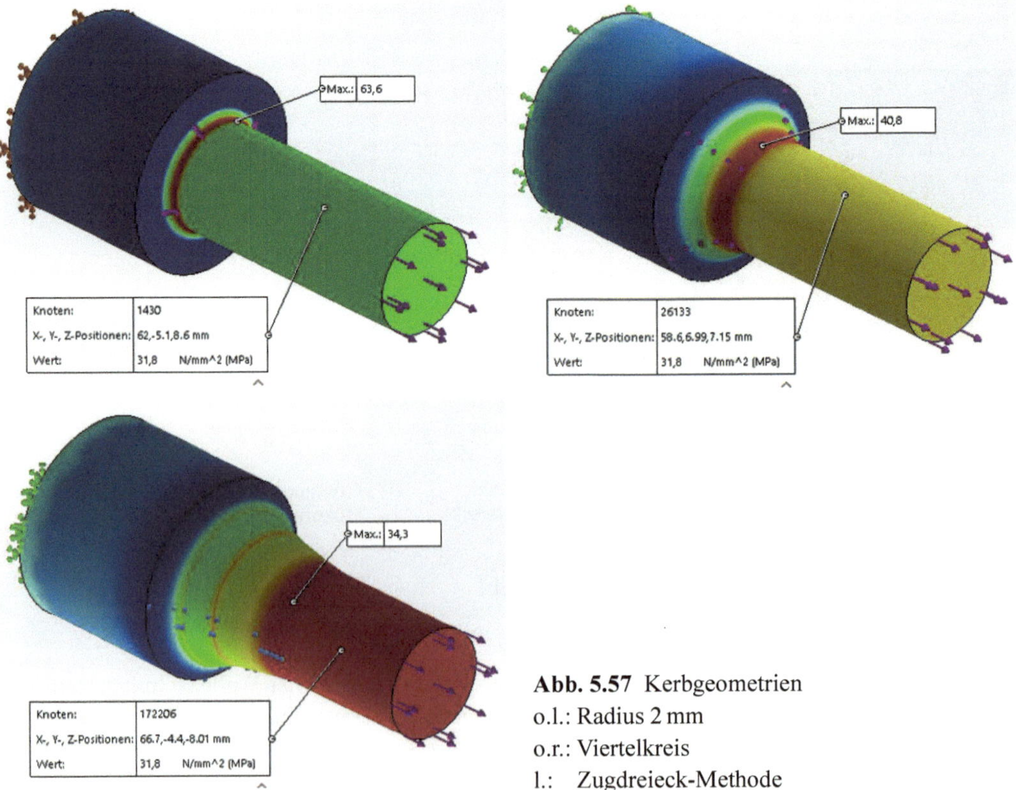

Abb. 5.57 Kerbgeometrien
o.l.: Radius 2 mm
o.r.: Viertelkreis
l.: Zugdreieck-Methode

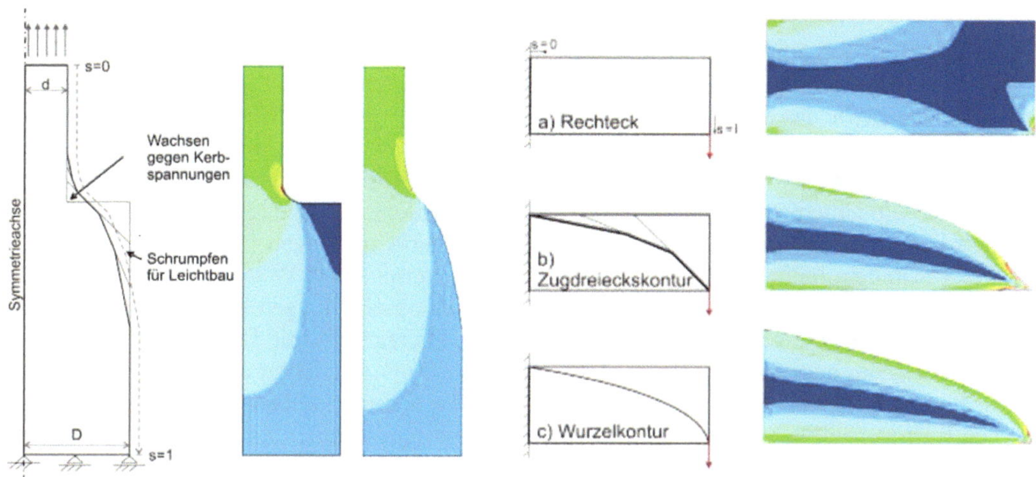

Abb. 5.58 Konturgestaltung mit der Methode Zugdreiecke (Bilder: © A. Sauer)

Die Methode der Zugdreiecke und andere bionische Bauprinzipien wie die Topologieoptimierung und CAO sind mittlerweile in der Technik anerkannt und haben Einzug in die Norm und VDI-Richtlinien gefunden: ISO 18 459 (Bionik – Bionische Strukturoptimierung), VDI 6224, Blatt 3 (Bionik – Bionische Strukturoptimierung im Rahmen eines ganzheitlichen Produktentstehungsprozesses). Daneben gibt es zahlreiche weitere Normen und VDI-Richtlinien zur Thematik Bionik. Professor Claus Mattheck vom Karlsruher Institut für Technologie wurde als Begründer u. a. der Methoden SKO und CAO im Jahr 2003 mit dem Deutschen Umweltpreis ausgezeichnet.

Automobilfirmen unterhalten ganze Bionikabteilungen, die sich mit Optimierungsstrategien beschäftigen. Für mittelständische Unternehmen sind solche Investitionen in der Regel nicht leistbar. Dann können spezialisierte Dienstleister in Anspruch genommen werden (CADFEM, Sachs Engineering u. a.). Regionale Wirtschaftsförderungsgesellschaften stehen als Ansprechpartner für entsprechende staatliche Förderprogramme zur Verfügung.

5.7 Zusammenfassende Betrachtung

Die eingangs des Kapitels beschriebene Verkürzung von Produktlebenszyklen (vgl. **Abb. 5.1** und **2.29**) zwingt die Unternehmen zu immer schneller entwickelten Innovationen bei zunehmend komplexeren Produkten. In der Folge minimiert sich das *time to market*. Dies darf aber keinesfalls zu Lasten der Produktqualität gehen, da die Ansprüche der Verbraucher in globalen und von einem Angebotsüberschuss geprägten Wirtschaftsmarkt (Käufermarkt) wachsen. Zudem können (zu) spät festgestellte Produktmängel ein Unternehmen durch Rückruf- und Nachbesserungsaktionen nachhaltig wirtschaftlich gefährden (vgl. auch **Abb. 2.2** und **2.3**). Fehlerpotenziale müssen daher bestmöglich minimiert werden, um höchste Funktions- und Gebrauchssicherheit zu gewährleisten.

In vielen Industrienationen verschärft sich die beschriebene Problematik zusätzlich durch im Vergleich zur Konkurrenz höheren Fertigungskosten. Diese rechtfertigen sich aus

Käufersicht im Regelfall nur, wenn in der Produktnutzung durch Innovationen ein Mehrwert gegeben ist. Hohe Produktpreise lassen sich zudem nur kurzzeitig am Markt durchsetzen; dies dann so lange, wie das Produkt einen signifikanten Wettbewerbsvorteil als Alleinstellungsmerkmal aufweist. Diese Potenziale werden von der Konkurrenz in zunehmend kürzerer Zeit aufgeholt. Technologien wie das Reverse Engineering (vgl. Kap. 5.4.3) leisten hier Vorschub. Das zwingt gerade Unternehmen der westlichen Industrienationen, planmäßig und immer schneller immer komplexere oder / und neue Produkte auf den Markt zu bringen.

Um dem Innovationsdruck im globalen und transparenten Wettbewerb Stand zu halten und Marktanteile zu behaupten, müssen die Entwicklungsabteilungen höchste Anstrengungen in eine erfolgreiche Produktentwicklung investieren. Hierzu steht mit der VDI 2221 (Methodik zum Entwickeln und Konstruieren technischer Systeme und Produkte) und korrespondierender Schriften ein effizienter Leitfaden zur Verfügung. Die in Kapitel 5 aufgezeigten und in der Praxis schon weitreichend genutzten Potenziale zur Konstruktionsoptimierung leisten hier weiter effizient Vorschub (vgl. auch **Abb. 1.14** und Ausführungen hierzu). Diese ermöglichen zunehmend in Frühphasen des Entwicklungsprozesses beginnend mit dem Konzipieren mögliche Konzepte eingehend zu untersuchen und kontinuierlich hinsichtlich der geforderten Produkteigenschaften abzusichern.

Zudem verschwimmen die Phasengrenzen des Konstruktionsprozesses durch den Einsatz entsprechender methodischer Werkzeuge. So erfolgt beispielsweise schon in der Konzeptphase das Testen möglicher geometrischer Konzepte (vgl. **Abb. 5.13**). Somit werden Arbeitsschritte im Entwicklungsprozess nicht mehr sequentiell sondern überlappend oder sogar zeitparallel durchgeführt (*Simultaneous Engineering*). Viele Iterationen innerhalb der Phasen und über Phasengrenzen hinweg optimieren die zu entwickelnden Produkte. Durch diese Strategie werden Potenziale für eine weitere Verdichtung des Entwicklungsprozesses bei gleichzeitiger Qualitätssteigerung erschlossen. Den neuen Möglichkeiten digitaler Produktentwicklung und -testung zur Unterstützung konstruktiver Prozesse trägt auch die VDI 2221 in einem Neuentwurf („Gründruck" aus März / 2018) entsprechend Rechnung.

Durch die zunehmende Digitalisierung verschwimmen die Systemgrenzen zwischen Abteilungen weiter. Nicht nur im Rahmen des eigentlichen Entwicklungsprozesses ist interdisziplinäres Arbeiten erforderlich. Durch die Möglichkeiten virtueller Produktentwicklung entstehen unmittelbare Schnittmengen über den gesamten Produktlebenszyklus; so beispielsweise:

- Aufbau der Produktionslinie (Virtual Realitiy)
- Fertigung (CADCAM, Costing, Arbeitspläne)
- Montage (Viewer)
- Inbetriebnahme / Schulung (Produktdokumentation, Virtual Reality)
- Instandhaltung (Produktdokumentation)
- Wartung (Wartungshandbuch, digitaler Zwilling → prädiktive Wartung)
- Elektrik / Elektronik (Stromflusspläne, 3D-Druck von Platinen)
- Marketing (Visualisierungen, Animationen)
- ...

Dies unterstreicht die (weiter wachsende) Bedeutung der Konstruktion als den Ort, an dem die Produktkosten maßgeblich festgelegt werden (vgl. **Abb. 2.27**).

Literaturverzeichnis

Aberdeen Group: Die Vorteile virtueller Simulation im Vergleich zu herkömmlichen Methoden; Dez. 2014

Berger, U.: 3D-Druck – Additive Fertigungsverfahren; 2. Auflage; 2017

Böge, A.; Böge, W.: Handbuch Maschinenbau. Grundlagen und Anwendungen der Maschinenbautechnik; Springer Vieweg; 23. Auflage; 2016

Brand, M.: FEM-Praxis mit SolidWorks; Springer Vieweg; 3. Auflage; 2016

Bürgel, R. et. al.: Werkstoffmechanik; Springer Vieweg; 2. Auflage; 2014

Bürgel, R.: Festigkeitslehre und Werkstoffmechanik, Band 2; Vieweg; 2005

CADFEM GmbH: CADFEM Journal 1/2018

Cerman, Z.: Erfindungen der Natur, Bionik – Was wir von Pflanzen und Tieren lernen können; Rowolt; 2007

Dassault Systems: SolidWorks Simulation, Schulungshandbuch Training SolidWorks 2013

Dassault Systems: SolidWorks Simulation Professional, Schulungshandbuch Training SolidWorks 2013

DUDEN (Hrsg.): Bionik. Experimente für die Schule (DVD mit Begleitheft); Duden; 2010

Engelken, G.: SolidWorks 2010; Methodik der 3D-Konstruktion; Hanser; 2010

Engmann, K.: Technologie des Flugzeugs; Vogel; 7. Auflage; 2018

Fleischer, B.: Unterrichtsskript Selbstlernkurs zur Anwendung der FEM mit SolidWorks 2018/19

Fleischer, B.: Praxisratgeber Faktor Mensch; Vogel; 2017

Harzheim, L.: Strukturoptimierung, Grundlagen und Anwendungen; Wissenschaftlicher Verlag Harri Deutsch GmbH; 2007

Herr, H.: Technische Mechanik; Europa; 5. Auflage; 2000

Hoenow, G. et. al.: Entwerfen und Gestalten im Maschinenbau; Fachbuchverlag Leipzig; 2004

IAV GmbH (Hrsg.): Virtuelle Produktentwicklung; Vogel; 2013

Klein, B.: Leichtbau-Konstruktion, Berechnungsgrundlagen und Gestaltung; Springer Vieweg; 10. Auflage; 2013

Köhler, P.: Moderne Konstruktionsmethoden im Maschinenbau; Vogel; 2002

Kurz, U. et. al.: Konstruieren, Gestalten, Entwerfen; Vieweg+Teubner; 4. Auflage; 2009

Labisch, S.; Wählisch, C.: Technisches Zeichnen: Eigenständig lernen und effektiv üben; Springer Vieweg, 5. Auflage; 2017

Läpple, V.: Einführung in die Festigkeitslehre; Springer Vieweg; 4. Auflage; 2016

Mattheck, C.: Warum alles kaputt geht; Forschungszentrum Karlsruhe GmbH; 2003

Nachtigall, W.: Wie die Technik von der Natur lernt; in: Konstruktionspraxis 2009; S. 18 ff.

Nachtigall, W.: Bionik als Wissenschaft, Erkennen Abstrahieren Umsetzen; Springer; 2010

Richard, H. A. et. al.: Ermüdungsrisse: Erkennen, sicher beurteilen, vermeiden; Springer Vieweg; 3. Auflage; 2012

Sauer, A.: Untersuchungen zur Vereinfachung biomechanisch inspirierter Strukturoptimierung; Dissertation Forschungszentrum Karlsruhe; Juni 2008

Sauer, A.: Bionik in der Strukturoptimierung, Praxishandbuch für ressourceneffizienten Leichtbau; Vogel; 2018

Schmidt, D. et. al.: Konstruktionslehre; 5. Auflage; 2017

Stelzer, R; Steger, W.: SolidWorks Bafög-Ausgabe; Pearson Studium; 2011

Technomuseum, Landesmuseum für Technik und Arbeit (Hrsg.): Bionik. Unterrichtsmaterialien für Schulen; 2013

Vajna, S. et. al.: CAx für Ingenieure, Eine praxisnahe Einführung; Springer Vieweg; 3. Auflage; 2018

VDI 2221: Methodik zum Entwickeln und Konstruieren technischer Systeme und Produkte; Verein Deutscher Ingenieure; 03-2018; Blatt 1 und 2

Wittel, H. et. al.: Roloff / Matek Maschinenelemente; Springer Vieweg; 23. Auflage 2017

6 Zeichnungssätze

6.1 Kaschierrolle

Die technischen Zeichnungen wurden mit der Konstruktionssoftware SolidWorks erstellt. Die Dateien können von der Seite des Verlags (www.springer.com/de) unter dem Buchtitel oder von www.3dEduWorks.de heruntergeladen werden. Lehrende, Ausbilder, Schüler und Studenten können eine kostenlose Testlizenz mit Laufzeitbegrenzung anfordern unter: www.3dEduWorks. de/service/testlizenz-anfordern.

© Springer Fachmedien Wiesbaden GmbH, ein Teil von Springer Nature 2019
B. Fleischer, *Methodisches Konstruieren in Ausbildung und Beruf*,
https://doi.org/10.1007/978-3-658-27690-4_6

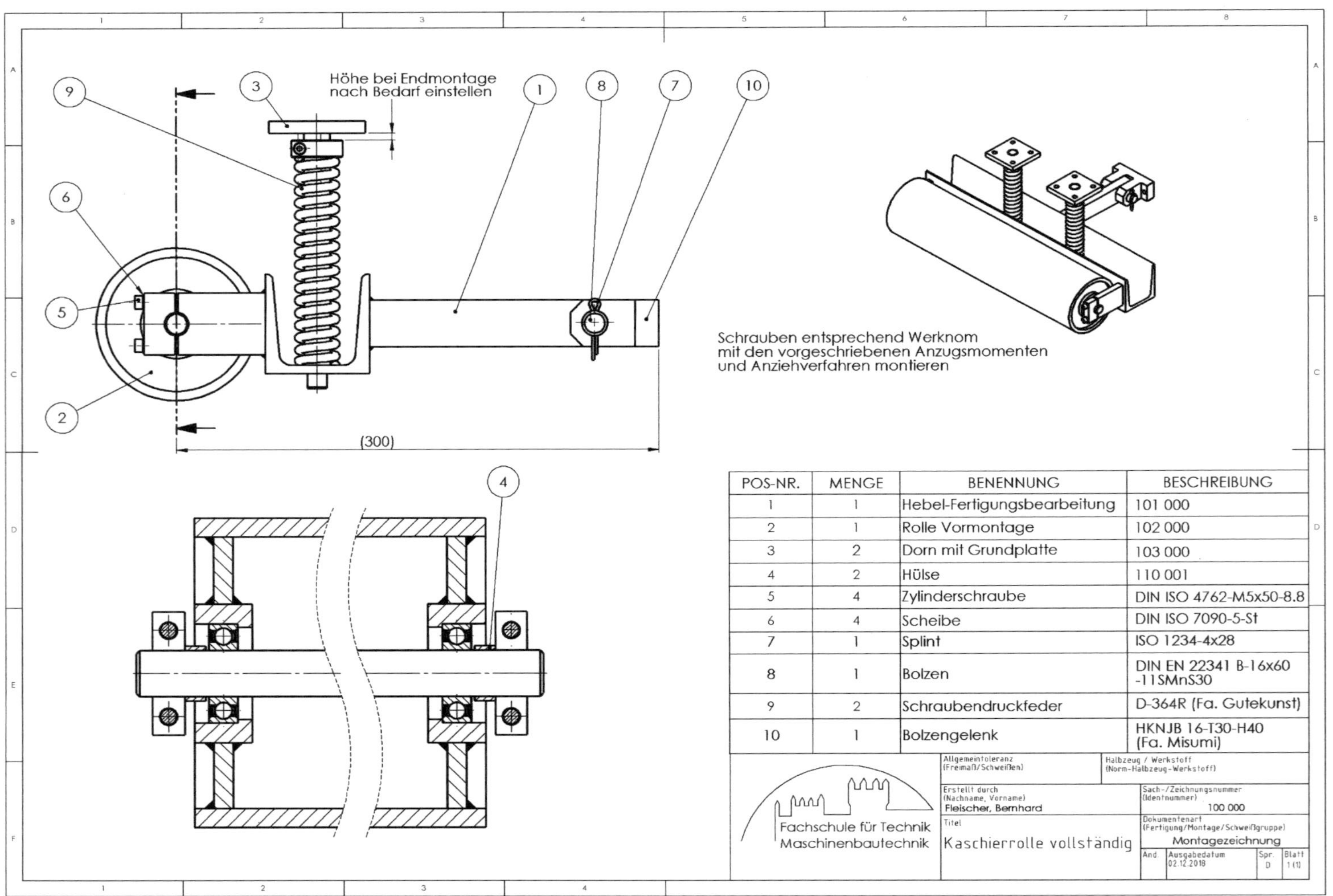

POS-NR.	MENGE	BENENNUNG	BESCHREIBUNG
1	1	Hebel-Fertigungsbearbeitung	101 000
2	1	Rolle Vormontage	102 000
3	2	Dorn mit Grundplatte	103 000
4	2	Hülse	110 001
5	4	Zylinderschraube	DIN ISO 4762-M5x50-8.8
6	4	Scheibe	DIN ISO 7090-5-St
7	1	Splint	ISO 1234-4x28
8	1	Bolzen	DIN EN 22341 B-16x60 -11SMnS30
9	2	Schraubendruckfeder	D-364R (Fa. Gutekunst)
10	1	Bolzengelenk	HKNJB 16-T30-H40 (Fa. Misumi)

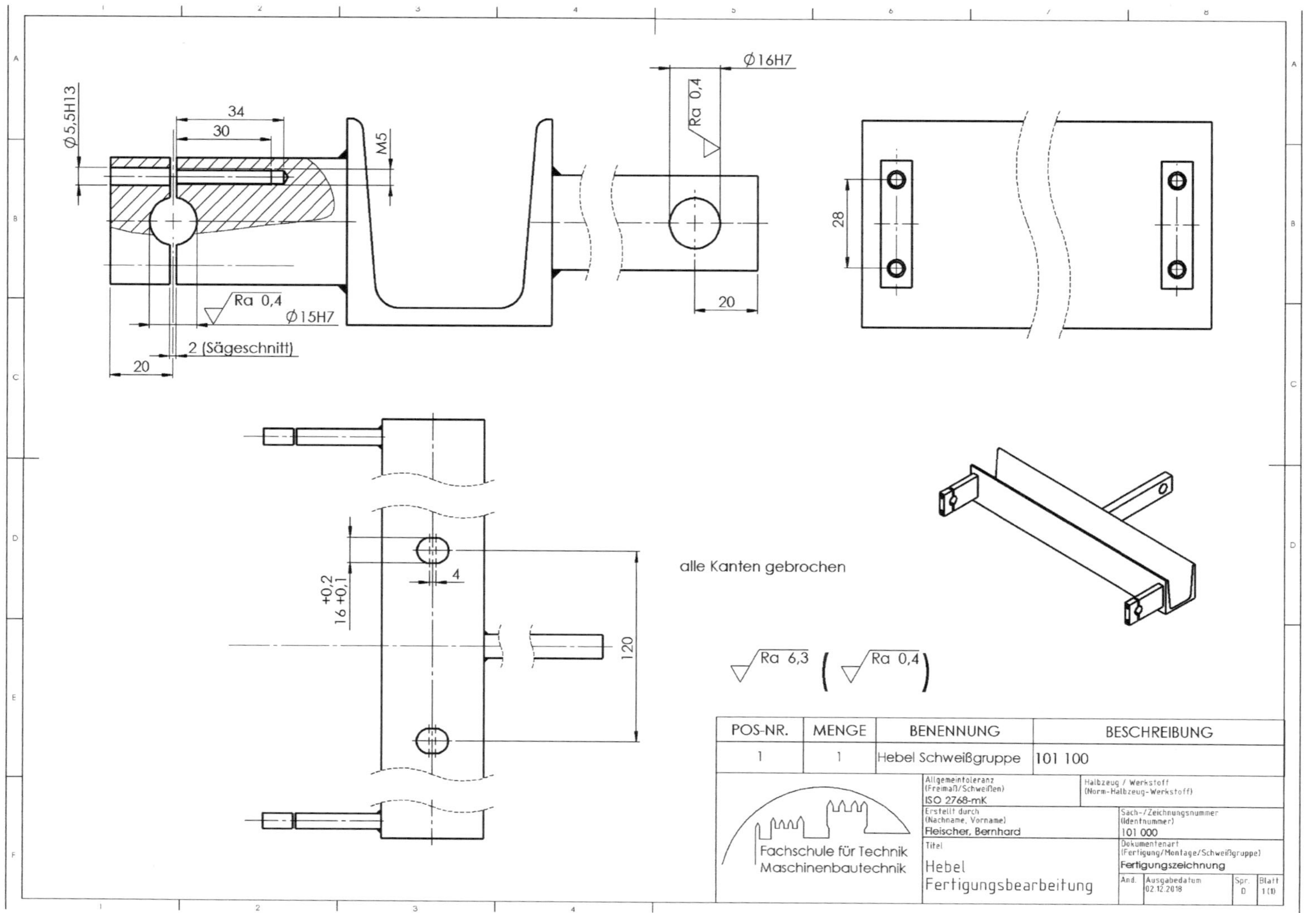
Ø5,5H13
34
30
M5
Ø16H7
Ra 0,4
Ra 0,4
Ø15H7
2 (Sägeschnitt)
20
28
20
16 +0,1
+0,2
4
120
alle Kanten gebrochen
Ra 6,3 (Ra 0,4)
POS-NR.
MENGE
BENENNUNG
BESCHREIBUNG
1
1
Hebel Schweißgruppe
101 100
Allgemeintoleranz
(Freimaß/Schweißen)
ISO 2768-mK
Halbzeug / Werkstoff
(Norm-Halbzeug-Werkstoff)
Erstellt durch
(Nachname, Vorname)
Fleischer, Bernhard
Sach-/Zeichnungsnummer
(Identnummer)
101 000
Titel
Hebel
Fertigungsbearbeitung
Dokumentenart
(Fertigung/Montage/Schweißgruppe)
Fertigungszeichnung
Fachschule für Technik
Maschinenbautechnik
Änd.
Ausgabedatum
02.12.2018
Spr.
0
Blatt
1 (1)

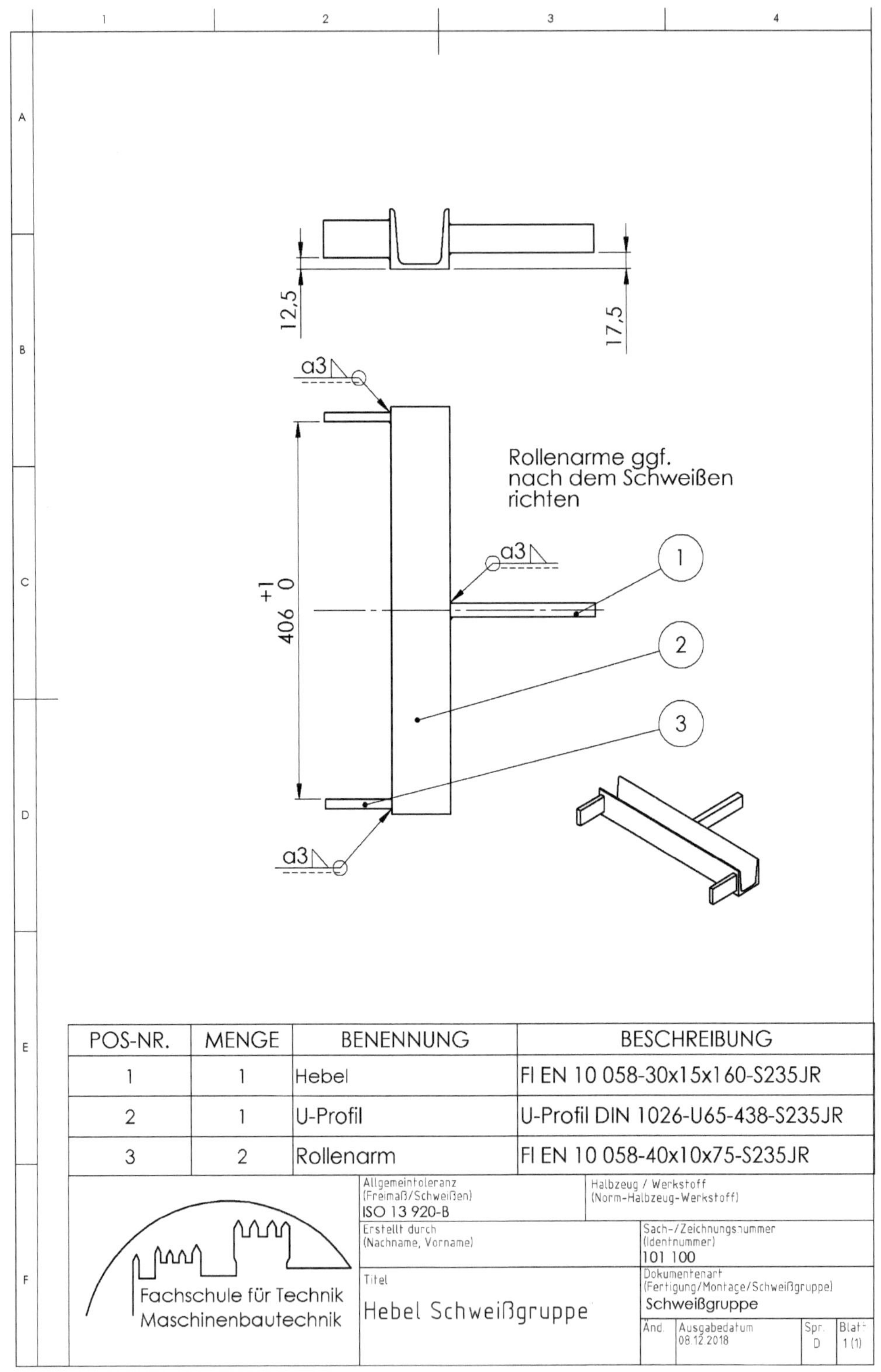

POS-NR.	MENGE	BENENNUNG	BESCHREIBUNG
1	1	Hebel	Fl EN 10 058-30x15x160-S235JR
2	1	U-Profil	U-Profil DIN 1026-U65-438-S235JR
3	2	Rollenarm	Fl EN 10 058-40x10x75-S235JR

	Allgemeintoleranz (Freimaß/Schweißen) ISO 13 920-B	Halbzeug / Werkstoff (Norm-Halbzeug-Werkstoff)		
	Erstellt durch (Nachname, Vorname)	Sach-/Zeichnungsnummer (Identnummer) 101 100		
Fachschule für Technik Maschinenbautechnik	Titel Hebel Schweißgruppe	Dokumentenart (Fertigung/Montage/Schweißgruppe) Schweißgruppe		
		Änd.	Ausgabedatum 08.12.2018	Spr. D	Blatt 1 (1)

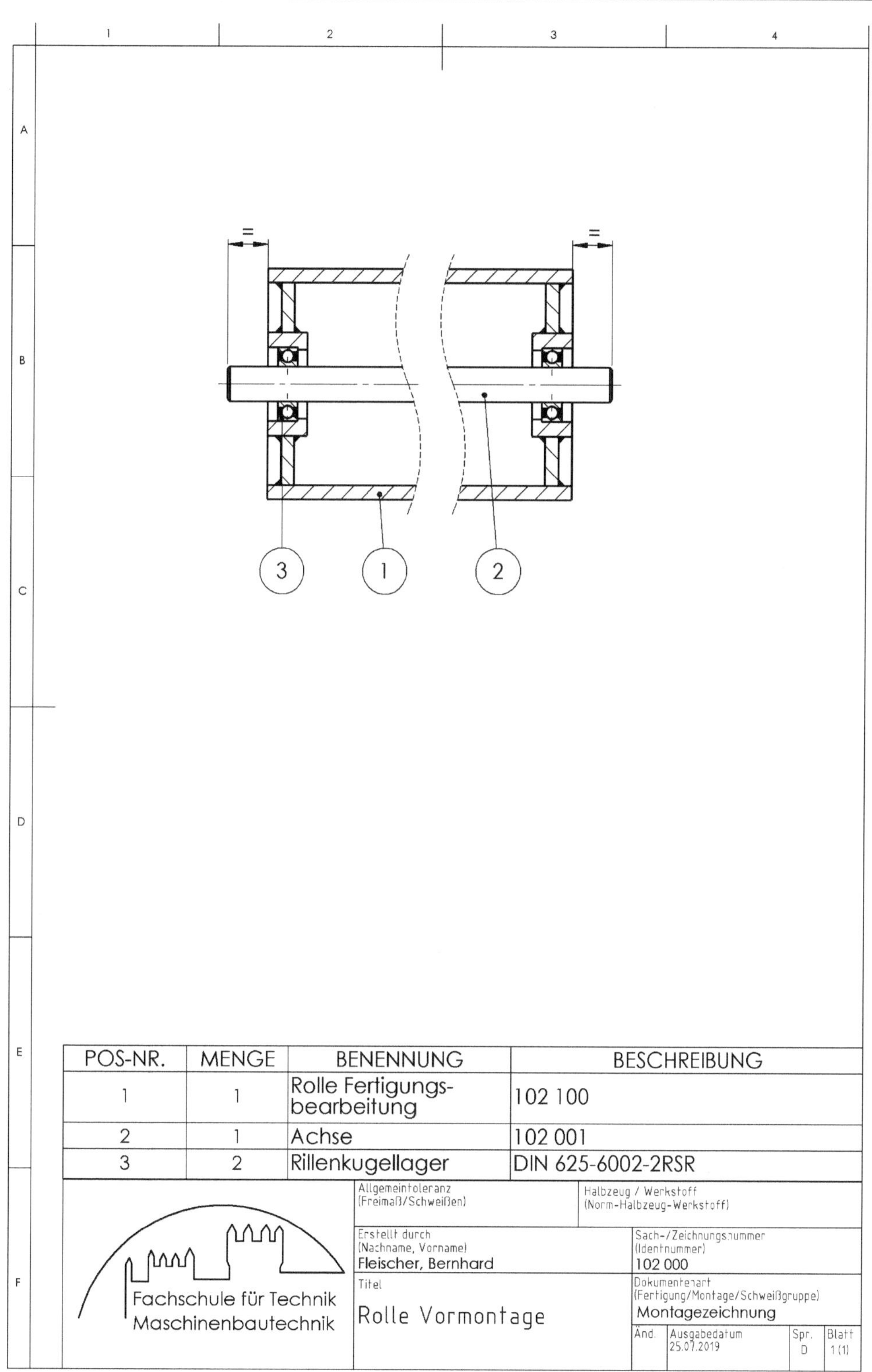
3
1
2
POS-NR. | MENGE | BENENNUNG | BESCHREIBUNG
1 | 1 | Rolle Fertigungsbearbeitung | 102 100
2 | 1 | Achse | 102 001
3 | 2 | Rillenkugellager | DIN 625-6002-2RSR
Allgemeintoleranz
(Freimaß/Schweißen)
Halbzeug / Werkstoff
(Norm-Halbzeug-Werkstoff)
Erstellt durch
(Nachname, Vorname)
Fleischer, Bernhard
Sach-/Zeichnungsnummer
(Identnummer)
102 000
Fachschule für Technik
Maschinenbautechnik
Titel
Rolle Vormontage
Dokumentenart
(Fertigung/Montage/Schweißgruppe)
Montagezeichnung
Änd. | Ausgabedatum 25.07.2019 | Spr. D | Blatt 1 (1)

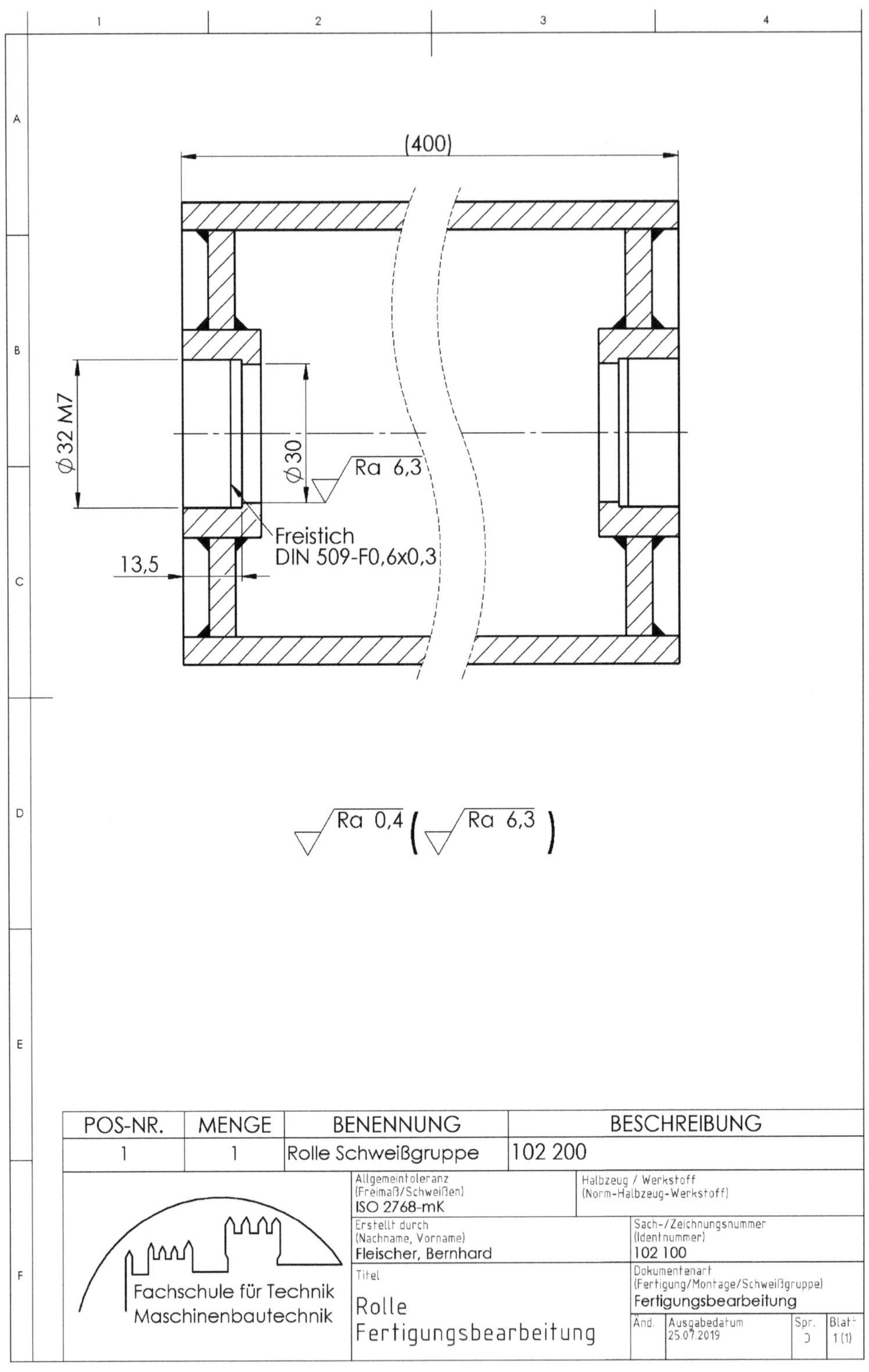

POS-NR.	MENGE	BENENNUNG	BESCHREIBUNG	
1	1	Rolle Schweißgruppe	102 200	

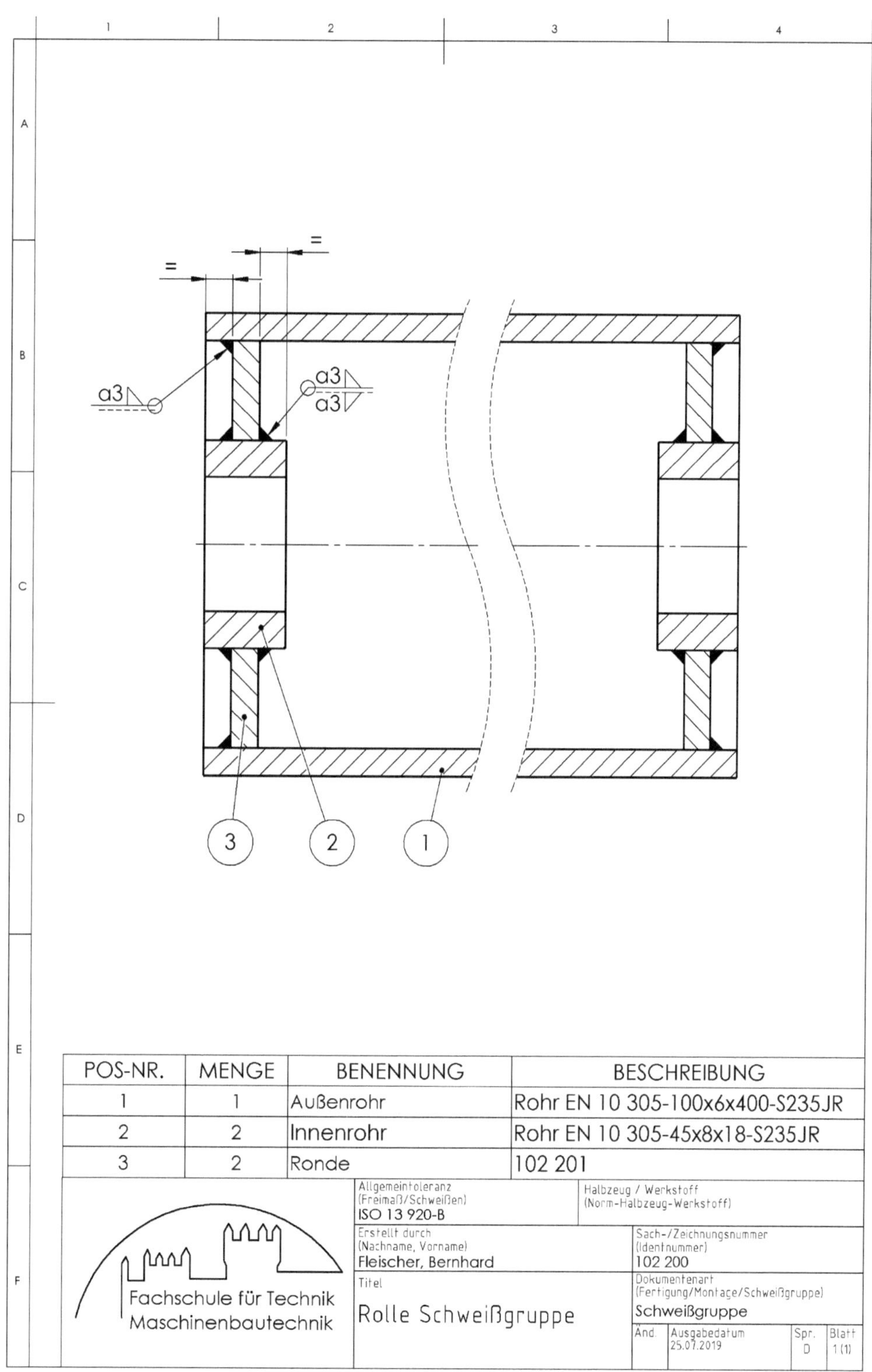

POS-NR.	MENGE	BENENNUNG	BESCHREIBUNG
1	1	Außenrohr	Rohr EN 10 305-100x6x400-S235JR
2	2	Innenrohr	Rohr EN 10 305-45x8x18-S235JR
3	2	Ronde	102 201

	Allgemeintoleranz (Freimaß/Schweißen) ISO 13 920-B	Halbzeug / Werkstoff (Norm-Halbzeug-Werkstoff)
	Erstellt durch (Nachname, Vorname) Fleischer, Bernhard	Sach-/Zeichnungsnummer (Identnummer) 102 200
Fachschule für Technik Maschinenbautechnik	Titel Rolle Schweißgruppe	Dokumentenart (Fertigung/Montage/Schweißgruppe) Schweißgruppe
		Änd. / Ausgabedatum 25.07.2019 / Spr. D / Blatt 1 (1)

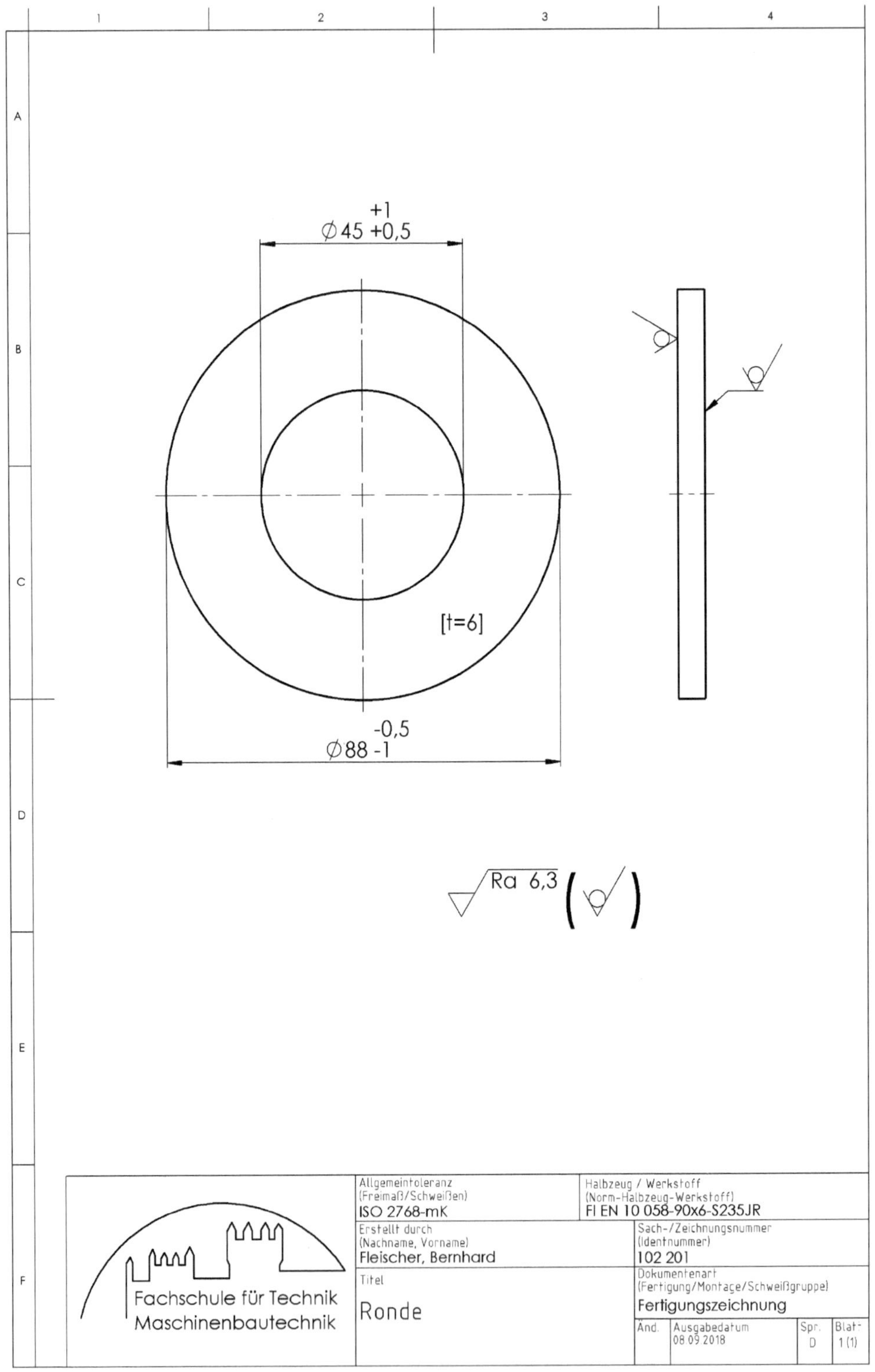
+1
Ø 45 +0,5
[t=6]
-0,5
Ø 88 -1
Ra 6,3
Allgemeintoleranz
(Freimaß/Schweißen)
ISO 2768-mK
Erstellt durch
(Nachname, Vorname)
Fleischer, Bernhard
Titel
Ronde
Fachschule für Technik
Maschinenbautechnik
Halbzeug / Werkstoff
(Norm-Halbzeug-Werkstoff)
FI EN 10 058-90x6-S235JR
Sach-/Zeichnungsnummer
(Identnummer)
102 201
Dokumentenart
(Fertigung/Montage/Schweißgruppe)
Fertigungszeichnung
Änd.
Ausgabedatum
08.09.2018
Spr.
D
Blatt
1 (1)

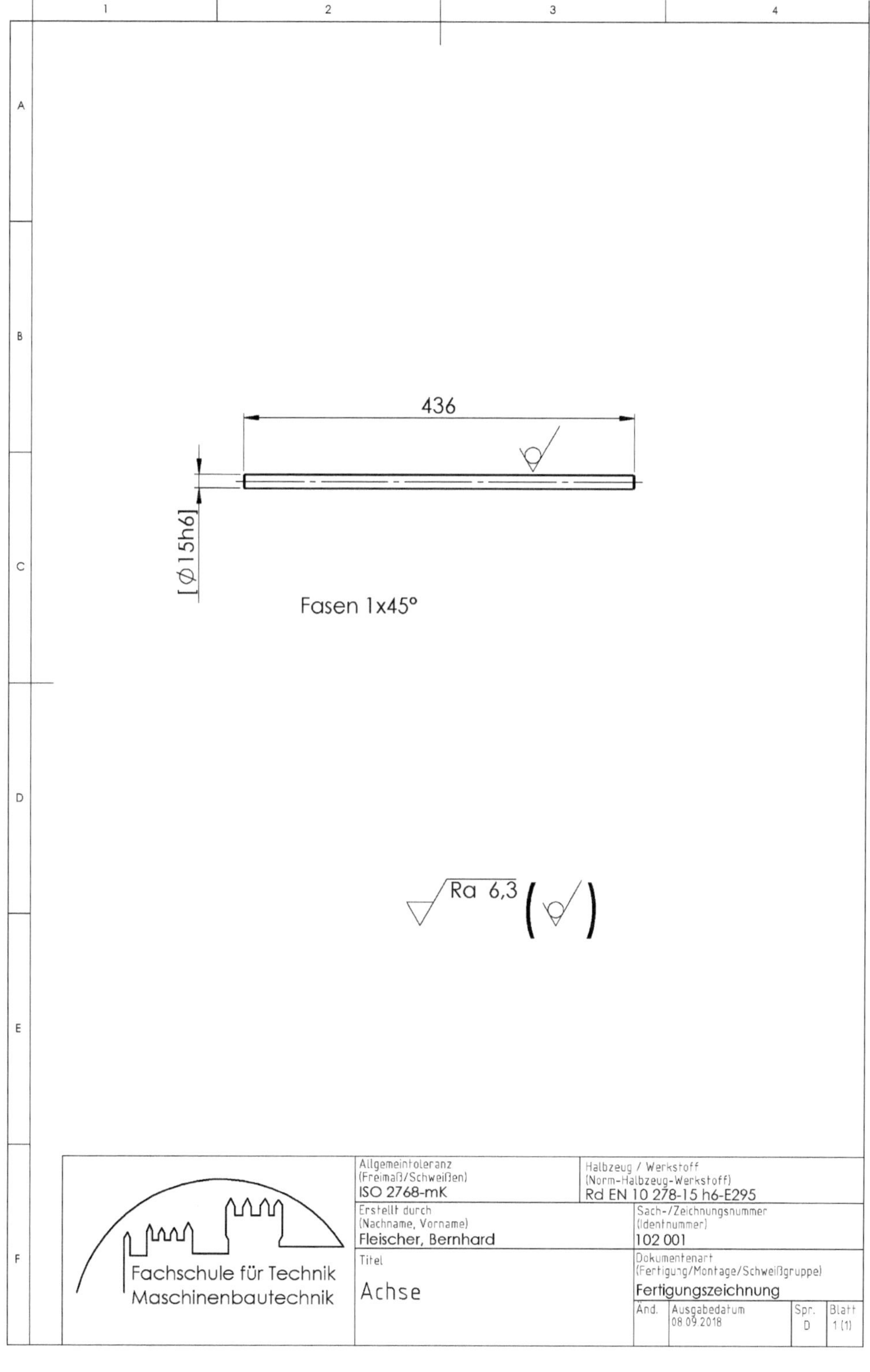

436
[⌀15h6]
Fasen 1x45°
Ra 6,3
Allgemeintoleranz
(Freimaß/Schweißen)
ISO 2768-mK
Halbzeug / Werkstoff
(Norm-Halbzeug-Werkstoff)
Rd EN 10 278-15 h6-E295
Erstellt durch
(Nachname, Vorname)
Fleischer, Bernhard
Sach-/Zeichnungsnummer
(Identnummer)
102 001
Titel
Achse
Dokumentenart
(Fertigung/Montage/Schweißgruppe)
Fertigungszeichnung
Fachschule für Technik
Maschinenbautechnik
Änd.
Ausgabedatum
08.09.2018
Spr.
D
Blatt
1 (1)

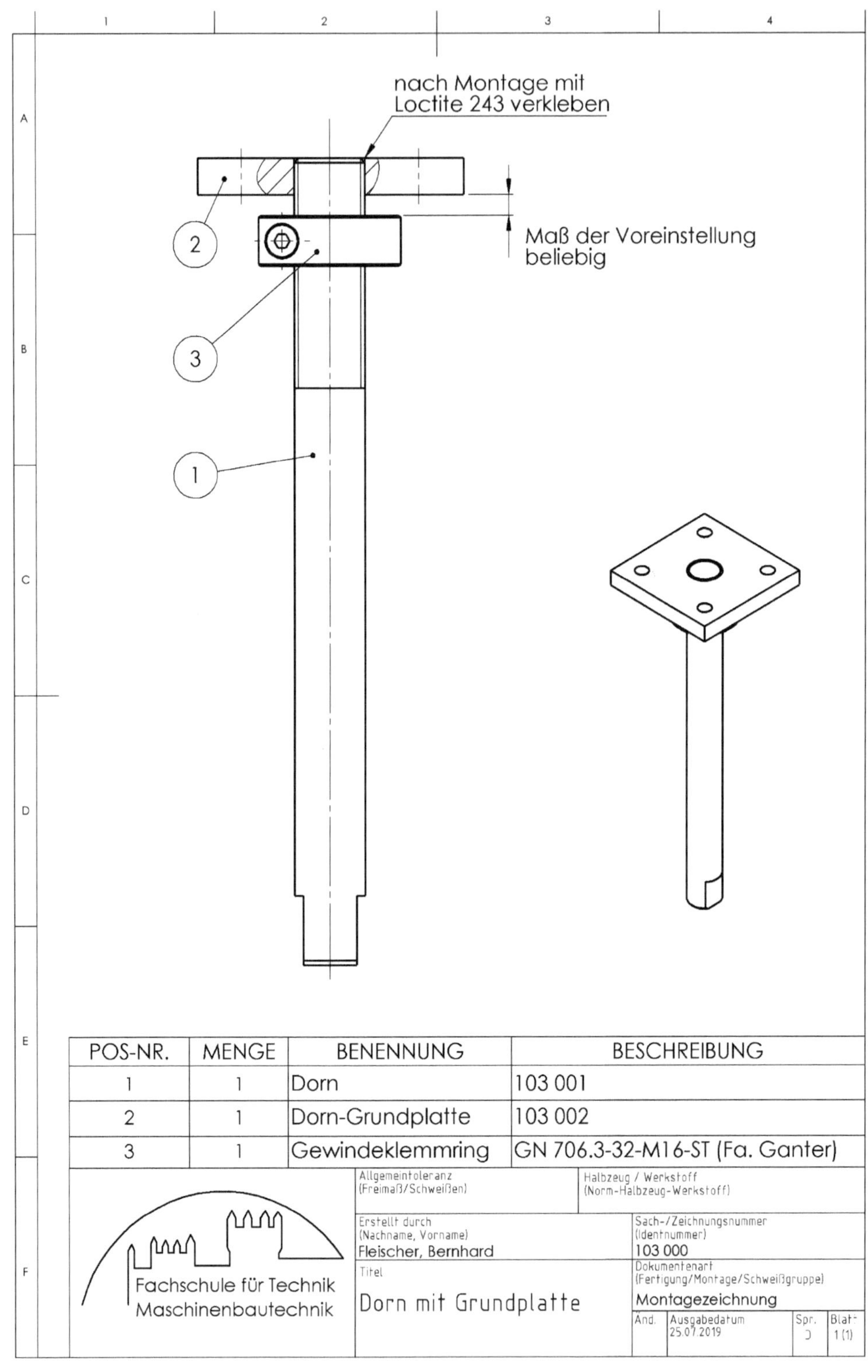

POS-NR.	MENGE	BENENNUNG	BESCHREIBUNG
1	1	Dorn	103 001
2	1	Dorn-Grundplatte	103 002
3	1	Gewindeklemmring	GN 706.3-32-M16-ST (Fa. Ganter)

Allgemeintoleranz (Freimaß/Schweißen)		Halbzeug / Werkstoff (Norm-Halbzeug-Werkstoff)
Erstellt durch (Nachname, Vorname) Fleischer, Bernhard		Sach-/Zeichnungsnummer (Identnummer) 103 000
Fachschule für Technik Maschinenbautechnik	Titel Dorn mit Grundplatte	Dokumentenart (Fertigung/Montage/Schweißgruppe) Montagezeichnung
		And.	Ausgabedatum 25.07.2019	Spr.	Blatt 1 (1)

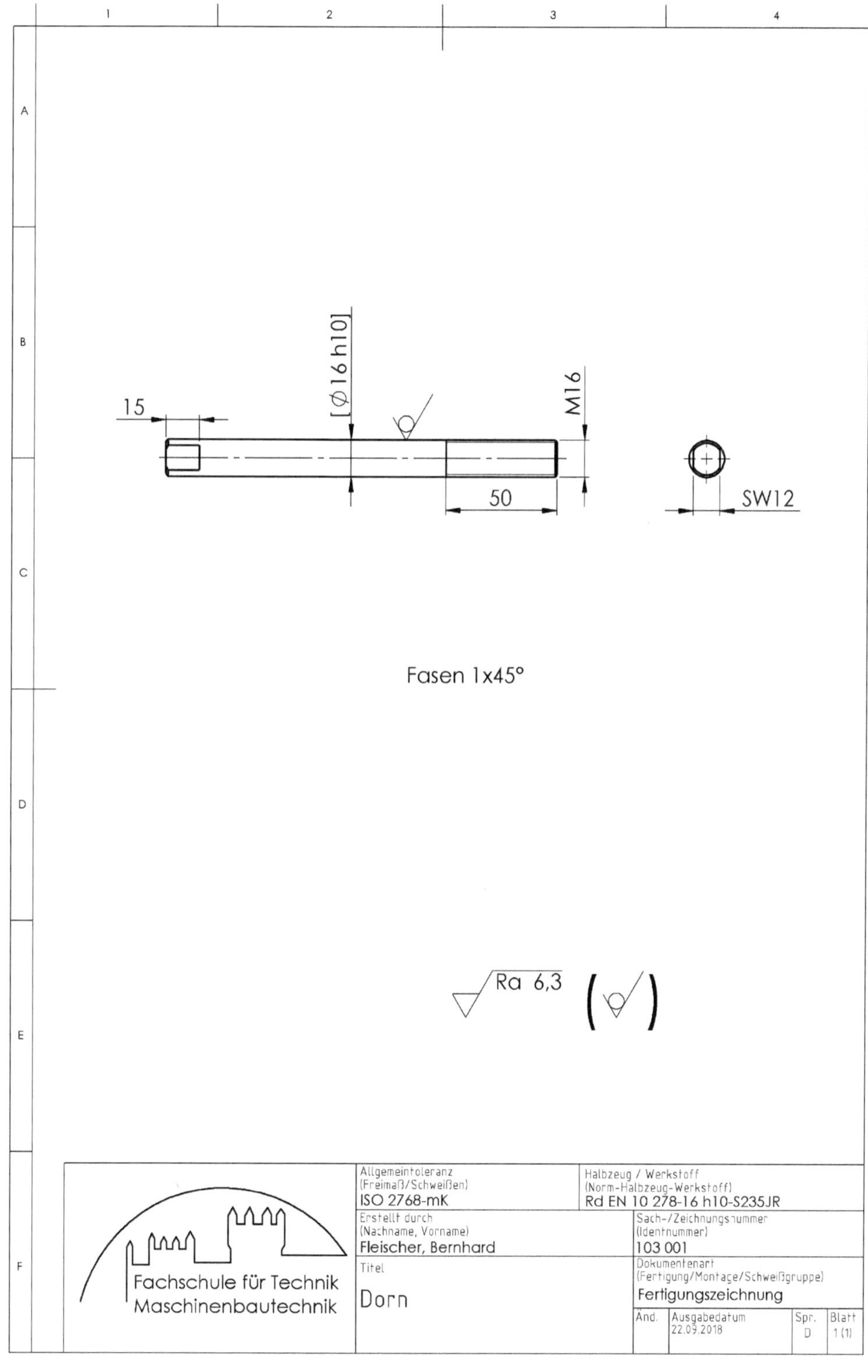
15
[Ø 16 h10]
M16
50
SW12
Fasen 1x45°
Ra 6,3
Allgemeintoleranz
(Freimaß/Schweißen)
ISO 2768-mK
Halbzeug / Werkstoff
(Norm-Halbzeug-Werkstoff)
Rd EN 10 278-16 h10-S235JR
Erstellt durch
(Nachname, Vorname)
Fleischer, Bernhard
Sach-/Zeichnungsnummer
(Identnummer)
103 001
Titel
Dorn
Dokumentenart
(Fertigung/Montage/Schweißgruppe)
Fertigungszeichnung
Fachschule für Technik
Maschinenbautechnik
Änd.
Ausgabedatum
22.09.2018
Spr.
D
Blatt
1 (1)

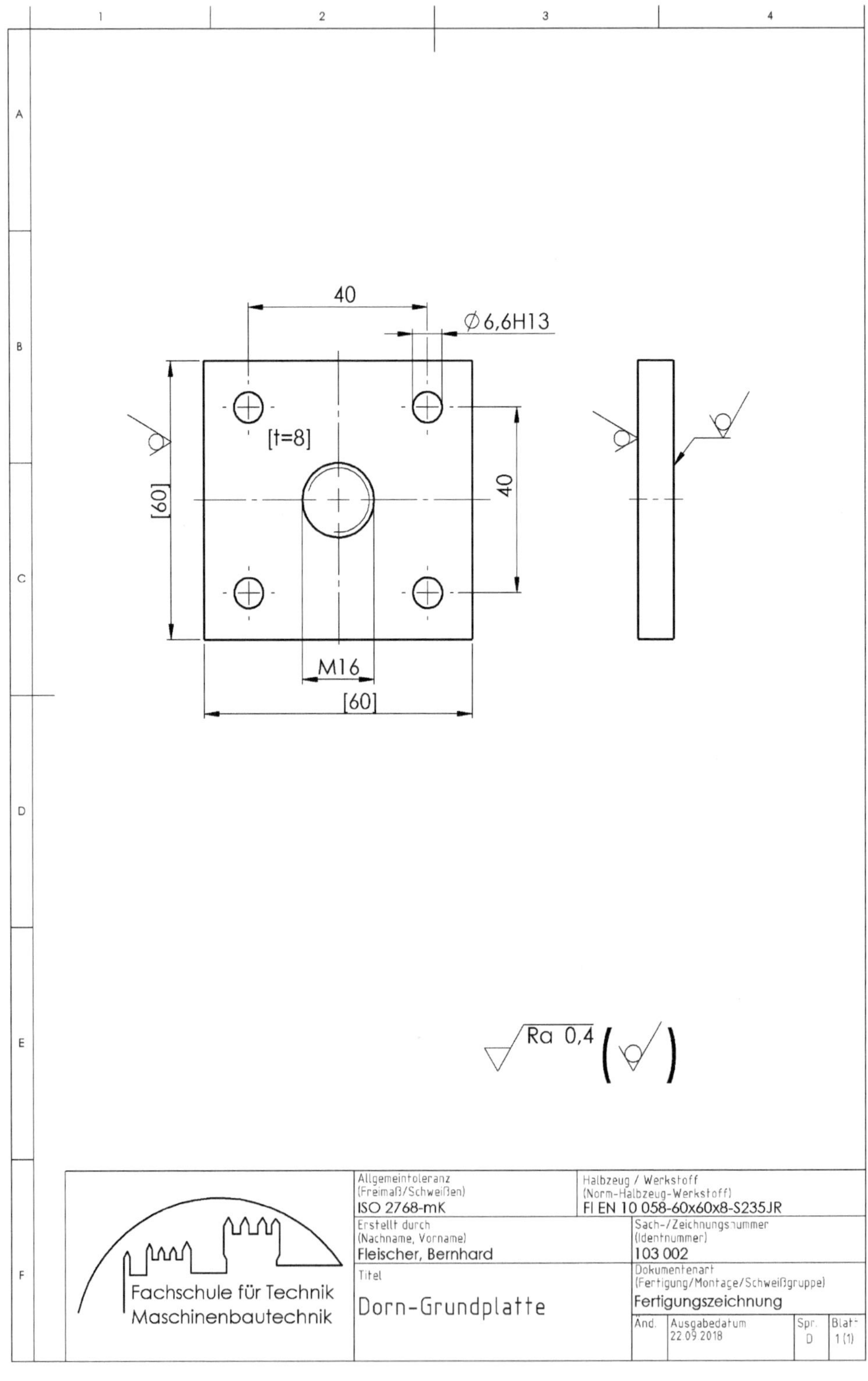
1
2
3
4
A
B
C
D
E
F
40
⌀6,6H13
[t=8]
[60]
40
M16
[60]
Ra 0,4
Allgemeintoleranz
(Freimaß/Schweißen)
ISO 2768-mK
Erstellt durch
(Nachname, Vorname)
Fleischer, Bernhard
Titel
Dorn-Grundplatte
Halbzeug / Werkstoff
(Norm-Halbzeug-Werkstoff)
Fl EN 10 058-60x60x8-S235JR
Sach-/Zeichnungsnummer
(Identnummer)
103 002
Dokumentenart
(Fertigung/Montage/Schweißgruppe)
Fertigungszeichnung
Änd.
Ausgabedatum
22.09.2018
Spr.
D
Blatt
1 (1)
Fachschule für Technik
Maschinenbautechnik

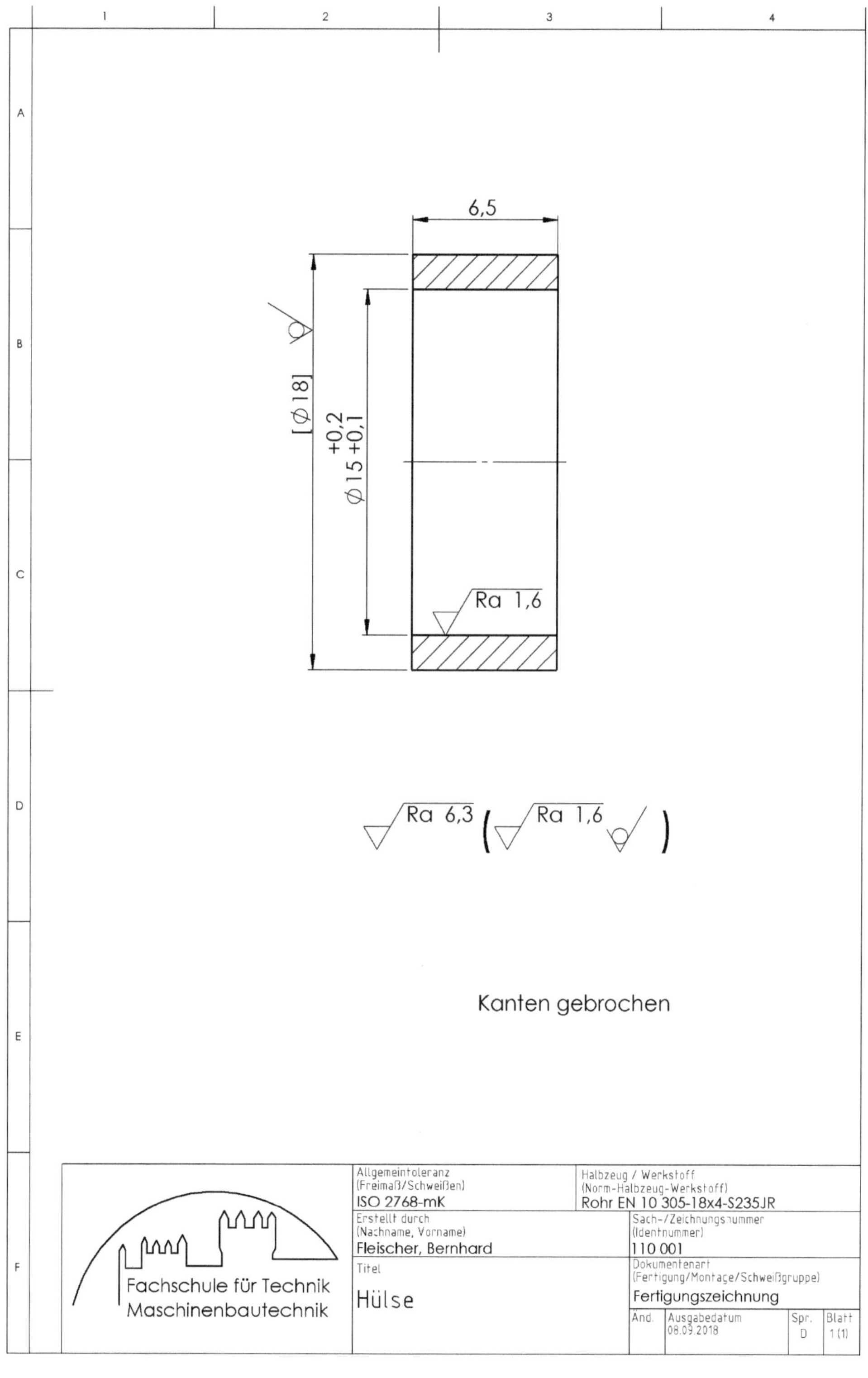
6,5
[∅18]
∅15 +0,2 +0,1
Ra 1,6
Ra 6,3
Ra 1,6
Kanten gebrochen
Allgemeintoleranz
(Freimaß/Schweißen)
ISO 2768-mK
Halbzeug / Werkstoff
(Norm-Halbzeug-Werkstoff)
Rohr EN 10 305-18x4-S235JR
Erstellt durch
(Nachname, Vorname)
Fleischer, Bernhard
Sach-/Zeichnungsnummer
(Identnummer)
110 001
Titel
Hülse
Dokumentenart
(Fertigung/Montage/Schweißgruppe)
Fertigungszeichnung
Änd.
Ausgabedatum
08.09.2018
Spr.
D
Blatt
1 (1)
Fachschule für Technik
Maschinenbautechnik

6.2 Bohrvorrichtung

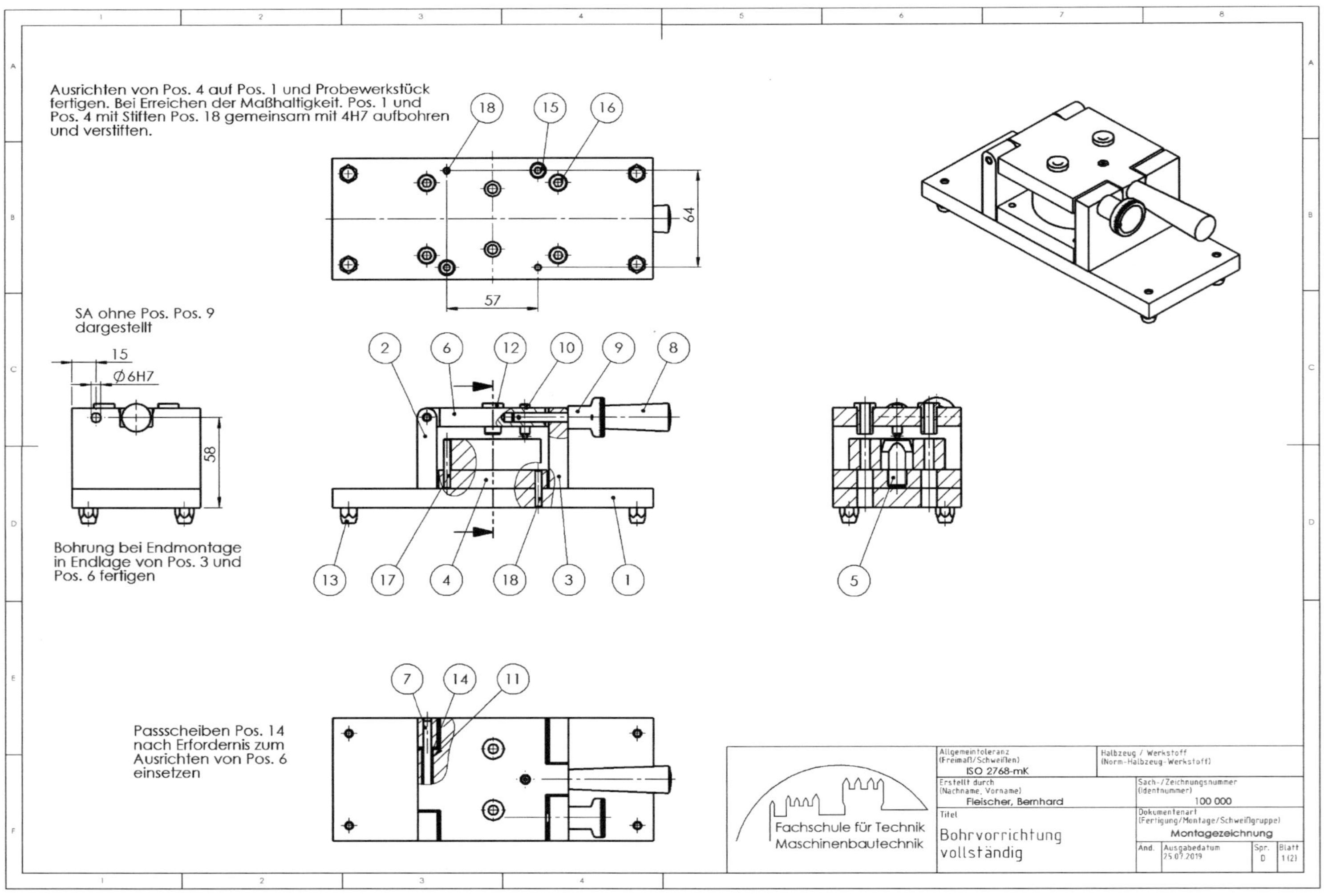

Ausrichten von Pos. 4 auf Pos. 1 und Probewerkstück fertigen. Bei Erreichen der Maßhaltigkeit. Pos. 1 und Pos. 4 mit Stiften Pos. 18 gemeinsam mit 4H7 aufbohren und verstiften.
64
57
SA ohne Pos. Pos. 9 dargestellt
15
Ø 6H7
58
Bohrung bei Endmontage in Endlage von Pos. 3 und Pos. 6 fertigen
Passscheiben Pos. 14 nach Erfordernis zum Ausrichten von Pos. 6 einsetzen
Fachschule für Technik Maschinenbautechnik
Allgemeintoleranz (Freimaß/Schweißen)
ISO 2768-mK
Erstellt durch (Nachname, Vorname)
Fleischer, Bernhard
Titel
Bohrvorrichtung vollständig
Halbzeug / Werkstoff (Norm-Halbzeug-Werkstoff)
Sach-/Zeichnungsnummer (Identnummer)
100 000
Dokumentenart (Fertigung/Montage/Schweißgruppe)
Montagezeichnung
Änd. Ausgabedatum 25.07.2019 Spr. D Blatt 1 (2)

POS-NR.	MENGE	BENENNUNG	BESCHREIBUNG
1	1	Grundplatte	100 001
2	1	Klappengelenk	100 002
3	1	Klappenaufnahme	100 003
4	1	Aufnahmeplatte	100 004
5	1	Aufnahmezapfen	100 005
6	1	Bohrklappe	100 006
7	1	Zylinderstift	100 007
8	1	Konusgriff	GN 203-18 M6 (Fa. Ganter)
9	1	Steckbolzen	GN 124-6-30 (Fa. Ganter)
10	1	Federndes Druckstück	GN 616-M6-K (Fa. Ganter)
11	2	Gleitlager	PSM-0507-10 (Fa. IGUS)
12	2	Bohrbuchse	DIN 172-B6-20A
13	4	Fuß	DIN 6320-10-M6
14	2	Passscheibe	DIN 988 5x10x1
15	2	Zylinderschraube	DIN EN ISO 4762-M5x16 8-8
16	4	Zylinderschraube	DIN EN ISO 4762-M6x20-8.8
17	1	Zylinderstift	DIN EN ISO 8734-4h8x32-11S20
18	2	Zylinderstift	DIN EN ISO 8734-4m6x24-11S20

Fachschule für Technik
Maschinenbautechnik

Allgemeintoleranz (Freimaß/Schweißen)

Halbzeug / Werkstoff (Norm-Halbzeug-Werkstoff)

Erstellt durch (Nachname, Vorname)

Sach-/Zeichnungsnummer (Identnummer) 100 000

Titel
Bohrvorrichtung vollständig

Dokumentenart (Fertigung/Montage/Schweißgruppe)
Stückliste

Änd. | Ausgabedatum 21.12.2018 | Spr. D | Blatt 2 (2)

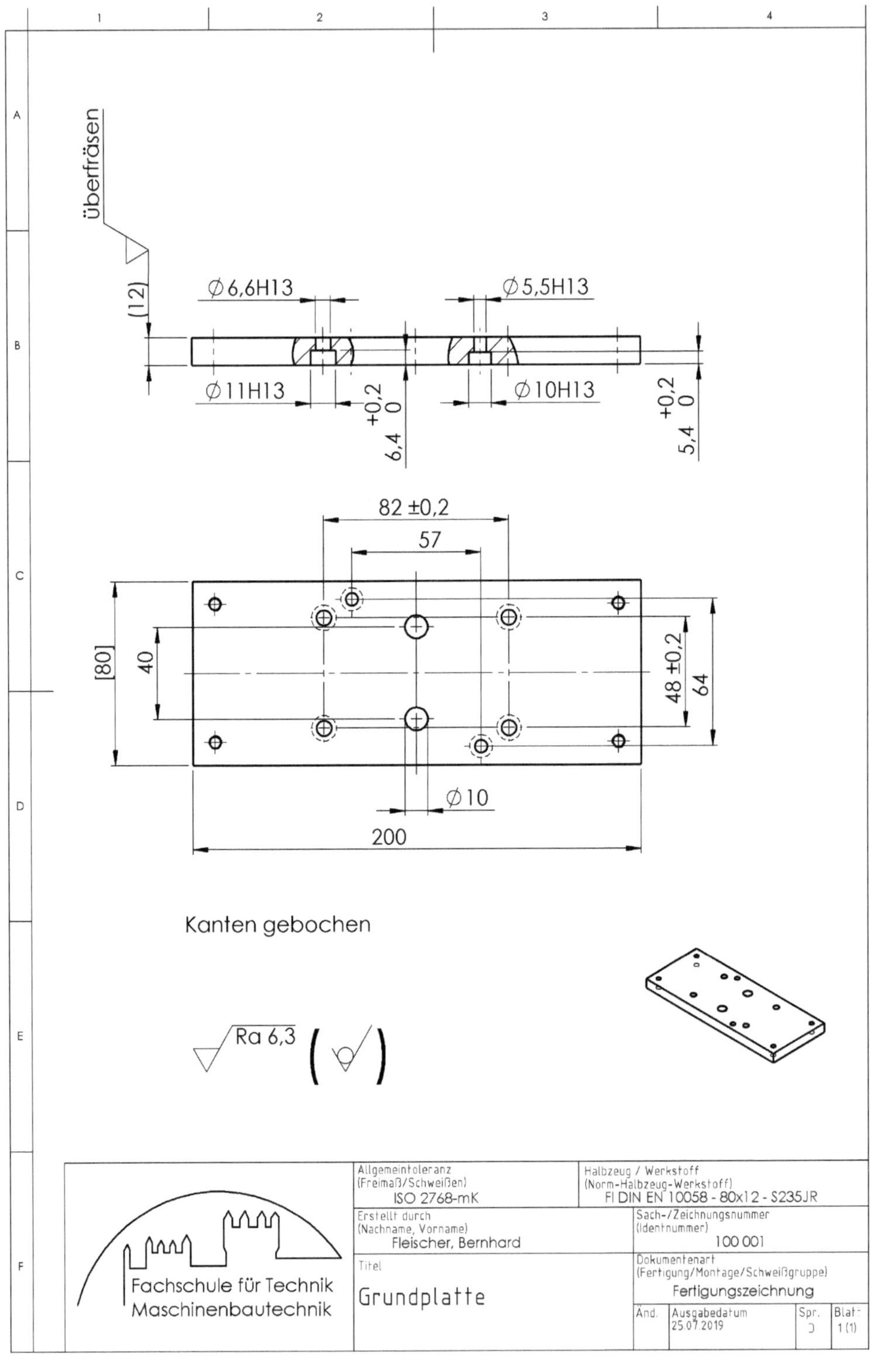

überfräsen
(12)
⌀6,6H13
⌀5,5H13
⌀11H13
⌀10H13
6,4 +0,2 / 0
5,4 +0,2 / 0
82 ±0,2
57
[80]
40
48 ±0,2
64
⌀10
200
Kanten gebochen
Ra 6,3

Allgemeintoleranz
(Freimaß/Schweißen)
ISO 2768-mK
Halbzeug / Werkstoff
(Norm-Halbzeug-Werkstoff)
FI DIN EN 10058 - 80x12 - S235JR
Erstellt durch
(Nachname, Vorname)
Fleischer, Bernhard
Sach-/Zeichnungsnummer
(Identnummer)
100 001
Titel
Grundplatte
Dokumentenart
(Fertigung/Montage/Schweißgruppe)
Fertigungszeichnung
Fachschule für Technik
Maschinenbautechnik
Änd.　Ausgabedatum
25.07.2019
Spr.
D
Blat-
1 (1)

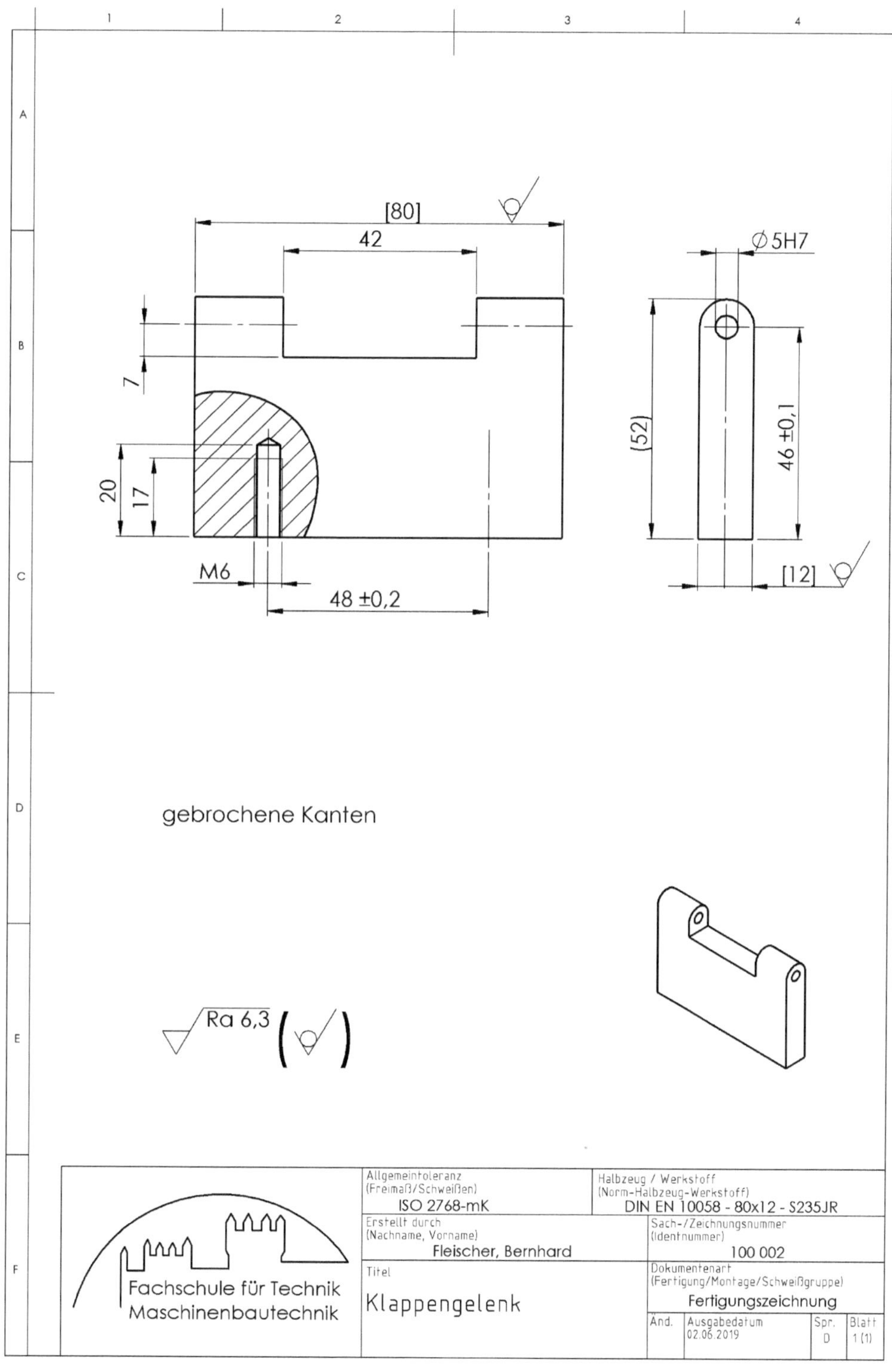
[80]
42
7
20
17
M6
48 ±0,2
Ø 5H7
(52)
46 ±0,1
[12]
gebrochene Kanten
Ra 6,3
Allgemeintoleranz
(Freimaß/Schweißen)
ISO 2768-mK
Halbzeug / Werkstoff
(Norm-Halbzeug-Werkstoff)
DIN EN 10058 - 80x12 - S235JR
Erstellt durch
(Nachname, Vorname)
Fleischer, Bernhard
Sach-/Zeichnungsnummer
(Identnummer)
100 002
Titel
Klappengelenk
Dokumentenart
(Fertigung/Montage/Schweißgruppe)
Fertigungszeichnung
Fachschule für Technik
Maschinenbautechnik
And.
Ausgabedatum
02.06.2019
Spr.
D
Blatt
1 (1)

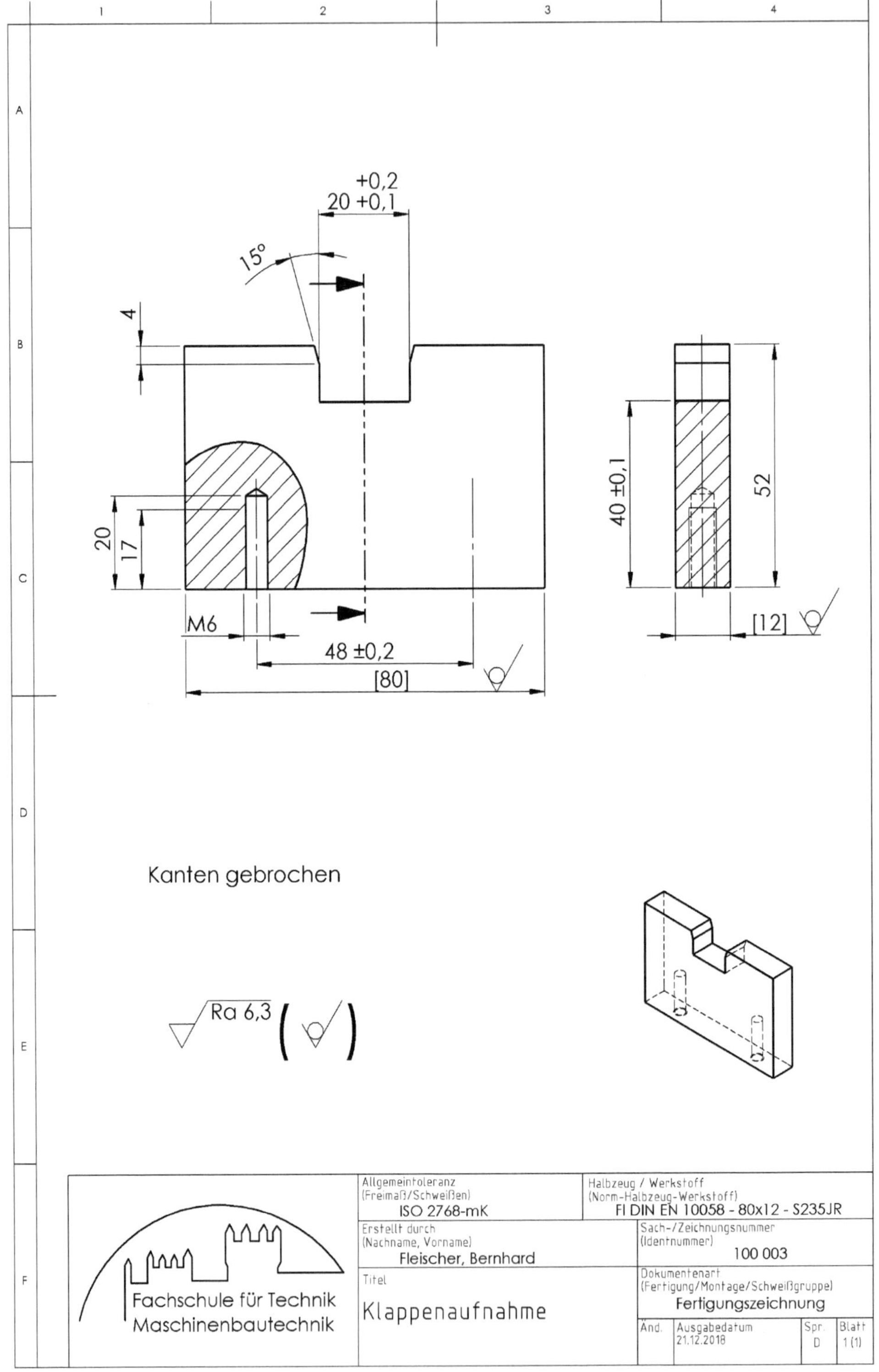
+0,2
20 +0,1
15°
4
20
17
M6
48 ±0,2
[80]
40 ±0,1
52
[12]
Kanten gebrochen
Ra 6,3 ( )
Allgemeintoleranz
(Freimaß/Schweißen)
ISO 2768-mK
Halbzeug / Werkstoff
(Norm-Halbzeug-Werkstoff)
FI DIN EN 10058 - 80x12 - S235JR
Erstellt durch
(Nachname, Vorname)
Fleischer, Bernhard
Sach-/Zeichnungsnummer
(Identnummer)
100 003
Titel
Klappenaufnahme
Dokumentenart
(Fertigung/Montage/Schweißgruppe)
Fertigungszeichnung
Fachschule für Technik
Maschinenbautechnik
Änd.   Ausgabedatum
21.12.2018
Spr.
D
Blatt
1 (1)

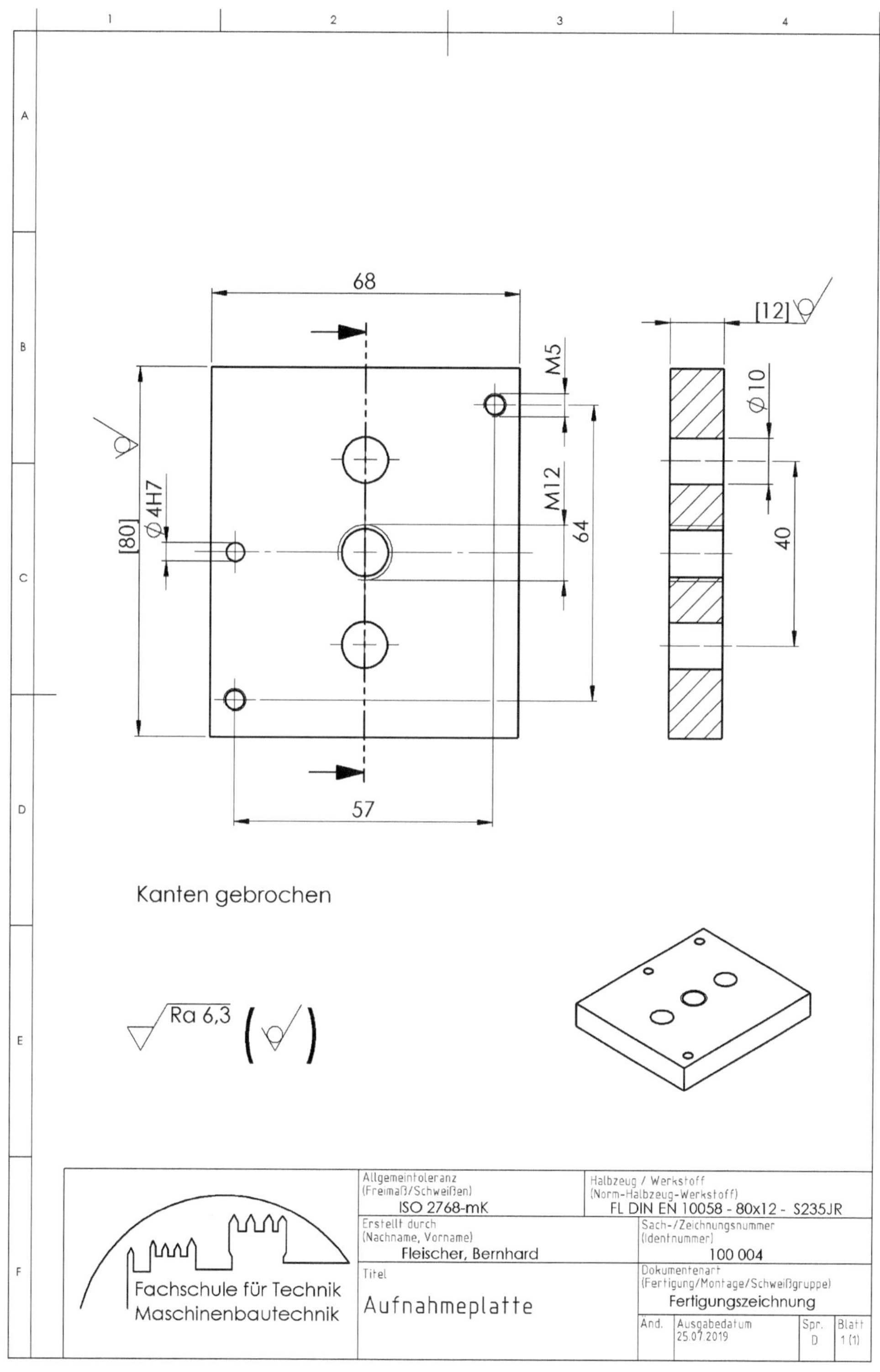
1
2
3
4
A
B
C
D
E
F
68
M5
Ø10
[12]
M12
64
40
[80]
Ø4H7
57
Kanten gebrochen
Ra 6,3
Allgemeintoleranz
(Freimaß/Schweißen)
ISO 2768-mK
Halbzeug / Werkstoff
(Norm-Halbzeug-Werkstoff)
FL DIN EN 10058 - 80x12 - S235JR
Erstellt durch
(Nachname, Vorname)
Fleischer, Bernhard
Sach-/Zeichnungsnummer
(Identnummer)
100 004
Titel
Aufnahmeplatte
Dokumentenart
(Fertigung/Montage/Schweißgruppe)
Fertigungszeichnung
And.
Ausgabedatum
25.07.2019
Spr.
D
Blatt
1 (1)
Fachschule für Technik
Maschinenbautechnik

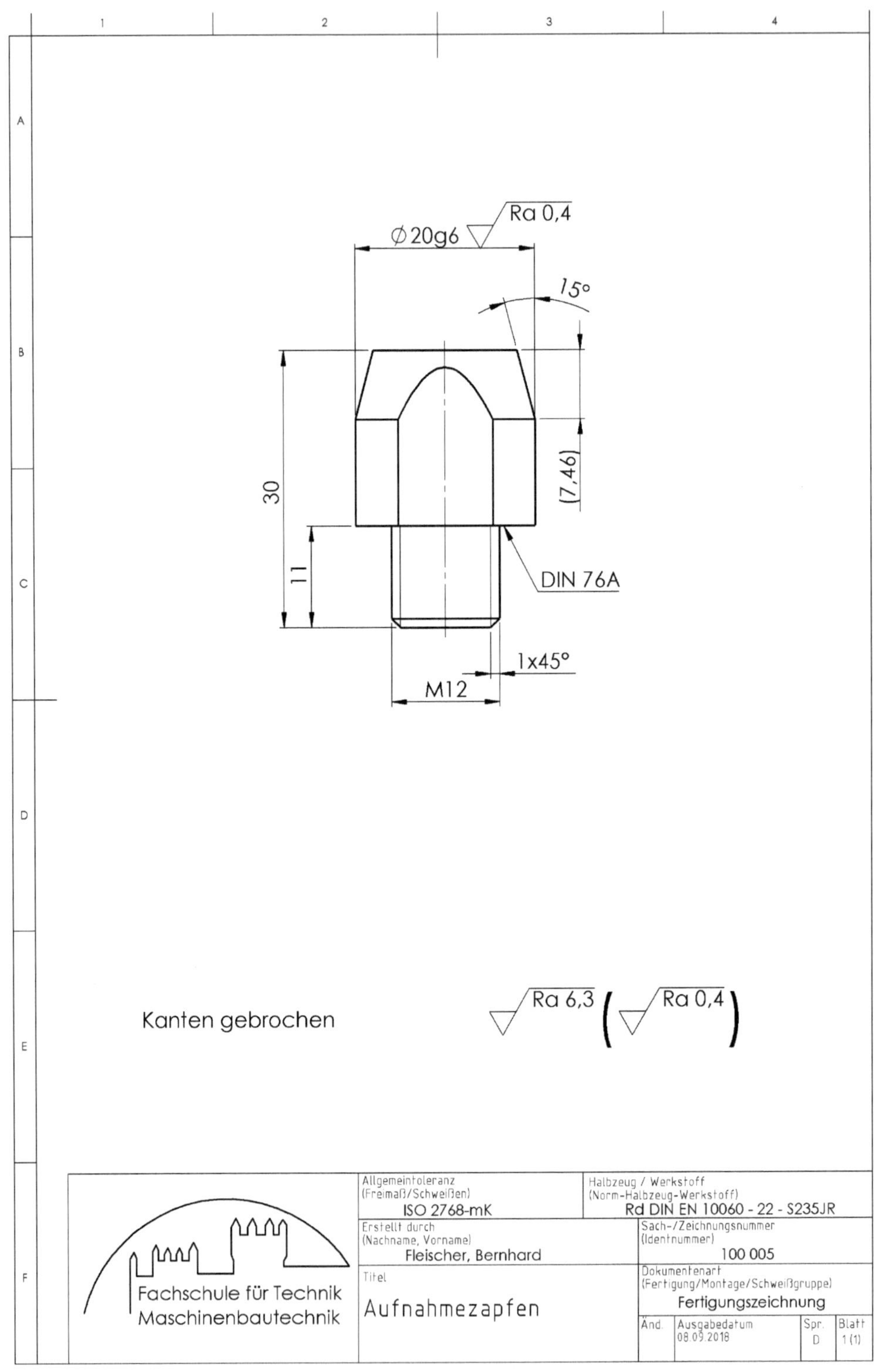
Ra 0,4
Ø 20g6
15°
(7,46)
30
11
DIN 76A
1x45°
M12
Kanten gebrochen
Ra 6,3 (Ra 0,4)
Allgemeintoleranz
(Freimaß/Schweißen)
ISO 2768-mK
Halbzeug / Werkstoff
(Norm-Halbzeug-Werkstoff)
Rd DIN EN 10060 - 22 - S235JR
Erstellt durch
(Nachname, Vorname)
Fleischer, Bernhard
Sach-/Zeichnungsnummer
(Identnummer)
100 005
Fachschule für Technik
Maschinenbautechnik
Titel
Aufnahmezapfen
Dokumentenart
(Fertigung/Montage/Schweißgruppe)
Fertigungszeichnung
Änd.
Ausgabedatum
08.09.2018
Spr.
D
Blatt
1 (1)

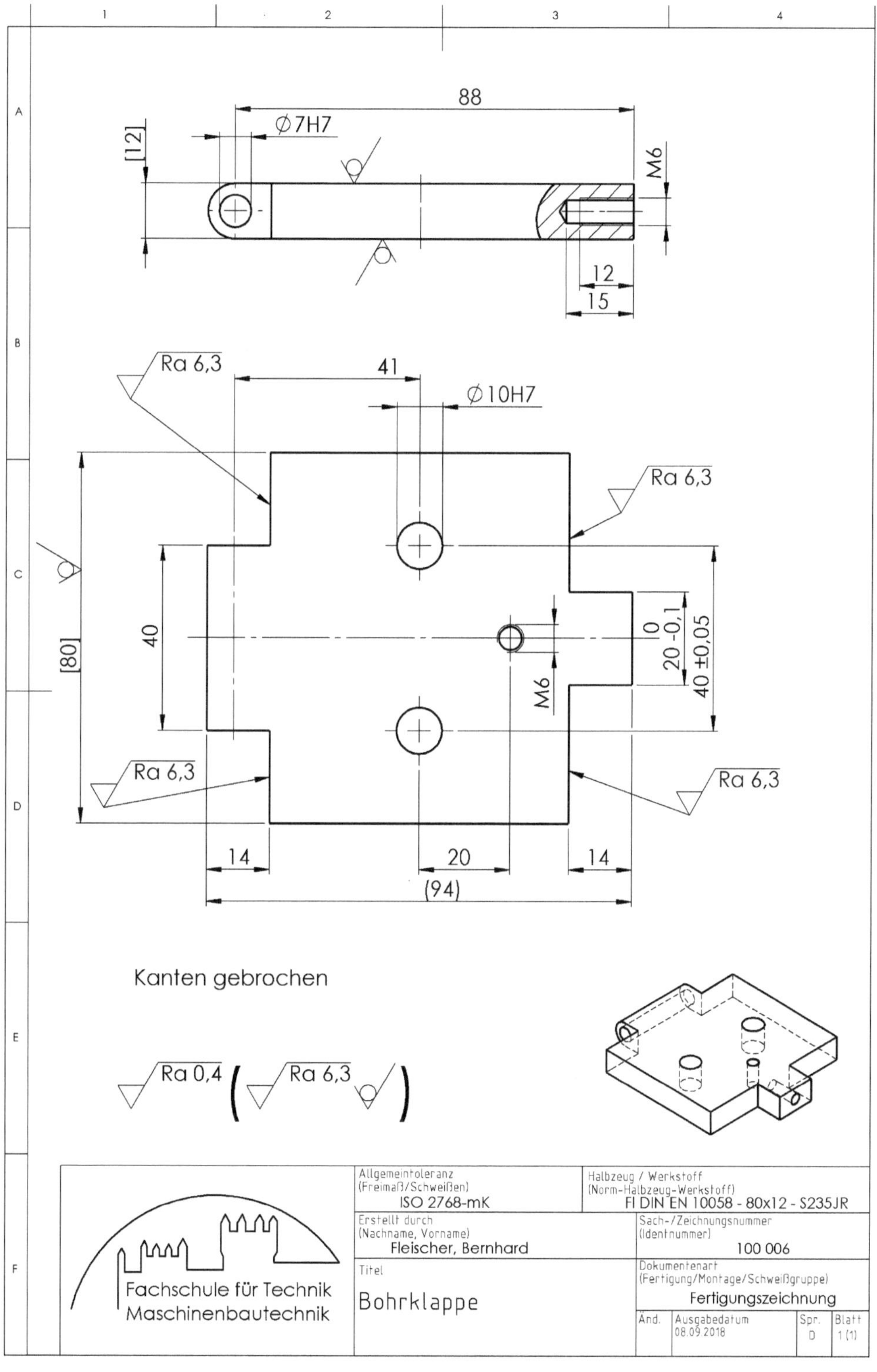
88
∅7H7
[12]
M6
12
15
Ra 6,3
41
∅10H7
Ra 6,3
[80]
40
20 -0,1 0
40 ±0,05
M6
Ra 6,3
Ra 6,3
Ra 6,3
14
20
14
(94)
Kanten gebrochen
Ra 0,4 (Ra 6,3)
Allgemeintoleranz
(Freimaß/Schweißen)
ISO 2768-mK
Halbzeug / Werkstoff
(Norm-Halbzeug-Werkstoff)
FI DIN EN 10058 - 80x12 - S235JR
Erstellt durch
(Nachname, Vorname)
Fleischer, Bernhard
Sach-/Zeichnungsnummer
(Identnummer)
100 006
Titel
Bohrklappe
Dokumentenart
(Fertigung/Montage/Schweißgruppe)
Fertigungszeichnung
Fachschule für Technik
Maschinenbautechnik
And.
Ausgabedatum
08.09.2018
Spr.
D
Blatt
1 (1)

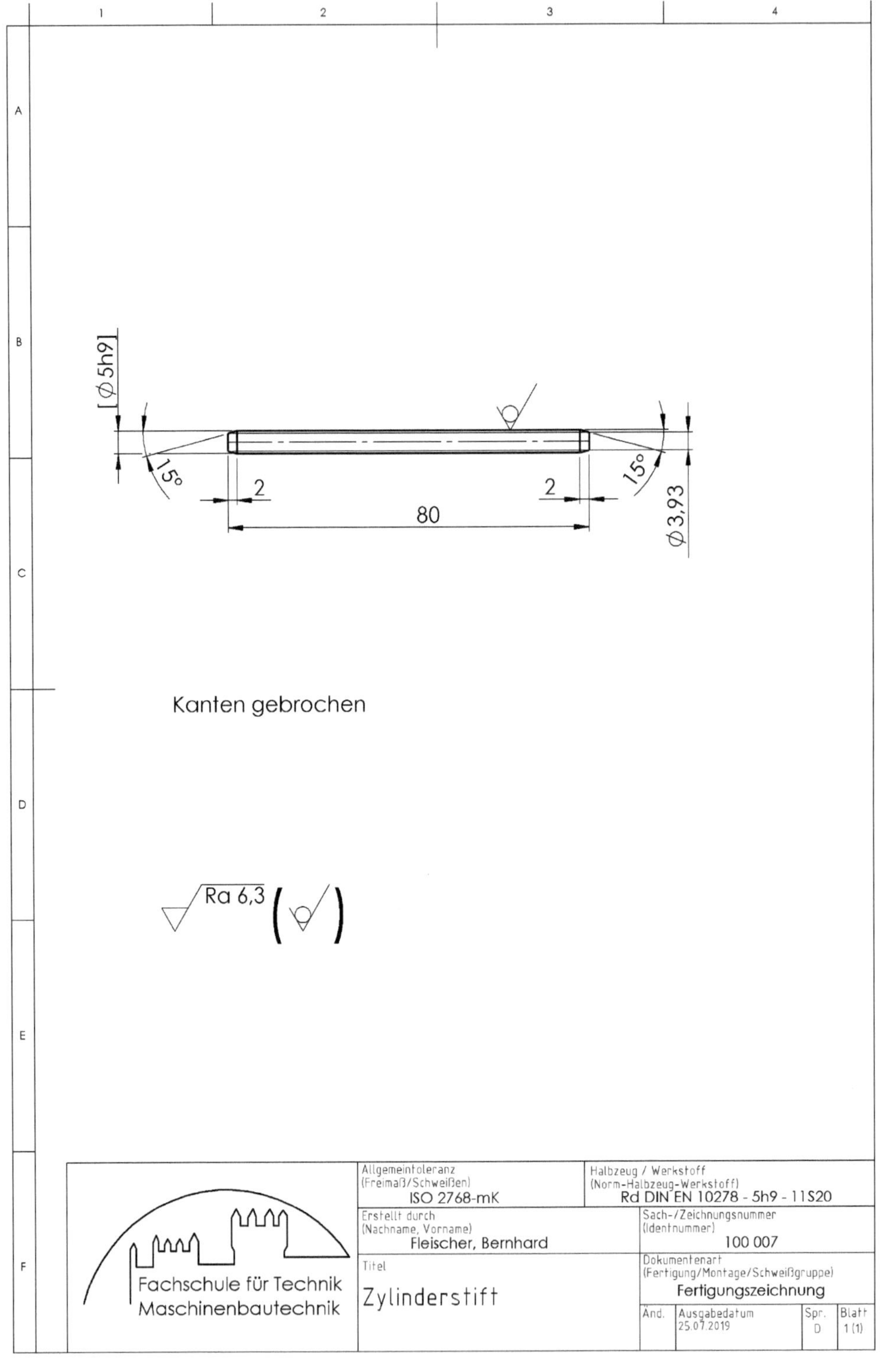
1
2
3
4
A
B
C
D
E
F
[⌀ 5h9]
15°
2
80
2
15°
⌀ 3,93
Kanten gebrochen
Ra 6,3
Allgemeintoleranz
(Freimaß/Schweißen)
ISO 2768-mK
Halbzeug / Werkstoff
(Norm-Halbzeug-Werkstoff)
Rd DIN EN 10278 - 5h9 - 11S20
Erstellt durch
(Nachname, Vorname)
Fleischer, Bernhard
Sach-/Zeichnungsnummer
(Identnummer)
100 007
Titel
Zylinderstift
Dokumentenart
(Fertigung/Montage/Schweißgruppe)
Fertigungszeichnung
Änd.
Ausgabedatum
25.07.2019
Spr.
D
Blatt
1 (1)
Fachschule für Technik
Maschinenbautechnik

Literaturverzeichnis

Engelken, G.: SolidWorks 2010; Methodik der 3D-Konstruktion; Hanser; 2010

Fritz, A. (Hrsg.): Hoischen – Fritz-Technisches Zeichnen; Cornelsen; 36. Auflage; 2018

Kurz, U.; Wittel. H.: Böttcher / Forberg: Technisches Zeichnen; Springer Vieweg, 26. Auflage; 2014

Labisch, S.; Wählisch, C.: Technisches Zeichnen: Eigenständig lernen und effektiv üben; Springer Vieweg; 5. Auflage; 2017

Stadtfeld, J.; Mühlenstädt, G.: Crashkurs SolidWorks; Teil 1 Einführung in die Konstruktion von Bauteilen und Baugruppen; Christiani; 2018

Stadtfeld, J.; Mühlenstädt, G.: Crashkurs SolidWorks; Teil 2 Einführung in die Erstellung von Dokumentenvorlagen und Blattformaten; Christiani; 2017

Stadtfeld, J.; Mühlenstädt, G.: Crashkurs SolidWorks; Teil 3 Einführung in die Zeichnungsableitung von Bauteilen und Baugruppen; Christiani; 2015

Stelzer, R.; Steger, W.: SolidWorks Bafög-Ausgabe; Person Studium; 2011

Weinfurtner, T.: SolidWorks – von Anfang an; Grundfunktionen, Modellierungskonzepte, Zeichnungsableitungen; Christiani; 2015

Weinfurtner, T.: SolidWorks – von Anfang an; 3D CAD-Volumenkörper, Baugruppenanimation, Explosionszeichnung, 3D-Druck; Christiani; 2016

Anhang

Informationsquellen zu Konstruktionsbeginn

- ☐ Anfrage des Kunden
- ☐ Fragebogen an den Kunden
- ☐ Anforderungen des Kunden (Pflichten- und Lastenheft)
- ☐ Informationen des Marketing
- ☐ Normen
- ☐ Schriften weiterer Institutionen (VDI etc.)
- ☐ Sicherheitsvorschriften (EU-Maschinenrichtlinie, Berufsgenossenschaft etc.)
- ☐ Umweltgesetze
- ☐ Entsorgungsvorgaben
- ☐ eigene (bewährte) Konstruktionen
- ☐ Konkurrenzprodukte
- ☐ Patente und Gebrauchsmuster
- ☐ Vorbilder aus der Natur (Bionik)
- ☐ Internet (Foren etc.)
- ☐ (Fach-)Bücher
- ☐ Zulieferkataloge
- ☐ Lösungssammlungen
- ☐ Transportvorschriften
- ☐ Verpackungsvorschriften
- ☐ Zollvorschriften
- ☐ ...

A 1 Checkliste möglicher Informationsquellen

Merkmal	Aspekte
Geometrie	(Einbau-)Raum, Höhe, Breite, Tiefe, Durchmesser, Anschlüsse, Flächenbedarf, Raumbedarf für Ein-/Ausbau
Gewicht	Maximalgewicht, Schwerpunkt
Kinematik	Bewegungsrichtung, -art (geradlinig/kreisförmig etc.), Geschwindigkeit, Beschleunigung
Steuerung	numerische Steuerung, Fernsteuerung, EDV-gesteuert
Kräfte/Momente	Größe , Richtung, Einwirkdauer, Belastungsverlauf, zulässige Last, zulässige Verformung, Schwingungen
Genauigkeit	Wiederholgenauigkeit, Toleranzen, zulässige Abweichung
Energie	Energieart, Leistung, Wirkungsgrad, Verluste, Reibung, Erwärmung, Kühlung, Speicherung, Umformung

© Springer Fachmedien Wiesbaden GmbH, ein Teil von Springer Nature 2019
B. Fleischer, *Methodisches Konstruieren in Ausbildung und Beruf*,
https://doi.org/10.1007/978-3-658-27690-4

Aussehen	Design, Farben, Formen, Firmenlogo
Umwelt	Feuchtigkeit, Umgebungstemperatur, (Luft-)Schadstoffe, UV-Strahlung und weitere, Klima (Wind, Regen, Schnee, Eis)
Werkstoffe, Hilfsstoffe	Physikalische/chemische/biologische Eigenschaften, vorgeschriebene Werkstoffe, Schmierstoffe
Informationen	Eingangs- und Ausgangssignale, Art der Anzeige, Geräte zur Überwachung, Datenschnittstellen, Protokollerzeugung
Sicherheit/ Zuverlässigkeit	(un-)mittelbare Sicherheitstechnik, Sicherheitshinweise, Arbeits- und Umweltschutz, Unfallverhütungsvorschriften, Überlastsicherung, Explosionsschutz, Störungssicherheit
Ergonomie	Bedienung, Handhabung, Beleuchtung, Lärmemission, Bedienkräfte, Bedienelemente, Design
Fertigung/ Herstellbarkeit	Herstellverfahren, betriebliche Möglichkeiten, Qualitätsanforderungen, Fertigungshilfsmittel/Vorrichtungen, Werkzeuge, Prüfmittel, Werkstoffe, Katalogteile, Eigen-/Fremdfertigung, Toleranzen
Überwachung	Bildschirmanzeigen, Fernabfragen, Diagnosesysteme, Protokolle, Vorschriften/Spezifikationen (TÜV, DIN, AD-Merkblätter)
Montage/ Demontage	Anweisungen, Einbauraum, Einbauort (Halle/Baustelle/Kunde), Fundamente, Montagehilfen
Transport	Größe/Gewicht der Baugruppe, Transportbehältnisse, Verfügbarkeit von Hebezeugen/Fahrzeugen, Stapelfähigkeit, Transporthilfen, Lastaufnahmen an Baugruppe, Transportweg
Gebrauch	Lärmemission, Verschleiß, Wartung, Einsatzort, Nutzungs- und Lebensdauer, Betriebszeit, Einschaltdauer, Zuverlässigkeit, Dichtheit
Instandhaltung	Wartungsintervalle/-freiheit/-zeitpunkte, Kontrollierbarkeit, Reinigung, Verschleißteile, Stillstandszeiten, Reparaturauswand
Recycling	Recyclingquote, gesetzliche Vorgaben, Entsorgung (Bsp.: EU-Altauto-Richtlinie: 95 % des Fahrzeuggewichts müssen (wieder-)verwertet werden)
Kosten	Herstellungskosten, Werkzeugkosten, Investitionen, Amortisierung, laufende Kosten, Wartungskosten, Entsorgungskosten
Termin	Entwicklungsdauer, Fertigungszeit, Lieferzeit/-termin
...	

A 2 Checkliste für Merkmale der Anforderungsliste

<table>
<tr><td colspan="3" rowspan="2">

Fachschule für Technik
Maschinenbautechnik</td><td colspan="2" align="center">Anforderungsliste</td></tr>
<tr><td colspan="2">Projekt</td></tr>
<tr><td colspan="5">F ... Festforderung: Kriterium muss zwingend erfüllt sein (K.O.-Kriterium)
M... Mindestforderung: Muss mindestens erfüllt sein, sonst Ausschluss der Lösung
W... Wunsch: Ist wünschenswert, aber nicht zwingend erforderlich</td></tr>
<tr><td rowspan="2"></td><td rowspan="2"></td><td colspan="2" align="center">Anforderungen</td><td rowspan="2"></td></tr>
<tr><td>F/M/W</td><td>Nr.</td><td align="center">Bezeichnung</td><td>Werte, Daten, Erläuterung</td></tr>
<tr><td colspan="5">Bearbeiter   Datum:
Blatt: ( )</td></tr>
</table>

A 3 Anforderungsliste (Kopiervorlage)

<table>
<tr><td>Fachschule für Technik
Maschinenbautechnik</td><td>Methode 635</td><td>Datum: _____________

Blattnr.: _____________</td></tr>
</table>

Ablauf:

6 Teilnehmer skizzieren/schreiben jeweils 3 Vorschläge auf einem eigenen Bogen auf. Nach 5 Minuten wird der Bogen nach links weitergeleitet und ein anderer von rechts erhalten. Die Sitzung endet, wenn alle Teilnehmer jeden Bogen einmal hatten oder der Ideenfluss insgesamt stockt. Statt eigener Ideen können auch die Ideen der anderen Teilnehmer weiterentwickelt werden.

Problembeschreibung/
Skizze des Problems:

Idee 1	Idee 2	Idee 3

A 4 Methode 635 (Kopiervorlage)

↓ Teilfunktionen	Lösungsmöglichkeiten		
	A	B	C
1			

A 5 Morphologischer Kasten (Kopiervorlage)

	Nutzwertanalyse
Fachschule für Technik Maschinenbautechnik	**Projekt**

Werteskala nach VDI 2225 mit Punktvergabe P von 0 bis 4

0... unbefriedigend   1... gerade noch ertragbar   2... ausreichend   3... gut   4... sehr gut

Die Bewertungskriterien werden der Anforderungsliste entnommen. Bei Bedarf werden Gewichtungsfaktoren (g) vergeben, wenn die Kriterien nicht gleichwertig sind.

				Varianten					
				A		**B**		**C**	
Nr.	Bewertungskriteren		g	P	$P \cdot g$	P	$P \cdot g$	P	$P \cdot g$
1									

| max. mögliche Punktzahl: | Punktzahl | | | |
| | Rangfolge | | | |

Entscheidung / Bemerkungen	Datum:
	Bearbeiter: Projektgruppe
	Blatt: ( )

A 6   Nutzwertanalyse (Kopiervorlage)

Checkliste für gute Konstruktionen

Konstruktionskonzept
- Von „innen nach außen" konstruieren (Regelfall); ansonsten verbleibt ggf. nicht mehr hinreichend Bauraum oder es wird umgekehrt viel Bauraum verschwendet ($\rightarrow$ Größe, Gewicht, Kosten).
- Entwicklung vom Wichtigen zum Unwichtigen – Zentral ist immer die Erfüllung der Hauptfunktion.
- Entwicklung vom Allgemeinen zum Einzelnen, vom Gesamten zum Detail, vom Typischen zum Individuellen, vom Groben zum Feinen.
- Auf die Aufgabe konzentrieren: Was nicht notwendig ist, kann entfallen und verursacht damit weder Ausfall noch Kosten.
- Das „Rad nicht neu erfinden": Anregungen zur vorliegenden Problemstellung in Katalogen, eigenen Konstruktionen, Konkurrenzprodukten etc. suchen (vgl. konventionelle Methoden **Abb. 2.12**). Dabei gilt: „Kapieren vor Kopieren".
- Stets die Kundenwünsche im Auge behalten und sich nicht umgekehrt als Ingenieur verwirklichen wollen („Der Kunde hat das Geld!").

Bauteilgestaltung
- Grundregeln beachten: Eindeutig, Einfach, Sicher (vgl. Kap. 2.3.3).
- Erst Kaufteile zur Funktionserfüllung auswählen und dann die Anschlussgeometrien der Eigenfertigung modellieren (Aufnahmeplatten, Gehäuse etc.).
- In Fertigungsverfahren denken: jedes Werkstück muss mit seinen Werkstoffeigenschaften herstell- und montierbar sein.
- Bei der Geometriegebung möglichst in genormten Vorzugsreihen denken.
- Halbzeuge maßlich so wählen, dass Fertigungsschritte minimiert werden.
- Toleranzen und Oberflächen so grob wie möglich und so fein wie nötig festlegen.
- „Pfuschmöglichkeiten" zum Ausrichten und Toleranzausgleich andenken (beispielsweise Passscheiben DIN 988; vgl. **Abb. 4.19**). Dies senkt Fertigungskosten.
- Zentrierhilfen (z. B. Kegelstifte, Einführfasen) und Anschlagpunkte vorsehen, um die Montage zu vereinfachen.
- Bauteile (und Zeichnungen) müssen eindeutig sein, um Montage- und Herstellfehler zu vermeiden.
- Gleichteile bevorzugen; auch und besonders bei Normteilen (z. B. Schrauben mit gleichem Gewinde und Länge). Dadurch geringere Gefahr der Verwechslung und niedrigere Kosten bei Lagerhaltung und Einkauf.
- Funktionen wenn sinnvoll / möglich zusammenfassen (Integralbauweise). Dies führt zu weniger Bauteilen (Achtung: Hier darf kein Widerspruch zu den Grundregeln entstehen).
- Bauteile so anordnen, dass sie sich nicht gegenseitig ungünstig beeinflussen (beispielsweise Übertragung von Schwingungen).

Spannungen
- Kontinuierliche Querschnittsänderungen wenn technisch möglich statt Absatzsprüngen; idealisiert als angeformte Bauweise (vgl. **Abb. 5.29**; Achtung: Fertigungskosten beachten!)
- Konstruktive Maßnahmen zur Spannungsminderung einbeziehen: Freistich an Wellenabsätzen (DIN 509), Gewindefreistich (DIN 76), sanfte Übergänge an Absätzen, Ausschleifen von Schweißnähten, Entlastungskerben u. ä.; Methode der Zugreiecke wo möglich (vgl. Ausführungen zu **Abb. 5.56**).
- Anhäufungen von Kerbstellen vermeiden (beispielsweise Passfedernut in der Nähe eines Wellenabsatzes)
- Kraftumlenkungen möglichst vermeiden, da aus ihnen im Regelfall zusätzliche Biege- und / oder Torsionsspannungen resultieren.
- Kräfte auf kurzem (direkten) Weg leiten („gedrungene Bauweise").
- In kraftleitenden Bauteilen den Kraftfluss vorzugsweise so gestalten, dass statt Biegespannungen Zug- und Druckspannungen aufgenommen werden (vgl. auch Ausführungen zu **Abb. 5.50**).
- Profile entsprechend ihrer Eignung für bestimmte Spannungsarten bevorzugt einsetzen (vgl. **Abb. A 11**).
- Unabhängig von großen Spannungen auch große Verformungen im Sinne des Funktionsverhaltens beachten.
- Ggf. Sollbruchstellen vorsehen, damit ein einzelnes Bauteilversagen nicht zu hohen Folgeschäden und zur Gefährdung von Menschenleben führt (Abscherstifte, Stauchbuchsen, Überlastkupplungen, Nothalt etc.).
- Stoßartige Belastungen (Lastspitzen!) ggf. durch koppelnde Elemente (Federn, Kupplung etc.) herabsetzen.

Berechnung
- Geometrien so beschaffen und anordnen, dass sie noch rechnerisch abgesichert werden können.
- Komplexe Geometrien ggf. gedanklich vereinfachen, so dass sie gerechnet werden können. Vereinfachungen / Idealisierungen dabei stets in der Philosophie der „sicheren Seite" vornehmen.
- Moderne Entwicklungsmethoden wie die FEM einbeziehen (vgl. Kapitel 5.3.4).

A 7 Checkliste für gute Konstruktionen

FMEA

☐ Konstruktions-FMEA
☒ Prozess-FMEA
☐ Design-FMEA

Teilename:	Teilenummer:
Pumpendeckel	PD-09465-98

Erstellt:	Änderungsstand:
Peter Schmitz	13.03.16

Ansprechpartner:	Abteilung:	Kunde:	Datum:	Blatt:
Werner Müller	KT-03	KLM-Maschinentechnik	08.03.16	1 (1)

Prozess-, Fertigungs- oder Montageschritt	Potenzieller Fehler:	Potenzielle Fehlerfolge:	Potenzielle Fehlerursache:	Aktueller Zustand					Empfohlene Abstellmaßnahme (verantw./Termin)	VerbesserterZustand				
				Prüfmaß-nahmen	Auftreten	Bedeutung	Entdeckung	RPZ		getroffene Maßnahmen	Auftreten	Bedeutung	Entdeckung	RPZ
Planfräsen der Dichtfläche	Dichtflächen sind uneben	Pumpe zieht Luft und verliert Leistung	Spannkraft in Fräsvorrichtung nicht hinreichend	Prüfung in Stichproben	3	8	6	144	Überwachung der Spannkraft (Hr. Schmitz, Leiter Fertigung)	Elektronische Überwachung der Spannkraft mit Stillsetzautomatik	1	8	6	48
Drehen Zentrieransatz	Maß außerhalb ISO-Toleranz	Deckel nicht montierbar oder undicht	Werkzeugbruch	Selbstabschaltung Maschine	4	3	1	12	keine Maßnahmen erforderlich					
			NC-Programm fehlerhaft	keine	3	8	7	168	Prüfung Musterteil (Hr. Kant, AV)	100%-Prüfung Musterteil	1	8	1	8

Wahrscheinlichkeit des Auftretens		Bedeutung (Auswirkung auf Kunden)		Wahrscheinlichkeit der Entdeckung vor Auslieferung		Risikoprioritätszahl (RPZ)	
unwahrscheinlich	1	keine Auswirkung	1	hoch	1	hoch = 1000	
sehr gering	2-3	unbedeutend, geringe Kundenbelästigung	2-3	mäßig	2-5	mittel = 125	
gering	4-6	mäßig schwere Fehler	4-6	gering	6-8	keine = 1	
mäßig	7-8	schwere Fehler, Kunde wird verärgert	7-8	sehr gering	9		
hoch	9-10	sehr schwerwiegender Fehler	9-10	unwahrscheinlich	10		

A 8 Prozess-FMEA (Beispiel)

Produktentwicklung

Kundenanfrage
- Analyse von Lastenheft und Vorschriften
- Ausarbeitung eines technischen Grundkonzepts
- Auf Wunsch: Erstellung eines Funktionsmusters

Konzeptakzeptanz
- Ausarbeitung der Grundkonstruktion
- Fertigungsgrobplanung und Vorkalkulation
- FEM-Berechnung (vgl. auch Kap. 5.3.4)
- Aufbau erster Prüfmuster/Prototypen (vgl. auch Kap. 5.4)
- Versuche im Hinblick auf Festigkeit und Funktion
- Überarbeitung und Freigabe Lastenheft 1 Konzeptfreigabe/Auftrag Serienentwicklung
- Detaillierung der Konstruktion
- Produkt-Fehlermöglichkeits- und Einflussanalyse (FMEA)
- Musterbau und Versuchsdurchführung
- Qualitätssicherung und Fertigungsplanung (Vorplanung)
- Kalkulation bei fortlaufender Aktualisierung
- Überprüfung und Freigabe Lastenheft 2
- Technische Freigabe, Start Serienwerkzeuge/Änderungsstopp/Produktionsvorbereitung
- Fertigungsplanung und Qualitätssicherung
- Prozess-Fehlermöglichkeits- und Einflussanalyse (FMEA)
- Einkauf (Lieferantenfestlegung)
- Erstellung Serienwerkzeuge bzw. Betriebsmittel
- Vorserien/Prozess-Serie
- Versuche mit Serienteilen
- Erstmuster an Kunden
- Erstmusterfreigabe und Serienstart im Werk

A 9 Produktentwicklung (Beispiel: Zulieferer Automobilindustrie)

Beanspruchungsart	Vorzugs-Profile	Anmerkungen
Zug	Profil beliebig; vorzugsweise kostengünstige Halbzeuge	Die Zugspannung ist über den Querschnitt gleichmäßig verteilt; Geometrie des Profils daher beliebig
Druck ohne Knickgefahr	Profil beliebig; vorzugsweise kostengünstige Halbzeuge	Die Druckspannung ist über den Querschnitt gleichmäßig verteilt; Geometrie des Profils daher beliebig. Achtung: Linienberührung (Bsp. Zylinder-Flach) und Punktberührung (Bsp. Kugel-Flach) vermeiden; hier gelten die Gleichungen für Flächenpressung nach Hertz
Druck mit Knickgefahr	Profile mit großem Trägheitsradius i bevorzugen; z. B. Hohlprofile. Für Rundmaterial gilt als grobes Grenzkriterium: $l > 6 \cdot d$	Bei Knickgefahr ("schlanke" Querschnitte, vgl. Grenzkriterium) bei Materialwahl beachten, dass Werkstoffkennwerte für die Berechnung vorliegen
Schub	Schubspannung tritt im Regelfall immer zusammen mit anderen Spannungsarten auf; meist Biegespannung. Dann ist die Profilauswahl für die andere(n) Spannungsart(en) ausschlaggebend.	Verrechnung von Schub mit anderer Spannungsart(en) ist Regelfall; bei reinem Schub (Bsp. Niet) für die Ermittlung des Spannungsmaximums die Profilform beachten
Biegung	Profile einsetzen, die viel Material weit weg von der Biegeachse haben: Doppel-T-Träger, Hohlprofile; gilt im Besonderen beim Ziel der Gewichtsreduktion	Biegeachse beachten (Bsp. Flachmaterial); unsymmetrisch beaufschlagte Profile vermeiden (Bsp.: C-, L-Profil); unter Belastung verdrillt sich das Profil in Richtung der schwachen Achse
Torsion	Profile einsetzen, die vorzugsweise viel Material weit weg von der Rotationsachse haben (Hohlprofile); gilt im Besonderen beim Ziel Gewichtsreduktion	Vorzugsweise Rund-/Hohlprofile; bei nicht-rotatorischen Profilen nur begrenzt Berechnungsansätze verfügbar! Offene Profile grundsätzlich vermeiden; Ausnahme: Verrippung (vgl. **Abb. 5.28**)

A 10 Profilauswahl hinsichtlich Grundbeanspruchungsart

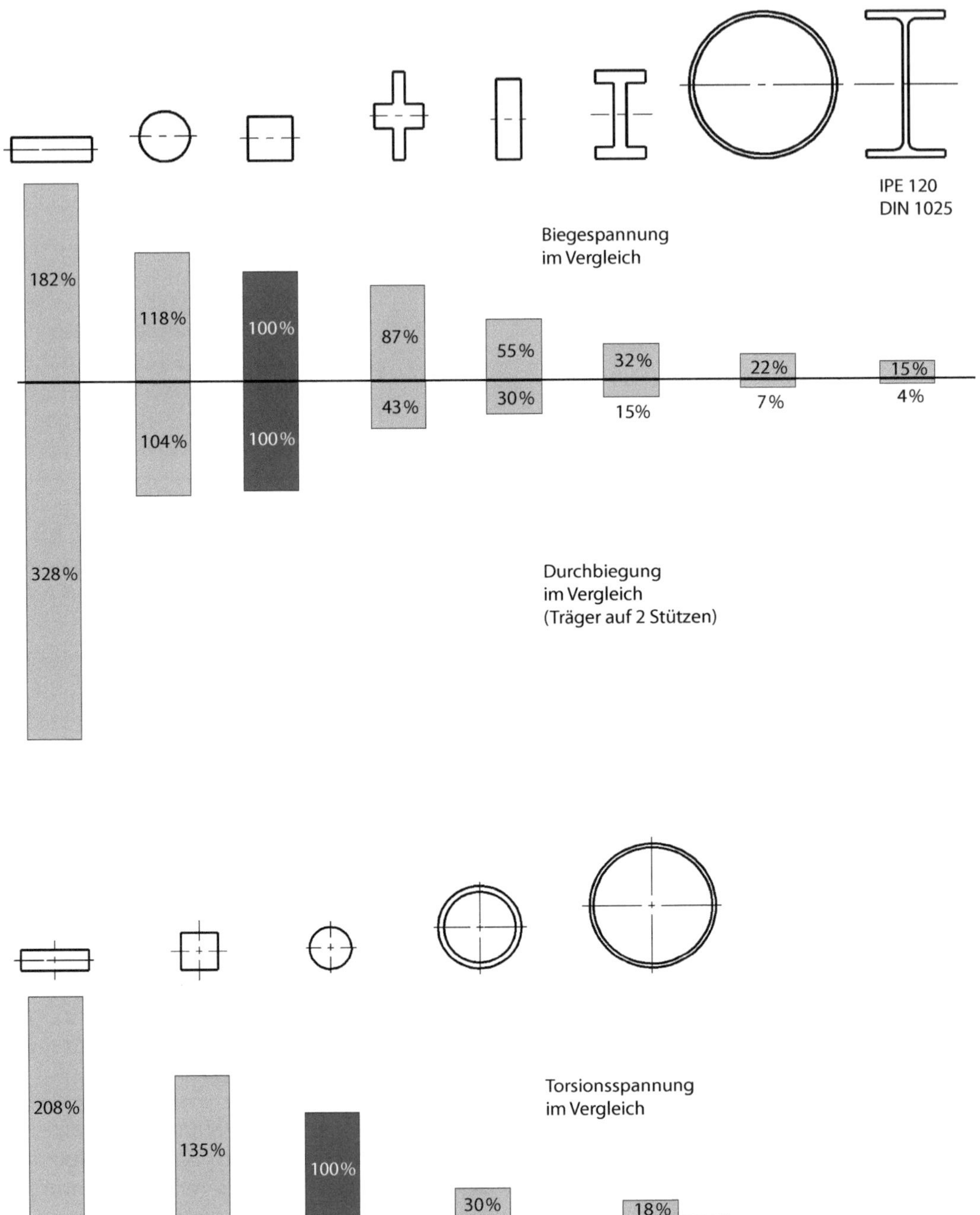

A 11 Profilvergleich für Biegung und Torsion (bei jeweils gleicher Fläche im Querschnitt)

Bastelbogen Bionik

In der Natur haben sich zahlreiche Strategien zur Arterhaltung und -verbreitung durchgesetzt. Unter Bäumen ist dies beispielsweise der Flugsamen (vgl. Ahornsamen). Der Samen beginnt sich beim Herunterfallen um seinen Schwerpunkt zu drehen und beschreibt dabei eine spiralförmige Bahn. Durch die eingeleitete schnelle Drehbewegung entsteht auf der Flügeloberseite ein Unterdruck (vgl. Flugzeugflügel). Dadurch gleitet der Samen sehr langsam zur Erde und kann von einem leichten Windhauch weit fortgetragen werden. Somit gelingt es dem Samen weit vom Stamm zu landen und die Spezies zu verbreiten. Die Gleitleistung kann hierbei bis zu mehrere Kilometer betragen (Bsp. tropische Kürbisfrucht Alsomitra macrocarpa).

Dieses technische Prinzip wurde als sogenannter Monocopter auf die Technik übertragen; dies war ein Hubschrauber mit nur einem Flügel und hat nach Versuchen mit Prototypen heute nur noch historische Bedeutung. Allerdings ist das physikalische Prinzip als sogenannte Autorotation heute ein Standardmanöver in der Pilotenausbildung für den Fall eines ausgefallenen Hauptrotors. Der zunächst steile Sinkflug wird durch ein entsprechendes Anstellen der Rotorblätter entscheidend abgebremst und ermöglicht so überhaupt erst eine sichere wenn auch harte Landung.

Mit dem selbsterklärendem Schnittbogen auf der rechten Seite kann dies modellhaft nachgebaut werden. Zur Stabilisierung genügt eine Büroklammer am unteren Ende.

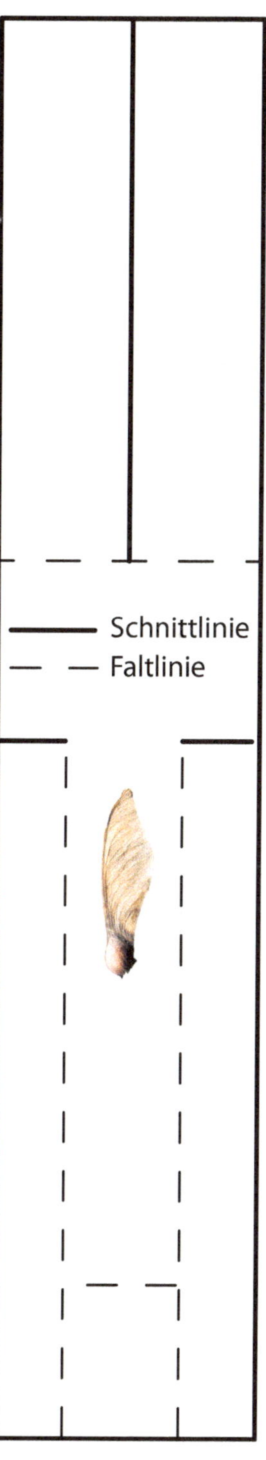

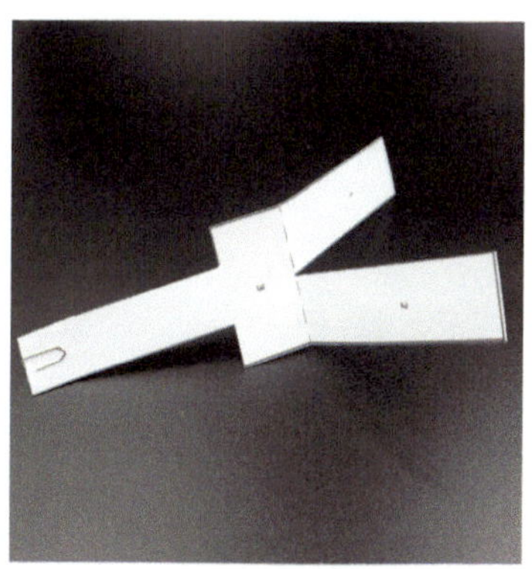
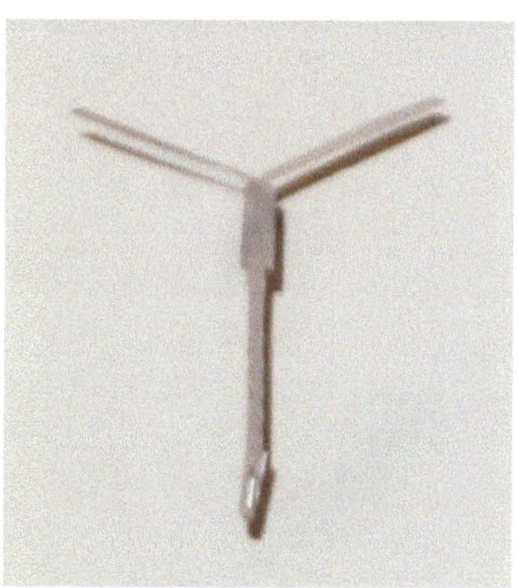

A 12 Bastelbogen Autorotation

Stichwortverzeichnis

© Springer Fachmedien Wiesbaden GmbH, ein Teil von Springer Nature 2019
B. Fleischer, *Methodisches Konstruieren in Ausbildung und Beruf*,
https://doi.org/10.1007/978-3-658-27690-4